金属热态成形传输原理

林柏年　主　编
魏尊杰　副主编

哈尔滨工业大学出版社
哈尔滨

内容简介

本教材是为近年来教育改革中新建的材料成形与控制工程(材料加工工程)专业的教学计划的实施而编写的,系统叙述了金属热态成形过程中经常遇到的动量、热量和质量传输的基本原理和结合实际的应用实例。

全书共4篇16章,即动量传输篇、热量传输篇、质量传输篇以及传输现象的相似理论和数值模拟篇。每章均有习题以帮助学习者加深对本书内容的理解和应用。

本书是材料成形与控制工程专业的教材,也可作为冶金专业教材,还可供从事铸造、锻压、焊接、热处理技术人员在继续教育和工作中参考。

图书在版编目(CIP)数据

金属热态成形传输原理/林柏年主编. —哈尔滨:哈尔滨工业大学出版社,2000.8(2021.1重印)
ISBN 978 - 7 - 5603 - 1543 - 0

Ⅰ.金⋯　Ⅱ.林⋯　Ⅲ.金属-传输-理论　Ⅳ.TG113.22

中国版本图书馆 CIP 数据核字(2000)第 30589 号

责任编辑	杨明蕾
封面设计	卞秉利
出版发行	哈尔滨工业大学出版社
社　　址	哈尔滨市南岗区复华四道街10号　邮编150006
传　　真	0451-86414749
网　　址	http://hitpress.hit.edu.cn
印　　刷	哈尔滨久利印刷有限公司
开　　本	787mm×1092mm　1/16　印张23.25　字数537千字
版　　次	2000年8月第1版　2008年6月第2版
	2021年1月第8次印刷
书　　号	ISBN 978 - 7 - 5603 - 1543 - 0
定　　价	46.00元

(如因印装质量问题影响阅读,我社负责调换)

前 言

近年来，为使我国的高等教育适应国民经济发展的需要，与国际接轨，对大学（本科）的专业设置进行了调整，撤销了原有的热处理、铸造、锻压和焊接专业，新建了材料成形和控制工程专业，在该专业的教学计划中列入了传输原理的课程，本教材就是为满足材料成形和控制工程教学计划的实施而编写的。

本教材的编写特点为：

（1）本教材内容组织无论在基础原理，还是在结合实际叙述原理的应用方面，都特别注意与金属热态成形过程中可能遇到的现象特点相结合。

（2）与同类教材比较，除了分篇叙述三种传输现象（动量传输、热量传输和质量传输）的知识外，还增设了第四篇"传输现象的相似理论和数值模拟"，其目的是促使学员对这三种传输现象的原理有一总括、提炼性质的理解。因为这三种传输现象的基础理论有很多相似之处。与此同时也介绍了传输现象的近代模拟研究的方法和原理。

（3）虽然动量传输只在流体流动（具有速度）时才能出现，但作为特例，即当流体流速为零时，动量不在流体中传输时，流体内的很多力学现象也是在材料成形工程中常会遇到的。同时，这些现象的规律也是理解动量传输原理的基础，所以在动量传输篇中引入了流体静力学的内容。

（4）在传输现象的研究中采用了较多的数理解析手段，考虑到学员学习本教材主要是为了解决材料成形工程中实际有关问题，故在内容编写中力求简化数学运算过程的叙述，而数学运算过程的运用主要是为了帮助学员对原理推导过程的理解，培养学员在解决具体工程实际问题时运用数学工具的能力。

本教材的绪论、第一篇、第三篇和附录由林柏年编写；第二篇、第四篇由魏尊杰编写，林柏年作了补充和修改。

参加编写工作的还有金云学、徐国庆、韩波、林霄镝、曾松岩和陈瑞萍。

本教材是在综合前人所编同类教材成果的基础上，结合新专业的特点，考虑到同类课程教学过程中的使用情况，根据编者对搜集到材料的理解编写而成的，内容失误或不当之处在所难免，欢迎指正。

编 者
2000 年 4 月

目 录

绪论 ·· (1)

第一篇 动量传输

第一章 流体及其流动 ·· (4)
  1.1 流体的一些特性 ·· (4)
  1.2 流体的流动 ··· (13)
  习题 ·· (17)

第二章 流体静力学 ·· (18)
  2.1 欧拉(Euler)方程式 ·· (18)
  2.2 不同情况下静止流体的等压面和静压力 ·· (20)
  2.3 压力的计量和测量 ··· (25)
  2.4 静止液体总压力 ·· (29)
  2.5 静止液体中物体的上浮力 ·· (34)
  习题 ·· (35)

第三章 流体的层流流动 ·· (37)
  3.1 几个有关研究流体流动的基本概念 ·· (37)
  3.2 动量通量 动量率 ··· (38)
  3.3 动量平衡方程及其应用 ··· (40)
  3.4 流体质量平衡方程——连续性方程 ·· (48)
  3.5 纳维埃-斯托克斯方程——广义的不可压缩粘性流体动量平衡方程 ········· (50)
  3.6 流体流动时的欧拉方程——理想流体动量平衡方程 ····························· (53)
  3.7 离心铸型(两同轴旋转圆筒)中的层流流动 ·· (53)
  3.8 两平行平板间的层流流动 ·· (56)
  3.9 流体绕圆球的运动 ··· (59)
  3.10 流体在多孔介质中的层流流动 ·· (65)
  3.11 平板边界层流中的流动 ··· (66)
  习题 ·· (71)

第四章 流体的紊流流动 ·· (75)
  4.1 紊流流动特征 ··· (75)
  4.2 管道内的紊流流动 ··· (79)
  4.3 平板表面紊流边界层近似计算 ·· (84)
  4.4 气体在散料中的流动 ·· (88)
  习题 ·· (95)

· I ·

第五章 流体流动的能量守恒 (97)
5.1 能量守恒方程——伯努利方程 (97)
5.2 伯努利方程在流体流动参数测量器具上的应用 (99)
5.3 伯努利方程在管道流体运动中的应用 (102)
5.4 伯努利方程在铸造用底注浇包工作状况计算中的应用 (110)
5.5 伯努利方程在铸型浇注系统研究中的应用 (112)
习题 (114)

第六章 流体输送设备 (117)
6.1 叶片式泵与风机 (118)
6.2 容积式流体输送设备 (123)
6.3 真空泵 (127)
习题 (131)

第二篇 热量传输

第七章 热量传输基本概念 (132)
7.1 热量传输基本方式 (132)
7.2 温度场、等温面和温度梯度 (134)
7.3 热流、热通量、传热系数和热阻 (136)
习题 (136)

第八章 固体中的热传导 (138)
8.1 傅立叶热传导定律及导热系数 (138)
8.2 导热微分方程 (145)
8.3 一维稳定导热 (146)
8.4 二维稳定导热的分析解法 (155)
8.5 物体在被加热(冷却)时的非稳定导热 (158)
8.6 非稳定导热的分析解法 (160)
8.7 金属凝固过程传热 (170)
习题 (181)

第九章 对流换热 (185)
9.1 对流换热基本概念 (185)
9.2 对流换热的数学表达式 (189)
9.3 流体流过平板时层流对流换热 (192)
9.4 圆管内层流对流换热 (200)
9.5 紊流对流换热 (204)
9.6 自然对流换热 (211)
9.7 淬火时的换热系数 (214)
习题 (216)

第十章 辐射换热 (218)

10.1 辐射换热的基本概念 ………………………………………………………………… (218)
10.2 黑体辐射 ……………………………………………………………………………… (219)
10.3 辐射的基本定律 ……………………………………………………………………… (220)
10.4 实际物体的辐射 ……………………………………………………………………… (224)
10.5 黑体间的辐射换热 …………………………………………………………………… (226)
10.6 灰体间的辐射换热 …………………………………………………………………… (230)
10.7 辐射换热的网络求解法 ……………………………………………………………… (234)
10.8 气体辐射 ……………………………………………………………………………… (238)
10.9 气体与固体表面间的辐射换热 ……………………………………………………… (240)
10.10 火焰炉中的辐射换热 ………………………………………………………………… (241)
习题 ………………………………………………………………………………………… (245)

第三篇 质量传输

第十一章 质量传输的一些基本概念与扩散系数 ………………………………………… (247)
11.1 质量传输方式、浓度、物质流 ………………………………………………………… (247)
11.2 菲克(Fick)第一定律 ………………………………………………………………… (251)
11.3 菲克第二定律 ………………………………………………………………………… (252)
11.4 固体中的扩散和扩散系数 …………………………………………………………… (253)
11.5 流体和多孔介质中的扩散和扩散系数 ……………………………………………… (260)
习题 ………………………………………………………………………………………… (268)

第十二章 扩散传质 ………………………………………………………………………… (269)
12.1 稳定扩散 ……………………………………………………………………………… (269)
12.2 不稳定扩散 …………………………………………………………………………… (276)
习题 ………………………………………………………………………………………… (285)

第十三章 对流传质 ………………………………………………………………………… (286)
13.1 传质系数和传质系数模型 …………………………………………………………… (286)
13.2 对流传质微分方程 …………………………………………………………………… (289)
13.3 气体与下降液膜间的传质 …………………………………………………………… (291)
13.4 浓度边界层的传质 …………………………………………………………………… (293)
13.5 一些对流传质的实验公式 …………………………………………………………… (297)
13.6 金属凝固过程中的传质 ……………………………………………………………… (300)
习题 ………………………………………………………………………………………… (304)

第十四章 相间传质 ………………………………………………………………………… (306)
14.1 双重阻力传质理论(双膜理论) ……………………………………………………… (306)
14.2 气-固相间综合传质 ………………………………………………………………… (308)
14.3 有元素蒸发时的综合传质 …………………………………………………………… (312)
14.4 金属液中通气泡除气精炼时的传质 ………………………………………………… (314)
习题 ………………………………………………………………………………………… (318)

第四篇 传输现象的相似理论和数值模拟

第十五章 传输现象的相似理论 (319)
15.1 相似现象的基础 (319)
15.2 物理现象方程的相似转换和相似准数的推导 (322)
15.3 模拟实验 (325)
15.4 铸件凝固过程的水力模拟实验和电模拟实验 (328)
习题 (334)

第十六章 传输现象的数值模拟 (335)
16.1 空间区域的离散化方法 (335)
16.2 动量传输过程离散方程的建立 (336)
16.3 金属液充型过程流场数值模拟 (338)
16.4 非稳定传热离散方程的建立 (345)
16.5 铸件凝固过程温度场数值模拟 (353)
16.6 质量传输过程数值模拟 (357)
习题 (358)

附录 (359)
附录1 饱和水的热物理性质 (359)
附录2 干空气的热物理性质 (360)
附录3 大气压力下烟气的热物理性质 (361)
附录4 误差函数表 (361)

参考文献 (362)

绪 论

为把金属制成一定形状,并具备一定功能的零件或构件,用以装配成机器、工具或各种装备,需要有一个金属加工成形的过程,主要有两种类型的成形过程,即冷态成形和热态成形。

所谓金属的冷态成形,是指金属在成形过程中主要处于常温状态,有时金属的温度可能稍高,但这只是成形过程中出现的附带现象,这种稍高温度不是使金属成形的必要手段,如冲压、拔丝、金属切削等。

金属的热态成形是指金属在成形过程中,有一段时间处于较高温度状态,用高温的手段,使金属成形。

金属的高温成形的工艺主要有四种:

(1) 把金属加热熔化成液态或固液态(金属液中夹有金属的晶粒),注入具有一定形状内腔的模型中,金属在模型内降温、凝固,获得常温下的一定形状。这种制取金属件的工艺方法称为铸造;

(2) 把金属加热至塑性变形抗力小,但仍为固体的状态,用锻打、加压等措施,使其获得一定的形状。这种工艺方法称为锻压;

(3) 在不同金属件的连接处,用熔化的金属,或采用在金属连接部位加热熔化、加压的措施,使金属件被连接成所要求的整体形状。这种工艺方法称为焊接;

(4) 将金属件全部或局部加热至一定温度,使发生一定的物理、化学过程,改变金属件全部或某一部位的性能;或将金属件用不同的加热和冷却过程,改变金属件内部的组织结构,以获得一定力学性能或其它物理性能的金属件。这种工艺方法称为热处理。

金属在上述的热态成形时,常伴随有金属液的流动(如铸造浇注时金属液对铸型型腔空间的充填)、气体的流动(如砂型中气体的逸出,金属加热炉、熔化炉中炉气的运动等)、金属件内部和它与周围介质间热量交换和物质转移现象(如热处理中金属件加热过程中的热交换和渗炭、渗氮、均匀化过程中元素的再分布)。这些就是本教材要讲授的"动量"、"热量"和"质量"传输现象。由于动量、热量和质量的不同传输情况会对金属热态成形的过程和最后得到的金属件质量产生很大的影响,只有了解和掌握这些现象的运行规律,人们才能较自由地调节和控制金属的热态成形过程,以保证最大效益地获得高质量的热态成形金属件。

动量、热量和质量的传输现象还广泛地存在于金属热态成形时所使用的各种工程装备和仪器之中,如不少设备中的液压、气动装置中流体的流动,在压力机、造型机、焊接机械、热处理设备上随处可见;电子显微镜,真空熔炼炉、真空热处理和真空焊接设备等真空设施上的气体流动,这些设备运作时可能出现的热交换和物质移动现象,都是设备、仪器使用者应该注意的问题。

金属热态成形研究测试中还常要应用传输现象的一些原理,如铸造造型用原砂中含泥量测定时斯托克斯原理的应用,流体粘度测定中牛顿公式的应用等。

本教材内容的组织就是在考虑金属热态成形技术工作者业务特点的前提下,向材料成形和控制工程专业的大学生传授动量传输、热量传输和质量传输的基础原理和实践应用的知识,使他们掌握分析和解决有关问题的能力。之所以出现动量、热量与质量的传输,主要是由于自然界的一切物质都有一种向平衡(均匀)状态转变的趋势,而在实际工程技术中,动量、热量和质量在空间中的分布往往是不平衡的。

在"传输原理"这门课程出现之前,动量传输、热量传输和质量传输都有相应的独立设置的学科,即流体力学,传热学和传质学,而且这三门学科在许多专业的大学课程中单独地进行讲授。把这三门学科的知识合并成一门课程"传输原理"进行讲授,主要是因为这三种传输现象的规律有很多相似之处,所采用的研究和求解的方法也往往是通用的,而且三种传输现象在金属热态成形技术产业中都存在,有时甚至同时出现在一个过程中。虽然在本教材的叙述中,仍把这三种传输现象按各自的体系分成三篇进行讲授,但作为一门课程,三篇的内容可相互呼应,可为学员起到把这三种传输现象的知识相互融汇,促进理解、运用的作用。最后本教材的第四篇"传输现象的相似理论和数值模拟",更把这三种现象的基本原理有机地组合在一起,综合地叙述,在帮助学员掌握知识精髓方面可起积极的作用。所以学员在学习本课程时,一定要把这三种传输现象的基础知识有机地联系起来,藉此深化理解,帮助记忆。

这样的课程内容组织也为减少授课时间,降低学员学习的负担创造了较好条件。

第一篇 动量传输

本篇研究的是流体中的动量传输问题。动量传输之所以在流动的物体中出现,主要因为流动中的物体内部的不同部位的质点或集团的流动速度往往是不一样的,相应地在流动物体中的动量分布也是不均匀的,具有不同动量的流动物体的质点或集团之间便会进行动量交换,即流动速度较大的流体质点或集团所具有的较大动量便会向其周围流动速度较小流体质点或集团转移,相应地流动速度较大的流体质点或集团的流动便受到了阻碍,降低了流动速度,丧失了自己所具有的动量。本篇就是要研究各种条件下,流动物体中的动量分布情况(也即流动物体的流动速度的分布情况)、动量的传输规律、流动物体的流速随空间和时间的变化规律。

金属热态成形过程中常会遇到流体的动量传输问题,如在铸造时,当把金属液浇入铸型中,金属液在通过浇注系统充填型腔时的流动;流动的金属液与铸型壁之间的相互力学作用;型腔中金属液内的渣、气泡的浮动;金属在型腔中凝固时出现的晶粒间通道中金属液对缩孔的补缩流动;金属熔炼炉和加热炉中炉气的流动;砂型吹砂充型紧实时和浇注过程中砂型中气体的流动;铸件水力清砂、喷涂料和金属件表面喷砂清理时高压水、受压涂料和气砂混合物通过喷嘴的流动;金属热态成形用工程装备中液压、气动传动系统中工作液和压缩空气的流动……等。

离心铸造时往旋转的铸型内腔浇注金属液,金属液能很快地获得与铸型同样的旋转速度紧贴型壁与铸型一起转动,靠的就是铸型壁向金属液和金属液内部的动量传输。

具有不同动量的流体(即流动速度不一样的流体),还会对在金属热态成形时同时出现的热量和质量传输产生影响,如金属件的冷却或加热的速度就受周围介质(如炉气)流动速度大小的影响;静置的浇注后的铸型外表面的散热速度就比旋转铸型外表面上的散热速度小得多;往熔化的金属液中补加固态合金材料时,对金属液的搅拌可促使合金材料快速熔化,并加快合金材料在金属液中的均匀分布。所以学习动量传输知识是为学习不同流动情况下热量传输和质量传输知识做必要的准备。

学习动量传输,必需先了解流体的特性、流体的流动状态、流体不流动时的一些力学特点。

第一章 流体及其流动

1.1 流体的一些特性

流体顾名思义地可被理解为很易流动的物体,即它是一种质点间联系很小,质点在空间的相互位置很易改变(即变形或流动)的物体,主要指液体和气体。在工程中也可把带有固相颗粒、液相颗粒的气体,含有固相颗粒、液相颗粒、微小气泡的液体(如悬浮液、乳浊液等)视为流体。

与固体相比,流体不能传递拉力,但可承受压力,传递压力和切力,并在压力和切力作用之下出现流动。这种流动一直可持续下去,直至撤去压力或切力为止。流体流动时,当相邻质点之间由于流速不同而出现相对位移时,它们之间就出现内摩擦力,而静置的流体内部是没有内摩擦力的,不像固体,当它们不移动时,其内部或相互间仍可有摩擦力。

1.1.1 流体的连续介质模型

在动量传输的研究中,不研究流体中个别分子的微观运动和分子之间的相互作用,如分子热运动、分子间的引力等,虽然分子间的相互作用在流体中是存在的。动量传输研究的是由大量分子组成的宏观体积流体(流体质点)的运动,把研究对象视为占有一定空间由无限多个流体微团(流体质点)稠密无间隙地组成的连续介质。流体内的物理量如密度、速度、压力、粘度等也是连续分布的,是空间的连续函数,这样就可用连续函数的解析方法来研究流体的动量传输了。

第二篇热量传输和第三篇质量传输研究中的流体也具有上述的连续介质模型。

1.1.2 流体的压缩性和热胀性

流体的压缩性系指当它四周受压时,其体积变小的特性。流体的热胀性系指它在其本身温度提高时,体积增大的特性。液体和气体在这两种性质方面表现的差别很大,故需分别讨论。

一、液体的压缩性和热胀性

温度不变时,液体的压缩性可用每增加单位压力值,液体相对减少的体积值——体积压缩系数 k 来表示,即

$$k = -\frac{\mathrm{d}V/V}{\mathrm{d}p} \quad (\mathrm{Pa}^{-1}) \tag{1-1}$$

式中　V——液体原有体积(m^3);

$\mathrm{d}V$——缩小的体积(m^3);

$\mathrm{d}p$——液体受压的增加值(Pa)。

式右边的负号表示液体受压增加,体积缩小,即 dp 值为正值时,dV 值为负值,则 k 值可永为正值。

表 1-1 列出了水在 0℃时不同压力下的 k 值。

表 1-1 0℃水在不同压力下的 k 值

压力值(MPa)	0.5	1.0	2.0	4.0	8.0
k 值·10^2(Pa^{-1})	5.39	5.37	5.32	5.24	5.15

由表 1-1 可知,0℃水在 0.5 MPa 压力情况下每增加 0.1 MPa 的压力,其体积的减小只有万分之零点五稍强,因而在工程上可认为水是不可被压缩的。与水类似,其他液体也可被认为不可被压缩的。但是在一些特殊情况,如液体所占的体积特别大,而压力的变化又很突然时(此时会出现水击现象)就必须考虑液体的压缩性;深海中不同层次的海水密度是会因所受压力的不同而变化的。

液体的热胀性可用温度升高 1℃时液体体积的增大率——温度膨胀系数 β 来表示。

$$\beta = \frac{\mathrm{d}V/V}{\mathrm{d}T} \quad (℃^{-1}) \tag{1-2}$$

式中　dT——温度的升高量(℃)。

试验表明:在 0.1 MPa 的周围压力下,温度较低(10℃~20℃)时,温度每增加 1℃,水的体积增大仅为万分之一点五;甚至在温度较高(90℃~100℃)时,水的 β 值也只有万分之七。其它液体的 β 值也很小,故在工程中可不考虑液体的热胀性。

二、气体的压缩性和热胀性

气体的体积是随压力和温度的变化而明显地改变的,这三个物理量之间的关系可用理想气体状态方程式表示

$$\left.\begin{array}{r}pV = RT \\ p/\rho = RT\end{array}\right\} \tag{1-3}$$

式中　V——比体积(m³/kg),$V = \dfrac{1}{\rho}$;

　　　ρ——气体密度(kg/m³);

　　　p——绝对压力(Pa);

　　　T——热力学温度(K);

　　　R——气体常数,对空气言,$R = 287$(N·m/(kg·K))。

由式(1-3)可推论,当温度保持不变(等温)时,$T = \text{const}$,得波义耳(Boyle)定律的数学表示式

$$\frac{p}{\rho} = \text{const} \tag{1-4}$$

若压力保持不变(等压),由式(1-3)可得盖吕萨克(Gaylussac)定律的数学表示式

$$\left.\begin{array}{r}T\rho = \text{const} \\ \rho = \rho_0 - \dfrac{T_0}{T_0 + t} = \dfrac{\rho_0}{1 + \beta t}\end{array}\right\} \tag{1-5}$$

式中 ρ_0、T_0——标准状态($1\ \mathrm{atm}^{①}$、$0℃$)时气体的密度和温度,$T_0 = 273\ \mathrm{K}$;

t——温度,($℃$);

β——气体膨胀系数,$\beta = \dfrac{1}{273}℃^{-1}$。

气体膨胀或收缩时需要吸热或放热,若无与外界的热量变换(绝热),则压力与密度关系为

$$\frac{p}{\rho^k} = \mathrm{const} \tag{1-6}$$

式中 k——绝热指数,$k = c_p/c_v$;

c_p、c_v——定容比热、定压比热。

由上面6个数学式可见气体具有明显的压缩性和热胀性,如有些工作时震动较大的设备,就根据波义耳定律采用向密闭空间压进或放出空气的方式,形成气垫缓冲机构(图1-1)。在一些工程中由于气体使用时的运动情况不同,常可在压缩性和热胀性的考虑方面作简化处理,如有些气动设备中进、排气的过程进行很快,此时就可把此过程作绝热过程处理;当气体在固态物体(如管道)中流动时,或固体在静止气体内运动时,只要它们之间的相对速度小于音速,气体的密度变化是很小的,此时便可忽略气体的压缩性,把 ρ 视为常数值。在一些用气流通过管道输送松散颗粒物体(如砂、锯末、灰尘)

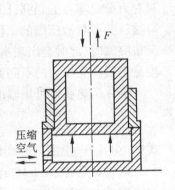

图1-1 气垫缓冲

时,就可将此过程视为等压过程,把气体的密度视为常数值进行计算。压缩空气气源的贮气罐在工作时,其中气体常被压缩(压入气体时)或膨胀(往外放送气体时),因而气体温度可能会有波动,但因波动范围较小,则可把此过程视作等温过程。

例 一气动设备工作时使容积 $V = 5\ \mathrm{m}^3$ 的气源贮气罐内空气绝对压力由 $p_1 = 0.6\ \mathrm{MPa}$ 降为 $p_2 = 0.55\ \mathrm{MPa}$,问消耗了多少 m^3 标准状态的空气量。

解 把此过程视为等温过程,贮气罐内原有空气质量 m_1 为

$$m_1 = \rho_1 V$$

由式(1-4)可得

$$\rho_1 = \rho_0 \frac{p_1}{p_0}$$

同样,设备工作后贮气罐内空气质量 m_2 为

---

① 流体压力的度量方法有三种:

(1) 应力单位法,其单位为 Pa;

(2) 液柱高度法,其单位为米水柱($\mathrm{mH_2O}$)和毫米汞柱(mmHg),$1\mathrm{mH_2O} = 9.8 \times 10^3 \mathrm{Pa}$,$1\mathrm{mmHg} = 13.6\mathrm{mmH_2O} = 133.3\mathrm{Pa}$;

(3) 大气压法,其单位为 atm。1标准大气压(atm) $= 760\mathrm{mmHg} = 1.013 \times 10^5 \mathrm{Pa} \approx 0.1\ \mathrm{MPa}$。

本教材叙述中将根据不同情况下的工程习惯,对流体压力分别采用上述三种单位。

$$m_2 = \rho_2 V, \quad \text{而} \quad \rho_2 = \rho_0 \frac{p_2}{p_0}$$

故消耗了的空气标准状态体积为

$$Q = \frac{m_1 - m_2}{\rho_0} = \frac{\rho_0 V \left(\frac{p_1 - p_2}{p_0}\right)}{\rho_0} = \frac{5(0.6 - 0.55)}{0.1} = 2.5 \text{ m}^3$$

在上述计算中,ρ_0、ρ_1、ρ_2 为标准状态、压力为 0.6 MPa、0.55 MPa 时的密度,近似地取 $p_0 = 0.1$ MPa。

1.1.3 流体的粘性

流体的粘性概念可由牛顿(Newton)粘性定律引出。1686 年牛顿指出:当流体的流层之间出现相对位移时,不同流动速度的流层之间会产生切向粘性力(摩擦力)。如果在两块平行的无限大平板之间有流体,而两板间的距离很小,下板静止不动,上板在 x 方向上作 v_x 速度的移动(图 1-2a)),由粘性力所引起的上、下两板间流体的质点只产生 x 方向

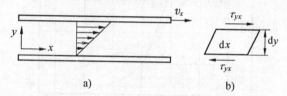

图 1-2 平板间流体速度分布与切应力
a) 流体速度分布　b) 流体微元体上的切应力

上的有序运动,流体各平行层的运动速度在 y 方向上的分布如图上箭头所示,在 y 方向上出现了速度梯度 $\frac{dv_x}{dy}$,则在流层两面上出现的切向粘性力(切应力)τ_{yx} 由下式表示

$$\tau_{yx} = \pm \eta \frac{dv_x}{dy} \tag{1-7}$$

切应力 τ_{yx} 中有双脚标,第一个脚标 y 表示切应力的法线方向,第二个脚标 x 表示切应力的方向,而式子右边正负号的选择由保证计算得到的 τ_{yx} 值为正值所决定,式中 η 为一比例常数,它代表流层间出现相对流速时的内摩擦特性,称为流体的动力粘度系数,其单位为 $\frac{\text{N}}{\text{m}^2} \cdot \text{s} = \text{Pa} \cdot \text{s}$[①]。

将 η 除以流体的密度 ρ,则得流体的运动粘度系数 ν

$$\nu = \eta/\rho \tag{1-8}$$

ν 的单位为 m^2/s[②] 在动量传输研究中常使用此系数,它是动量传输的一种量度,具

---

① 在过去出版的采用 CGS 单位制的文献中,η 的单位为 $\frac{\text{dyn}}{\text{cm}^2} \cdot \text{s}$,称为泊(P),$1\text{P} = 10^{-1}$ Pa·s。Pa·s 又可写成 kg/(m·s)

② 在过去出版的采用 CGS 单位制的文献中,ν 的单位为 cm^2/s,称为斯托克斯(st),$1\text{ st} = 10^{-4} \text{m}^2/\text{s}$。

有与热量传输研究中的热扩散系数 a、质量传输研究中质量扩散系数 D 相同的单位,故可把 ν 视为动量传输研究中的粘性动量传输系数。

流体中之所以出现粘性,主要是由分子间内聚力(引力)和流体分子的垂直流动方向热运动(出现动量交换)所引起。在液体中以前者为主,在气体中则以后者为主,所以液体的粘度是随温度升高而减小,因为温度升高时分子间距离增大,分子间引力减少;而气体的粘度则随温度升高而增大,因此时分子的热运动增强。图1-3示出了水、机油和空气的运动粘度系数与温度的关系。

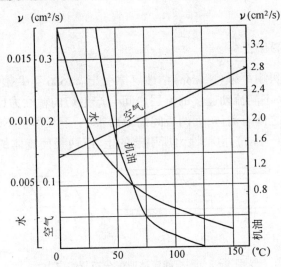

图1-3 水、机油和空气的运动粘度系数与温度的关系

表1-2示出了一些金属液在不同温度时的粘度系数。

表1-2 一些金属液在不同温度时的动力粘度系数

金属液	锡				铝		铜	纯铁		灰铁(含C 4.0%)	可锻铸铁(含C 3.1%)	钢(含C 0.3%)		
温度(℃)	300	400	500	600	700	800	1100	1550	1650	1250	1340	1405	1535	1555	1610
$\eta \cdot 10^{-6}$ (Pa·s)	1677	1383	1177	1049	2903	1403	3300	6865	5884	2100	2650	1900	2800	2600	2300

气体的动力粘度系数 η 与热力学温度 T 的关系可由苏士兰(Sutherland)式表示

$$\eta = \eta_0 \frac{273+S}{T+S}\left(\frac{T}{273}\right)^{3/2} (\text{Pa·s}) \tag{1-9}$$

式中 η_0——气体在℃时的动力粘度系数(Pa·s);

S——依气体种类而定的苏士兰常数(K)。

表1-3列出了几种气体的 η_0 和 S 值。

表1-3 几种气体的 η_0 和 S 值

气体	空气	氧	氮	氢	一氧化碳	二氧化碳	二氧化硫
$\eta_0 \cdot 10^{-6}$ (Pa·s)	17.09	19.20	16.68	8.40	16.97	13.73	11.67
S(K)	111	125	104	71	100	254	306

理论分析和实验结果均表明,下述安屈列特(Andrade)方程可说明液体动力粘度与热力学温度 T 的关系

$$\eta = Ke^{E_\eta/RT}(\text{Pa} \cdot \text{s}) \tag{1-10}$$

式中　K——表示液体分子量及其特征的常数(Pa·s);

　　　E_η——流动活化能,$E_\eta = 2.09 \times (10^7 \sim 10^8)$ J/(kmol);

　　　R——气体常数(J/(mol·K))。

泊肃叶(Poiseuille)的有关水的粘度与温度关系的经验公式为

$$\eta = \eta_0(1 + 0.337t + 0.000221t^2)^{-1} \tag{1-11}$$

式中　t——水的温度(℃),其余符号意义同前。

金属热态成形时常易遇到的合金液和熔渣的粘度除了与温度有很大关系外,还与这些物体在温度变化时的液体结构和化学特性的变化有相当的联系,如共晶成分的合金液的粘度在同系合金液中为最小;结晶间隔温度越宽,这种合金液的粘度就越大;如亚共晶铁液中碳硅含量的增大会使其成分越接近共晶成分,故铁液的粘度可变小;对过共晶铁液而言,其情况则相反。大多数熔渣由 SiO_2、CaO、Al_2O_3 组成,酸性渣含 SiO_2 较多,增加 SiO_2 会使渣液粘度增大,如增加 CaO 则渣液的粘度可降低,但是当渣中 $\dfrac{[CaO]\%}{[SiO_2]\%}$ 超过 1 时,渣液呈碱性,CaO 含量的增多则会使熔渣粘度增大。

图 1-4 示出了 Fe-C 合金液的随含碳量和温度变化的等粘度线。

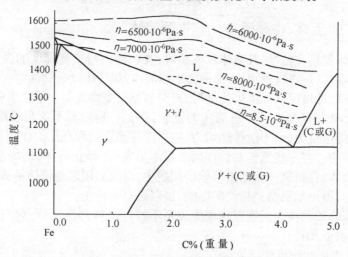

图 1-4　Fe-C 合金液的等粘度线

一般说来,压力对气体分子的热运动和液体分子的内聚力影响不大,故当压力变化小于 5 MPa 时,对液体的粘度变化可以忽略不计,如压力变化太大,则对液体言,可考虑采用下式来计算粘度的变化

$$\eta_p = \eta_0 e^{ap} \tag{1-12}$$

式中　η_p 和 η_0——压力为 p 和 0.1 MPa 时液体的动力粘度系数(Pa·s);

　　　a——由具体液体决定的指数,对油类 $a = (2 \sim 3) \times 10^{-8}$ m²/N。

压力变化对气体的动力粘度系数的影响(在压力变化小于 20 MPa 时),也可忽略不

计,但气体压力的变化对气体密度的影响很大,故气体的运动粘度系数,应与气体的密度 ρ(即压力)成反比关系。

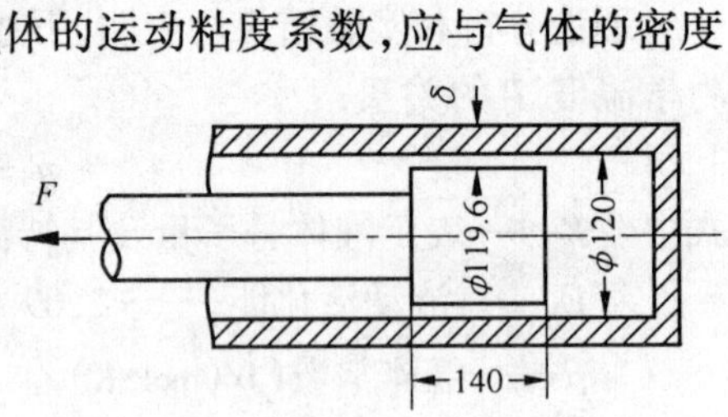

例 图 1-5 示出了油缸和活塞的尺寸,活塞与油缸间隙中润滑油的 $\eta = 0.065$ Pa·s,若在活塞上所施之力 $F = 8.5$ N,求活塞的移动速度 v。

解 活塞与缸壁间的缝隙宽度
$$\delta = \frac{1}{2}(120 - 119.6) \text{ mm} = 0.2 \text{ mm}$$

图 1-5

因 δ 很小,可把式(1-7)写成 $\tau = \eta \frac{v}{\delta} = \frac{F}{S}$,
因 S 为缸壁与活塞的接触面积,故
$$S = \pi \times 120 \times 140$$

因此
$$v = \frac{F\delta}{\eta S} = \frac{8.5 \times 0.2 \times 10^{-3}}{0.065 \times 3.14 \times 120 \times 140 \times 10^{-6}} = 0.496 \text{ m/s}$$

例 平板上有薄层水流动,水的 $\rho = 1\,000$ kg/m³、$\nu = 0.007$ cm²/s,已知 $v_x = 3y - y^3$,求在平板面上的切应力 τ_{yx} 为多少?

解 如上例由式(1-7)可得 $\tau_{yx} = \eta \frac{v_x}{y} = \eta(3 - y^2)$
$$\eta = \nu \cdot \rho = 7 \times 10^{-6} \times 1\,000 = 7 \times 10^{-3}$$

所以
$$(\tau_{yx})_{y=0} = 7 \times 10^{-3} \times 3 = 0.021 \text{ Pa}$$

1.1.4 理想流体、牛顿流体和非牛顿流体

实际上,流体都具有粘性,凡流体在流动时,其粘性力与速度梯度的关系都能用牛顿粘性定律公式[即式(1-7)]表示的,都称为牛顿流体,如气体、水、甘油等。

但是在考虑粘性情况研究流体流动时,有时问题会变得复杂。早在牛顿之前,巴斯噶(Pascal B.)在 1663 年就提出了理想液体的概念,那是一种内部不能出现摩擦力,无粘性的流体,既不能传递拉力,也不能传递切力,它只能传递压力和在压力作用下流动,同时它还是不可被压缩的。在一些流体粘性作用表现不出来(如静止流体)的场合,就可把实际流体视为理想流体,在研究一些动量传输的问题中,可先采用理想流体的概念以简化对问题的分析,最后对得出结果引进粘性的影响,加以必要的修正。

不少粘性流体的粘性力与速度梯度的关系不符合牛顿粘性定律,它们被称为非牛顿流体,常见的有以下几种:

(1) 假塑性流体和胀流性流体

此类流体流动时粘性力与速度梯度的关系可用下式表示
$$\tau_{yx} = \eta_0 \left(\frac{dv_x}{dy}\right)^n \tag{1-13}$$

式中 η_0——$\frac{dv_x}{dy}$ 接近于零时的流体动力粘度系数,又称零剪切粘度;

n——指数,$n \neq 1$。

当 $n < 1$,流体称为假塑性流体,此种流体流动保持 τ_{yx} 不变时,其流速会越来越快。

即 $\frac{dv_x}{dy}$ 增大时,流体表现出来的粘性会变小,其特征曲线示于图 1-6。

当 $n>1$，流体称为胀流性流体，其特性为 $\dfrac{\mathrm{d}v_x}{\mathrm{d}y}$ 增大时，其表现出来的粘性会越来越大，其特征曲线可见图 1-6。

（2）塑粘性流体

此种流体的粘性力与速度梯度的关系为

$$\tau_{yx} = \tau_0 + \eta_0 \left(\dfrac{\mathrm{d}v_x}{\mathrm{d}y}\right)^n \qquad (1-14)$$

式中　　τ_0——屈服切应力，又称屈服极限。

当作用在流体上的切应力 $\tau_{yx} \leqslant \tau_0$ 时，此类流体不能流动，表现有固体的特性。

当 $n=1$ 时，流体称为宾汉（Bingham）流体，即在 $\tau_{yx} > \tau_0$ 情况下，该流体的动量传输规律近似牛顿体，仅作用在流层上的切力减少了 τ_0 而已。

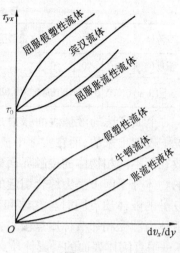

图 1-6

当 $n<1$ 时，流体称为屈服假塑性流体，即 $\tau_{yx} > \tau_0$ 情况下，该流体的动量传输规律近似假塑性流体。

当 $n>1$ 时，流体称为屈服胀流性流体。塑粘性流体的特征曲线也示于图 1-6 中。

（3）触变性流体

一种粘性随流动时间延长而逐渐变小至某一定值的流体。此种流体停止流动时，其粘性又可逐步回增至某一定值，此种流动特性称为触变性。

铸造生产中采用的铸型涂料、制壳型和陶瓷型的涂料、具有固相晶体的金属液常具有宾汉流体、屈服假塑性流体、触变流体的流动性能，而过热温度较高的金属液则可视为牛顿流体。

本教材讨论问题时，只把流体视为理想流体或牛顿流体。

1.1.5　液体的表面张力及其衍生现象

液体常与气体和固体有接触的表面（交界面），处于交界面上的液体表面常出现表面张力及表面张力引起的毛细管现象。

液体中的分子处于相互的吸引力之中，每一分子的吸力作用的球形空间都有一定的范围，分子吸引力的作用球半径一般在 $10^{-8} \sim 10^{-6}$ cm 之间。如图 1-7 所示，A、B 处的液体分子处于吸引力作用的平衡状态，而 C、D 处的分子则吸引力作用不平衡，主要由于 C 处分子离液体自由表面的距离小于分子吸引力作用力的半径，而 D 处的分子则直接处于液体表面。由此可推论液面表面上总有一层分子受到液体内部分子向内拉的吸引力，使液体表面层处于被拉伸状态，作用在液体表面层上的拉力称为表面张力。

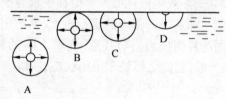

图 1-7

液体表面单位长度上作用的张力称为表面张力系数 σ(N/m)，其值随液体温度的提高而变小，液体中的杂质和一些表面活性剂会在很大程度上减小液体的表面张力。对金属液言，温度的影响较小，而杂质的影响则很大。表 1-4 示出了一些液体的 σ 值。

表1-4 一些液体的表面张力系数值

液体	水			水银	酒精	煤油	润滑油	肥皂水	锡液	铜液	灰铁液(含C 3.9%)	可锻铸铁液(含C 2.2%)	钢液(含C 0.3%)
温度(℃)	0	20	50			20			232	1181	1300	1420	1520
σ值(N/m)	0.0755	0.0725	0.0678	0.540	0.022 ~ 0.321	0.0233 ~ 0.0379	0.0850 ~ 0.0399	0.02 ~ 0.0399	0.526	1.103	1.150	1.500	1.500

上面考虑的液体表面张力是在接触面上被接触的物质对流体表面分子没有作用力情况下表现出来的,而在实际中被液体接触的物质分子同样对液体表面上的分子有吸引力,故在两不同相物体的接触界面上便会出现由液体内部分子间吸引力和液体分子与所接触的物体分子间吸引力综合引起的界面张力。图1-8示出了两种液滴在平板上的情况,点O处的液体质点同时与气体和固体接触,它同时受三种相互平衡的力作用,即f_1—指向液体内部受相邻液体质点吸引力的合力(内聚力);f_2—受气体质点吸引力引起的作用力;f_3—垂直固体表面的受固体质点吸引引起的作用力(附着力)。可认为f_2很小,只考虑作用于O处液体质点上的附着力f_3和内聚力f_1。

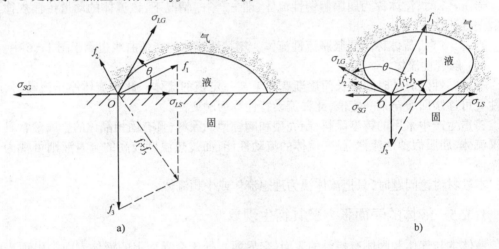

图1-8

若$f_3 > f_1$,即得到如图1-8a)的液滴形态,液滴沿固体表面铺开,液体能润湿固体,O点处液体表面与固体表面的夹角(润湿角)θ小于90°;若$f_3 < f_1$,得到如图1-8b)的液滴形态,液滴像滚珠似地停留在平板表面,不能润湿固体表面,其润湿角大于90°。

如从界面张力的观点出发,则作用在O处液体质点上的界面张力为σ_{SG}(固、气相之间的界面张力)、σ_{LG}(液、气相之间的界面张力)和σ_{LS}(液固相之间的界面张力)(见图1-8),它们之间处于平衡状态,所以

$$\left.\begin{array}{l} \sigma_{SG} = \sigma_{LS} + \sigma_{LG} \cos \theta \\ \cos \theta = \dfrac{\sigma_{SG} - \sigma_{LS}}{\sigma_{LG}} \end{array}\right\} \quad (1-15)$$

图1-8a)的液滴状态为$\sigma_{SG} > \sigma_{LS}$时的情况,$\cos \theta$为正值,图1-8b)的液滴状态为$\sigma_{SG} < \sigma_{LS}$时的情况,$\cos \theta$为负值。

金属液对固体的润湿性能和表面张力对热态成形金属件的质量有很大影响,如钎焊

(将熔点较低的钎料液放在焊缝处把焊接件连在一起)时就要求钎料液对被焊件有较好润湿性,使钎料能很好地充满焊缝和在焊件表面铺开,与焊件产生物理、化学作用,并与焊件很好地结合在一起。铸造时往砂型内浇注金属液,内聚力小(表面张力小)、润湿性好的金属液易渗入砂型表面砂粒间的孔隙,最终会使铸件表面粗糙,如在磷青铜液中适当加硅,可使金属液表面生成一表面张力稍大的氧化薄膜,妨碍金属液渗入砂型,保证获得光洁的铸件表面。

由于液体的内聚力和附着力的差异,当把毛细管浸入液体中,便会出现如图1-9所示的两种毛细管现象,其中图a)所示的是附着力大于内聚力的情况,图b)所示为附着力小于内聚力时的情况。图a)毛细管中液柱的提升高度,可用沿管壁液体表面周边上的表面张力之和在垂直方向上的分量等于毛细管内被提升液体的重量的关系求得。

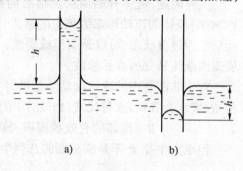

图1-9 液体的毛细管现象

1.2 流体的流动

1.2.1 流体的流动形态

1882年雷诺(Reynald)作了如图1-10的流体流动形态试验,在圆管的中心用细玻璃管向圆管的水流中引入红色液体的细流,当水的流速较小时(图1-10a),红色液体细流不与周围水混和,自己保持直线形状与水一起向前流动,这表明水的质点只有向前流动的位移,没有垂直水流方向的移动,即各层水的质点不相互混和,都是平行地移动的,这种流动称为层流。如把水的流速逐渐增大,至一定程度如 v_2 时,红色细流便开始上下振荡,呈波浪形弯曲(图1-10b)),这说明流动的水质点已开始有垂直水流方向的位移,离开圆管轴线较远的部位水的质点仍保持平行流动的状态;当再把水流速度增大,红色细流的振荡加剧,至水的流速增大至某一速度如 v_3 以后,圆管中红色细流消失,红色液体混入整个圆筒的水中,这说明流动中水的质点运动已变得杂乱无章,各层水相互干扰,这种流动形态称为紊流(图1-10c))或湍流。

流体之所以出现不同的流动形态,主要由流体质点流动时其本身所具有的惯性力和所受的粘性力的数值比例决定,惯性力相对较大时,流体趋向于作紊流式的流动,而粘性力则起限制流体质点作纵向脉动的作用,遏止紊流的出现。雷诺据此原理提出了一个判定流体流动形态的无量纲参数——雷诺数(Re)。

对在圆管中流动的流体言,雷诺数的表现形式为

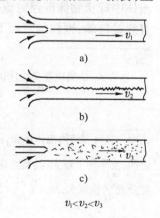

$v_1 < v_2 < v_3$

图1-10 雷诺试验示意

$$Re = \frac{v\rho D}{\eta} = \frac{vD}{\nu} ① \qquad (1-16)$$

式中　v——圆管内流体的平均流速；
　　　D——圆管直径。

实验确定，流体开始由层流形态向紊流转变时 $Re = 2\,100 \sim 2\,320$；当 $Re > 10\,000 \sim 13\,800$ 时流体的流动形态为稳定的紊流；而当 $Re = (2\,100 \sim 2\,320) \sim (10\,000 \sim 13\,800)$，流动形态为过渡状态，可以是紊流或层流。动量传输的不少研究中取 $Re = 2\,100 \sim 2\,300$ 为层流向紊流转变的临界参数。

对于非圆管中的流体流动形态的评定，也有相应的临界雷诺数 Re，只是需用水力半径 R（或水力直径）来替代式(1-16)中的 D 计算 Re。

$$R = 流体的有效截面积/截面上与流体接触的固体周长（湿周）$$

但水力半径 R 不是圆截面的几何半径 r，如充满流体圆管的水力半径。

$$R = \frac{\pi r^2}{2\pi r} = \frac{r}{2}$$

如对截面如图 1-11 的流槽言，其水力半径 R 为

$$R = \frac{a \cdot b}{2a + b} \qquad (1-17)$$

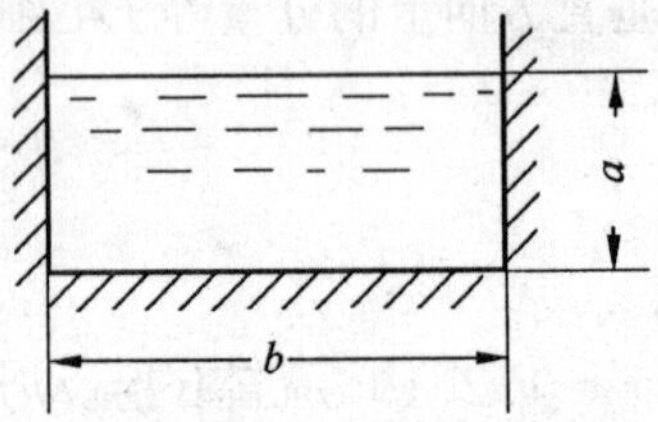

如槽的宽度 b 比槽中流体高度 a 大得很多，可忽略上式分母中的 $2a$，取 $R = a$，所以流槽中雷诺数的表现形式为

$$Re = \frac{v\rho R}{\eta} = \frac{vR}{\nu} \quad 或 \quad Re = \frac{va}{\nu} \qquad (1-18)$$

图 1-11

Re 小于 5 时，槽中流动形态为层流，$Re > 500$ 时，为紊流，$Re = 5 \sim 500$ 时，流动为过渡形态，流体内部保持层流，但在自由表面上形成波纹。

静置流体中常出现固相、液相颗粒和气泡的上浮和下沉的情况，如金属液中夹杂，渣和气泡的浮、沉，这种沉浮也相当于流体对"停止"的颗粒、气泡的流动，图 1-12 中示出了流体中球状物体沉浮时流体的流动形态。层流时，物体颗粒沉、浮速度较小，颗粒垂直地直线式移动，颗粒的背面不出现空隙；如颗粒沉、浮速度稍大，颗粒背后会出现液体质点来

---

① Re 的物理意义之所以为 $\frac{惯性力}{粘性力}$，因为

$$Re = \frac{v\rho D}{\eta} = \frac{v\rho V}{\eta A}$$

式中　V 为圆管内流体体积，$v = \pi D^2 l$（l—圆管长度），$A = $ 圆管壁面积，$A = \pi Dl$，故 $D = \frac{V}{A}$。雷诺试验已表明，流体的 v 越大，其质点在垂直于主流流动方向（设为 x 轴方向，参照图 1-2）的纵向（y 轴方向）速度分量 $\frac{dy}{dt}$ 也越大，故 $v \propto \frac{dy}{dt} = \frac{dv}{dt} \cdot \frac{dy}{dv}$，则

$$Re \propto \frac{\rho V \frac{dv}{dt}}{\eta A \frac{dv}{dy}} = \frac{惯性力}{粘性力}$$

因该式中 $\frac{dv}{dt}$ 为加速度，故 $\rho V \frac{dv}{dt}$ 具有惯性力量纲；$\frac{dv}{dy}$ 为速度梯度，$\eta A \frac{dv}{dy}$ 则有粘性力量纲。

不及补充的空隙,颗粒的沉浮路线是波浪式的;如颗粒沉浮速度较大,颗粒背后出现流体的混乱涡流现象,颗粒的沉、浮路线是盘旋式的,此时出现了紊流现象。

颗粒在流体中沉浮形态的判据也是雷诺数 Re_b。

$$Re_b = \frac{v\rho d}{\eta} = \frac{vd}{\nu} \quad (1-19)$$

式中 v——颗粒的沉浮速度;
d——球形颗粒的直径。

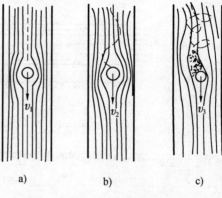

图 1-12 静置流体中物体颗粒的沉浮形态
a) 层流形态 b) 过渡形态 c) 紊流形态

当 $Re_b > 500$ 时,球粒沉浮为紊流,$Re_b \leq 1.0$ 时,得层流,$Re_b = 1.0 \sim 500$ 时,为过渡形态。

试验表明,铸型浇注系统中金属液的流动形态为紊流,进入紊流形态的临界雷诺数 $Re = 3\,000 \sim 10\,000$,浇注系统越复杂,临界雷诺数的值越小。

离心铸造时,往旋转铸型中浇注金属液,浇注完后当金属还未不及开始凝固时,由于进入铸型的金属液没有作圆周运动的初速,物质的惯性作用使布于旋转铸型壁上的金属液的总体转速总有一段时间滞后于铸型,在铸型壁上出现金属沿铸型壁反铸型旋转方向的圆周运动,金属液层也可能出现紊流、层流的情况,图 1-13 示出了随浇注后时间 t 的延长中可能出现的层流、紊流转变情况。

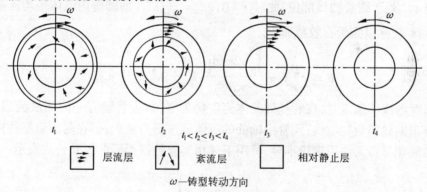

图 1-13 离心铸型中可能出现的金属液相对流动形态的转变

1.2.2 圆管中不同流动形态流体中流速分布

不同流动形态的流体中,各处的流动速度的分布有很大差别,为掌握此概念,本节中举圆管中的流体流动为例。

取一长度为 l,半径为 R 的圆管,粘度为 η 的流体在左端(图 1-14)压力 p 的作用下在管中作等速 v 的层流流动。今观察半径为 r 的圆柱面,在该面上作用粘性力为 $\tau 2\pi rl$,作用在该流体柱上的压力总值为 $p \cdot \pi r^2$,此两力应相等,即

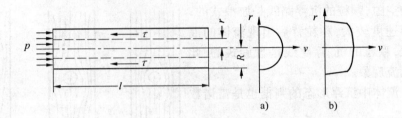

图1-14 圆管中的流体流动
a) 层流时的速度分布曲线　　b) 紊流时速度分布曲线

$$p \cdot \pi r^2 - \tau 2\pi rl = 0$$

得
$$\tau = \frac{rp}{2l}$$

又由式(1-7)
$$\tau = \eta \left(\frac{dv}{dr} \right)$$

得微分方程
$$dv = -\frac{p}{2\eta l} r dr$$

对此式自 $r=0$ 向 $r=R$ 的积分,取边界条件当 $r=R$ 时,因流体附着管表面,不能移动,故 $v=0$,则得

$$v = \frac{p}{4\eta l}(R^2 - r^2) \tag{1-20}$$

由此可见圆管内流体层流时,速度在半径方向上的分布曲线是抛物线(图1-14a)),最大流速 v_{max} 处于圆管轴线部位,此时 $r=0$, $v_{max} = \frac{p}{4\eta l} R^2$。而圆管内流体平均流速 $\bar{v}$ 为圆管流体流量 Q 除以圆管有效截面积

$$\bar{v} = \frac{Q}{\pi R^2} = \frac{\int_0^R v 2\pi r dr}{\pi R^2} = \frac{p}{8\eta l} R^2 = \frac{1}{2} v_{max} \tag{1-21}$$

当圆管内流体紊流时,在管壁处流体速度仍为零,靠近管壁有一附面层流层,在此层内流速分布曲线仍为抛物线,圆管中轴处的流体流速仍为最大,但在附面流层往内的紊流流体中的流速分布无法用理论推导,可用下述用实验数据得到的经验公式表示

$$v_r = v_{max} \left(\frac{r}{R} \right)^{\frac{1}{n}} \tag{1-22}$$

式中　n——随雷诺数增大而增大的常数,表1-5示出了 n 与 $\bar{v}/v_{max}$、Re 的关系。具体速度分布曲线示意可见图1-14b)。

表1-5 圆管内紊流时 n 与 $\bar{v}/v_{max}$、Re 的关系

Re	4×10^5	1.1×10^5	1.1×10^6	2.0×10^6	3.2×10^6
n	6	7	8	9	10
$\bar{v}/v_{max}$	0.791	0.813	0.837	0.852	0.865

习 题

1.1 你能列出一些本教材上没有提到的金属热态成形时流体动量传输的具体问题吗?

1.2 请列出液体与气体在其特性方面的区别。

1.3 一定体积的空气,当其绝对压力由 1 atm 升高到 6 atm,温度由 20℃升至 78℃,问其体积变为原来的百分之几? （答 20%）

1.4 一机器的轴在滑动轴承中转动,轴的直径 $d=15$ cm,轴与轴承的间隙为 $t=0.15$ mm,轴与轴承的接触长度 $l=25$ cm,用 $\eta=0.0261$ Pa·s 的润滑油润滑接触表面,求由于轴承摩擦所消耗的功率。 （答 4.5 N·m/s）

1.5 请判断铸铁液在铸型浇注系统中的流动形态,已知浇道的有效截面为直径为 12 mm 的圆,铁液在浇道中的流速为 100 mm/s,铁液的粘度为 2.2×10^{-3} Pa·s,铁液的密度为 $6.2\cdot10^3$ kg/m^3。 （答 $Re=33\ 818$,紊流）

1.6 请用牛顿粘性定律公式推导平板上单向流动流体附面层流层中的流速分布规律。

第二章 流体静力学

流体静力学专门研究流体静止或平衡状态下的力学规律和这些规律在工程技术方面的应用。

所谓静止流体是指相对于一个参考坐标,其外观和内部质点都不表现有位移的流体。相对于地球坐标不运动的流体(如不动容器中的水)可视为绝对静止流体;参考坐标也可相对地球运动,但流体的各部分相对此坐标是静止的,此种静止称相对静止。如旋转容器中与容器作同样角速度旋转的水,此时参考坐标为旋转的容器。作等速前进或等加速前进汽车油箱中的油也可视为相对静止的液体。

由于流体不能传递拉力,任何微小的切力都会促使流体(不含具有屈服极限的流体)流动,静止的流体只能传递压力,在流体中也只能出现压力,流体内质点上的压力来自周围各个方向,而且大小都相等。在流体中某一面上的压力,只能指向此面的内法线方向;静止流体外表面(指与其它相接触的表面)所能承受的也是指向该面内法线方向的压力。

在流体(不论是否静止)质点上还作用由流体本身质量引起的力(质量力),如由地球地心引力引起的重力 mg;作等速圆周运动时由离心加速度引起的离心力 $m\omega^2 r$(ω——流体旋转角速度,r——流体旋转半径);把动力学问题当作静力学问题研究时施加在流体上反加速度方向的惯性力[达朗伯(D'Alembert)力],对作直线加速度为 a 的流体言,惯性力为 $-ma$。其实离心力也是惯性力的一种。

所以流体静力学研究的是处于相对静止(绝对静止只是相对静止的一个特例)流体中压力、质量力平衡的问题。

2.1 欧拉(Euler)方程式

欧拉在1755年推导得出了静止液体中单位质量流体上质量力与压力相互平衡的微分方程式。如图2-1,在地球表面重力场内静止流体中分离一边长为 dx、dy 和 dz 的微元体,其中心为 A,A 的坐标为 x、y、z,该点上的静压力为 p,在垂直于 x 轴的 $abcd$ 面的中心点 m 上的静压力应垂直于 $abcd$ 面,其值为 $p - \frac{\partial p}{\partial x} \cdot \frac{dx}{2}$。同理作用于 $efgh$ 面的中心点 n 上的静压力为 $p + \frac{\partial p}{\partial x} \cdot \frac{dx}{2}$。因 $abcd$ 面和 $efgh$ 面都很小,可把 m 和 n 点上的压力值分别视为作用在相应面上的平均压力,因此作用在 $abcd$ 面和 $efgh$ 面上的总压力分别为

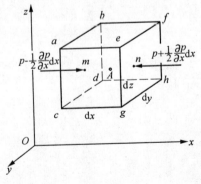

图 2-1

$$F_m = \left(p - \frac{1}{2}\frac{\partial p}{\partial x}dx\right)dydz$$

$$F_n = \left(p + \frac{1}{2}\frac{\partial p}{\partial x}dx\right)dydz$$

因此作用在流体微元体上沿 x 轴方向上的总静压力

$$F_x = F_m - F_n = -\frac{\partial p}{\partial x}dxdydz$$

同理作用在流体微元体上沿 y 同和 z 轴方向上的总静压力分别为

$$F_y = -\frac{\partial p}{\partial y}dxdydz$$

$$F_z = -\frac{\partial p}{\partial z}dxdydz$$

今求重力场中这个微元体的质量力,重力场中的质量力应为质量与重力加速度的乘积。若流体的密度为 ρ,微元体的质量为 $\rho dxdydz$,该微元体质量力在 x 轴、y 轴和 z 轴方向上的分力应各为

$$F'_x = \rho dxdydz\, g_x$$

$$F'_y = \rho dxdydz\, g_y$$

$$F'_z = \rho dxdydz\, g_z$$

式中 g_x、g_y、g_z——在 x 轴、y 轴、z 轴方向上重力加速度 g 的分量。

如果 F'_x、F'_y、F'_z 三式中的 $\rho dxdydz = 1$,则 g_x、g_y、g_z 就成为单位质量物体在重力场中表现的质量力(单位质量力)在 x 轴、y 轴和 z 轴方向上的分量,常用 X、Y、Z 表示。

依据物体受力平衡条件,x 轴、y 轴和 z 轴方向上的总压力与质量力在相应轴上的分量之和应为零,即

$$F_x + F'_x = 0 \quad F_y + F'_y = 0 \quad F_z + F'_z = 0$$

所以

$$\left.\begin{aligned}\frac{\partial p}{\partial x} &= \rho g_x = \rho X \\ \frac{\partial p}{\partial y} &= \rho g_y = \rho Y \\ \frac{\partial p}{\partial z} &= \rho g_z = \rho Z\end{aligned}\right\} \qquad (2-1)$$

式(2-1)即为欧拉方程式,有的文献把欧拉方程式表现为

$$\left.\begin{aligned}X - \frac{1}{\rho}\frac{\partial p}{\partial x} &= 0 \\ Y - \frac{1}{\rho}\frac{\partial p}{\partial y} &= 0 \\ Z - \frac{1}{\rho}\frac{\partial p}{\partial z} &= 0\end{aligned}\right\} \qquad (2-1a)$$

如将式(2-1a)中的三式两端相应分别地乘以 dx、dy、dz 并相加,则可得欧拉方程式的全微分形式,即

$$Xdx + Ydy + Zdz = \frac{1}{\rho}\left(\frac{\partial p}{\partial x}dx + \frac{\partial p}{\partial y}dy + \frac{\partial p}{\partial z}dz\right)$$

即

$$\rho(Xdx + Ydy + Zdz) = dp \qquad (2-2)$$

此式把静止流体中压力分布规律与质量力联系起来了,它表示流体中距离为 dl(其在坐标轴上的分量为 dx、dy、dz)两点间的压力差为 dp。

如果流体为不可压缩的,即 $\rho = \mathrm{const}$,而式(2-2)等号右边是全微分,则该式等号左边也应是某函数 $U(x,y,z)$ 的全微分,即

$$dp = \rho dU = \rho\left(\frac{\partial U}{\partial x}dx + \frac{\partial U}{\partial y}dy + \frac{\partial U}{\partial z}dz\right) \qquad (2-3)$$

比较式(2-2)与式(2-3),得

$$\frac{\partial U}{\partial x} = X \qquad \frac{\partial U}{\partial y} = Y \qquad \frac{\partial U}{\partial z} = Z$$

这说明函数 U 对各坐标轴的偏导数恰好是各坐标方向上的单位质量力。因此称函数 U 为质量力的势函数,满足这种条件的力称为势力,质量力是势力,只有在势力作用下,不可压缩流体才能处于静止平衡状态。

2.2 不同情况下静止流体的等压面和静压力

静止流体中由压力相同的连续点组成的面称为等压面,在此面上任何两点间的压力差总是为零,即式(2-2)中的 $dp = 0$,或式(2-3)中的 $\rho dU = 0$(也即 $dU = 0$)。由此可见等压面即为等势面,它们成立的条件为

$$Xdx + Ydy + Zdz = 0 \qquad (2-4)$$

此式即为等压面的微分方程式。

2.2.1 重力场中静止流体的等压面和静压力

图2-2所示为静置于重力场的容器中的静止流体,z 轴垂直向上,在流体的任意点上作用的质量力只有重力,故单位质量力情况为

$$X = 0 \qquad Y = 0 \qquad Z = -g$$

将此条件代入式(2-4),得

$$-gdz = 0$$

对此式积分,并取 $\rho = \mathrm{const}$,则

$$z = C \qquad (2-5)$$

由此式可见只受重力作用的静止流体中等压面为平行于地面的平面族,即静止流体中同一高度上流体质点上的压力都相等。

如把 $X = 0$、$Y = 0$ 和 $Z = g$ 的条件代入式(2-2),则得

$$dp = -\rho g dz$$

将此式积分,得

$$\frac{p}{\rho g} + z = C \tag{2-6}$$

此式为流体静力学的基本方程式,它说明在重力场中任意点的 $\frac{p}{\rho g} + z$ 都相等,如观察图 2-2 所示流体中的点 1、点 2 和自由表面上的点 3,则可得

$$\frac{p_1}{\rho g} + z_1 = \frac{p_2}{\rho g} + z_2 = \frac{p_a}{\rho g} + z_0 = C \tag{2-7}$$

式中 p_a——作用在自由表面上的压力。

式(2-6)中 z 代表单位重量流体的位势能,流体质点所处位置越高,则位势能 z 越大,故称为位置水头;$\frac{p}{\rho g}$ 代表压力所做的功,因为如在压力为 p 的流体接入一垂直而立的真空管,在 p 作用下流体可在真空管上升一定的高度,显然此时压力 p 克服流体的重力作了功,所以可称 $\frac{p}{\rho g}$ 为单位重量流体的压力势能或压力水头。对占一定体积的在重力场中的流体言,单位重量流体的位势能和压力势能之和称为单位重量流体的总势能,或位置水头与压力水头之和称为静水头。所以式(2-6)的物理意义又可理解为重力场中静止流体的任意点上的单位重量流体总势能都相等,或者说,它们的静水头连线是一条水平线。图 2-3 示出了静止流体中任意两点 1 和 2 的静水头线 AA 或 $A'A'$。

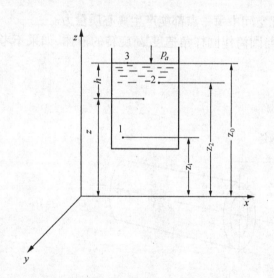

图 2-2 重力作用下的静止流体

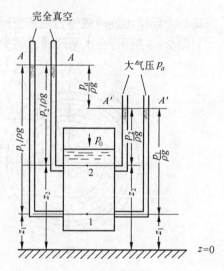

图 2-3 静止流体的静水头线

结合图 2-2,由式(2-6)和式(2-7)可得

$$\frac{p}{\rho g} + z = \frac{p_a}{\rho g} + z_0$$

即

$$p = p_a + (z_0 - z)\rho g = p_a + \rho g h \tag{2-8}$$

式(2-8)即为重力场中静止流体中的各点静压力计算公式,即静压力 p 等于流体自由面上的压力 p_a 加观察点处单位面积上流体柱的重量。因此静止流体中各点的压力随观察

点在流体中的深度而增加。

由式(2-8)还可发现作用在流体自由表面上的压力 p_a 可在流体中的任何点上起同样的增加各点的压力的作用。法国人帕斯卡(B.Pascal)将此归纳为帕斯卡定律："不可压缩静止流体表面上的压力可不变大小地传递到流体的任何点"。如水压机、压铸机上的增压油缸结构就是依此原理为基础而设计的(图2-4)，压力为 p_1 的油输入大活塞左腔，大活塞左端面上作用的总压力为 $p_1 A_1$（A_1 为大活塞左端面的面积），大活塞右腔中的油向外流，故不对活塞作用，而在小活塞的右端面(面积为 A_2)上作用的总压力为 $p_2 A_2$，p_2 为小活塞作用在油上的压力，它大小不变地传至小活塞

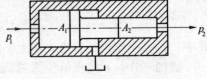

图2-4 增压器工作原理

的全部右腔中的油中，故由该腔输出的油的压力也为 p_2。由大小活塞这一整体受力平衡条件出发，$p_1 A_1 = p_2 A_2$，$p_2 = \dfrac{A_1}{A_2} p_1$，由于 $A_1 > A_2$，故通过增压器使工作油的压力增大为原来的 $\dfrac{A_1}{A_2}$ 倍。

2.2.2 离心力场中相对静止液体的等压面和静压力

离心力场指由旋转流体占据的空间，此空间中每一点都能产生离心质量力。

如图2-5所示，在水平旋转圆筒中有与圆筒作同样角速度 ω 旋转的液体，如果不考

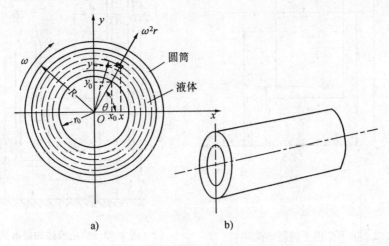

图2-5

a) 旋转液体横截面　b) 液体整体示意

虑重力场的影响①，在旋转半径 r(点 x、y)处截取单位质量液体，则单位质量离心力为 $\omega^2 r$，此力在 x 轴、y 轴方向上的分量应各为

$$X = \omega^2 r \cos\theta = \omega^2 x \qquad Y = \omega^2 r \sin\theta = \omega^2 y$$

在液体长度方向上无离心力的分量，故 $Z=0$，将 X、Y 值代入式(2-4)，得

---

① 即失重状态，可设想这一情况是在空间站上实现的。

$$\omega^2 x \mathrm{d}x + \omega^2 y \mathrm{d}y = 0$$

经积分运算后，得

$$x^2 + y^2 = r^2 \qquad (2-8)$$

由此式可知，不考虑重力场影响的前提下，绕水平轴作圆周运动液体的等压面应是以液体旋转轴线作轴线的圆柱面系列，液体的自由表面也是同样性质的圆柱面。如果考虑重力场的影响，绕水平轴作圆周运动的液体在由上往下和由下往上转动时就会出现受重力加速度影响而产生的加速和减速运动，液体就不处于相对静止状态，问题就变成流体动力学研究的对象，流体静力学的规律已不适用。①

今把 $X = \omega^2 x$、$Y = \omega^2 y$、$Z = 0$ 代入式(2-2)，可得

$$\rho(\omega^2 x \mathrm{d}x + \omega^2 y \mathrm{d}y) = \mathrm{d}p$$

对此式取自 $r = r_0$ 至 r 的定积分，并注意 $x^2 + y^2 = r^2$ 的几何关系和在自由表面上由于里层没液体，由离心力引起的压力 $p_{r_0} = 0$ 的特点，可得半径 r 处的离心压力计算数学式，即

$$p_r = \frac{\rho \omega^2}{2}(r^2 - r_0^2) \qquad (2-9)$$

旋转圆筒壁上的离心压力计算式应为

$$p_R = \frac{\rho \omega^2}{2}(R^2 - r_0^2)② \qquad (2-10)$$

卧式离心铸造时，常可在不考虑重力影响假设下，单纯地把离心压力作为金属液质量力引起的压力。

2.2.3 重力场、离心力场共同作用时相对静止液体的等压面和静压力

如图式 2-6 所示，盛有液体的容器绕垂直轴 z 以角速度 ω 旋转(立式离心铸造时也有同样情况)，粘性液体被带动作同样角速度的旋转，液体处于相对静止状态，其自由表面呈现如图所示的曲面。在液体中的旋转半径 r 处任意截取单位质量微元体，其所处位置为 x、y、z。在微元体上的质量力既有离心力，又有重力，故

$$X = \omega^2 r \cos\theta = \omega^2 x \quad Y = \omega^2 r \cos\theta = \omega^2 y \quad Z = -g$$

将它们代入式(2-4)，得

$$(\omega^2 x \mathrm{d}x + \omega^2 y \mathrm{d}y - g \mathrm{d}z) = 0$$

对此式积分，利用 $x^2 + y^2 = r^2$ 的关系，得

$$z = \frac{\omega^2 r^2}{2g} + C \qquad (2-11)$$

此式中 C 为积分常数，由式(2-11)可知等速旋转容器中相对静止液体内的等压面

---

① 卧式离心铸造时，在浇注后开始的阶段，金属液情况与本节所叙述的液体相似，有的铸造文献把卧式离心铸造时按金属液处于相对静止的观念，进行了流体静力学的计算，得出了错误的金属液自由表面上移的结论。

② 一些铸造文献把此式写成 $p_R = \frac{\rho \omega^2}{3}\left(R^2 - \frac{r_0^3}{R}\right)$，这是由于对帕斯卡定律忽视所引起的错误。

为一系列以旋转轴为轴线的回转抛物面。自由表面也是回转抛物面，由图 2-6 知：自由面上 $r=0$ 时，$z=h_0$，即 $C=h_0$，故自由表面的数学式为

$$z = \frac{\omega^2 r^2}{2g} + h_0 \qquad (2-11a)$$

如把 $X=\omega^2 x$、$Y=\omega^2 y$ 和 $Z=-g$ 代入式(2-2)，则积分后得

$$p_{rz} = \rho\left(\frac{\omega^2 r^2}{R} - gz\right) + C$$

根据自由表面上的条件：$r=0$ 时 $z=h_0$，在自由表面上的压力为大气压力，即 $p_{rz}=p_a$，则 $C=p_a$，故最后等速旋转容器中相对静止液体内的各点压力计算公式为

$$p_{rz} = \rho\left[\frac{\omega^2 r^2}{2} - g(z-h_0)\right] + p_a \qquad (2-12)$$

如在同一高度上观察液体中的两个点 (r_1,z_1) 和 (r'_0,z_1)（图 2-6），$r'_0 > r_1$，求这两点的压力差 p'，可将 (r_1,z_1) 和 (r'_0,z_1) 分别代入式(2-12)，将所得两式相减，便可得

$$p' = \frac{\omega^2 \rho}{2}(r'^2_0 - r^2_1) \qquad (2-13)$$

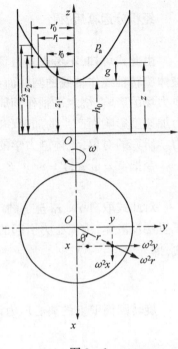

图 2-6

如 r_1 在 z_1 高度处是自由表面的半径，即 $r_1=r_0$，则式(2-13)变为

$$p' = \frac{\omega^2 \rho}{2}(r'^2_0 - r^2_0) \qquad (2-14)$$

此式的形式与式(2-9)一样，因此可认为绕垂直轴旋转的相对静止液体中，同一高度上的两点压力差由离心力(质量力)决定，即同一高度平面上各点压力分布服从离心压力分布的规律。

如观察同一半径 r'_0，两个不同高度 $z_1,z_2(z_2>z_1)$ 上的液体中两点的压力差 p''，同样利用式(2-12)，进行上述相似的运算，可得

$$p'' = \rho g(z_2 - z_1) \qquad (2-15)$$

这说明绕垂直轴旋转相对静止液体中同一半径处不同高度上的两点压力差主要由重力(质量力)所决定，即液体中高度方向上的压力分布服从于重力场中静止液体中压力分布的规律。

今观察点 (r'_0,z_1) 和点 (r_0,z_1)，后者处于自由表面上，该点处的压力为大气压 p_a，利用式(2-14)，可得点 (r'_0,z_1) 处的压力 $p_{r'_0 z_1}$ 为

$$p_{r'_0 z_1} = \frac{\omega^2 \rho}{2}(r'^2_0 - r^2_0) + p_a \qquad (2-16)$$

观察点 (r'_0,z_1) 和点 (r_0,z_3)，后者也处于自由表面上，故该处的压力也为大气压 p_a，利用式(2-15)，可得

$$p_{r'_0 z_1} = \rho g(z_3 - z_1) + p_a \qquad (2-17)$$

比较式(2-16)和式(2-17),可得在点(r'_0, z_1)处

$$\frac{\omega^2 \rho}{2}(r'^2_0 - r'_0) = \rho g(z_3 - z_1) \qquad (2-18)$$

由此可见,绕垂直轴旋转的相对静止液体中每一点上的离心压力与由重力引起的压力都相等,这又一次说明帕斯卡定律的正确性。也可以理解绕垂直轴旋转液体中的等压面所以为抛物面,主要是离心压力与重力引起的压力之间相互平衡所促成的。

2.3 压力的计量和测量

2.3.1 压力的计算

法定的压力计量单位为 Pa,但也常可遇到非法定计量单位,表 2-1 列出一些常见非法定压力计量单位与 Pa 之间的关系。

表 2-1 非法定压力计量单位的 Pa 值

非法定压力计量单位	巴(bar)	标准大气压(atm)	毫米汞柱(mmHg)	托(Torr)	毫米水柱(mmH_2O)
相应的 Pa 值	1	$1.01325 \times 10^5$①	133.322		9.80665

① 在工程计算中常取 1 atm = 0.1 MPa

在压力计算时根据计量基准的不同,有下述三种压力计量的名称:

(1) 绝对压力:以压力值为零值作基准进行计量的压力。

(2) 计示压力(表压):由压力表、测压计表示的压力。因为测量压力的仪表总在大气中工作,当它们不测压力时,它们应显示压力为零,它们只能显示超过它们所处环境气压的压力值,故大多情况下可认为计示压力的基准压力值为一大气压 p_a,所以绝对压力 p 与计示压力 p_e 之间的关系为 $p = p_e + p_a$。需要注意的是当测量密度很小的流体压力时,应该考虑不同高度处大气压值的不同,不能都认为是 1 atm,如在测量加热炉、烟筒中炉气压力时都需要考虑。

(3) 真空度:指小于大气压力的绝对压力值 p_v。

例 一加热炉炉膛高 $H = 1.2$ m,炉内充满 1 350 ℃的气体(这种气体在 1 atm、0 ℃时的密度为 1.29 kg/m^3),炉体外面大气的温度为 20 ℃,其密度 $\rho_a = 1.20$ kg/m^3,如炉底处的炉气表压为零,求炉顶处、炉膛内的表压为若干(图 2-7)?

解 1 350 ℃时炉气的密度为

$$\rho = 1.293 \times \frac{273}{273 + 1350} = 0.219 \text{ kg/m}^3$$

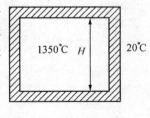

图 2-7

根据式(2-7),炉膛内炉底处的气体压力 $p_{底}$ 和炉顶处气体压力 $p_{顶}$ 的关系为

$$p_{顶} = p_{底} - \rho g H$$

由于炉气密度很小,接近空气的密度,所以考虑炉内表压时必需考虑大气压在高度上的变化,故同样据式(2-7)在大气中相当于炉底高度处的大气压 $p'_{底}$ 和相当于炉顶高度处的大气压 $p'_{顶}$ 的关系应为

$$p'_{顶} = p'_{底} - \rho_a g H$$

将此两式相减,可得加热炉顶部的表压

$$p_{e顶} = p_{顶} - p'_{顶} = p_{底} - p'_{底} - (\rho - \rho_a)gH = p_{e底} - (\rho - \rho_a)gH =$$
$$0 - (0.219 - 1.2) \cdot g \cdot 1.2 = 11.5 \text{ Pa} \approx 1.18 \text{ mmH}_2\text{O}$$

2.3.2 压力的测量

测量流体压力的仪表种类很多,但基本可分为三大类:第一类是液柱式压力计(测压管),流体的压力传输在管中的测压液体上,形成液柱,根据液柱的高度评定流体的压力值,常用来测较小的压力;第二类是金属压力计(压力表),把流体压力传至弹性金属元件,用指针所指示的弹性金属件变形量的大小以评定流体的压力,可测较大的压力;第三类压力计是利用一些传感器(如电阻应变片、压电晶体等)将流体的压力信号转变成电信号,来显示压力的大小的仪表。电信号可用电气仪表示出,也可记录下来,还可用来控制设备的运转,测量动态压力特别方便。本节主要叙述第一类和第二类压力计。

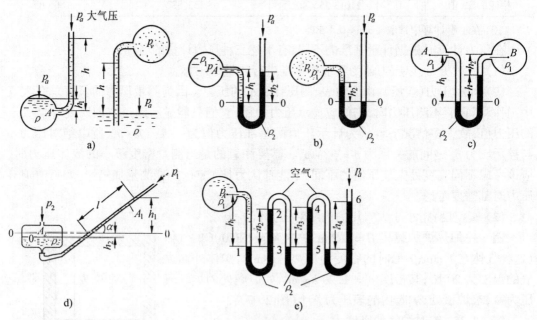

图 2-8 液柱式压力计
a) 测压管　b) U 形管测压计　c) U 形管差压计　d) 倾斜式微压计　e) 多支测压计

一、液柱式压力计

图 2-8 示出了五种液柱式压力计,在管中一般充水、水银或酒精,为消除毛细管现象的影响,管的内径一般大于 10 mm。

(1) 测压管(图2-8a))是一种测量较小压力准确度较高的最简单液柱式测压计。左边一种用来测大于大气压的压力,所测得的值为计示压力,如 A 点的计示压力

$$p_{eA} = \rho g h \tag{2-19}$$

而
$$p_0 = \rho g (h - h_1) \tag{2-20}$$

图2-8a)中右边的一种用来测量真空度 p_v,此时可不考虑气柱的高度,因气体的密度比液体的密度 ρ 小得多,故

$$p_v = \rho g h \tag{2-20a}$$

(2) U 形管测压计(图2-8b))是一种可测较大流体压力的液柱式测压计。左边一种用来测大于大气压的压力,测得的值为计示压力,如欲测 A 点计示压力 p_{eA} 时,可从 U 形管中 0-0 等压面出发,利用式(2-7)推导得到

$$p_{eA} = \rho_2 g h_2 - \rho_1 g h_1 \tag{2-21}$$

如所测压力为气体的压力,此时 $\rho_1 \ll \rho_2$,可忽略不计气柱在 U 形管中所建立的压力,则

$$p_{eA} = \rho_2 g h_2 \tag{2-21a}$$

此种压力计在铸造车间的化铁中天炉上测量送风压力时用得很多,此时必须注意 U 形管的"压力"入口必须垂直于送风管壁,防止送风管中气体的流速引起 U 形管测压值的误差。

图2-8b)中右边的一种用来测真空度,如不考虑气柱所建的压力,则

$$p_v = \rho_2 g h_2 \tag{2-21b}$$

(3) U 形管差压计(图2-8c))用来测量同一容器两个不同位置或不同容器的压力差的仪器。可从 U 形管两根管子中处于 0-0 面上的截面为等压面出发,左边管子在此截面上的压力为 $p_A + \rho_1 g h_1$,右边管子在此截面上的压力为 $p_B + \rho_1 g h_2 + \rho_2 g h$,则可得

$$p_A - p_B = \rho_1 g (h_2 - h_1) + \rho_2 g h = (\rho_2 - \rho_1) g h \tag{2-22}$$

若所测流体是气体,则

$$p_A - p_B = \rho_2 g h \tag{2-22a}$$

(4) 倾斜式微压计(图2-8d))是在测量较小的流体压力,为提高观察精确度时用。

当微压计不测压时,$p_2 = p_1$,容器与斜管内的液面平齐,处于水平面 0-0 内。测压时如 $p_2 > p_1$,斜管中液面上升 l 长度,即升高 $h_1 = l\sin\alpha$。容器中液面下降 h_2。由于容器中下降的液体体积应等于管中上升的体积,所以 $h_2 = l\dfrac{A_1}{A_2}$(A_1、A_2 各为管和容器的截面积)。所以

$$p_2 - p_1 = \rho g (h_1 + h_2) = \rho g \left(\sin\alpha + \frac{A_1}{A_2}\right) l = kl \tag{2-23}$$

上式中 $k = \rho g \left(\sin\alpha + \dfrac{A_1}{A_2}\right)$,对一定型号的倾斜式微压计,$k$ 是定值,由生产工厂在仪器上说明,故只需从仪表上的标尺(l 长)就可直接读得 $p_2 - p_1$ 的数值。如斜管为开口,$p_1 = p_a$,则标尺上的数值即为 p_2 的计示压力值。

(5) 多支测压计,这是一种多支 U 形管串联起来的测压计(图2-8c)),可以测量较大的压力。

在 1 面上,利用式(2-7),得该面上压力表达式

$$p_1 = p_A + \rho_1 g h_1 = \rho_2 g h_2 + p_2$$

在 2 面和 3 面上，压力的关系为：$p_2 = p_3 = p_4 + \rho_2 g h_3$；在 4 面和 5 面上，压力的关系为：$p_4 = p_5 = p_a + \rho_2 g h_4$；最后，$p_A = \rho_2 g(h_2 + h_3 + h_4) - \rho_1 g h_1 + p_a$，所以测得的 A 点计示压力值为

$$p_{eA} = \rho_2 g(h_2 + h_3 + h_4) - \rho_1 g h_1 \tag{2-24}$$

二、金属压力计

图 2-9 示出了两种金属压力计的工作机构示意图，当流体压力进入金属弯管中(图 a))或波纹膜片(图 b))上，根据压力大小，它们的弹性变形程度促使指针作一定的转动，由标尺便可读出 p 的计示压力值。用它可测较大压力，但在使用一段时间后，金属的力学性能会变异，故需按规定进行校正。

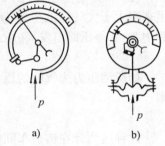

图 2-9 金属压力计工作机构示意图
a) 波登管式 b) 波纹膜片式

例 一煤粉炉二次风管的风量用倾斜差压式 U 形管微压计(图 2-10)测量，根据 U 形管下管液柱表面的压力(由风管中心风速表现的压力)p_1 和 U 形管上液柱表面上的压力(风管壁上气体的静压力)p_2 之间的差值确定风量。未通风时，U 形管上、下管中的水面都处于 0-0 水平面上，通风后得如图所示水柱，如 U 形管的倾斜角为 $\theta = 10°$，求 $p_1 - p_2$。

解 U 形管中水柱高差

$$\Delta h = 0.06 \sin 10°$$

故 $\quad p_1 - p_2 = 1\,000 \times g \times 0.06 \times \sin 10° = 102 \text{ Pa} = 10.4 \text{ mmH}_2\text{O}$

例 铁轮的立式离心铸造工艺示于图 2-11，已知 $h = 200$ mm，$D = 900$ mm，铸型转速 $n = 600$ rpm，铁液密度 $\rho = 7\,000$ kg/m³，求 m 处的计示压力 p_m。

解 把 n 值化成角速度 ω 值

$$\omega = \frac{\pi n}{30} = 62.8 \text{ s}^{-1}$$

m 点的计示压力应为 m 点上的离心压力加重力引起的压力 $\rho g h$，参考式(2-10)，取 $r_0 = 0$，则 m 点处的计示压力为

$$p_m = \frac{\omega^2 \rho}{2}\left(\frac{D}{2}\right)^2 + \rho g h = 2.794 \text{ MPa} + 0.092\,2 \text{ MPa} = 2.886 \text{ MPa} = 29.4 \text{ atm}$$

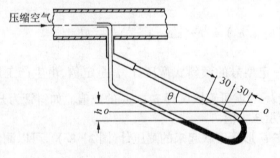

图 2-10 测风量的毕托管 (Pitot tube)

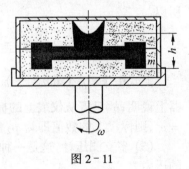

图 2-11

2.4 静止液体总压力

在机械工程中常会遇到盛装流体的容器,需测定流体对容器壁的作用力,如储气罐、油箱、水管等;也常会遇到用流体压力作动力的机械件,如气缸、油缸等,常需知道作用在容器壁、某一零件表面上流体压力施加的总压力。所谓总压力 P 即指作用在某一面 A 上的压力 p 的总和,即

$$P = \int_A p \mathrm{d}A$$

在实践中,由于气体的密度较小,在一限定面积内,常可把压力 p 视为不随观察点空间位置变化的常数,如作用在气球壁、储气罐壁上的压力。又如果流体本身的宏观压力较大,而所观察的面上流体中由空间位置变化所出现的压力变化值相对很小时,此时也可把观察面上流体压力视为常数,如油缸活塞面上的压力。这样可有效地简化总压力的计算过程。

2.4.1 重力场中静止液体作用在平面上的总压力

如一底面为平面,面积为 A,上面开口水平放置的容器内盛有密度为 ρ 的液体,液深为 h,则作用在底面上的总压力为

$$F = pA = (p_a + \rho g h)A$$

而底面上的一部分压力被底面下表面上由大气压力引起的向上总压力 $p_a A$ 所抵消,所以容器底面上承受力只有由流体产生的总压力 $\rho g h A$。

因此水平放置容器底平面上由液体产生的压力只与平面面积、液深和液体的密度有关,而与容器侧壁的形状无关。如图 2-12 中所示三种侧壁形状不同,底面面积相同的容器,装同样液体,液深一样时,其底面上受到液体的总压力都一样,均为容器 abcd 中液体的总重量。

如容器侧壁为一倾斜的平面,在其上任意割取一块(图 2-13),面积为 A,平面倾斜角为 θ,坐标轴的安排如图所示,而 z 轴则垂直于平面。为求作用在此平面上的液体总压力,在该平面上任取微元面 $\mathrm{d}A$,其深度为 h,该处的压力 p 垂直于平面,则微元面上的总压力为

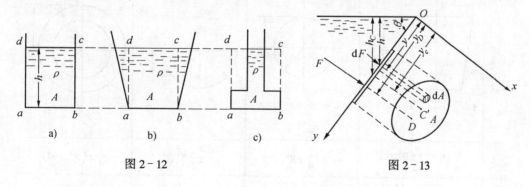

图 2-12　　　　　　　　图 2-13

$$\mathrm{d}F = p\mathrm{d}A = \rho g h \mathrm{d}A = \rho g y \sin\theta \mathrm{d}A \tag{2-25}$$

式中 $h = y\sin\theta$,沿整个面积 A 对该式进行积分,可得液体作用在 A 面积上的总压力

$$F = \int_A dF = \rho g \sin\theta \int_A y dA = \rho g A y_c \sin\theta = \rho g h_c A \quad (2-26)$$

该式中 $\int_A y dA$ 为面积 A 对 x 轴的面积矩,故 $\int_A y dA = A y_c$(y_c——面积 A 的形心至 x 轴的距离),$y_c \sin\theta = h_c$(h_c——面积 A 形心的液面下深度)。

式 $F = \rho g h_c A$ 说明作用在 A 平面上的液体总压力相当于以 A 为底,高度为 h_c 的液柱体积的重量。对水平放置的底平面言,h_c 即为液体的深度 h,对垂直的平面言,h_c 为液体深度的一半。

需要注意的是 A 面上的总压力作用点并不与该平面的形心重合,它需根据固体力学力矩原理:合力力矩等于各分力力矩的代数和求得。如设总压力作用点为点 D,则对 x 轴的力矩言,应得

$$F \cdot y_D = \int dF \cdot y$$

将式(2-25)和式(2-26)的 dF 和 F 值代入上式,经运算后得

$$y_c \cdot A \cdot y_D = \int_A y^2 \cdot dA$$

$\int_A y^2 dA$ 为面积 A 对 x 轴的惯性矩 J_x,故可得

$$y_D = \frac{J_x}{y_c \cdot A}$$

将 J_x 移至形心 C 时,根据惯性矩移轴定理 J_x 与形心惯性矩 J_c 的关系为

$$J_x = J_c + y_c^2 \cdot A$$

则

$$y_D = \frac{J_c + y_c^2 A}{y_c A} = y_c + \frac{J_c}{y_c A} \quad (2-27)$$

由于 $\frac{J_c}{y_c A}$ 总是正值,所以 y_D 总大于 y_c,总压力作用点总在形心下面,这是由于重力压力与水深成正比的原因。但对水平面言,总压力作用点与形心重合。

表 2-2 列出几种规则平面形心惯性矩 J_c 和形心坐标 S_c 的计算公式。

表 2-2 几种规则平面形心惯性矩 J_c 和形心坐标 S_c 的计算公式

平面形状	梯形	圆形	半圆形	圆环
J_c	$\frac{1}{36}h^3 \frac{a^2+4ab+b^2}{a+b}$	$\frac{1}{4}\pi R^4$	$\frac{9\pi^2-64}{72\pi}R^4$	$\frac{1}{4}\pi(R^4-r^4)$
S_c	$\frac{1}{3}h\frac{a+2b}{a+b}$	R	$\frac{4}{3}\frac{R}{\pi}$	R

续表 2-2

平面形状			
J_c	$\dfrac{1}{12}bh^3$	$\dfrac{1}{36}bh^3$	$\dfrac{1}{4}\pi a^3 b$
S_c	$\dfrac{1}{2}h$	$\dfrac{2}{3}h$	a

例 由两个砂箱组成的铸型示于图 2-14,上砂箱表面组成型腔上表面,其面积 $S = (1 \times 1) \text{m}^2$,此表面距上砂箱上表面 $H = 0.2$ m,型腔中充满密度 $\rho = 7010$ kg/m³ 的铁液时,铁液上抬上砂箱的力有多大?

解 铁液上抬上砂箱的力即为铁液对型腔上表面的向上总压力

$$F = \rho g H S = 7\,010g \times 0.2 \times 1 = 19\,739 \text{ N}$$

如考虑浇注末尾,铁液充满型腔一瞬间,铁液突然停止流动时会产生一股由惯性引起的反力,致使当时铁液中产生的压力大于静压力约 30% ~ 50%,故实践中抬箱力应取

$$F' = (1.3 \sim 1.5)F = (256\,607 \sim 294\,035) \text{ N}$$

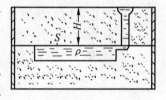

图 2-14

例 如图 2-15 所示一个侧壁底部带有阀门的水箱,求矩形阀门上的总压力 F 和按装开启阀门手把的最合适位置。

解 作用在阀门上的总压力

$$F = \rho g h_c \cdot a \cdot b = 1\,000 \times 3.8 \times 0.4 \times 1g = 1\,489\,600 \text{ N}$$

阀门手把的安装位置应刚好在总压力作用点上,开启阀门的力可最小。故据式(2-27)和表 2-1,可得

$$y_D = y_c + \frac{J_c}{y_c ab} = h_c + \frac{\dfrac{a^3 b}{12}}{h_c ab} = 3.8 + \frac{(0.4)^3 \times 1.0}{3.8 \times 0.4 \times 1.0} = 3.803 \text{ m}$$

2.4.2 重力场中静止液体作用在曲面上的总压力

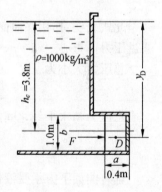

图 2-15

工程中常能遇到受液体压力的曲面,如圆柱形的滑动轴承表面,埋在江底的管道外表面,铸造有曲面铸件时相应的铸型表面等,所以研究曲面上静止液体的总压力具有实际的意义。

如图 2-16,求 $abcd$ 曲面上的静止液体总压力。此曲面为二维曲面,其母线与 y 轴平行,在深度为 h 的此面上沿母线截取长条微元面 dA,则该面的受压情况可如右侧的力分析图所示。由于曲面上的力不是相互平行的,所以需把它们分解为 x 轴和 z 轴方向的分力系,求出各分力系的合力,再把分合力合成总压力。

先求总压力的水平分力 F_x。

在微元面 dA 上的压力水平分力为
$$dF_x = dF\cos\theta = \rho gh dA\cos\theta = \rho gh dA_x$$

故
$$F_x = \rho g \int_A h dA_x$$

式中 $\int_A h dA_x$ 为面积 A（即 $abcd$ 曲面）对 y 轴的面积矩，故 $\int_A h dA_x = h_c A_x$（A_x 为 A 在 yoz 坐标面上的投影）。因此

$$F_x = \rho g h_c A_x \quad (2-28)$$

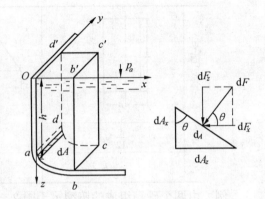

图 2-16

此式表明：作用在曲面上的液体总压力的水平分力等于作用在该曲面在 yoz 坐标面的垂直投影平面上的液体总压力，F_x 的作用点通过 A_x 的压力中心。

再求总压力的垂直分力 F_z。

在微元面 dA 上的压力垂直分力
$$dF_z = \rho gh dA\sin\theta = \rho gh dA_z$$

故
$$F_z = \rho g \int_A h dA_z$$

式中 $\int_A h dA_z$ 为曲面 $abcd$ 上的液柱体积 $abcdob'c'd'$（可称为压力体 V_p），即 $\int_A h dA_z = V_p$，故

$$F_z = \rho g V_p \quad (2-29)$$

此式表明：作用在曲面上液体总压力的垂直分力等于压力体内液体的重量，其作用线通过压力体重心。

总压力大小为

$$F = \sqrt{F_x^2 + F_z^2} \quad (2-29)$$

总压力与水平线之间的夹角为 θ，则

$$\tan\theta = \frac{F_z}{F_x} \quad (2-30)$$

也有曲面下方承受液体压力的情况，如图 2-17，曲面 ab 上总压力的垂直分力的方向为向上，压力体应为 $abcd$，是一种虚拟的液体空间，实际在曲面 ab 上面根本没有液体。

例 图 2-18 所示的贮水容器上有三个直径都为 $d = 0.5$ m 的半球形盖，已知 $h = 1.5$ m，$H = 2.5$ m，水的密度 $\rho = 1\,000$ kg/m³，求每个盖上的液体总压力。

解 底盖 1 上作用在盖子左半部和右半部的总压力水平分力相等，方向相反，故总压力的水平分力为零，故作用在此盖上的垂直向下总压力 F_{z1} 为

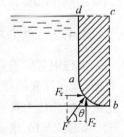

图 2-17

$$F_{z1} = \rho g V_1 = \rho g \left[\frac{\pi d^2}{4}\left(H + \frac{h}{2}\right) + \frac{\pi d^3}{12} \right] = 9807\left[\frac{\pi(0.5)^2}{4}\left(2.5 + \frac{1.5}{2}\right) + \frac{\pi(0.5)^3}{12}\right] = 6\,579 \text{ N}$$

顶盖2上总压力水平分力也为零,故垂直向上的总压力 F_{z2} 为

$$F_{z2} = \rho g V_2 = \rho g \left[\frac{\pi d^2}{4}\left(H - \frac{h}{2}\right) - \frac{\pi d^3}{12} \right] = 3\,049 \text{ N}$$

侧盖3上总压力的水平分力 F_{x3} 为

$$F_{x3} = \rho g h_c A_x = \rho g H \frac{\pi d^2}{4} = 4\,814 \text{ N}$$

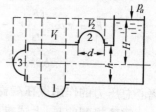

图2-18

侧盖3上既有作用在盖子上半部上的向上总压力垂直分力,也有作用在盖子下半部的总压力向下垂直分力,其相差值即为向下的由半球体积为压力体的垂直总压力分力 F_{z3},故

$$F_{z3} = \rho g \frac{\pi d^3}{12} = 321 \text{ N}$$

侧盖3上总压力大小为 $\quad F_3 = \sqrt{F_{x3}^2 + F_{z3}^2} = 4\,825 \text{ N}$

侧盖3上总压力与水平线的夹角

$$\theta = \arctan \frac{F_{z3}}{F_{x3}} = \arctan \frac{1}{15} = 15°49'$$

2.4.3 离心总压力

2.2.2中已表明旋转的相对静止流体中会产生离心压力,一般情况下旋转的圆筒壁上的总压力常为零值,因为径向的离心压力往往相互抵消。可是在轴向,如果在旋转的筒体(参见图2-5)的前后两个端面上加上盖子,阻止液体流出筒外,筒盖便会感受到由液体离心压力引起的推开筒盖的总压力(图2-19a))。

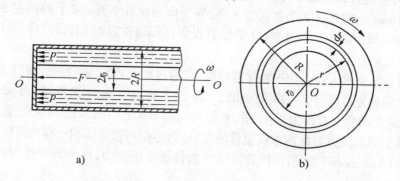

图2-19

为求作用在端盖上的总压力 F,可在端盖的与液体接触表面上的半径 r 处,取一微元环,其宽度为 dr(图2-19b)),则此环上产生的总压力 dF 为

$$dF = p_r 2\pi r dr$$

据式(2-9) $p_r = \frac{\rho \omega^2}{2}(r^2 - r_0^2)$,则得

$$dF = \pi\rho\omega^2(r^2 - r_0^2)rdr$$

不考虑液体自由表面上的大气压力,对此式自 $r = r_0$ 至 $r = R$ 进行积分,则可得

$$F = \pi\rho\omega^2\int_{r_0}^{R}(r^3 - r_0^2 r)dr = \pi\rho\omega^2\left[\frac{r^4}{4} - \frac{r_0^2 r^2}{2}\right]_{r_0}^{R} = \pi\rho\omega^2\left(\frac{R^4}{4} - \frac{r_0^2 R^2}{2} + \frac{r_0^4}{4}\right) =$$
$$\frac{1}{4}\pi\rho\omega^2(R^2 - r_0^2)^2 \qquad (2-31)$$

离心总压力的作用点在端盖的中心。

需要提醒的是:上述推导中只考虑了离心压力的总压力,没有考虑液体质点所处位置高低不同引起的压力差异,工程中如图 2-19 所示情况时,这种差异对端盖上总压力的影响不大,可忽略不计。

例 一顶盖中心装有小管的圆筒,其中装水情况示于图 2-20,圆筒内半径 $R = 0.3$ m,管中水柱高 $h = 0.1$ m,如圆筒和水的转速 $n = 300$ rpm,求水作用在顶盖上的总压力。

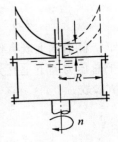

图 2-20

解 因顶盖中心小管中的水柱高就相当于把无水柱时的自由表面抛物面提高了 h 值,故水中各点的压力值为离心压力加上由水柱 h 建立的压力。因此利用式(2-3)顶盖上向上的总压力 F 为

$$F = \frac{1}{4}\pi\left(\frac{\pi n}{30}\right)^2\rho R^4 + \rho gh\cdot\pi R^2 = \rho\pi R^2\left[\frac{R^2}{4}\left(\frac{\pi n}{30}\right)^2 + gh\right] = 6\ 546.4\ \text{N}$$

2.5 静止液体中物体的上浮力

设有如图 2-21 的处于液体中的任意形状的物体 $adbc$,液体对该物体的表面作用有压力,同上节一样,可把总压力分解为水平总压力和垂直总压力。作无数水平平行线切于该物体的外轮廓上,通过切点得面 cd,其最高点为 c,最低点为 d。由式(2-28)可知,作用在左半面 cad 上的向右水平总压力 F_{x1} 应等于作用在右半面 cbd 上的向左水平总压力 F_{x2},相互抵消,因曲面 cad 和曲面 cbd 的垂直投影面都是垂直面 kd,因此作用在物体上的总压力总是在垂直方向上。

同样可作垂直线无数条切于物体外轮廓上,通过切点得面 ab,在面 ab 下部的 adb 曲面上受向上的垂直总压力 F_{z2},其值为曲面 adb 以上的水柱 $eadbf$ 的重量,而 ab 上部的曲面 acb 上受向下的垂直总压力 F_{z1} 作用,其值为曲面 acb 上面的水柱 $eacbf$ 的重量,故最后作用在物体上的总压力为此两水柱重量的差,即为体积与物体体积一样的液体重量,此即为阿基米德(Archimedes)原理:浸沉在液体中物体所受的浮力,等于其所排挤的液体的重量。

例 有一浇注铁管的铸型(图 2-22),铁液的密度为 $\rho = 6\ 870\ \text{kg/m}^3$,求铁液上抬上砂箱的力量。

解 抬上砂箱的力 F 为铁液对上砂箱半圆柱面 A 上的总压力与加铁液上浮型芯 B 的浮力 F_2,所以

$$F = F_1 + F_2 = \rho g\left(hD - \frac{\pi D^2}{8}\right)l + \rho g\left(\frac{\pi d^2}{4}\right)l = 456.4\ \text{N}$$

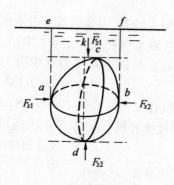

图 2-21

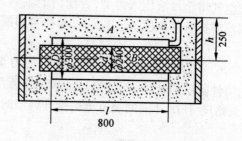

图 2-22

习 题

2.1 试用欧拉公式,求图 2-23 所示正在以等加速度 a 前进的油罐车内液体中等压面和自由表面的方程式。

2.2 如图 2-24 所示的烟囱,其中炉气温度 $t_g = 300\ ℃$(炉气密度 $\rho_g = 1.25 - 0.0027t_g$),烟囱外空气密度 $\rho_a = 1.29\ kg/m^3$,求烟囱下口的抽气压力 $(p_0 - p_g)$值。 (答:166.7 Pa)

2.3 一充满煤气的直立管,在高度差 $H = 20$ m 的管壁上装两个内有水的 U 形管,测得 $h_1 = 100$ mm,$h_2 = 115$ mm(与水相比,U 形管中的气柱可忽略),已知空气密度 $\rho_a = 1.28\ kg/m^3$,求管内静止煤气的密度(图 2-25)。

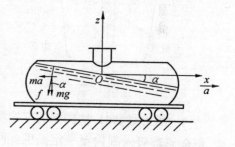

图 2-23

(答:0.53 kg/m³)

2.4 常用立式离心铸造法生产圆环状铸件(图 2-26),但因自由表面为抛物面,故铸件壁厚不一样,若对铸件的最大内半径 r_1 和高度 h 有一定要求,求:(1) 推导 r_2 与转速 ω 的数学关系式;(2) 若 $R = 200$ mm,$r_1 = 120$ mm,铸型和铜液转速 $n = 800$ rpm,铜液的密度 $\rho = 8700\ kg/m^3$,求铜液顶开上盖的力。 (答:$r_2 = \sqrt{r_1^2 - \dfrac{2gh}{\omega^2}}$,$F = 31\,638.7$ N)

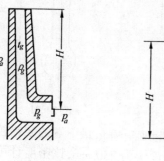

图 2-24

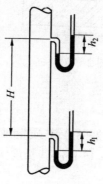

图 2-25

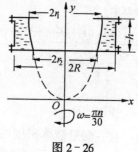

图 2-26

2.5 低压铸造时,铸型装在盛金属液的坩埚上面(图2-27),由金属液自由表面上的压缩空气将金属液压入铸型,若压铸的金属为铝合金,其液态时密度为 $\rho = 2\,700$ kg/m³,金属液需提升的高度 $h = 0.5$ m,求在金属液面上的压缩空气的绝对压力至少应为多大值?
(答:0.132 MPa)

2.6 压力铸造时,金属液由柱塞的力量压入铸型(图2-28),如 $f = 90$ kN,$d = 40$ mm,铸件圆碗的外径 $D = 100$ mm,求顶住铸型不让铸型被推开的合型力 F 至少应该多少(可忽略尺寸 D、d 间的浇道上的推开铸型的力)?
(答:472.5 kN)

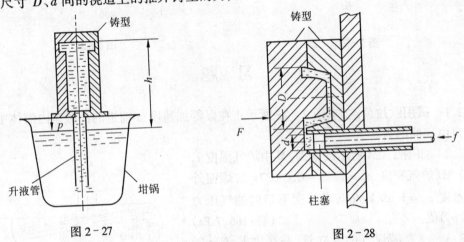

图2-27　　　　　　　　　　图2-28

2.7 真空吸铸时,把铸型的下端浸入金属液(图2-29),需在铸型内建立一定的真空度,把金属液吸入型内至一定高度。问如果铸造铜合金铸件,铜液的密度 $\rho = 8\,700$ kg/m³,用真空吸铸法可铸铜件的最大理论高度为几米?
(答:1.21 m)

2.8 如图2-30所示的砂型,铸件在垂直于图面方向上的长度 $L = 500$ mm,求铁液把上型上抬的力量(铁液密度 $\rho = 6\,800$ kg/m³)。
(答:1 572.7 N)

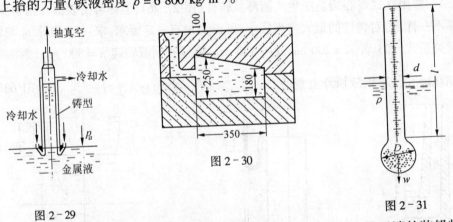

图2-29　　　　图2-30　　　　图2-31

2.9 有一测量液体密度的密度计(图2-31),其质量 $W = 40$ g,最下端的装铅粒的球体直径 D 为 20 mm,上面玻璃管的直径 $d = 15$ mm,其长度 l 为 250 mm,该密度计可测的最小液体密度 ρ_m 为多少(g/cm³)?
(答:0.84 g/cm³)

第三章 流体的层流流运动

当流体中质量力与压力不平衡时,流体便会流动。由前章知,流体流动时有两种形态——层流和紊流。不同形态的流体流动规律和动量传输情况有很大的差别,在本章中先研究层流流体的流动问题。

3.1 几个有关研究流体流动的基本概念

为研究流体运动方便起见,先对一些常用的基本概念作一番了解。

3.1.1 流场

被运动的流体所充满的空间为流场,在流场的任意点上,流体的质点以其本身的密度、产生的压力、与其它质点间的粘性力、它本身 流动速度、加速度等物理量表现它的存在,这些物理量在流场的一切点上都是随时间、空间位置连续分布和连续变化的。

3.1.2 稳定流和非稳定流动

流场内任一点处流体的运动参数及相关的物理量不随时间变化的流动为稳定流,反之,有一个或几个运动参数或相关的物理量是随时间而变化的流动就是非稳定流。

图 3-1 示出了一种可以获得稳定流的盛水容器,此容器的阀 1 如被关闭,打开阀 2,则由此阀流出的水流为稳定流,因为当容器中水往外流,其自由表面下降时,在 A 面上压力 $p_v + \rho g h_1$ 会小于 p_a,此时空气便通过插入水中的小管进入水中上浮至水面上的容器空间,保持 A 面上的压力总是为 p_a。如把阀 1 打开,接通大气,则由阀 2 流出的水流便是非稳定流,因其流动状况随水面降低(即时间)而变化。当加热炉内工作状态稳定时,则送风管内的气流可为稳定的;如加热炉的炉门经常打开或关闭,则送风管内的气流就是非稳定流了。

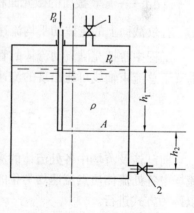

图 3-1

3.1.3 迹线和流线

迹线即为一段时间内流体质点的运动轨迹,如把一滴不易扩散的有色染料滴入水中,便可观察到被染了色的水质点的运动迹线,判断水质点是作直线运动或曲线运动,其运动情况在流场中是如何变化的。

流线则为某一时刻流场中由流体质点的速度向量构成的连线,即在这条线的每一点上的切线与该点处流体质点的速度方向重合。如图 3-2 所示,设在某一瞬间在流场中 a

点处流体质点速度为 v_a,沿 v_a 方向离 a 点无穷小距离上可得 b 点,该点处流体质点在同一瞬间的速度为 v_b,v_a 可不等于 v_b。同样可得 c 点,d 点……,依此类推,则可得某一时刻流场中 a、b、c、d……点的连线,此线即为流线。流线一般不能相交,但在速度为零或无穷大的点处可能相交,因在这些点上不存在流动方向的问题。

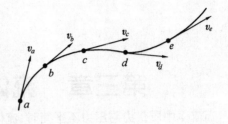

图 3-2

在稳定流中,流线形状不随时间而变化,流线与迹线相重合。而在非稳定流中流线形状随时间而变化,流线与迹线不重合。

3.1.4 流管、流束和流量

流场中如有一本身不是流线而与流线相交的封闭曲线,由通过封闭曲线各点的流线所组成的管状表面即为流管。流管内部的流体为流束。流体不能穿过流管流进或流出。

流管中处处与流线相互垂直的截面称有效截面。

单位时间通过流管某一截面的流体体积或质量称为体积流量或质量流量(或质量流率),在大多数场合,常把体积流量视为流量,但也有个别场合把质量流量视作流量。如铸造浇注时常把单位时间浇入铸型内的金属质量作为衡量浇注速度的物理量。

在动量传输研究中,常需计算通过有效截面的体积流量 Q,其计算式为

$$Q = \int_A v \mathrm{d}A \tag{3-1}$$

式中　v——有效截面上各点处的流体流速;
　　　$\mathrm{d}A$——有效截面的微元面积。

有效截面上的流体的平均流速 $\bar{v} = \dfrac{Q}{A}$。

工程中常把充满流动流体的管道、渠道中的流体看作总流束,并且常忽略相对较小的垂直于总流束轴线可能出现的流速分量,以简化问题的处理。

3.2　动量通量　动量率

前已谈及流场中各处流体的流速常是不一样的,流速不一样的流体质点有一种促使流场中各处流体质点流速均匀化的趋势,这样便形成了动量传输的现象。动量传输通常以两种方式进行。

(1) 流场中流线上的流体沿运动方向由某一空间进入另一空间,把动量由流场的某一空间带入另一空间,这种沿流体流动方向上的动量传输形式称为动量的对流传输;

(2) 流动得较快的流体靠粘性力把侧边流动得较慢的流体带动使运动得更快,出现了流体动量由流速较大的流层向流速较小的流层传输过程,这种动量传输形式称为粘性动量传输。

由动量定理知,一运动着物体的动量为其质量与运动速度的乘积,它是向量。在流场

中动量是空间的函数。

单位时间内通过单位面积所传输的动量称为动量通量；单位时间内通过某面积传输的动量称为动量率，所以

$$\text{动量率} = \text{动量通量} \times \text{传输面的面积} \tag{3-2}$$

3.2.1 对流动量通量

设密度为 ρ 的流体沿 x 轴方向的运动速度为 v_x，则在时间 t 内通过面积 A 的沿 x 轴方向的对流动量通量为

$$\frac{mv_x}{At} = \frac{\rho V v_x}{At} = \rho v_x \frac{\Delta x}{t} = \rho v_x v_x = \rho v_x^2 \tag{3-3}$$

式中 m——通过面积 A 的流体质量；

V——通过面积 A 的流体体积；

Δx——流体在 t 时间内通过面积 A 在 x 轴方向上的移动距离，$\Delta x = \dfrac{V}{A}$。

对流动量通量的方向应与流体的流动方向一致。

3.2.2 粘性动量通量

粘性动量的传输是根据牛顿定律进行的，动量的传输依靠的是不同运动速度的流体质点之间所产生的粘性摩擦力进行的，因此动量的传输表面应处在垂直于速度方向的面上，即沿速度梯度的方向传输，由速度大处向速度小处传输。

根据动量通量的定义，如观察沿 x 轴方向的流体运动，则动量通量的表示式应为

$$\frac{mv_x}{A_y t} = \frac{F_x}{A_y} \tag{3-4}$$

式中 A_y——传输动量的面积，即相邻不同流动速度流体层之间的接触面积；

t——接触时间；

m、v_x 的意义同式(3-3)，而 F_x 为两流层接触面上的切向力，根据理论力学中的动量定理，$F_x = \dfrac{mv_x}{t}$。

分析式(3-4)右项的物理意义，可见 $\dfrac{F_x}{A_y}$ 恰好为 A_y 面上的切应力，即 τ_{yx}。因此粘性动量通量即为动量传输面上的切应力，由于动量传输的方向与速度梯度 $\dfrac{\mathrm{d}v_x}{\mathrm{d}y}$ 的方向相反，故作为动量通量，由式(1-7)得

$$\tau_{yx} = -\eta \frac{\mathrm{d}v_x}{\mathrm{d}y} = -\nu \frac{\mathrm{d}(\rho v_x)}{\mathrm{d}y} \tag{3-5}$$

τ_{yx} 其中第一脚标 y 表示动量传输的方向，第二脚标 x 表示动量的方向。从动量传输的观点出发，式(3-5)中的动力粘度系数 η 又可表示流体传输粘性动量能力的大小。η 越大，流体传输粘性动量的能力就越大，反之 η 越小，流体传输粘性动量的能力就越小；而运动粘度系数 ν 表示流体中动量趋于一致的能力，ν 越大，流体中动量趋于一致的能力就越大，流体流动紊乱的可能性就越小；反之，ν 越小，流体中动量趋于一致的能力就越

小,流体流动易于趋向紊乱。

需要注意的是,作为动量通量,τ_{yx}的方向总是垂直于流体流动的方向,并指向速度梯度的相反方向,如作为切应力,τ_{yx}与流体流动的方向平行。

3.3 动量平衡方程及其应用

3.3.1 动量平衡方程

由力学牛顿第二定律知,一个体系的动量随时间的变化率等于该体系所表现出来的用来平衡外界作用在该体系上总合力 F,而且是沿着外力合力的反方向变化的,即

$$F = \frac{d(mv)}{dt}$$

对正在运动着的稳定流言,这一规律也应成立。如在稳定流的流场中观察任一微元体,如该微元体处于稳定状态,即它上面的流体运动物理量都不随时间变化,则

输入微元体的动量率 − 输出微元体的动量率 +

作用在微元体上的外力合力 = 0   (3-6)

式(3-6)即为稳定流的动量平衡方程。

对非稳定流言,流场微元体中的动量总是随时间发生变化的,因此在时间 dt 的间隔,出现了微元体中蓄积动量的变化,此时式(3-6)便变成了以下形式:

输入微元体的动量率 − 输出微元体的动量率 +

作用在微元体上的外力合力 = 微元体中动量率的蓄积量   (3-7)

此式中的微元体中动量率的蓄积量可为正值或负值。

式(3-6)和式(3-7)实际表明的是一种力的平衡,由动量率表现的力实际为对流动量率和粘性动量率,而作用在流体上的外力主要为质量力和表面力。表面力可为压力、固体表面施加的切应力、压力等。

在解决具体的流体层流流动问题时,先建立适合具体情况的动量平衡方程,在此方程求解时常需要应用如下的一些边界条件:

(1) 除了高超音速流动和低雷诺数流动区(如面对流体的物体前缘)外,流体与固体表面间无滑动现象。即如固体不动,紧贴固体表面的流体运动速度也为零;如固体以某一速度运动,则紧贴固体表面上的流体与固体作相同速度的运动。

(2) 在两种流体的界面上,速度和应力应是连续的。即界面上两种流体的流动速度应一样,并且切应力也相等。如两种流体各为流体和气体,在不考虑界面 两种流体间的相互渗透时,由于气体的粘度比液体粘度小得多,通常可假定液体不向气体传输动量,但界面上液体和气体的流动速度应相等,并且应力(如压力)也一样。

(3) 如两种流体的界面为曲面,如液体中的气泡或另一种不互溶液体的液滴,当曲面的半径很小时,需考虑表面张力的影响,上述第二条件中的"界面上气体压力等于液体压力"说法就不成立了,在液体凹面上的压力 p_L 应为

$$p_L = p_G - \sigma\left(\frac{1}{R_x} + \frac{1}{R_y}\right) \quad (3-8)$$

式中 p_G——界面上的气体压力；

σ——表面张力系数；

R_x、R_y——曲面在两相互垂直平面上交线的曲率半径。

如在铸型与金属液接触的表面上出现一个压力为 p_G 的气泡（图3-3），如气泡为球形，则式(3-7)中 $R_x = R_y = R$，因此形成气泡的条件应为气泡的压力 p_G 等于液体压力 p_L 加由液体表面张力形成的压力 $\frac{2\sigma}{R}$，即

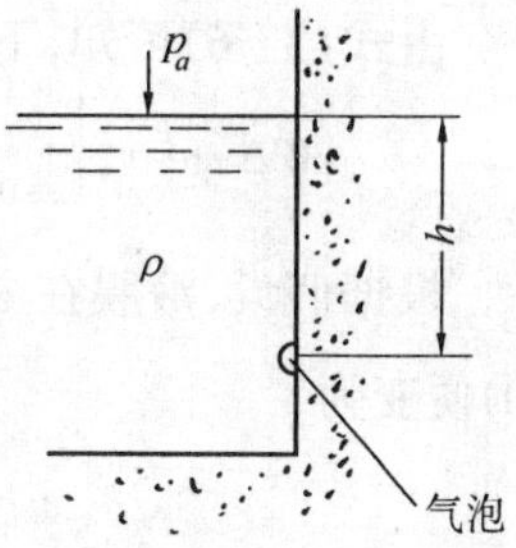

$$p_G = p_L + \frac{2\sigma}{R} = p_a + \rho g h + \frac{2\sigma}{R} \qquad (3-9)$$

图3-3

如 $p_G > p_L + \frac{2\sigma}{R}$，则气泡侵入金属液，使铸件中可能形成气孔。

3.3.2 斜面上下降液膜的层流流动

设有一厚度为 δ 的液膜在重力作用下沿如图3-4所示及与垂直面交角为 θ 的斜平面(即沿 z 轴方向)下降流动，其流动性质为稳定的层流流动，如液体在流动过程中，其粘

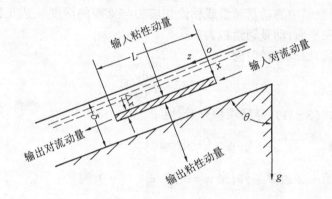

图3-4 下降液膜的层流流动

度、密度总保持不变，也不受进入斜面和流出斜面液体的扰动影响，并且液体在宽度 W 方向上没有流动，同时 $W \gg \delta$。在如此液膜中截取一宽度为 W，厚度为 Δx，长度为 L 的微元体，对此微元体作动量平衡分析。

先分析输入和输出此微元体的对流动量率：

通过 $z = 0$ 微元体端面输入的对流动量率由式(3-2)和式(3-3)可为 $W \Delta x \rho v_z^2 \big|_{z=0}$。

同理，通过 $z = L$ 的微元体端面输出的对流动量率应为 $W \Delta x \rho v_z^2 \big|_{z=L}$。

再分析输入和输出此微元体的粘性动量率：

通过 $x = x$ 面输入微元体的粘性动量率根据式(3-2)和式(3-5)可为 $LW \tau_{xz} \big|_x$。

通过 $x = x + \Delta x$ 面输出此微元体的粘性动量率，则应为 $LW \tau_{xz} \big|_{x+\Delta x}$。

使液膜出现下降运动的为微元体重力在 z 轴方向上的分力，即 $(LW\Delta x)\rho g \cos\theta$。

由式(3-6)可知,下降液膜的动量平衡方程应为

$$W\Delta x\rho\left(v_z^2\Big|_{z=0} - v_z^2\Big|_{z=L}\right) + LW\left(\tau_{xz}^2\Big|_x - \tau_{xz}^2\Big|_{x+\Delta x}\right) + LW\Delta x\rho g\cos\theta = 0 \quad (3-10)$$

根据假设,液膜在 z 轴方向上的流动速度不变,故 $v_z\Big|_{z=0} = v_z\Big|_{z=L}$,经运算后,式(3-10)便变为

$$\lim_{\Delta x \to 0} \frac{\tau_{xz}\Big|_x - \tau_{xz}\Big|_{x+\Delta x}}{\Delta x} = \rho g\cos\theta$$

即

$$\frac{d\tau_{xz}}{dx} = \rho g\cos\theta$$

移项、积分该式,得

$$\tau_{xz} = \rho gx\cos\theta + C_1$$

根据前述的第二条边界条件,当 $x=0$ 时,液膜与空气接触,故 $\tau_{xz}\Big|_x = 0$。因此 $C_1 = 0$,则

$$\tau_{xz} = \rho gx\cos\theta \quad (3-11)$$

由此式可知,液膜中的动量通量或粘性切应力与液膜的深度 x 成正比,呈线性分布,即越接近固体的斜平面,动量通量越大。

对牛顿流体言,层流流动时为

$$\tau_{xz} = -\eta\frac{dv_z}{dx}$$

将此式代入式(3-11),经移项积分后,得

$$v_z = (-\rho g\cos\theta)\frac{x^2}{2\eta} + C_2$$

根据前述的第一条边界条件,当 $x=\delta$ 时,$v_z\Big|_{z=\delta} = 0$,则

$$C_2 = (\rho g\cos\theta)\frac{\delta^2}{2\eta}$$

最后得

$$v_z = \frac{\rho g\delta^2\cos\theta}{2\eta}\left[1 - \left(\frac{x}{\delta}\right)^2\right] \quad (3-12)$$

由此式可知,下降液膜厚度方向上流体的速度分布按照抛物线规律。$x=0$ 时,即在自由表面上液层的流速最大。

$$v_{z\max} = \frac{\rho g\delta^2}{2\eta}\cos\theta \quad (3-13)$$

其平均流速

$$\bar{v}_z = \frac{1}{\delta}\int_0^\delta v_z dx = \frac{\rho g\delta^2\cos\theta}{3\eta} = \frac{2}{3}v_{z\max} \quad (3-14)$$

体积流量

$$Q_z = \bar{v}_z\delta W = \frac{\rho gW\delta^3\cos\theta}{3\eta} \quad (3-15)$$

本节推导得到的数学式可适用于铸造中一些宽槽内的金属液流动情况，但需注意此时的流动形态必须是层流（此时 $Re = \dfrac{\bar{v}_z \delta}{\eta} \leqslant 5$）。或当流动状态为过渡形态时（$5 < Re < 500$），近似地利用上式进行计算。

利用式(3-14)和 $Re = 5$ 的计算表明，当钢液（$\rho = 7\,100\ \text{kg/m}^3$，$\eta = 6.5 \times 10^{-3}\text{Pa}\cdot\text{s}$）由流槽口垂直下降时，欲维持层流状态，钢液层的最大厚度只有 0.108 mm，所以可以说象在连续铸造板状钢坯时，由流槽下掉的钢液流动总是处于紊流的形态。铸造时在流槽斜面上往下流动的金属液由于密度大，厚度不能太小，也大多处于紊流状态。但可通过流槽倾斜角度 θ 的控制，调整液流的紊流程度和液流的流速。

例 离心铸造铁管时，常要求从斜放的流槽中以一定质量流量流出铁液，设有一断面为"凵"形的流槽，底宽为 60 mm，允许流槽内铁液的最大高度 δ 为 6 mm，如要求每秒从槽中流出的铁液质量为 80 kg，设铁液在槽中层流流动，问流槽的按放位置应与水平线成多少角度？已知铁液密度 $\rho = 6\,800\ \text{kg/m}^3$，其动力粘度系数 $\eta = 2\,000 \times 10^{-6}\,\text{Pa}\cdot\text{s}$。

解 由式(3-15)知

$$Q = \frac{\rho g W \delta^3 \cos\theta}{3\eta}$$

质量流量应为

$$Q' = \rho Q = \frac{\rho^2 g W \delta^3 \cos\theta}{3\eta}$$

故

$$\cos\theta = \frac{3\eta Q'}{\rho^2 g W \delta^3} = \frac{3 \times 2\,000 \times 10^{-6} \times 80}{(6800)^2 \times 9.8 \times 0.06 \times (0.006)^3} = 0.0817$$

$\theta = 85°20'$

θ 为流槽与垂直面的交角，故与水平面的夹角为

$$\alpha = 90° - 85°20' = 4°40'$$

3.3.3 两平行平板间流体的层流流动

如图 3-5 宽度为 W 的平行水平平板之间，高度为 2δ 的空间中充满流体，流体借在平板左端施加的压力 p 在 x 轴方向作稳定、层流、等速的流动。设自 $x = 0$ 处开始，流动已

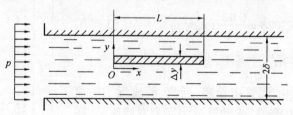

图 3-5 流体在两平板间的层流流动

成为完全发展的流动，如图取一厚度为 Δy，长度为 L，宽度为 W 的微元体，则可列出该微元体上的动量平衡方程。由于在沿 x 方向上的流动为等速运动，故输入与输出该微元体的对流动量率相等，在微元体中不积蓄对流动量率。故在 x 轴方向上

$$LW(\tau_{yx}|_y - \tau_{yx}|_{y+\Delta y}) + (p_0 - p_L)W\Delta y = 0$$

式中 p_0、p_L——微元体端部 $x=0$ 和 $x=L$ 处的压力。

$$d\tau_{yx} = \frac{p_0 - p_L}{L}dy$$

所以

$$\tau_{yx} = \frac{p_0 - p_L}{L}y + C_1$$

由于平板空间中流体在 x 轴方向上的流速是按高度中心线即 $y=0$ 线上下对称分布的，$+y$ 处和 $-y$ 处的 τ_{yx} 刚好方向相反，大小一样，当 $y=0$ 时，$\tau_{yx}=0$，代入上式，得 $C_1=0$，所以

$$\tau_{yx} = \frac{p_0 - p_1}{L}y \tag{3-16}$$

如流体为牛顿流体，则

$$\tau_{yx} = -\eta \frac{dv_x}{dy}$$

代入式(3-16)，移项，积分最后得

$$v_x = -\frac{p_0 - p_L}{2\eta L}y^2 + C_2$$

根据前述的第一边界条件，当 $y=\delta$ 时，$v_x=0$，故 $C_2 = \frac{p_0-p_L}{2\eta L}\delta^2$，最后得

$$v_x = \frac{p_0 - p_L}{2\eta L}(\delta^2 - y^2) \tag{3-17}$$

由此可见两平行板间作层流、稳定、等速流动的流体中，流体的流速在高度上是按抛物线规律分布的，在轴线上流速最大

$$v_{x\max} = \frac{\delta^2}{2\eta L}(p_0 - p_L) \tag{3-18}$$

流体在高度上的平均速度

$$\bar{v}_x = \frac{1}{\delta}\int_0^\delta v_x dy = \frac{\delta^2}{3\eta L}(p_0 - p_L) \tag{3-19}$$

体积流量 $Q = \bar{v}_x W 2\delta = \frac{2W\delta^3}{3\eta L}(p_0 - p_L) \tag{3-20}$

3.3.4 圆管内的层流流动

今观察由上往下的圆管内稳定、层流、等速运动的流体(图 3-6)，自 $z=0$ 开始，流动已成为完全发展流动，在半径 r 处开始截取厚度为 Δr，长度为 L 的圆筒形薄壳微元体，微元体两端的压力为 p_0 和 p_1，因此可列出该微元体的动量平衡方程。

由于圆管内流体在 z 方向作等速运动，故经 $z=0$ 面和 $z=L$ 面的输入和输出的对流动量率应相等，在动量平

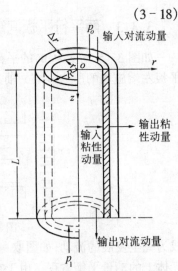

图 3-6 垂直圆管内的层流流动

衡方程中不应有对流动量率的项。

通过微元体内表面输入的粘性动量率应为 $2\pi r L \tau_{rz}\big|_r$，通过微元体外表面输出的粘性动量率为 $2\pi (r+\Delta r) L \tau_{rz}\big|_{r+\Delta r}$。

驱动微元体流动的力为重力 $(2\pi r \Delta r L)\rho g$ 和两端的压力差 $2\pi r \Delta r (p_0 - p_1)$。

得动量平衡方程

$$2\pi L \left[r\tau_{rz}\big|_r - (r+\Delta r)\tau_{rz}\big|_{r+\Delta r} \right] + 2\pi r [L\rho g + (p_0 - p_1)]\Delta r = 0$$

令 $\Delta r \to 0$，整理后，上式为

$$\frac{d(r\tau_{rz})}{dr} = \left(\frac{p_0 - p_1}{L} + \rho g \right) r$$

对此式积分，按边界条件 $r = 0, \tau_{rz} = 0$ 求积分常数值，最后得

$$\tau_{rz} = \left(\frac{p_0 - p_1}{L} + \rho g \right) \frac{r}{2} \tag{3-21}$$

将 $\tau_{rz} = -\eta \dfrac{dv_z}{dr}$ 代入上式，经移项、积分、利用边界条件 $r = R$ 处 $v_z = 0$，可推导得到

$$v_z = \frac{1}{4\eta} \left(\frac{p_0 - p_1}{L} + \rho g \right) (R^2 - r^2) \tag{3-22}$$

此式表明圆管内层流流体流速在径向的分布具有抛物线特征，其最大流速在圆管轴心处，为

$$v_{z\max} = \frac{R^2}{4\eta} \left(\frac{p_0 - p_1}{L} + \rho g \right) \tag{3-23}$$

而平均流速为

$$\overline{v_z} = \frac{1}{\pi R^2} \int_0^{2\pi} \int_0^R v_z r \, dr \, d\theta = \left(\frac{p_0 - p_1}{L} + \rho g \right) \frac{R^2}{8\eta} = \frac{v_{z\max}}{2} \tag{3-24}$$

体积流量

$$Q = \pi R^2 \overline{v_z} = \frac{\pi R^4}{8\eta} \left(\frac{p_0 - p_1}{L} + \rho g \right) \tag{3-25}$$

此式称为亥根 – 泊肃叶(Hagen-Poiseuille)方程。

如流体在水平放置的圆管中作稳定、层流等速的运动，此时重力在水平 x 方向的分力为零，故可不考虑 g 的作用，则相应地

$$v_x = \frac{1}{4\eta L}(p_0 - p_1)(R^2 - r^2) \tag{3-26}$$

$$v_{x\max} = \frac{R^2}{4\eta L}(p_0 - p_L) \tag{3-27}$$

$$\overline{v_x} = \frac{R^2}{8\eta L}(p_0 - p_1) = \frac{v_{x\max}}{2} \tag{3-28}$$

$$Q_x = \frac{\pi R^4}{8\eta L}(p_0 - p_1) \tag{3-29}$$

式(3-28)是亥根 – 泊肃叶方程的又一形式，它与式(3-25)给出了体积流量与粘度

的关系,故成为毛细管法测量液体粘度的理论基础。通过测定在一定压力作用下流经特定圆管某种液体流量的方法,根据亥根-泊肃叶方程计算出液体的粘度 η。在金属液和熔盐粘度的测定方面,用毛细管法可测的液体温度已达 1 250 ℃,粘度值小于 10^2 Pa·s。

低压铸造(图 2-27)浇注时,金属液由升液管下部往上升,重力与液体流动方向相反,如果金属液在升液管内的流动是稳定、等速又是层流,则可直接改写式(3-22)、(3-23)、(3-24)和(3-25),使适合低压铸造情况,此时只需取 g 为 $-g$。因此低压铸造时升液管内金属液流动的特征值为

$$v'_z = \frac{1}{4\eta}\left(\frac{p_0 - p_1}{L} - \rho g\right)(R^2 - r^2) \tag{3-30}$$

$$v'_{z\max} = \frac{R^2}{4\eta}\left(\frac{p_0 - p_1}{L} - \rho g\right) \tag{3-31}$$

$$\bar{v}'_z = \frac{R^2}{8\eta}\left(\frac{p_0 - p_1}{L} - \rho g\right) \tag{3-32}$$

$$Q' = \frac{\pi R^4}{8\eta}\left(\frac{p_0 - p_1}{L} - \rho g\right) \tag{3-33}$$

上面四式中 p_0、p_1 应为升液管下端口与上端口的压力值,L 为升液管长度。

当金属液在升液管内向上流动时,会遇到管壁对流体流动的切向阻力,分析式(3-21)可知金属液与管壁间的切应力为

$$\tau'_{rz}\big|_R = \left(\frac{p_0 - p_1}{L} - \rho g\right)\frac{R}{2} \tag{3-34}$$

故整个升液管对金属液流动阻力为

$$F = 2\pi R L \tau_{rz}\big|_R = \pi R^2 L\left(\frac{p_0 - p_1}{L} - \rho g\right) \tag{3-35}$$

低压铸造时除了应考虑保证一定的金属液充型速度所需的压缩空气压力值以外,还应考虑金属液克服升液管壁阻力所需附加的压力值,一般以乘一大于 1 的系数处理。

例 水平放置的内径为 16 mm 的水管中,流动水的温度为 16 ℃,其粘度 $\eta = 1.14 \times 10^{-3}$ Pa·s,流动时水管中的压力降为 9.025 2 Pa/m,求通过该管水的质量流量,并核算管内流动是否为层流。

解 利用式(3-29),因 $\frac{p_0 - p_1}{L}$ 即为水管中的压力降,故质量流量

$$Q_\rho = \rho_水 \frac{\pi R^4}{8\eta L}(p_0 - p_1) = 1\,000\,\frac{\pi(0.008)^4}{8 \times 1.14 \times 10^{-3}} \times 9.025\,2 = 1.273\,5 \times 10^{-2}\,\text{kg/s}$$

因 $Re = \frac{\rho \bar{v} D}{\eta}$,由式(3-28)、(3-29)得

$$\rho \bar{v} = \frac{Q_\rho}{\pi R^2} = \frac{4Q_\rho}{\pi D^2}$$

所以

$$Re = \frac{4Q_\rho}{\pi D \eta} = \frac{4 \times 1.273\,5 \times 10^{-2}}{\pi \times 0.016 \times 1.14 \times 10^{-3}} = 888 < 2100$$

故管内水流为层流。

3.3.5 动量平衡方程在研究运动流体被固体阻挡受力时的应用

工程中,流动着的流体总是会遇到各种固体的阻挡,而使其流动速度发生变化,对具体受阻挡流动的流体段言,阻挡前输入此流体段的动量率往往不同于阻挡后流体带出的动量率,如受阻挡的流动仍为稳定流,则根据式(3-6)可得

输入流体段的动量率 – 输出流体段的动量率 = 作用在流体段上的外力合力

(3-36)

如砂型铸造时常用从高压水枪(图3-7)喷嘴喷出的高压水流柱冲毁处于铸件上的粘砂和芯砂。设已知喷嘴出口处水的流量 $Q = 0.16 \text{ m}^3/\text{min}$,由此喷出水的流速为 $v = 69.5 \text{ m/s}$,求当水流直冲铸件清理砂子时力的大小。

观察由水枪出口处至带砂铸件处的射流水段,它为稳定流。射流外表面与空气接触,故无粘性动量的传输,只有对流动量传输,在水枪出口处输入的对流动量率为 $\rho Q v$,而在射流与铸件接触处,水平方向的射流速度为零,即输出的对流动量率为零。射水流直冲铸件的力 F' 刚好与铸件对射水流的作用力 F' 方向相反,大小相等,故由式(3-36)得

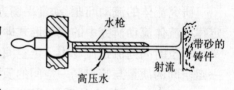

图 3-7 水力清砂示意

$$F = \rho Q v = 1\,000 \times \frac{0.16}{60} \times 69.5 = 175.6 \text{ N}$$

若转换成冲击压力 p,设射水流直径 $d = 7$ mm,则

$$p = \frac{4F}{\pi d^2} = \frac{4 \times 175.6}{\pi (0.007)^2} = 4.56 \text{ MPa}$$

又如图3-8所示,水管转弯处用支架固定以抵御管中水流转弯时由于动量率发生变化而产生的力。水管中流量 $Q = 2.5 \text{ m}^3/\text{min}$,水管内径 $d = 100$ mm,管中水的压力 $p = 10^5$ Pa,试求支架的受力(如不考虑管壁对水流的粘性阻力)。

按图3-8b),管壁对水流段的作用力为 F,其与 x 轴夹角为 θ,则作用在此水流段上的外力在 x 轴方向上的分力应为

$$F_x = P_1 - F\cos\theta = \frac{\pi}{4} d^2 p - F\cos\theta$$

又在 x 轴方向上的输出、输入动量率之差应为 $\rho Q v_1$,而 $v_1 = \frac{4Q}{\pi d^2}$,所以 x 轴方向上的动量平衡方程应为

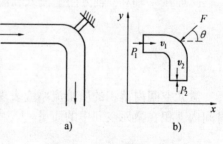

图 3-8 水管弯头的受力
a)装置示意 b)受力分析

$$-\rho Q \left(\frac{4Q}{\pi d^2} \right) = \frac{\pi}{4} d^2 p - F\cos\theta$$

同理 y 轴方向上的动量平衡方程应为

$$\rho Q\left(\frac{4Q}{\pi d^2}\right) = F\sin\theta - \frac{\pi}{4}d^2 p$$

由此两式得

$$\tan\theta = 1 \quad \theta = 45°$$

由 x 轴的动量平衡方程,可得

$$F = \left(\frac{\pi}{4}d^2 p + \frac{4Q^2\rho}{\pi d^2}\right)\Big/\cos\theta = 1\ 423\ \text{N}$$

3.4 流体质量平衡方程——连续性方程

研究流体的流动问题,动量平衡方程固然很重要,但还常需要采用质量守恒定律,此定律在流体流动研究中的表现形式即为流体质量平衡方程(也称连续性方程),其物理意义为单位时间内流过流场中一定空间的流体总质量是不变的。也即如果单位时间内流入一定空间的质量与流出同一空间的质量不相等,则相差的质量就蓄积在此空间中了。即

$$\text{输入的质量流率} - \text{输出的质量流率} = \text{蓄积的质量流率} \tag{3-37}$$

如图3-9在流场取一微元空间,如果广义地考虑流场中流体密度是逐点随时变化的,即 $\rho = f(x、y、z、t)$。质量的流入、流出情况又如图3-9中箭头所示,则在 x 轴方向上经 x 面流入微元空间的质量流率为 $\rho v_x \mathrm{d}y\mathrm{d}z$,经 $x + \Delta x$ 面流出微元空间的质量流率应为 $\left(\rho v_x + \frac{\partial \rho v_x}{\partial x}\mathrm{d}x\right)\mathrm{d}y\mathrm{d}z$,则 x 轴方向上流入和流出微元空间的质量流率差值为

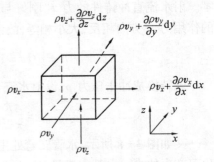

$$-\frac{\partial(\rho v_x)}{\partial x}\mathrm{d}x\mathrm{d}y\mathrm{d}z \tag{3-38}$$

图 3-9 流入、流出微元体的质量流率

同理在 y 轴和 z 轴方向上流入和流出的质量流率差值为

$$-\frac{\partial(\rho v_y)}{\partial y}\mathrm{d}x\mathrm{d}y\mathrm{d}z \tag{3-39}$$

$$-\frac{\partial(\rho v_z)}{\partial z}\mathrm{d}x\mathrm{d}y\mathrm{d}z \tag{3-40}$$

微元空间内蓄积的质量流率应表现为流体密度在微元空间内随时间的变化,即单位时间内蓄积在微元空间中的质量

$$\frac{\partial \rho}{\partial t}\mathrm{d}x\mathrm{d}y\mathrm{d}z \tag{3-41}$$

将式(3-38)~(3-41)代入式(3-37),得

$$\frac{\partial \rho}{\partial t} = -\left[\frac{\partial(\rho v_x)}{\partial x} + \frac{\partial(\rho v_y)}{\partial y} + \frac{\partial(\rho v_z)}{\partial z}\right] \tag{3-42}$$

此式即为不稳定可压缩流体流动时的流体质量平衡方程。

研究稳定流时,流体密度不随时间变化,即 $\frac{\partial \rho}{\partial t} = 0$,则此时的流体质量平衡方程应为

$$\frac{\partial(\rho v_x)}{\partial x} + \frac{\partial(\rho v_y)}{\partial y} + \frac{\partial(\rho v_z)}{\partial z} = 0 \tag{3-43}$$

对不可压缩流体的稳定流言，$\rho =$ const，它不随所处空间位置而变化，此时的流体质量平衡方程应为

$$\frac{\partial v_x}{\partial x} + \frac{\partial v_y}{\partial y} + \frac{\partial v_z}{\partial z} = 0 \tag{3-44}$$

对稳定流动的流管言（图3-10），它不蓄积质量流率，故经端面流入和流出该流管的质量流率应相等，即

$$\rho_1 v_1 A_1 = \rho_2 v_2 A_2 \tag{3-45}$$

式中 A_1、A_2——流管两端的有效截面面积；
　　ρ_1、ρ_2——流管两端处的流体密度。

对不可压缩流体的稳定流流管言，$\rho_1 = \rho_2 = \rho =$ const，式（3-45）便变为

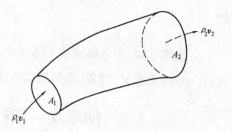

图3-10　流入、流出流管的质量流率

$$v_1 A_1 = v_2 A_2 \tag{3-46}$$

此式说明不可压缩流体稳定流流管的任意有效断面上流体流量都一样，也即流管任意有效断面处流体的流速与有效断面的面积成反比关系。

例　铸造车间中熔化铁的冲天炉送风系统，在冬季将风量 $Q = 70 \text{ m}^3/\text{min}$ 的 0℃冷空气（$\rho_1 = 1.29 \text{ kg/m}^3$）送入冷风管，然后空气经换热器加热至 $t = 200$ ℃后通过热风管进入炉膛，如冷、热风管的直径都一样，$d = 300$ mm，计算冷风管和热风管的风速 v_1 和 v_2。

解　冷空气经加热后，其密度变小，如不考虑冷热风管中压力的不同，则利用式（1-5）得

$$\rho_2 = \frac{\rho_1}{1 + \beta t} = \frac{1.29}{1 + 200/273} = 0.74 \text{ kg/m}^3$$

因此本题便成为可压缩流体的稳定流问题，利用式（3-45），得

$$\rho_1 v_1 A_1 = \rho_2 v_2 A_2$$

因 $A_1 = A_2$，故 $v_2 = v_1 \dfrac{\rho_1}{\rho_2}$，而

$$v_1 = \frac{Q/60}{\pi d^2/4} = \frac{4Q}{60 \pi d^2} = \frac{4 \times 70}{60 \pi (0.3)^2} = 16.6 \text{ m/s}$$

所以

$$v_2 = 16.6 \frac{1.29}{0.74} = 28.7 \text{ m/s}$$

例　铸造研究表明：浇注砂型之初，当浇注系统中金属液尚未充满之前，进入直浇道的金属液是以自由落体形式运动的，受重力的作用其流速越来越大，而液流的截面积则越来越小，液流不与直浇道壁接触（图3-11）。如果浇道上端入口的半径为 r_0，入口处金属液流入的速度为常数值 v_0，求直浇道中金属流的半径 r 与其下落高度 h 间的关系。

解　这是一个不可压缩流体的稳定流问题，液体下落过程

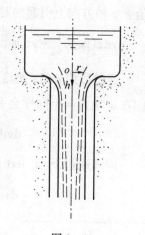

图3-11

中在不同高度上的流速与其下落高度 h 的关系可用运动学中自由落体的运动规律求得，即

$$v_h^2 = v_0^2 + 2gh$$

利用式(3-46)，观察入口截面和下落高度 h 处的流量，可得

$$v_0 \pi r_0^2 = v_h \pi r_h^2 = \pi r_h^2 \sqrt{v_0^2 + 2gh}$$

故

$$r_h = r_0 \left(1 - \frac{2gh}{v_0^2}\right)^{-\frac{1}{4}}$$

由此式可知，当金属液的下落高度，达到 $v_0^2 = 2gh$ 或 $h = \frac{v_0^2}{2g}$ 以后，下落液流便出现断流（$r_h = 0$ 或无意义）现象，金属液以点状下落。

3.5 纳维埃-斯托克斯方程——广义的不可压缩粘性流体动量平衡方程

3.3 节中用文字列出了流体动量平衡方程，据此推导了一些实例的动量平衡方程，但在解决复杂的动量传输问题时，3.3 节中的文字形式平衡方程已不够用了，必须要有广义和抽象地用数学式表示的流体动量平衡方程。纳维埃-斯托克斯（Navier-Stokes）方程便是这样一种数学式。

在流场中任取一微元体 $dxdydz$（图 3-12，图 3-13），由于所需推导的是广义动量平衡方程，故通过微元体六个面上都有三个坐标轴方向上的流体流动，并在三个方向上都可能出现速度梯度①。这种广义的三方向流动和速度梯度都会共同影响一个方向上的动量平衡，因此先分析在 x 轴方向上的动量平衡。

(1) x 轴方向上的对流动量传输

通过左、右 $dydz$ 面输入和输出微元体质量流率差值在 x 轴方向上引起的对流动量率差值应为

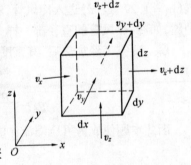

图 3-12 微元体中的对流动量传输

$$dydz\left(\rho v_x v_x \big|_x - \rho v_x v_x \big|_{x+dx}\right) = -dydz \frac{\partial \rho(v_x v_x)}{\partial x} dx$$

通过后前 $dxdz$ 面输入和输出微元体的质量流率差值为 $dxdz\left(\rho v_y \big|_y - \rho v_y \big|_{y+dy}\right)$，它们在 x 轴方向上同样会引起输入和输出微元体对流动量率的差值为

$$dxdz\left(\rho v_y v_x \big|_y - \rho v_y v_x \big|_{y+dy}\right) = -dxdz \frac{\partial(v_y v_x)}{\partial y} dy$$

同理通过下、上 $dxdy$ 面输入和输出微元体的对流动量率差值为

$$dxdy\left(\rho v_z v_x \big|_z - \rho v_z v_x \big|_{z+dz}\right) = -dxdy \frac{\partial(v_z v_x)}{\partial z} dz$$

---

① 在流动方向上出现的速度梯度，主要表现为流动的流体质点间在流动方向上的距离出现变化。

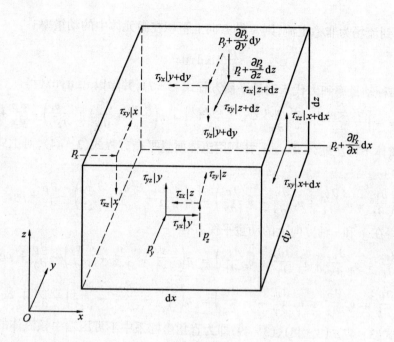

图 3-13 微元体中粘性动量传输和表面压力

(2) x 轴方向上的粘性动量传输

在 x 轴方向上通过流体流速 v_x 在 x 轴方向上出现的速度梯度经左、右 $\mathrm{d}y\mathrm{d}z$ 面输入和输出微元体的粘性动量率差值

$$\mathrm{d}y\mathrm{d}z\left(\tau_{xx}\bigg|_x - \tau_{xx}\bigg|_{x+\mathrm{d}x}\right) = \mathrm{d}y\mathrm{d}z\left(\eta \frac{\partial \frac{\partial v_x}{\partial x}}{\partial x}\mathrm{d}x\right) = \eta \frac{\partial^2 v_x}{\partial x^2}\mathrm{d}x\mathrm{d}y\mathrm{d}z$$

在 x 轴方向上通过流体流速 v_x 在 y 轴方向上出现的速度梯度,经后、前 $\mathrm{d}x\mathrm{d}z$ 面输入和输出微元体的粘性动量率差值

$$\mathrm{d}x\mathrm{d}z\left(\tau_{yx}\bigg|_y - \tau_{yx}\bigg|_{y+\mathrm{d}y}\right) = \mathrm{d}x\mathrm{d}z\left(\eta \frac{\partial \frac{\partial v_x}{\partial x}}{\partial y}\mathrm{d}y\right) = \eta \frac{\partial^2 v_x}{\partial y^2}\mathrm{d}x\mathrm{d}y\mathrm{d}z$$

同理在 x 轴方向上通过流体流速 v_x 在 z 轴方向出现的速度梯度,经下、上 $\mathrm{d}x\mathrm{d}y$ 面输入和输出微元体的粘性动量率差值

$$\mathrm{d}x\mathrm{d}y\left(\tau_{zx}\bigg|_z - \tau_{zx}\bigg|_{z+\mathrm{d}z}\right) = \eta \frac{\partial^2 v_x}{\partial^2 z}\mathrm{d}x\mathrm{d}y\mathrm{d}z$$

(3) 作用力

a) x 轴方向上作用在左、右 $\mathrm{d}y\mathrm{d}z$ 面上的压力差值

$$\mathrm{d}y\mathrm{d}z\left(p\bigg|_x - p\bigg|_{x+\mathrm{d}x}\right) = -\frac{\partial p}{\partial x}\mathrm{d}x\mathrm{d}y\mathrm{d}z$$

b) x 轴方向上作用在微元体上由重力引起的质量力

$$\rho g_x \mathrm{d}x\mathrm{d}y\mathrm{d}z$$

(4) 考虑到流场为非稳定流,则 x 轴方向上蓄积在微元体中的动量率

$$\frac{\partial \rho v_x}{\partial t} \mathrm{d}x\mathrm{d}y\mathrm{d}z$$

将上述四种动量率和力代入动量平衡方程式(3-7),并除以 $\mathrm{d}x\mathrm{d}y\mathrm{d}z$,得

$$\frac{\partial(\rho v_x)}{\partial t} = -\left[\frac{\partial(\rho v_x v_x)}{\partial x} + \frac{\partial(\rho v_y v_x)}{\partial y} + \frac{\partial(\rho v_z v_x)}{\partial z}\right] + \eta\left(\frac{\partial^2 v_x}{\partial x^2} + \frac{\partial^2 v_x}{\partial y^2} + \frac{\partial^2 v_x}{\partial z^2}\right) - \frac{\partial p}{\partial x} + \rho g_x$$

如考虑流体不可压缩,$\rho = \mathrm{const}$,并利用流体质量平衡方程式(3-44),对上式运算后,得

$$\rho\left(\frac{\partial v_x}{\partial t} + v_x\frac{\partial v_x}{\partial x} + v_y\frac{\partial v_x}{\partial y} + v_z\frac{\partial v_x}{\partial z}\right) = \eta\left(\frac{\partial^2 v_x}{\partial x^2} + \frac{\partial^2 v_x}{\partial y^2} + \frac{\partial^2 v_x}{\partial z^2}\right) - \frac{\partial p}{\partial x} + \rho g_x \quad (3-47)$$

同理可得在 y 和 z 轴方向上的动量平衡方程

$$\rho\left(\frac{\partial v_y}{\partial t} + v_x\frac{\partial v_y}{\partial x} + v_y\frac{\partial v_y}{\partial y} + v_z\frac{\partial v_y}{\partial z}\right) = \eta\left(\frac{\partial^2 v_y}{\partial x^2} + \frac{\partial^2 v_y}{\partial y^2} + \frac{\partial^2 v_y}{\partial z^2}\right) - \frac{\partial p}{\partial y} + \rho g_y \quad (3-48)$$

$$\rho\left(\frac{\partial v_z}{\partial t} + v_x\frac{\partial v_z}{\partial x} + v_y\frac{\partial v_z}{\partial y} + v_z\frac{\partial v_z}{\partial z}\right) = \eta\left(\frac{\partial^2 v_z}{\partial x^2} + \frac{\partial^2 v_z}{\partial y^2} + \frac{\partial^2 v_z}{\partial z^2}\right) - \frac{\partial p}{\partial z} + \rho g_z \quad (3-49)$$

联立的式(3-47)、(3-48)、(3-49)即为直角坐标系中不可压缩牛顿流体的广义动量平衡方程——纳维埃-斯托克斯方程(N-S方程)。

由上述三式中任一式可见:式之左边括号内的各项和为全加速度,右边第一项为粘性力。故这些式子的物理意义为

惯性力 = 粘性力 + 压力 + 重力

在求解许多实际流体流动问题,如粘性流体绕圆柱体的流动等,用圆柱坐标系代替直角坐标系更为方便,经变换变数后,圆柱坐标系的纳维埃-斯托克斯方程的形式为

r 方向分量

$$\rho\left(\frac{\partial v_r}{\partial t} + v_r\frac{\partial v_r}{\partial r} + \frac{v_\theta}{r}\frac{\partial v_r}{\partial \theta} - \frac{v_\theta^2}{r} + v_z\frac{\partial v_r}{\partial z}\right) = -\frac{\partial p}{\partial r} + \eta\left(\frac{\partial^2 v_r}{\partial r^2} + \frac{1}{r}\frac{\partial v_r}{\partial r} - \frac{v_r}{r^2} + \frac{1}{r^2}\frac{\partial^2 v_r}{\partial \theta^2} - \frac{2}{r^2}\frac{\partial v_\theta}{\partial \theta} + \frac{\partial^2 v_r}{\partial z^2}\right) + \rho g_r$$

θ 方向分量

$$\rho\left(\frac{\partial v_\theta}{\partial t} + v_r\frac{\partial v_\theta}{\partial r} + \frac{v_\theta}{r}\frac{\partial v_\theta}{\partial \theta} + \frac{v_r v_\theta}{r} + v_z\frac{\partial v_\theta}{\partial z}\right) = -\frac{1}{r}\frac{\partial p}{\partial \theta} + \eta\left(\frac{\partial^2 v_\theta}{\partial r^2} + \frac{1}{r}\frac{\partial v_\theta}{\partial r} - \frac{v_\theta}{r^2} + \frac{1}{r^2}\frac{\partial^2 v_\theta}{\partial \theta^2} + \frac{2}{r^2}\frac{\partial v_r}{\partial \theta} + \frac{\partial^2 v_\theta}{\partial z^2}\right) + \rho g_\theta$$

z 方向分量

$$\rho\left(\frac{\partial v_z}{\partial t} + v_r\frac{\partial v_z}{\partial r} + \frac{v_\theta}{r}\frac{\partial v_z}{\partial \theta} + v_z\frac{\partial v_z}{\partial z}\right) = -\frac{\partial p}{\partial z} + \eta\left(\frac{\partial^2 v_z}{\partial r^2} + \frac{1}{r}\frac{\partial v_z}{\partial r} + \frac{1}{r^2}\frac{\partial^2 v_z}{\partial \theta^2} + \frac{\partial^2 v_z}{\partial z^2}\right) + \rho g_z$$

$$\left.\right\} \quad (3-50)$$

不可压缩液体的连续性方程为

$$\frac{\partial v_r}{\partial r} + \frac{v_r}{r} + \frac{1}{r}\frac{\partial v_\theta}{\partial \theta} + \frac{\partial v_z}{\partial z} = 0 \quad (3-51)$$

3.6 流体流动时的欧拉方程——理想流体动量平衡方程

纳维埃-斯托克斯方程是关于粘性流体的动量平衡方程,对理想流体言,$\eta = 0$,故纳维埃-斯托克斯方程便可直接变成欧拉方程

$$\left.\begin{aligned}\rho\left(\frac{\partial v_x}{\partial t} + v_x\frac{\partial v_x}{\partial x} + v_y\frac{\partial v_x}{\partial y} + v_z\frac{\partial v_x}{\partial z}\right) &= -\frac{\partial p}{\partial x} + \rho g_x \\ \rho\left(\frac{\partial v_y}{\partial t} + v_x\frac{\partial v_y}{\partial x} + v_y\frac{\partial v_y}{\partial y} + v_z\frac{\partial v_y}{\partial z}\right) &= -\frac{\partial p}{\partial y} + \rho g_y \\ \rho\left(\frac{\partial v_z}{\partial t} + v_x\frac{\partial v_z}{\partial x} + v_y\frac{\partial v_z}{\partial y} + v_z\frac{\partial v_z}{\partial z}\right) &= -\frac{\partial p}{\partial z} + \rho g_z\end{aligned}\right\} \quad (3-52)$$

如为稳定流,即 $\frac{\partial v}{\partial t} = 0$,欧拉方程的形式为

$$\left.\begin{aligned}\rho\left(v_x\frac{\partial v_x}{\partial x} + v_y\frac{\partial v_x}{\partial y} + v_z\frac{\partial v_x}{\partial z}\right) &= -\frac{\partial p}{\partial x} + \rho g_x \\ \rho\left(v_x\frac{\partial v_y}{\partial x} + v_y\frac{\partial v_y}{\partial y} + v_z\frac{\partial v_y}{\partial z}\right) &= -\frac{\partial p}{\partial y} + \rho g_y \\ \rho\left(v_x\frac{\partial v_z}{\partial x} + v_y\frac{\partial v_z}{\partial y} + v_z\frac{\partial v_z}{\partial z}\right) &= -\frac{\partial p}{\partial z} + \rho g_z\end{aligned}\right\} \quad (3-53)$$

原则上讲,对于粘度 η 为常数,且不可压缩(ρ = const)的流体流动,应由质量平衡方程式(3-44)和纳维埃-斯托克斯方程构成的方程组,求得所需的解,但至今尚无求解像纳维埃-斯托克斯这种二阶非线性偏微分方程的普遍性方法,故对一些复杂的问题的求解尚存在很大困难。但对一些较简单的粘性流体流动问题,可根据其具体特点,使 N-S 方程中的非线性项自动消失,使方程线性化,可以得到精确解。此外对一些稍复杂的流动问题,可以根据流动的特点,通过比较略去方程中的次要项,保留主要项,得出可以求解的近似方程,进而获得近似解,这在很多工程中都是应用很广泛的。本章下面各节内容便是用上述两种方法对金属热态成形过程中可能遇到的流体流动问题,作示范性的纳维埃-斯托克斯方程应用的叙述。

当然,由于电子计算机技术的发展,有些复杂的数学运算可通过电子计算机取得结果,再把所获结果与实验的数据结合起来,也可使一些复杂的流体流动问题得以解决。

3.7 离心铸型(两同轴旋转圆筒)中的层流流动

前已述及,离心铸造时,在浇注后一小段时间内,沿铸型的圆周表面会出现相对于铸型表面的流体流动。为简化问题的求解,可作如下假设:

(1) 铸型很长,可忽略铸型两端面对金属液流动的影响,也无 z 轴方向的液体流动,即 $v_z = 0$(见图 3-14);

(2) 铸型内金属液相对型壁作圆周层流流动,无质点径向的运动,即 $v_r = 0$;

(3) 出现相对运动期间,流动为一等温过程,即金属液的粘度 η = const;

(4) 金属液无体积收缩现象，ρ = const；

(5) 卧式离心铸造时可不考虑重力的影响；

(6) 由于无径向（r 向）和轴向（z 向）的流动，只有圆周运动，为满足连续性方程的要求，将上述条件代入式(3-51)，得 $\dfrac{\partial v_\theta}{\partial \theta} = \dfrac{\partial^2 v_\theta}{\partial \theta^2} = 0$；

(7) 根据上述条件，可推论 $\dfrac{\partial p}{\partial \theta}$ 和 $\dfrac{\partial p}{\partial z}$ 都为零。

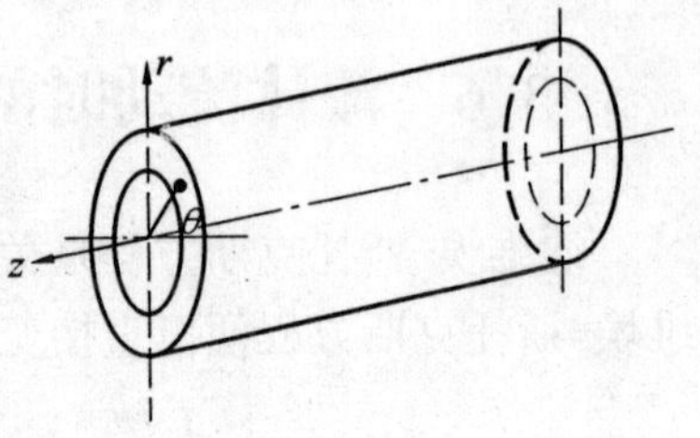

图 3-14

将上述条件代入式(3-50)，最后得到的卧式离心铸造浇注后铸型内流体相对圆周流动的纳维埃-斯托克斯方程为

$$\frac{v_\theta^2}{r} = \frac{1}{\rho}\frac{dp}{dr} \tag{3-54a}$$

$$\rho\frac{\partial v_\theta}{\partial t} = \eta\left(\frac{\partial^2 v_\theta}{\partial r^2} + \frac{1}{r}\frac{\partial v_\theta}{\partial r} - \frac{v_\theta}{r^2}\right) \tag{3-54b}$$

先根据式(3-54b)分析流体圆周情况，该式也可用角速度 ω 表示金属液的圆周转速，$\omega = \dfrac{v_\theta}{r}$，则式(3-54b)变为

$$\rho\frac{\partial \omega}{\partial t} = \eta\left(\frac{\partial^2 \omega}{\partial r^2} + \frac{3}{r}\frac{\partial \omega}{\partial r}\right) \tag{3-55}$$

式(3-53b)、(3-55)仍是数学不可解的。但如设定 t 为某一固定的时刻 t_1，和 t_1 时液体自由表面的转速 $\omega' = \dfrac{v_\theta'}{r_0}$ 为已知值①。此时问题便简化成求解两同轴不变速旋转圆筒间稳定流的流动问题（图3-15），$\dfrac{\partial v_\theta}{\partial t} = 0$ 或 $\dfrac{\partial \omega}{\partial t} = 0$，$\omega_1 \neq \omega_2$，故式(3-54b)、(3-55)变为

$$\frac{d^2 v_\theta}{dr^2} + \frac{1}{r}\frac{dv_\theta}{dr} - \frac{v_\theta}{r} = 0 \tag{3-56}$$

或

$$\frac{d^2\omega}{dr^2} + \frac{3}{r}\frac{d\omega}{dr} = 0 \tag{3-57}$$

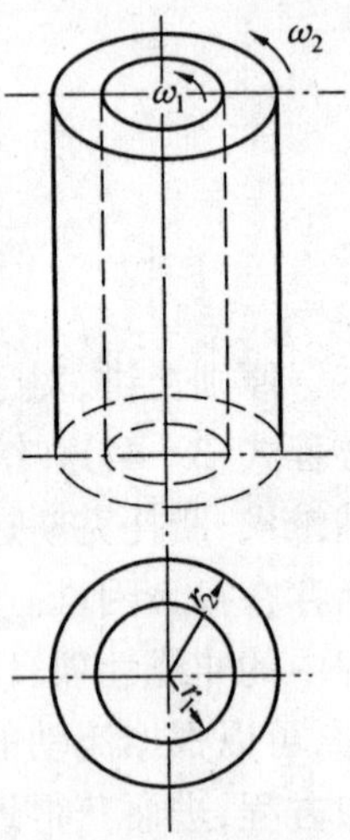

图 3-15 同轴转动圆筒间流体的流动

式(3-56)、(3-57)为二阶齐次线性微分方程。现通过求解式(3-56)，进一步了解液体流动特点。

式(3-56)解的形式应为 $v_\theta = r^k$，对它取 $\dfrac{dv_\theta}{dr}$ 和 $\dfrac{d^2 v_\theta}{dr^2}$，代入式(3-56)，可得两个 k 的解：

$$k_1 = 1 \quad k_2 = -1$$

故 v_θ 的两个特解为

$$v_{\theta_1} = r \quad v_{\theta_2} = \frac{1}{r}$$

因此，式(3-55)的通解为

---

① 这可用实验方法测知，如配制与金属液同样粘度的水溶液，浇注进具有透明壁的旋转圆筒中，可用闪光测速仪测得浇注完毕后 t_1 时刻浮在溶液自由表面上代表自由表面层流速的浮子的转速 ω'。也可用其它方法。

$$v_\theta = Ar + \frac{B}{r}$$

取边界条件

$r = r_1$ 时，$v_\theta = r_1\omega_1$；　　$r = r_2$ 时，$v_\theta = r_2\omega_2$

求得

$$A = \frac{\omega_2 r_2^2 - \omega_1 r_1^2}{r_2^2 - r_1^2}, \quad B = \frac{(\omega_1 - \omega_2) r_1^2 r_2^2}{r_2^2 - r_1^2}$$

最后得速度 v_θ 在径向分布的数学表达式

$$v_\theta = \frac{(\omega_2 r_2^2 - \omega_1 r_1^2) r^2 + (\omega_1 - \omega_2) r_1^2 r_2^2}{r(r_2^2 - r_1^2)} \tag{3-58}$$

也可得液体质点角速度 ω 在径向分布的表达式

$$\omega = \frac{\omega_2 r_2^2 - \omega_1 r_1^2}{r_2^2 - r_1^2} + \frac{(\omega_1 - \omega_2) r_1^2 r_2^2}{r^2(r_2^2 - r_1^2)} \tag{3-59}$$

由式(3-58)可知，如果 $\omega_1 < \omega_2$，则液体质点的圆周线速度在径向的分布规律为直线分布规律减去双曲线分布规律(图3-16a))；而液体质点转动角速度在径向的分布规律由式(3-59)可知为双曲线规律(图3-16b))。

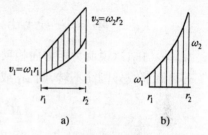

图 3-16　同轴转动圆筒间流体流动线速度 v_θ 和角速度 ω_θ 的径向分布曲线图

a) v_θ-r 曲线　b) ω_θ 与 r 的关系

现在研究同轴旋转圆筒间流体稳定流动时流场中压力在径向分布的特点，将式(3-58)代入式(3-54a)并积分，可得

$$p = \frac{\rho}{(r_2^2 - r_1^2)^2}\Big[(\omega_2 r_2^2 - \omega_1 r_1^2)^2 \frac{r^2}{2} + 2r_1^2 r_2^2 (\omega_1 - \omega_2)(\omega_2 r_2^2 - \omega_1 r_1^2)\ln\frac{r}{r_1} -$$
$$\frac{1}{2}(\omega_1 - \omega_2)^2 r_1^4 r_2^4 \frac{1}{r^2}\Big] + C \tag{3-60}$$

此式中的 C 值由特定边界上的压力确定，如离心铸造时，就可取自由表面 $r = r_1$ 处，$p = p_a$ 来定 C 值。

工业生产中常需利用转筒式粘度计(图3-17)来测量一些涂料，工艺用悬浮液、乳剂(如铸造中造型用涂料，锻压中刷在锻模表面的润滑剂等)的粘度；近十多年来，人们更在所谓流变铸造、半固态触变加压工艺研究中用转筒式粘度计测量半固态金属液的粘度。测量时，把液态被测物置于内、外转筒间的空间，以一定转速转动外筒或内筒，可根据由液体切应力 $\tau_{r\theta}$ 施加于转筒壁所引起力矩的大小值测知所置液体的粘度值。这也是一种同轴转筒间流体的稳定流问题。

圆周运动时，有关流体中的切应力 $\tau_{r\theta}$ 的表现形式与式(1-7)比较应有所修正，因为此时不同 r 处的线速度差别值中有一部分是由

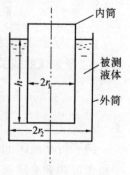

图 3-17　转筒式粘度计结构示意

液体点所处 r 不同所引起,这种线速度差值 $\left(\dfrac{v_\theta}{r}\right)$ 不会引起液体内摩擦。所以

$$\tau_{r\theta} = -\eta\left(\frac{\mathrm{d}v_\theta}{\mathrm{d}r} - \frac{v_\theta}{r}\right) \tag{3-61}$$

将式(3-58)中 v_θ 的值代入上式,经计算后得到

$$\tau_{r\theta} = 2\eta \frac{r_1^2 r_2^2}{(r_2^2 - r_1^2)} \frac{\omega_1 - \omega_2}{r^2}$$

因此,单位高度上内、外筒壁上由流体内摩擦产生的力矩各为

$$M_1 = \int_0^{2\pi} r_1^2 (\tau_{r\theta})_{r=r_1} \mathrm{d}\theta = 4\pi\eta \frac{r_1^2 r_2^2}{r_2^2 - r_1^2}(\omega_2 - \omega_1)$$

$$M_2 = \int_0^{2\pi} r_2^2 (\tau_{r\theta})_{r=r_2} \mathrm{d}\theta = -4\pi\eta \frac{r_1^2 r_2^2}{r_2^2 - r_1^2}(\omega_2 - \omega_1)$$

$M_1 = -M_2$,这说明力矩方向相反,大小一样。

若内圆筒或外圆筒不转,则 ω_1 或 $\omega_2 = 0$,可在转动或不转动的圆筒上测得力矩值

$$M = \pm 4\pi\eta h \frac{r_1^2 r_2^2}{r_2^2 - r_1^2}\omega \tag{3-62}$$

式中 ω 为外圆筒或内圆筒的旋转角速度。因此在给定圆筒转速情况下,根据测得的 M 值,即可知道所测液体的粘度 η 值。

在机器(包括金属热态成形产业中的机器)结构中常会遇到滑动轴承,在轴颈与轴套之间的小缝隙中有润滑油,被带动旋转的轴颈需要克服油的内摩擦阻力引起的力矩(图3-18),其值可按式(3-62)近似计算,此时取 ω 为轴颈转速,r_1 为轴颈半径,$r_2 = r_1 + \delta$,δ 为轴颈与轴套之间的间隙,与 r_1 比较,δ 可被认为是可忽略的数值,并假设轴承工作时 δ 在圆周上是均匀分布的,h 为轴颈与轴套的接触长,η 为油的粘度,假设轴承工作时油的温度保持为一常数,即 η 不变。按上述条件,滑动轴承工作时消耗在润滑油上的功率应为

$$P = M\omega = 2\pi\eta h \frac{r_1^3}{\delta}\omega^2 \tag{3-63}$$

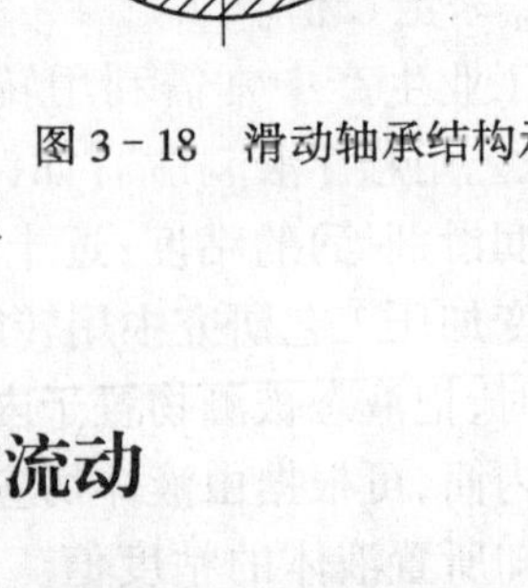

图3-18 滑动轴承结构示意

由此式可知,随着间隙 δ 的减小,轴承消耗的功率迅速增大,二者为双曲线关系。

§3.8 两平行平板间的层流流动

两平行平板间的流体层流流动在很多机械中存在,如导轨、导槽、方形导孔等,在铸造中也常可遇到金属液充填较薄的平板型腔的现象。在上述导向零件偶的表面之间都有一很小的充润滑油的缝隙,其中一个表面往往以一定的速度移动,就会促使润滑油在缝隙中作层流运动;也有一些液压元件中,滑动面缝隙中有油液在压力作用之下作层流流动的情

况,如同铸型型腔中金属液受压力作用的流动那样。因此学习两平行平板间的层流流动是很有意义的。

现设有由两块平行平板构成的流道(图3-19),有粘度为 η 的流体在 x 轴方向上的压

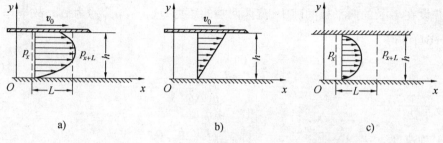

图3-19 平行平板间层流和速度分布曲线

a) $\dfrac{\mathrm{d}p}{\mathrm{d}x}$ 和 v_0 共存情况下的平板间层流　b)库埃特流动　c)静止平板间层流

力差 $\dfrac{\mathrm{d}p}{\mathrm{d}x}$ 的作用和上面平板沿 x 轴方向以速度 v_0 的带动之下,在流道中只作 x 轴方向上的流动,板的长度 L 和宽度 W 都比流道的高度 h 大得很多,故可忽略流道侧壁影响及入口、出口效应,同时可忽略质量力的影响。因此

$$\frac{\partial v}{\partial t}=0,\quad v_y=v_z=0\quad \rho g_x=\rho g_y=\rho g_z=0$$

根据连续性方程, $\dfrac{\partial v_x}{\partial x}=0$,故 $\dfrac{\partial^2 v_x}{\partial x^2}=0$。

将上述条件用到诺维埃-斯托克斯方程式(3-47)、(3-48)和(3-49)中,得

$$\eta\frac{\partial^2 v_x}{\partial y^2}=\frac{\partial p}{\partial x};\quad \frac{\partial p}{\partial y}=0;\quad \frac{\partial p}{\partial z}=0$$

上面三式中的后两式说明,压力只与 x 有关,故第一式变为

$$\frac{\mathrm{d}^2 v_x}{\mathrm{d}y^2}=\frac{1}{\eta}\frac{\mathrm{d}p}{\mathrm{d}x}$$

对此式进行两次积分,得

$$v_x=\frac{1}{2\eta}\frac{\mathrm{d}p}{\mathrm{d}x}y^2+C_1 y+C_2$$

利用边界条件: $y=0,v_x=0$; $y=h,v_x=v_0$。求出 C_1 和 C_2 的值,最后得

$$v_x=\frac{1}{2\eta}\frac{\mathrm{d}p}{\mathrm{d}x}y(y-h)+v_0\frac{y}{h} \tag{3-64}$$

如只有上平板的 v_0 带动平行平板间的流体流动[库埃特(Couette)流动](图3-19b)),则 $\dfrac{\mathrm{d}p}{\mathrm{d}x}=0$,所以

$$v_x=v_0\frac{y}{h} \tag{3-65}$$

在 $y=h$ 处,得

$$v_{x\max}=v_0 \tag{3-66}$$

而平均速度

$$\overline{v}_x=\frac{1}{h}\int_0^h v_x\mathrm{d}y=\frac{1}{2}v_0 \tag{3-67}$$

流量 $$Q_1 = \bar{v}_x Wh = \frac{1}{2} v_0 Wh \tag{3-68}$$

如果上平板固定不动，$v_0 = 0$，平板间流体流动只靠 x 轴方向上的压力差 $\dfrac{\mathrm{d}p}{\mathrm{d}x}$ 实现（图 3-19c），并设在 L 长的两平板间隙中，流体两端的压力差 $(p_x - p_{x+L})$ 为 Δp，故 $\dfrac{\mathrm{d}p}{\mathrm{d}x} = -\dfrac{\Delta p}{L}$，由式 (3-64) 可得

$$v_x = \frac{1}{2\eta}\frac{\Delta p}{L} y(h - y) \tag{3-69}$$

在 $y = \dfrac{1}{2}h$ 处 $$v_{x\max} = \frac{h^2}{8\eta}\frac{\Delta p}{L} \tag{3-70}$$

而平均速度 $$\bar{v}_x = \frac{1}{h}\int_0^h v_x \mathrm{d}h = \frac{h^2}{12\eta}\frac{\Delta p}{L} \tag{3-71}$$

流量 $$Q_2 = \frac{Wh^3}{12\eta}\frac{\Delta p}{L} \tag{3-72}$$

所以如图 3-19a) 既有平板带动，又有压力驱动的平行平板间流体的流量应为

$$Q = Q_1 + Q_2 = \frac{v_0}{2} Wh + \frac{Wh^3}{12\eta}\frac{\Delta p}{L} \tag{3-73}$$

例 一柱塞泵，柱塞在孔内作轴向相对运动把油压出泵外（图 3-20），已知柱塞直径 $d = 15$ mm，孔径 $D = 15.05$ mm，柱塞运动速度 $v = 1$ m/s，$p_1 = 20\,600$ kPa，$p_2 = 0$，$l = 30$ mm，油的粘度 $\eta = 3 \times 10^{-2}$ Pa·s。求柱塞压油过程中油液从缝隙中的泄漏量。

解 这是流体沿同心圆环缝隙轴向层流的问题，由于缝隙高度 $h = \dfrac{1}{2}(D - d) = 0.025$ mm，比 D 或 d 小得很多，故可把此缝隙展开为宽度为 $W = \pi D$ 或 $\pi d \approx 4.71$ cm，长度为 l 的平行平板间缝隙进行观察。由于柱塞压油时的运动方向与压力差方向相反；故应用式 (3-73) 计算泄漏量 Q 时，应把由 v 引起的流量取负号。所以

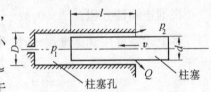

图 3-20 柱塞泵工作简图

$$Q = \frac{Wh^3}{12\eta}\frac{(p_1 - p_2)}{l} - Wh\frac{v}{2} = \frac{0.047\,1 \times (2.5 \times 10^{-5})^3}{12 \times 3 \times 10^{-2} \times 0.03} \times 20.6 \times 10^6 - \frac{0.047\,1 \times 2.5 \times 10^{-5}}{2} = 0.843 \text{ cm}^3/\text{s}$$

例 一收集水面油污的皮带输送装置（图 3-21），其倾斜角 $\theta = 30°$，皮带移动速度 $v_0 = 1.5$ m/s，油污的粘度和密度为 $\eta = 8 \times 10^{-3}$ Pa·s，$\rho = 850.4$ kg/m³，皮带面上油污层厚度 $h = 1.5$ mm，求皮带单位宽度能输送的流量。油层多厚时皮带输送的流量最大？

解 此题属倾斜平板上稳定层流流动，如图取坐标轴，z 轴为垂直于图的水平轴。可设 $v_y = v_z = $

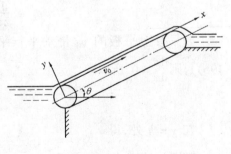

图 3-21

0。由连续性方程 $\frac{\partial v_x}{\partial x}=0$、$\frac{\partial^2 v_x}{\partial x^2}=0$，质量力为重力。又油层移动不靠压力差推动，故可不考虑外压力 p。将这些条件代入纳维埃-斯托克斯方程，得

$$\eta \frac{d^2 v_x}{d y^2} = \rho g \sin\theta$$

经积分后，得

$$\tau = \eta \frac{d v_x}{d y} = \rho g y \sin\theta + C_1$$

$$v_x = \frac{\rho g}{2\eta} y^2 \sin\theta + \frac{C_1}{\eta} y + C_2$$

取边界条件：$y=h$，$\tau=0$，$y=0$ $v_x=v$，得

$$C_1 = -\rho g h \sin\theta, \qquad C_2 = v$$

最后得

$$v_x = v - \frac{\rho g}{\eta}(hy - \frac{y^2}{2})\sin\theta$$

因此单位宽度皮带能输送的油污流量为

$$q = \int_0^h v_x dy = vh - \frac{\rho g h^3}{3\eta}\sin\theta = 1.5\times 1.5\times 10^{-3} - \frac{850.4\times 9.81(1.5\times 10^{-3})^3}{3\times 8\times 10^{-3}}\times 0.5 = 1.664\times 10^{-3} \text{ m}^3/\text{s}$$

为求 q_{max}，取 $\frac{dq}{dh}=0$，得 $h=\sqrt{\frac{2\eta}{\rho g}v}$ 时可得 q_{max}。因此 q_{max} 时的油污层厚度为

$$h' = \sqrt{\frac{2\times 8\times 10^{-3}\times 1.5}{850.4\times 9.81}} = 1.7\times 10^{-3} \text{ m} = 1.7 \text{ mm}$$

相应地

$$q_{max} = 1.5\times 1.7\times 10^{-3} - \frac{850.4\times 9.81(1.7\times 10^{-3})^3}{3\times 8\times 10^{-3}}\times 0.5 = 1.7\times 10^{-3} \text{ m}^3/\text{s}$$

3.9 流体绕圆球的运动

金属热态成形产业中时常可遇到流体绕圆球运动的问题，如金属液熔炼、保温存放和在铸型型腔中停留时，其中密度与金属液基体不一样的固体颗粒和液滴，如变质剂、除气剂、渣粒、夹杂；甚至气泡，都可被近似地看作小圆球，它们在金属液中的下沉和上浮就可视为流体绕圆球运动。加热炉、熔炼炉炉膛和烟道的炉气中的尘粒在炉气中的流动和在除尘室中的沉降；对热态成形件表面进行喷砂清理时砂粒的气力运送，熔模型壳制作时沸腾砂床的运用以及一些测试、检验仪器(如造型用原砂中含泥量的测定)方面都有流体绕圆球的运动问题。

3.9.1 球形颗粒在流体中的稳定运动

先研究雷诺数很小($Re = \frac{\rho v d}{\eta} \leq 1$)时，即层流时的流体绕圆球流动的情况(图 3-22)，

圆球尺寸 r 或 d 越小,圆球与流体间的相对速度 v 越小,流体的密度 ρ 越小和动力粘度 η 越大,都可促使出现层流运动。此时惯性力比粘性力小得多,可略去不计。因此运动中的圆球所遇的阻力主要为流体与圆球表面间的粘性摩擦阻力 τ 和流体垂直于圆球表面的压力差 p 所引起的阻力。经将上述条件代入用球面坐标表示的纳维埃-斯托克斯方程和连续性方程中,利用相应的边界条件,可求得切向粘性摩擦阻力在流动方向上的分力为

$$F_1 = 4\pi\eta rv = 2\pi\eta dv$$

压力差阻力在流动方向上的分力为

$$F_2 = 2\pi\eta rv = \pi\eta dv$$

其总阻力

$$F = F_1 + F_2 = 6\pi\eta rv = 3\pi\eta dv \tag{3-74}$$

此式称为斯托克斯阻力公式,习惯上把上式写成

$$F = \frac{1}{2}CA\rho v^2 \tag{3-75}$$

式中 C——阻力系数,$C = \dfrac{24}{Re}$,$Re \leqslant 1$;

A——圆球在流动方向上的投影面积,$A = \dfrac{\pi d^2}{4}$。

当圆球在静止流体中,由于其本身重力 W 大于流体对它的浮力 F',圆球下沉,开始速度 v 较小,故所遇阻力 F 小于 $(W - F')$,它以加速方式下沉。至 v 增大至一定值 v_f,$F = W - F'$ 时,圆球便以相等的速度(称自由沉降速度)v_f 下沉。因此

$$\frac{1}{2}CA\rho v_f^2 = \frac{1}{6}\pi d^3(\rho_s - \rho)g$$

式中 ρ_s——圆球密度。

$$v_f = \sqrt{\frac{4}{3}\frac{gd}{C}\frac{\rho_s - \rho}{\rho}} = \frac{d^2}{18\eta}(\rho_s - \rho)g \tag{3-76}$$

此式即为 $Re \leqslant 1$,时圆球等速下沉(如 $\rho_s < \rho$,则为上浮)速度的计算公式,又称斯托克斯公式。依据此公式可用测量小球在液体中下降速度的方法测定液体的粘度 η。

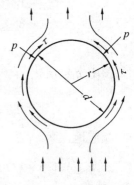

图 3-22 流体绕圆球流动时的阻力

如果流体本身的流动速度等于或大于 v_f,则圆球便会悬浮在流体中或被流体带动向上运动。此即金属热态成形车间中利用压缩空气在管道中运送松散颗粒材料的基本原理。

应用式(3-76)时,特别应注意 $Re \leqslant 1$,也即圆球直径 d_s 应满足下述条件

$$d_s \leqslant 5.61 \sqrt[3]{\frac{\eta^2}{\rho(\rho_s - \rho)g^2}} \text{ m} \tag{3-77}$$

用压缩空气输送粘土粉、煤粉等粉状物料时和研究加热炉中尘料在炉气中的沉降时都可用式(3-76)、(3-77)。

当 $Re = 1 \sim 500$ 时,流体绕圆球的流动形态为过渡形态,艾伦(Allen)经实验后,得 $C = \dfrac{10}{Re^{1/2}}$,代入式(3-76),得

$$v_f = d\sqrt[3]{0.174\,4\,\frac{(\rho_s - \rho)^2}{\eta\rho}}\ \text{m/s} \tag{3-78}$$

相应的颗粒尺寸 d_s 为

$$4\sqrt[3]{\frac{\eta^2}{\rho(\rho_s - \rho)g^2}} \leq d_s(\text{m}) \leq 94\sqrt[3]{\frac{\eta^2}{\rho(\rho_s - \rho)g^2}} \tag{3-79}$$

气力输送尺寸为 0.06~0.1 mm 的砂粒时,可使用式(3-78)、(3-79)。

当 $Re = 500 \sim 2 \times 10^5$,流体绕圆球的流动形态为紊流,圆球在流体中的沉浮速度与雷诺数 Re 无关,牛顿在研究后得出 $C = 0.44$,此时

$$v_f = 5.45\sqrt{\frac{d(\rho_s - \rho)}{\rho}} \tag{3-80}$$

相应的颗粒尺寸为

$$94\sqrt[3]{\frac{\eta^2}{\rho(\rho_s - \rho)g^2}} \leq d_s(\text{m}) \leq 5\,100\sqrt[3]{\frac{\eta^2}{\rho(\rho_s - \rho)g^2}} \tag{3-81}$$

气力输送砂粒、铁丸(清理热态成形件表面氧化皮时用的喷丸机上使用)、焦炭的尺寸大于 0.1~1.5 mm 时可用式(3-80)、(3-81)。

如把 $C = 0.44$ 代入式(3-75),得

$$F = 0.11\pi d\rho \frac{v^2}{2} \tag{3-82}$$

可见阻力 F 与速度 v 的平方成正比,一般称此种形式的公式为牛顿阻力平方定律。

在考虑气体绕圆球运动时,由于气体的密度 ρ 比圆球密度 ρ_s 小得很多,故在实际运算时可把式(3-76)~(3-81)各式中的 $(\rho_s - \rho)$ 项中的 ρ 忽略不计。

式(3-76)~(3-81)严格说来只适用于球形颗粒对其它形状颗粒言,其在流体中的沉降速度 v'_f 比球形颗粒的 v_f 小,即

$$v'_f = \frac{v_f}{\sqrt{k_\varphi}} \tag{3-83}$$

式中 k_φ——形状系数。对球形颗粒,$k_\varphi = 1$,对其它形状颗粒的数值举例见表 3-1。

表 3-1 形状系数 k_φ 值

颗粒形状	近似球状	表面粗糙球状	椭圆卵状	扁平状
k_φ	1.71	2.42	3.08	4.97

前苏联拉宾诺维奇(Рабинович)对铸型浇注系统模拟研究后,认为在考虑浇注过程中,金属液经横绕道以紊流形态进入型腔时,如计算渣粒、气泡、游离晶粒的沉浮速度,可取 $C = 1 \sim 1.2$,即

$$v_f = \sqrt{\frac{4}{(3 \sim 3.6)}\frac{(\rho_s - \rho)gd}{\rho}} \tag{3-84}$$

上面所述的各种结论都适用于体积较大流体中颗粒很稀少的情况,即流体绕圆球运动时不受周围其它圆球和流体的容器壁的影响。在实际工程很多场合,往往在单位体积

流体中有很多颗粒,而且容纳流体的空间也窄小,此时会出现颗粒之间的碰撞、摩擦,颗粒会冲撞器壁、摩擦器壁,流场内流线和速度分布也不稳定、杂乱。所以颗粒的沉浮速度会变化很大,为使密度较大的颗粒悬浮所需的流体流速要增大很多倍。

3.9.2 斯托克斯公式在测量颗粒材料性能时的应用

铸造中对造型用原砂中的含泥量有一定的要求,因此常常对原砂的含泥量进行测定,确定原砂中尺寸 d 小于 0.002 2 cm 的颗粒为泥,为洗去原砂中的泥,在测定含泥量时,把定量的原砂和水放入如图 3-23 所示玻璃中晃洗。晃洗后需静置一段时间,待尺寸大于 0.002 2 cm 的砂粒沉淀后,用虹吸管吸走的不含砂粒的悬浊液,此时便需用斯托克斯公式计算静置时间。

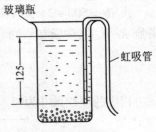

图 3-23

计算时,设砂粒和泥粒都为球状,并事先测定砂、泥的密度 $\rho_s = 2.63 \text{ g/cm}^3$,含泥悬浊液粘度 $\eta = 0.010 \text{ g/cm·s}$。先用斯托克斯公式计算尺寸为 $d \leq 0.002\,2 \text{ cm}$ 的泥粒由瓶内水中沉降的最大速度(自由沉降速度)

$$v_f = \frac{d^2}{18\eta}(\rho_s - \rho_{水})g = \frac{(0.002\,2)^2 \times (2.62-1) \times 981}{18 \times 0.010} = 0.042\,68 \text{ cm/s}$$

泥粒由水面至虹吸管吸口平面的沉降距离为 125 mm,因此沉降所需时间为

$$t = \frac{12.5}{0.042\,68} = 293 \text{ s} \approx 5 \text{ min}$$

一般测定砂中含泥量时规定晃洗砂后先静置 5 分钟,才用虹吸管将含泥的水吸走。如此加清水再重复操作多次,取出不含泥的砂粒,经烘干后,通过称重,计算出洗砂以后砂子失去的重量,即可知道原砂中的含泥量。

还可计算雷诺数 Re,核实这种情况是否适用式(3-76)。

$$Re = \frac{\rho v_f d}{\eta} = \frac{1 \times 0.042\,68 \times 0.002\,2}{0.010} = 0.009\,3 < 1$$

这种流动为层流,所以适用。

为了免除原砂含泥量测定时的麻烦洗砂过程,根据本节的流体绕圆球流动的原理,人们设计了专门的洗砂装备(图 3-24)。将一定重量的原砂放入玻璃洗砂筒中,调节进入洗砂筒中的水的流速,使其达到或稍超过 v_f 值,将尺寸小于 0.002 2 cm 的泥粒往上运走,经出口流入下水道,过一定时间后,打开阀门,将沉淀的砂粒放入烧坏,进行烘干、称重。

金属热态成形时经常采用粉状材料,如熔模铸造中制备型壳用涂料中所使用的耐火粉料,制造焊条药皮用的粉料等,对这些粉料的粒度组成常有一定的要求。由于粉料颗粒尺寸太小,已不能用过筛的方法测定粉料的粒度组成。利用斯托克斯公式,根据不同尺寸粉粒在水中的不同自由沉降速度,测定含粉悬浊液在静置后不同时间段沉降的粉粒重量,便可得知粉料的粒度组成,在此介

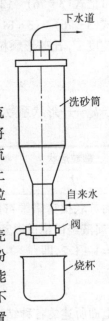

图 3-24

绍一种用得普遍的方法——移液管法。

如图 3‑25 所示，采用一种特殊的瓶子，内盛含有一定重量粉料的水基悬浊液。如粉料由尺寸为 d_1、d_2、d_3 …… 的粉粒所组成，相应地那些尺寸粉粒的沉降时间由斯托克斯公式可计算得到为 t_1、t_2、t_3 ……。故静置后经时间 t_1，在平面 1 处放出一定量的悬浊液，这种悬浊液中不含有尺寸大于 d_1 的粉粒，故尺寸大于 d_1 的粉粒的在粉料中的质量含量便可由下式计算获得

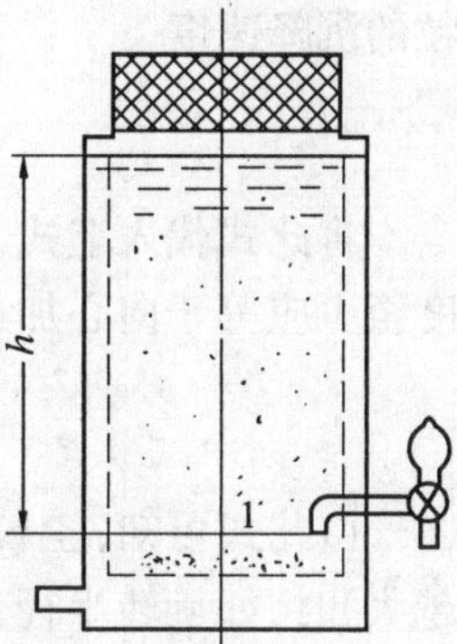

$$R_{d_1} = \frac{c_0 - c_{t1}}{c_0} \times 100\%$$

式中 c_0——悬浊液原始含粉质量浓度，通常为 1%，即 10 ml 液中含粉 100 mg；

c_{t1}——经 t_1 时间吸出悬浊液的质量浓度。

图 3‑25

经 t_2 时间，同样在平面 1 处放出一定量悬浊液，其含粉质量浓度为 c_{t2}，则尺寸大于 d_2 的粉粒在粉料中的质量含量为

$$R_{d2} = \frac{c_0 - c_{t2}}{c_0} \times 100\%$$

而尺寸为 $d_2 \leqslant d < d_1$ 的粉粒质量含量应为

$$R_{(d_2 \leqslant d < d_1)} = R_{d2} - R_{d1} = \frac{c_{t1} - c_{t2}}{c_0} \times 100\%$$

如此类推，得

$$R_{(d(n+1) \leqslant d < d_n)} = R_{d(n+1)} - R_{dn} = \frac{c_{tn} - c_{t(n+1)}}{c_0} \times 100\% \tag{3-85}$$

3.9.3 斯托克斯公式在旋风分离器计算中的应用

金属热态成形生产现场常会产生灰尘微粒和带有微粒的气体，不能任其弥漫在生产现场，需用气体吸走排入大气，为此需用旋风分离器把气体中的灰尘微粒分离出来，以免灰尘污染环境。旋风分离器采用钢板制成，其结构示于图 3‑26。带有灰尘的气体以切线方向(一般速度为 30~50 m/s)进入圆柱形容器，由于离心力作用，微粒被甩向容器壁，然后掉在容器底部，而净化后的气体经容器顶部的出口进入大气。

由于尘粒的尺寸很小，可设定尘粒在气流中处于层流状态，则半径为 r 的尘粒以切向速度 v 随气流进入容器后，其离心加速度为 $\frac{v^2}{R}$，R 为尘粒的旋转半径，作用在尘粒上的气体径向向心的阻力由式(3‑74)可知为 $6\pi r \eta v_r$，v_r 为气流的径向速度分量，则由气流阻力引起的尘粒向心加速度为

$$a = \frac{6\pi r \eta v_r}{\frac{4}{3}\pi r^3 \rho} = \frac{9\eta}{2r^2 \rho} v_r$$

式中 ρ——尘粒的密度，故 $\frac{4}{3}\pi r^3 \rho$ 为尘粒的质量。

又由斯托克斯沉降公式(式3-76),忽略气体密度可知尘粒的沉降速度

$$v_f = \frac{2r^2}{9\eta}\rho g$$

将此式代入上式,再取为防止尘粒被气流带走时离心加速度至少应等于向心加速度,则得

$$\frac{v^2}{R} = \frac{v_r}{v_f}g \quad 或 \quad v_f = \frac{v_r}{v^2}Rg \qquad (3-86)$$

由此式可知,尘粒的沉降速度越大(即尘粒的尺寸和密度越大)时,如旋转半径也越大,更易于分离尘粒。

经测定,分离器中气流切向速度的作用范围为 $R \geqslant 0.4R_0$,而气体的径向速度分量与气流入口处切向速度 v_0 间的关系为

$$v_r \approx \frac{A}{2\pi Rz}v_0$$

式中 A——入口管截面积。

离开入口处的气流切向速度分量 v 与气流入口处速度 v_0 间的关系为

$$v = \left(\frac{R_c}{R}\right)^{1/2}v_0$$

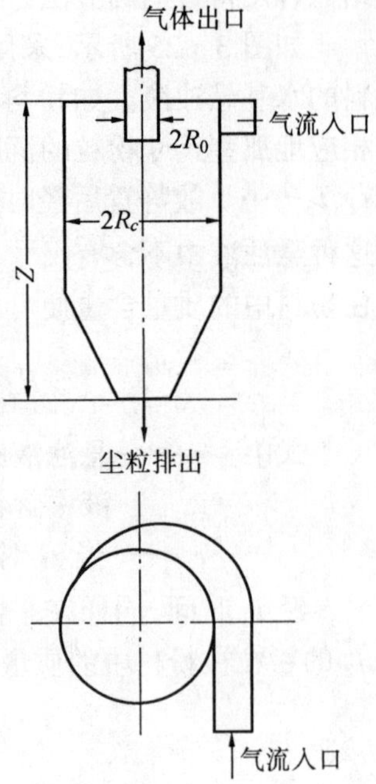

利用上述各式可得旋风分离器可分离的最小尘粒沉降速度 v_{fmin} 和可分离的尘粒最小半径 r_{min} 为

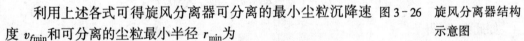

图3-26 旋风分离器结构示意图

$$v_{fmin} = \frac{0.2AR_0g}{\pi zR_cv_0} \qquad (3-87)$$

$$r_{min} = \left(\frac{0.9AR_0\eta}{\pi zR_cv_0}\right)^{1/2} \qquad (3-88)$$

一般 $r_{min} = 5 \sim 10\ \mu m$。

例 加热炉的烟囱中烟气的流动速度为 $v = 0.5$ m/s,烟气的运动粘度 $\nu = 223 \times 10^{-6}$ m²/s,其密度 $\rho = 0.2$ kg/m³,烟气中夹杂粉尘,其密度 $\rho_s = 1.1 \times 10^3$ kg/m³,问烟气中尺寸为 $d = 9 \times 10^{-5}$ m 的尘粒能否在烟囱中沉降? 层流情况下可在烟囱炉气中悬浮的尘粒最大尺寸为多少?

解 先检查烟气绕尺寸为 9×10^{-5} m 尘粒流动时的雷诺数

$$Re = \frac{vd}{\nu} = \frac{0.5 \times 9 \times 10^{-5}}{223 \times 10^{-6}} = 0.2 < 1$$

故可用斯托克斯公式计算尘粒的沉降速度

$$v_f = \frac{1}{18}(\rho_s - \rho)\frac{gd^2}{\eta} = \frac{(1.1 \times 10^3 - 0.2) \times 9.81 \times (9 \times 10^{-5})^2}{18 \times 223 \times 10^{-6} \times 0.2} = 0.11\ \text{m/s} < v$$

因此此种尘粒不能沉降,会被烟气带走。

层流情况下可在烟气中悬浮的尘粒最大尺寸为

$$d_{\max} = \sqrt{\frac{18 v \rho \nu}{(\rho_s - \rho) g}} = \sqrt{\frac{18 \times 0.5 \times 0.2 \times 223 \times 10^{-6}}{(1.1 \times 10^3 - 0.2) \times 9.81}} = 19.2 \times 10^{-5} \text{ m}$$

例 静置钢液(其 $\eta = 5.5 \times 10^{-3}$ kg/(m·s) $= 5.5 \times 10^{-3}$ Pa·s,$\rho = 7.1 \times 10^3$ kg/m³)中有尺寸 $d = 20 \times 10^{-3}$ mm 的固态夹杂,其密度 $\rho = 2.7 \times 10^3$ kg/m³,求它在钢液中上浮的终速。

解 用斯托克斯公式计算夹杂上浮终速

$$v = \frac{1}{18}(\rho_s - \rho)\frac{gd^2}{\eta} = \frac{(2.7 - 7.1) \times 10^3 \times 9.81 \times (20 \times 10^{-6})^2}{18 \times 5.5 \times 10^{-3}} = -1.74 \times 10^{-4} \text{ m/s}$$

检查雷诺数

$$Re = \frac{v \rho d}{\eta} = \frac{1.74 \times 10^{-4} \times 7.1 \times 10^3 \times 20 \times 10^{-6}}{5.5 \times 10^{-3}} = 4.5 \times 10^{-3} < 1$$

3.10 流体在多孔介质中的层流流动

铸造中浇注砂型时,型腔中气体通过砂型的砂粒间孔隙向型外空间的流动情况常对金属液的充型过程有很大的影响。金属凝固过程中在众多晶粒间常易出现金属液冷却体收缩引起的孔道,在一定压力作用下液态金属在这种孔道中的流动补缩会对凝固后的金属件致密度产生影响。因此流体在多孔介质(如砂型或凝固金属件的固液相共存区)中的流动是金属热态成形工作中常会遇到的问题。

上述情况中,由于孔隙(或孔道)都很窄细、弯曲、形状多变,具有较大的阻力,所以流体的流速很小,因此常可把流体在多孔介质中的流动视为层流。

由于多孔介质的孔道弯曲无序、窄小,无法建立完全适合实际流道形状的表达流动情况的数学方程式,人们用建立简化多孔介质中孔道模型的方法,研究流体在其中流动参数间的相互关系。传播得较广泛的模型为毛细管模型(图3-27),把多孔介质中的曲折细孔道都简化为直径为 d 的毛细管,则由亥根-泊肃叶方程,即式(3-29)可得流过多孔介质中一个孔道的流量为

$$Q' = \frac{\pi d^4}{128\eta}\frac{(p_1 - p_2)}{L}$$

如在 $a \times b$ 面积上有 N 根毛细管,则通过 $a \times b$ 面积上的流量为

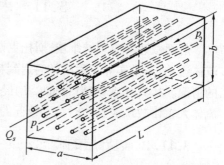

图3-27 多孔介质的毛细管模型

$$Q = N\frac{\pi d^4}{128\eta}\frac{(p_1 - p_2)}{L}$$

通过多孔介质有效单位面积的流量率或流速 q 为

$$q = \frac{Q}{a \times b} = \frac{N}{a \times b}\frac{\pi d^4}{128\eta}\frac{p_1 - p_2}{L} = \frac{nd^4}{32\eta}\frac{p_1 - p_2}{L} = k\frac{p_1 - p_2}{L} \quad (3-89)$$

或

$$q = k\frac{dp}{dL} \quad (3-90)$$

此式称为达西(Darcy)公式,是达西在1856年在做水通过砂层的实验中获得的。而上面的模型推导是后人做的,证明了达西公式的合理性。上面两式中:

q——其单位为 m/s,故又称为过滤速度;

n——多孔介质的孔隙率,$n = \dfrac{N\dfrac{\pi d^2}{4}}{a \times b}$,即截面上孔道所占面积对多孔介质面积之比,也为多孔介质体积内孔道所占体积的比值;

k——常数,$k = \dfrac{nd^2}{32\eta}$,称为渗流系数,它表示多孔介质的过滤特性,与多孔介质的孔隙率、流体的粘度、孔隙对流体的流动阻力等因素有关,由于 d 值较难确定,故 k 值只能用实验方法测定。

如果流体是垂直由上向下地流过多孔介质,则可利用式(3-25)形式的亥根-泊肃叶方程推导得达西公式

$$q = k\left(\frac{\mathrm{d}p}{\mathrm{d}L} + \rho g\right) \quad (3-91)$$

也有人提出缝隙模型利用式(3-72)推导得到达西公式形式的数学式。

有人根据大量实验,在用各种不同材料球形颗粒(其直径为 d)做成的多孔介质中,只要 $Re = \dfrac{qd\rho}{\eta} \leqslant 10$,都可得到层流流动,达西公式适用。在用达西公式考虑凝固金属晶间补缩流动时,应注意此时晶粒间金属液的流变性能已属于塑粘性流体,只有当作用在流体上的压力差能克服流体与晶间孔道壁间的屈服极限阻力时,金属液才能在晶间孔道中流动补缩。

3.11 平板边界层中的流动

前面叙述的应用纳维埃-斯托克斯方程求解的流体流动问题都是雷诺数较小的粘性流体流动,可是实际工程中常会遇到粘性流体在大雷诺数下平滑绕流静止物体(如平板)的情况。1904年普朗特(Prandt.L)经研究后提出了边界层的概念,这大大地简化了粘性流体大雷诺数绕流物体时流动情况的求解。

3.11.1 边界层的概念

边界层在有一些文献上又称附面层,它是指流体流经固体表面时,靠近表面总会形成那么一个薄层(图3-28),在此薄层中紧贴表面的流体流速为零,但在垂直固体表面的方向(法向)上速度增加得很快,即具有很大的速度梯度,甚至对粘度很小的流体,也不能忽略它表现出来的粘性力。而在此边界层外,流体的速度梯度很小,甚至对粘度很大的流体言,其粘性力的影响也可忽略,流体的流速与绕流固体表面前的流速 v_0 一样。这样就可把边界层外流动的流体运动视为理想流体运动,不考虑粘性力的影响。边界层内、外区域间没有明显的分界面,而把边界层边缘上的流体流速 v_x 视为 $v_x = 0.99 v_0$,因此从固体表面至 $v_x = 0.99 v_0$ 处的垂直距离视为边界层的厚度 δ。这样大雷诺数下绕过固体的流动便

简化为研究边界层中的流动问题。

边界层内的流动可以是层流,也可以是带有层流底层的紊流,还可以是层流、紊流混合的过渡流(图3-28)。

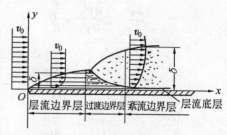

图3-28 平板上的边界层

综上所述,边界层的基本特征可归结为:

(1) 与固体长度相比,边界层厚度很小;
(2) 边界层内沿边界层厚度方向上的速度梯度很大;
(3) 边界层沿流动方向逐渐增厚;
(4) 由于边界层很薄,故可近似地认为,边界层截面上的压力等于同一截面上边界层外边界上的压力;
(5) 边界层内粘性力和惯性力是同一数量级的;
(6) 如在整个长度上边界层内都是层流,称层流边界层;仅在起始长度上是层流,而在其他部分为紊流的称混合边界层,如图3-28所示。

评判边界层层流或紊流的参数为雷诺数 $Re = \dfrac{vx\rho}{\eta}$,式中 v 为边界层外边界上流体流速,x 为距边界层起点的距离。对平板言,层流转变紊流的临界雷诺数 $Re = 5 \times 10^5 \sim 3 \times 10^6$,其具体数值受来流的紊流程度、固体表面粗糙度等因素的影响。$Re_x < 2 \times 10^5$ 时,边界层流动为层流。

边界层对传热和传质都有很大影响,如在金属凝固时,结晶前沿上金属液的边界层流动就对凝固过程有影响。

3.11.2 平面边界层中流动的布拉休斯(Blasius)解

若流体以均匀速度 v_0 接近一平板的前缘,与平板表面接触后形成层流边界层(图3-28)。在边界层内流体的流速不仅在 y 轴方向,同时在 x 轴方向都有变化,故可把这种边界层流动视为二维流动。稳定流动时,其连续性方程和诺维埃-斯托克斯方程可简化为

$$\left. \begin{aligned} &\frac{\partial v_x}{\partial x} + \frac{\partial v_y}{\partial y} = 0 \\ &v_x \frac{\partial v_x}{\partial x} + v_y \frac{\partial v_x}{\partial y} = -\frac{1}{\rho}\frac{\partial p}{\partial x} + \nu\left(\frac{\partial^2 v_x}{\partial x^2} + \frac{\partial^2 v_x}{\partial y^2}\right) \\ &v_x \frac{\partial v_y}{\partial x} + v_y \frac{\partial v_y}{\partial y} = -\frac{1}{\rho}\frac{\partial p}{\partial y} + \nu\left(\frac{\partial^2 v_y}{\partial x^2} + \frac{\partial^2 v_y}{\partial y^2}\right) + g_y \end{aligned} \right\} \quad (3-92)$$

为进一步简化式(3-92),现利用下述无量纲参数,使式(3-92)变为无量纲方程,以便比较此式中各项的数量级。所采用的无量纲参数为

$$v'_x = \frac{v_x}{v_0} \quad v'_y = \frac{v_y}{v_0} \quad x' = \frac{x}{L} \quad y' = \frac{y}{L} \quad \delta' = \frac{\delta}{L} \quad p' = \frac{p}{\rho v_0^2}$$

将这些参数代入式(3-92),得

$$\left.\begin{array}{l}\dfrac{\partial v'_x}{\partial x'}+\dfrac{\partial v'_y}{\partial y'}=0\\[6pt]v'_x\dfrac{\partial v'_x}{\partial x'}+v'_y\dfrac{\partial v'_x}{\partial y'}=-\dfrac{\partial p'}{\partial x'}+\dfrac{1}{Re_L}\left(\dfrac{\partial^2 v'_x}{\partial x'^2}+\dfrac{\partial^2 v'_x}{\partial y'^2}\right)\\[2pt]\quad 1\times 1 \qquad \delta'\times\dfrac{1}{\delta'} \qquad (\delta')^2 \quad 1 \qquad \dfrac{1}{(\delta')^2}\\[6pt]v'_x\dfrac{\partial v'_y}{\partial x'}+v'_y\dfrac{\partial v'_y}{\partial y'}=-\dfrac{\partial p'}{\partial y'}+\dfrac{1}{Re_L}\left(\dfrac{\partial^2 v'_y}{\partial x'^2}+\dfrac{\partial^2 v'_y}{\partial y'^2}\right)+\dfrac{1}{Fr_L}\\[2pt]\quad 1\times\delta' \qquad \delta'\times 1 \qquad (\delta')^2 \quad \delta' \qquad \dfrac{1}{\delta'}\end{array}\right\} \quad (3-93)$$

上面数学式各项下的 1 或 δ' 等指对应各项的数量级。式中 $Fr_L=\dfrac{v_0^2}{g_y L}$,称弗鲁特(Froude)数,是惯性力与质量力(重力)之比,高速流动时 $Fr_L\gg 1$,故在上式中可不考虑 $\dfrac{1}{Fr_L}$,$Re_L=\dfrac{v_0 L}{\nu}$。

在边界层内,v_x 与 v_0,x 与 L 和 y 与 δ 是同一数量级,故可取 $v'_x\approx 1$,$x'\approx 1$,$y'\approx\delta'$($\approx$ 表示数量级相同),故

$$\dfrac{\partial v'_x}{\partial x'}\approx 1 \qquad \dfrac{\partial^2 v'_x}{\partial x'^2}\approx 1 \qquad \dfrac{\partial v'_x}{\partial y'}\approx\dfrac{1}{\delta'} \qquad \dfrac{\partial^2 v_x}{\partial y'^2}\approx\dfrac{1}{\delta'^2}$$

此外,由式(3-93)中的连续性方程可得

$$\dfrac{\partial v'_y}{\partial y'}=-\dfrac{\partial v'_x}{\partial x'}\approx 1$$

因此 $v'_y\approx\delta'$,又可得

$$\dfrac{\partial v'_y}{\partial x'}=\delta' \qquad \dfrac{\partial^2 v'_y}{\partial x'^2}=\delta' \qquad \dfrac{\partial^2 v'_y}{\partial y'^2}=\dfrac{1}{\delta'}$$

根据式(3-93)中相应项下面所记的数量级比较式(3-93)中第二、第三式各项的数量级,可发现惯性项 $v'_x\dfrac{\partial v'_x}{\partial x'}$ 和 $v'_y\dfrac{\partial v'_x}{\partial y'}$ 的数量级相同为 1,但都大于 $v'_x\dfrac{\partial v'_y}{\partial x'}$、$v'_y\dfrac{\partial v'_y}{\partial y'}$ 的数量级(δ'),故可忽略后两项。比较粘性项,$\dfrac{\partial^2 v'_x}{\partial x'^2}$ 的数量级 1 小于 $\dfrac{\partial^2 v'_x}{\partial y'^2}$ 的数量级 $\left(\dfrac{1}{\delta'^2}\right)$,可忽略 $\dfrac{\partial^2 v'_x}{\partial x'^2}$;同理比较 $\dfrac{\partial^2 v'_y}{\partial x'^2}$ 与 $\dfrac{\partial^2 v'_y}{\partial y'^2}$,可忽略 $\dfrac{\partial^2 v'_y}{\partial x'^2}$;再比较 $\dfrac{\partial^2 v'_x}{\partial y'^2}$ 和 $\dfrac{\partial^2 v'_y}{\partial y'^2}$ 的数量级,可略去 $\dfrac{\partial^2 v'_y}{\partial y'^2}$。最后根据上节所述的边界层第四特征和边界层外流体流速 v_0 不随 x 变化的特点,式(3-92)中的 $\dfrac{\partial p}{\partial x}=0$,和把所得简化的无量纲方程化成有量纲形式,可得平面边界层流动的纳维埃-斯托克斯方程

$$\left.\begin{array}{l} \dfrac{\partial v_x}{\partial x} + \dfrac{\partial v_y}{\partial y} = 0 \\[2pt] v_x \dfrac{\partial v_x}{\partial x} + v_y \dfrac{\partial v_x}{\partial y} = \nu \dfrac{\partial^2 v_x}{\partial y^2} \\[2pt] \dfrac{\partial p}{\partial y} = 0 \end{array}\right\} \qquad (3-94)$$

取边界条件： $y=0$ 时， $v_x = v_y = 0$； $y=\delta$ 时，$v_x = v_0$

式(3-94)中第三式再次证明了边界层的第四特征：压力 p 与 y 无关。

虽然布拉休斯得到了式(3-94)，但此式的解析解仍不可得，不过通过近似计算仍可得一些数值解，如取 $v/v_0 \approx 1$ 时，可求得边界层厚度 $\dfrac{\delta}{x} = \dfrac{5.0}{\sqrt{Re_x}}$。$Re_x$ 为 x 处的雷诺数，$Re_x = \dfrac{v_0 x}{\nu}$（由此也可见雷诺数增大时边界层减薄的规律）。此外由式(3-94)的数值解还可获得壁面对流体的摩擦阻力为

$$F = 0.664 \eta v_0 W \sqrt{Re_L} \quad \text{或} \quad F = fA \dfrac{1}{2}\rho v_0^2$$

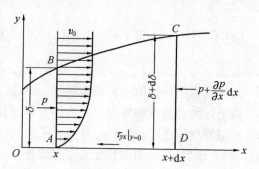

图 3-29　推导平面边界层流动动量积分关系式用图

此两式中

　　A——平板表面积，为平板宽度 W 和平板长度 L 的乘积；

　　Re_L——平板长度 L 处的雷诺数，$Re_L = \dfrac{v_0 L}{\nu}$；

　　f——平板层流摩擦系数，$f = \dfrac{1.328}{\sqrt{Re_L}}$。

布拉休斯解适用于 $Re_x > 100$ 时的层流边界层。

3.11.3　平面边界层中流动的冯·卡门(Von Karman)动量积分关系式解

由于上节的布拉休斯精确解较难得到，冯·卡门将动量定律直接用于边界流动的研究中时，提出一种比较容易计算的近似积分法。

在稳定流动的边界层流体中沿边缘取厚度（垂直画面方向）为 1 的微元体，其投影面为 $ABCD$（图 3-29）。忽略质量力，列出该微元体沿 x 轴方向的动量平衡方程。

通过 AB 面输入微元体的质量流率和动量率分别为

$$\int_0^\delta \rho v_x \mathrm{d}y, \qquad \int_0^\delta \rho v_x^2 \mathrm{d}y$$

通过 CD 面由数元体输出的的质量流率和动量率分别为

$$\int_0^\delta \rho v_x \mathrm{d}y + \mathrm{d}x \dfrac{\partial}{\partial x}\int_0^\delta \rho v_x \mathrm{d}y, \qquad \int_0^\delta \rho v_x^2 \mathrm{d}y + \mathrm{d}x \dfrac{\partial}{\partial x}\int_0^\delta \rho v_x^2 \mathrm{d}y$$

通过 AB、CD 两面的质量流率差值 $\mathrm{d}x \dfrac{\partial}{\partial x}\int_0^\delta \rho v_x \mathrm{d}y$，根据连续性方程的原理只能经 BC

面输入微元体，因此经 BC 面输入微元体的动量率为

$$v_0 \mathrm{d}x \frac{\partial}{\partial x} \int_0^\delta \rho v_x \mathrm{d}y$$

作用在此微元体上沿 x 轴方向的外力为：

(1) 作用在 AB、CD 和 BC 诸面上的总压力在 x 轴方向上的分量，它们分别为

$$p\delta \qquad (p + \frac{\partial}{\partial x}\mathrm{d}x)(\delta + \mathrm{d}\delta) \qquad (p + \frac{1}{2}\frac{\partial}{\partial x}\mathrm{d}x)\mathrm{d}\delta$$

式中 $(p + \frac{1}{2}\frac{\partial p}{\partial x}\mathrm{d}x)$ 为 B 与 C 间平均压强，此三个总压力的合力经略去二阶微量后为 $-\delta\frac{\partial p}{\partial x}$。

(2) 作用在 $y = 0$ 面（即壁面）上的切力为粘性力

$$\tau_{yx}\big|_{y=0} \cdot \mathrm{d}x$$

由于边界层外流体的流速都一样，故可认为在 BC 面上没有粘性力。

将上述的动量率和外力代入式(3-6)，同时应注意到前面已提到过的边界层内压力和边界层厚度 y 无关，以及 v_x 只是 y 函数的特点，动量率和压力表达式中的偏微分都应是全微分，得到的冯·卡门积分关系式即为

$$\frac{\mathrm{d}}{\mathrm{d}x}\int_0^\delta \rho v_x^2 \mathrm{d}y - v_0 \frac{\mathrm{d}}{\mathrm{d}x}\int_0^\delta \rho v_x \mathrm{d}y = -\delta\frac{\mathrm{d}p}{\mathrm{d}x} - \tau_{yx}\big|_{y=0} \tag{3-95}$$

此式既适用于层流边界层，也适用于紊流边界层。

一般情况下 v_0 可用实验等方法求得，$\frac{\mathrm{d}p}{\mathrm{d}x}$ 可用在第五章中将要叙述的能量守恒方程求得。在研究不可压缩流体平面层流边界层时，根据边界层的特性，在边界层外的流体流速 v_0 不随 x 变化，边界层某截面上的压力又是同一截面外边界上压力的特点，可视 $\frac{\mathrm{d}p}{\mathrm{d}x} = 0$，而 $\tau_{yx}\big|_{y=0}$ 根据式(1-7)应等于 $\eta\frac{\mathrm{d}v_x}{\mathrm{d}y}$，故式(3-95)变为

$$\frac{\mathrm{d}}{\mathrm{d}x}\left[\int_0^\delta (v_0 - v_x)v_x \mathrm{d}y\right] = \nu \frac{\mathrm{d}v_x}{\mathrm{d}y} \tag{3-96}$$

此即为研究平面层流边界层流动的冯·卡门动量积分关系式。

为求解此式只需按经验先假设 $v_x = v_x(y)$，即可求得 $\delta = \delta(x)$ 和平板表面对流体流动阻力等的近似解。如假设

$$v_x = ay + by^3$$

式中 a、b 为常数，由边界条件确定

$$y = 0 \text{ 时}, \quad v_x = 0; \qquad y = \delta \text{ 时}, \quad v_x = v_0, \quad \frac{\mathrm{d}v_x}{\mathrm{d}y} = 0$$

则得

$$\frac{v_x}{v_0} = \frac{3}{2}\left(\frac{y}{\delta}\right) - \frac{1}{2}\left(\frac{y}{\delta}\right)^3 \quad 0 < y < \delta \tag{3-97}$$

将此式代入式(3-95)，经运算后，得

$$\delta \cdot d\delta = \frac{140}{13} \frac{\nu}{v_0} dx$$

取 $x=0$ 时，$\delta=0$ 的情况，对上式积分，得边界层厚度 δ 的表达式

$$\frac{\delta}{x} = 4.64 \sqrt{\frac{\nu}{xv_0}} = \frac{4.64}{\sqrt{Re_x}} \tag{3-98}$$

平板表面对流体流动的阻力为

$$F = \int_0^L \int_0^W \left(\eta \frac{v_x}{y} \right)_{y=0} dx dz = 0.646 \eta v_0 W \sqrt{Re_L} \tag{3-99}$$

式中 L 是平板在 x 方向上的长度；W 是平板在 z 方向上的宽度，$Re_L = \frac{v_0 L}{\nu}$。计算时，将式(3-97)代入此式。

将式(3-98)和式(3-99)与上节的布拉休斯数值解比较，可见结果非常相近。

下面就是一个应用式(3-98)、(3-99)的实例。

例 空气以流速 $v_0 = 6.2$ m/s 掠过宽度 $W = 40$ cm 的平板，当时空气温度为 15.5℃，压力为 1 atm，其粘度 $\nu = 1.47 \times 10^{-5}$ m^2/s，密度 $\rho = 1.29$ kg/m^3。求流入深度 $x = 30$ cm 处的边界层厚度 δ，距板面高 2.1 mm 处的空气流速及板的总摩擦阻力。

解 虽然空气为可压缩流体，但考虑到平板边界层的特点，压力 p 为一常数，故仍可将本题视为不可压缩流体的流动。

先计算 $x = 30$ cm 处的 Re_x，判断是否为层流边界层，由

$$Re_x = \frac{v_0 x}{\nu} = \frac{6.2 \times 0.3}{1.47 \times 10^{-5}} = 1.27 \times 10^3 < 2 \times 10^5$$

所以是层流边界层。

用式(3-98)计算 $x = 30$ cm 处的边界层厚度

$$\delta = \frac{4.64 x}{\sqrt{Re_x}} = \frac{4.64 \times 0.3}{\sqrt{1.27 \times 10^3}} = 0.0039 \text{ m} = 3.9 \text{ mm}$$

用式(3-97)计算 $y = 2.1$ mm 处的空气流速 v_x

$$v_x = \left[\frac{2}{3} \left(\frac{y}{\delta} \right) - \frac{1}{2} \left(\frac{y}{\delta} \right)^3 \right] v_0 = \left[\frac{2}{3} \left(\frac{2.1}{3.9} \right) - \frac{1}{2} \left(\frac{2.1}{3.9} \right)^3 \right] 6.2 = 4.47 \text{ m/s}$$

用式(3-99)计算平板对流体的阻力

$$F = 0.646 \eta v_0 W \sqrt{Re_L} = 0.646 \times 1.29 \times 1.47 \times 10^{-5} \times 6.2 \times 40 \sqrt{1.27 \times 10^3} = 0.0108 \text{ N}$$

习 题

3.1 请叙述本章叙述到的亥根-泊肃叶方程的应用场合，对流体和流动特点有何要求？

3.2 请归纳本章在各种场合应用诺维埃-斯托克斯方程时采用了多少种简化的方法？

3.3 一卷金属薄板通过轧辊进行冷轧(图 3-30 a))，进轧辊前，薄板穿过装有涂刷

器的润滑油箱,薄板引出油箱时,板两面便均匀地涂上一层油膜。涂油量多少可通过调节涂刷器加以控制。请推导金属薄板上油膜厚度 δ 与油的质量流率 M 的数学关系式。已知油的密度 $\rho = 960$ kg/m³,其粘度 $\eta = 4 \times 10^{-3}$ Pa·s,金属板宽度 $W = 152$ cm,金属板移动速度 30 cm/s。提示:解此题的参考用图示于图 3-30 b)。

(答:$M = \rho Q = \rho(0.456\delta + 119168\delta^3)$ kg/s)

3.4 试把 3.3.2 节中提到的钢液垂直下落时,维持层流状态的钢液层的最大厚度为 0.108 mm 的计算过程演示一下。

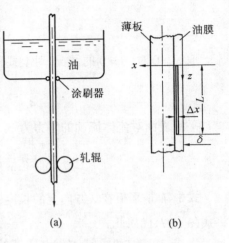

图 3-30

3.5 热处理时热态的金属丝通过浸在油箱中水平开口管中心抽出(图 3-31),管内出现油的稳定流动,如油的各项物理性能均保持恒定,试求在开口管的管端影响可予忽略的区域内油的流速在半径 r 方向上的分布方程。已知开口管半径为 R,金属丝半径 $r = KR$,$K < 1$,丝的移动速度为 v。

(答:$v_r = -\dfrac{v(\ln R - \ln r)}{\ln K}$)

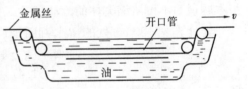

图 3-31

3.6 有油液流过两水平平行平板间的缝隙(图 3-32),已知缝隙有效截面上油液的速度分布为 $v_x = \dfrac{y(A-y)}{A^2}C$,式中 A、C 均为常数,问油液最大流速和两平板间距离为多少?最大摩擦切应力在何处?其值为若干?

(答:$v_{x\max} = \dfrac{C}{4}$,$h = A$,$\tau_{\max} = \eta\dfrac{C}{A}$)

3.7 两块很大的水平固定平行平板,间距为 24 mm,其中有粘度 $\eta = 0.083$ Pa·s 的油以平均流速 0.15 m/s 流过。问距下板表面 6 mm、12 mm 处的切应力是多少? (答:$\tau_{y=-6\,mm} = 1.577$ N/m², $\tau_{y=0} = 0$)

3.8 根据习题 2.5 的条件,设升液管的长度 $L = 800$ mm,内径 $D = 80$ mm。在开始浇注时由于升液管两端的压力差最小,铝液在升液管内流动的速度也最大,故升液管壁施于铝液的阻力也最大,如驱动铝液在升液管内上升的力完全由通入铝液自由表面上的压缩空气压力所施加,则升液管壁的阻力为多少?此时升液管内铝液的流动是什么形态?

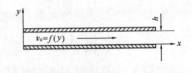

图 3-32

(答:$F = 556.816$ N, $Re = 5974$,过渡态)

3.9 3.4 节的例已说明:往铸型中浇注金属液之初,直浇道中金属液以自由落体形式运动。设直浇道中金属液下落高度 $h = 500$ mm 金属液为铁液,其密度 $\rho = 7\,200$ kg/m³,需浇注的铁液重量为 900 kg,浇注时间为 30 s。求第一股铁液落到直浇道底部时对铸型

的冲力 F 有多大？

（答：$F = 93$ N）

3.10 液态模锻（又称挤压铸造）钢件时（图 3-33）冲头往下移动速度 $v_0 = 0.4$ m/s；凹模内径 $D = 150$ mm，冲头直径 $d = 120$ mm，钢液密度 $\rho = 7\,800$ kg/m³，如果不考虑模壁对钢液流动的阻力和钢液在充模过程中的冷却，试求合模终了时，钢液对冲头的上举力为多少？（提示：合模终了时，上升的钢液突然停止流动会对冲头的法兰平面产生冲力，由此冲力形成的压力又会瞬时传布至钢液各处，也同时使冲头下端面所受的压力增大。）

（答：$F = 65.5$ N）

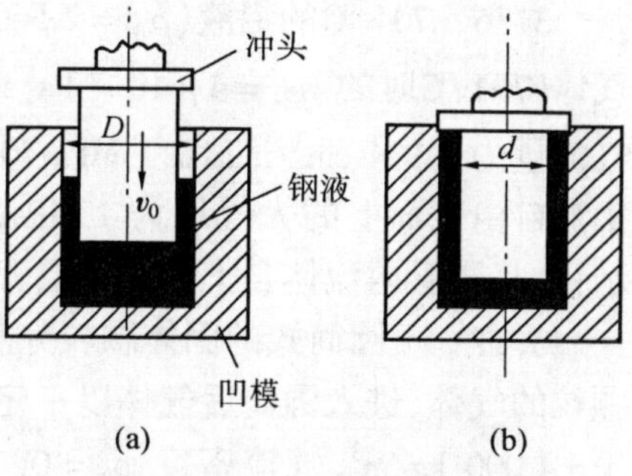

图 3-33 液态模锻合模过程
a) 合模中　b) 合模终了

3.11 如图 3-34 所示，一股密度 $\rho = 1\,000$ kg/m³ 的射流以速度 $v = 18$ m/s 射到倾斜光滑的板上（可忽略流体与板面间的摩擦力），板的倾斜角为 $\theta = 30°$，射流的直径 $d = 50$ mm。射流在冲撞板面后沿板面分成两股流体流走。设可忽略流体撞击时能量的损失和重力对流体运动的影响，射流内的压力分布在分流前后也没有变化，求分流后流量 q_1、q_2 以及板面所受水平分力 F_x 的表达式和数值。

（答：$q_1 = \dfrac{1+\cos\theta}{2} q = 0.032\,5$ m³/s，$q_2 = \dfrac{1-\cos\theta}{2} q = 0.002\,3$ m³/s，$F_x = \rho q v \sin\theta = 160$ N）

3.12 请利用式（3-53）推导流体静力学中的欧拉方程。

3.13 如图 3-35 所示，粘度 $\eta = 0.137$ Pa·s 的润滑油在压力 $p = 15.69 \times 10^4$ Pa 作用下流到轴承中部环形槽中，槽宽 $b = 10$ mm，轴承长度 $l = 120$ mm，轴颈直径 $d = 60$ mm，缝隙高度 $h = 0.1$ mm。问轴颈与轴承同心时，如不考虑轴颈转动的影响，从轴承两端流出的油的体积流量是多少？如轴颈以转速 $n = 3\,000$ rpm 转动，它消耗的功率为多少？

（答：$Q = 0.064\,4$ mm³/s，$P = 7.6 \times 10^{-4}$ W）

3.14 密度 $\rho = 6\,800$ kg/m³ 的铁液中渣滴的最大直径 $d_{\max}$ 为多少时，可用斯托克斯公式计算渣在铁液中的最大层流上浮速度 $v_{\max}$ 是多少？设铁液粘度 $\eta = 2100 \times 10^{-6}$ Pa·s，渣滴密度 $\rho' = 2\,000$ kg/m³。（答：$d_{\max} = 0.224\,4$ mm，$v_{\max} = 0.705$ m/s）

3.15 1593 ℃ 的钢液（0.75 C%）加铝脱氧，生成 Al_2O_3，如脱氧产物处于钢液下 1 524 mm 深处，试确定脱氧后 2 分钟，上浮到钢液表面的 Al_2O_3 颗粒的最小尺寸。设已知钢液密度 $\rho = 8\,300$ kg/m³，Al_2O_3 的密度 $\rho' = 3\,300$ kg/m³，钢液的粘

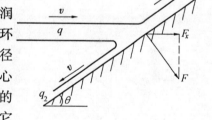

图 3-34

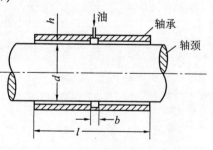

图 3-35

度 $\eta = 65.3 \times 10^{-5}$ Pa·s。 (答:$r = 8.66 \times 10^{-3}$ mm)

3.16 704 ℃的铝液($\rho_{Al} = 2\,560$ kg/m³),通过向其内部吹入 75% N_2 + 25% Cl_2 的混合气体(704 ℃时的 $\eta_{混} = 4 \times 10^{-5}$ Pa·s,$\rho_{混} = 0.503$ kg/m³)脱氧(图3-36),经由石墨管的供气流量为 3 934 cm³/min(0.1 MPa 704 ℃状态),石墨管内径 $d = 1.6$ mm,长度 $l = 914$ mm,铝液自由表面上的大气压为 1 MPa,试计算石墨管入口处的送气压力应保持多大?(提示:这是圆管内流体自上而下的层流流动问题) (答:$p_气 = 0.131$ MPa)

3.17 一圆筒式的固体颗粒分离器,自筒的底部送入带有固体颗粒的气体,进入圆筒后气体以一定速度 v 向上流动,如颗粒密度 $\rho_s = 4\,000$ kg/m³,气流密度 $\rho_g = 0.001\,18$ g/cm³,其粘度 $\eta = 18 \times 10^{-6}$ Pa·s,试绘制悬浮颗粒直径与气流速度的关系曲线。

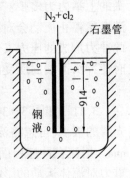

图 3-36

3.18 测量油的粘度时,将油放在有刻度的的玻璃量筒内,让小钢球在油中自由下沉,用秒表测量筒上两刻度间距离上钢球的等速下沉时间,计算得球的下沉速度,便可用式(3-76)求得油的粘度。如透平油的密度 $\rho = 899.4$ kg/m³,密度为 $\rho_s = 7791$ kg/m³ 的小钢球直径 $d = 3$ mm,测得球在油中下沉速度 $v_f = 11$ cm/s,计算油的动力粘度,并请检验一下雷诺数,判断式(3-76)是否适用于此场合。

(答:$\eta = 0.307\,2$ Pa·s,$Re = 0.966 < 1$,适用)

第四章 流体的紊流流动

金属热态成形产业中常会遇到流体的紊流流动现象,如前面已提到过的金属液在铸型浇注系统中的流动;此外在对金属液进行真空脱气、除气精炼、电磁搅拌时也伴随有紊流的现象;还有加热炉中的炉气流动,热态金属件的表面冷却时的气流流动也常为紊流流动;至于金属热态成形使用装备中,紊流的流体流动也可经常遇到,如固态颗粒的气力输送,流化床中的气体流动,车间管道中的气体、液体输送等。所以金属热态成形工作者应该了解流体的紊流流动规律。

遗憾的是由于紊流是一种无规则的流动,其流动参数都随时间和空间而变化,很难从数学方面建立动量通量与局部速度梯度之间的关系。目前所遇到的有关紊流流动参数的关系式均为半经验公式。本章将就紊流流动的普通性规律和适合金属热态成形常遇到的具体紊流流动问题作适当的叙述,供学习者在将来工作中解决具体工程问题时参考。

4.1 紊流流动特征

4.1.1 紊流流动中的三个区

由于流体的粘性作用,在具有紊流流动的流场中并非到处都有紊流流动,往往在流场的边缘与紧贴固体壁面总有一很薄的层流底层区,这是由壁面的限制、液体的附着力作用而形成的。在此层区内,流体作层流流动,其速度梯度很大,可近似地认为在此空间中是常数,故切应力也不变,该区内的流动完全取决于粘性力,紊流的影响可忽略不计。

层流底层的厚度 δ' 与流场中主流的紊流强度(其物理意义见 4.1.3)有关,紊流强度越大,δ' 越小。而紊流强度又与雷诺数有关,如圆管中,流场层流底层的厚度可为

$$\delta' = \frac{30d}{Re\sqrt{\lambda}} \text{ (mm)} \tag{4-1}$$

或

$$\delta' = \frac{34.2d}{Re^{0.875}} \text{ (mm)} \tag{4-2}$$

此两式中 d ——圆管内径(mm);

λ ——圆管壁的摩擦阻力系数(详见式(4-26))。

层流底层对流动能量损失的影响很大,粘性切应力起主导作用。

流场中紊流核心区是紊流流动的主要区域,该区域内流体流速分布较均匀,流体粘性对流动阻力的影响很小,由附加的脉动切应力(详见4.1.5)起主导作用。

在紊流核心区与层流底层区之间有过渡区。

4.1.2 紊流流动参数的时均值和脉动值

前已述及,紊流的流体质点和微团的流动是极不规则的,除了直线流动外,还常作旋

涡形的流动,其大小和强度各不相同,一个旋涡又常分成小旋涡,然后消失。这种变化着的流动常是三维的。因此在流场的任意点来观察紊流流动,其流动参数,如速度、压力、温度等都随时间产生不规则的连续脉动(图 4-1),而且脉动规律也总是在变化着的。但是如果对这些杂乱无章变化着的参数进行概率统计,则可发现它们的平均值往往是不随时间变化,或按一定规律随时间作缓慢的变化,人们把这种在时间间隔 Δt 内测得的时间平均参数值称为时均值,对具体的流动参数言,如时均速度、时均压力等,即

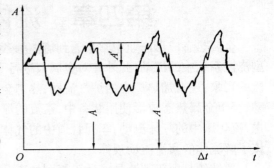

图 4-1 紊流流动参数的脉动现象

$$\overline{A} = \frac{1}{\Delta t}\int_0^{\Delta t} A\,dt \qquad (4-3)$$

式中 $\overline{A}$、A——参数的时均值和瞬时值。

如图 4-1 所示,$\overline{A}$ 为 A 曲线在 Δt 时间间隔中的平均高度,只要能测得 $A = f(t)$ 的曲线,就可用求积仪量出曲线下 Δt 间隔时间内的面积,便可由式(4-3)求得参数的时均值 $\overline{A}$。由此图还可知

$$A = \overline{A} + A' \qquad (4-4)$$

式中 A' 为瞬时值 A 与时均值 $\overline{A}$ 之差,称为 A 参数的脉动值,它的时间均值应为零,即

$$\overline{A'} = \frac{1}{\Delta t}\int_0^{\Delta t} A'\,dt = 0 \qquad (4-5)$$

但脉动值的平方时均值不一定等于零,即

$$\overline{(A')^2} = \frac{1}{\Delta t}\int_0^{\Delta t} (A')^2\,dt \qquad (4-6)$$

两个不同脉动值分量乘积的时均值,如 $\overline{A'_x A'_y}$、$\overline{A'_y A'_z}$、$\overline{A'_z A'_x}$ 等也不一定等于零。

对流体的流动速度言,有

$$\overline{v} = \frac{1}{\Delta t}\int_0^{\Delta t} v\,dt \qquad (4-7)$$

$$v = \overline{v} + v' \text{ 或 } v_x = \overline{v}_x + v'_x \quad v_y = \overline{v}_y + v'_y \quad v_z = \overline{v}_z + v'_z \qquad (4-8)$$

$\overline{v'^2}$、$\overline{v'_x v'_y}$、$\overline{v'_y v'_z}$ 和 $\overline{v'_z v'_x}$ 不一定等于零。

对流体的压力言,有

$$\overline{p} = \frac{1}{\Delta t}\int_0^{\Delta t} p\,dt \qquad (4-9)$$

$$p = \overline{p} + p' \qquad (4-10)$$

式中 $\overline{v}$、v、v'——时均速度、瞬时速度和脉动速度;
$\overline{p}$、p、p'——时均压力、瞬时压力和脉动压力。

对紊流参数瞬时值的研究是极其复杂的,一般在工程中也没有这种必要,此时人们所关心的是流体流动参数的时均值以及这些参数在流场中的分布,它们与能量损失等的关系。并且参数的时均值也可用普通仪器测量得到。所以,通常都是用流动参数的时均值

描述流体的紊流流动。这样,流动参数时均值不随时间改变的紊流流动便可被视为稳定流动或准稳定流动,使问题的研究大为简化。

但是在对紊流机理的研究和某些工程问题中,必须注意紊流流体质点的脉动运动。

4.1.3 紊流强度

紊流强度就是指流体脉动的强弱,即为流体的脉动速度相对于时均速度的大小,一般用三个方向的紊流脉动速度分量均方根值相对于相应方向的时均速度的分量表示,即

$$\frac{\sqrt{(v'_x)^2}}{\overline{v_x}} \quad \frac{\sqrt{(v'_y)^2}}{\overline{v_y}} \quad \frac{\sqrt{(v'_z)^2}}{\overline{v_z}}$$

实际上 v'_x、v'_y、v'_z 的绝对值大小与雷诺数有关,雷诺数越大,紊流强度较大。

4.1.4 紊流能量的耗散

紊流时流体的瞬时速度是脉动的,其脉动频率与紊流的旋涡尺寸有关,旋涡尺寸大,则脉动频率低,它们间存在反比的关系。速度脉动的绝大部分能量都集中在大旋涡中,而紊流脉动引起的能量耗散则发生在粘性力为主的较小旋涡中,在脉动频率较高的情况下,紊流的能量耗散变为热能。

4.1.5 紊流切应力

粘性流体层流流动时,切应力表现为由内摩擦引起的切向应力;而在粘性流体的紊流流动时,除了流层之间相对滑移引起的摩擦切应力 τ_v 外,还有由于流体质点在流层之间作无规律运动引起的动量交换,而增加的能量损失,它表现为附加的切应力,或称为脉动切向应力 τ_t,则紊流切应力 τ 应为上述两种切应力之和,即

$$\tau = \tau_v + \tau_t$$

如果紊流流动是在如图4-2所示时均速度分布情况下进行的,则

$$\tau = \tau_v + \tau_t = (\eta + \eta_t)\frac{d\overline{v_x}}{dy} \quad (4-11)$$

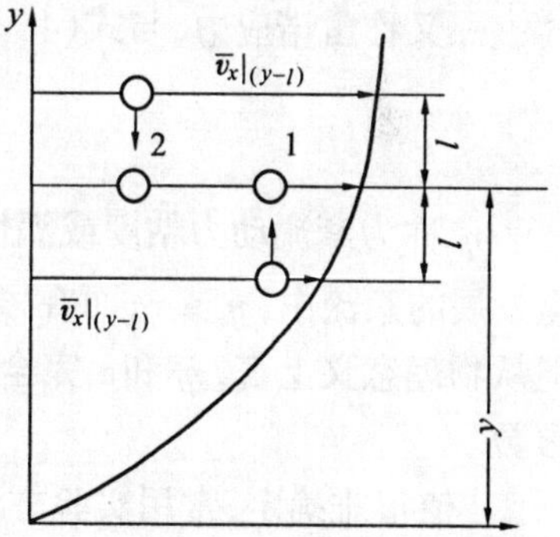

τ_t 是在流体微团与其它流体微团碰撞时出现的,普朗特(Prandt. L)认为,微团在碰撞前要移动一段路程 l(图4-2)。当速度为 $\overline{v_x}\big|_{(y-l)}$ 流层中的微团向上脉动到速度为 $\overline{v_x}\big|_{(y)}$ 的流层时,出现的速度差为

图4-2 $\overline{v_x} - y$ 曲线

$$\Delta v_{x1} = \overline{v_x}\big|_{(y)} - \overline{v_x}\big|_{(y-l)} \approx l\frac{d\overline{v_x}}{dy}$$

当速度为 $\overline{v_x}\big|_{(y+l)}$ 流层中的微团向下脉动到速度为 $\overline{v_x}\big|_{(y)}$ 的流层时,出现的速度差为

$$\Delta v_{x2} = \overline{v_x}\big|_{(y+l)} - \overline{v_x}\big|_{(y)} \approx l \frac{d\overline{v_x}}{dy}$$

可以认为，y 流层处的纵向脉动速度 v'_x 的绝对值的时均值为

$$|\overline{v'_x}| = \frac{1}{2}(\Delta v_{x1} + \Delta v_{x2}) = l \frac{d\overline{v_x}}{dy}$$

普朗特从纵向脉动速度 v'_x 与横向脉动速度 v'_y 为同一数量级出发，设

$$|\overline{v'_y}| = C_1|\overline{v'_x}| = C_1 l \frac{d\overline{v_x}}{dy}$$

如果在两流层之间取微元面 dA，由于横向脉动经 dA 进入中间流层（即 y 流层）的动量率变化值应为 $-\rho v'_y dA v'_x$（负号是因为 $v'_y > 0$ 时，$v'_x < 0$；而 $v'_y < 0$ 时，$v'_x > 0$）。根据动量平衡定理，两流层在 dA 面上由横向脉动引起的切向力 $F = -\rho v'_y dA v'_x$，将此式除以 dA，并取时均值，得脉动切向应力

$$\tau_t = -\rho \overline{v'_x v'_y} \tag{4-12}$$

如取 $\overline{v'_x v'_y} = -C_2 |\overline{v'_x}| \cdot |\overline{v'_y}| = -C_1 C_2 l^2 \left(\frac{d\overline{v_x}}{dy}\right)^2$，代入上式，并把 $-C_1 C_2$ 并入所假设的 l 中，并用时均速度梯度表示切应力的方向，则

$$\tau_t = \rho l^2 \left|\frac{d\overline{v_x}}{dy}\right| \frac{d\overline{v_x}}{dy} \tag{4-13}$$

普朗特把式（4-13）中 l 称为混合长度。τ_t 的作用方向总是在使紊流速度更趋均匀的方向上。所以紊流在任何方向上对任何可传输的量（如动量、热量和质量）都有强烈的扩散传输作用。

τ_t 又称雷诺应力，与式（4-11）相比，$\eta_t = \rho l^2 \left|\frac{d\overline{v_x}}{dy}\right|$，也可写成

$$\eta_t = \rho \varepsilon \qquad \varepsilon = l^2 \left|\frac{d\overline{v_x}}{dy}\right|$$

η_t 称为紊流动力粘度或涡性系数，ε 称为紊流运动粘性系数或紊流运动粘度。在完全发展的紊流中，$\eta_t \gg \eta$；而在紧靠流场的固体壁处，$\eta_t \ll \eta$。层流时，$\varepsilon = 0$，紊流时 $\varepsilon \neq 0$。但从物理意义上言，η_t 和 ε 完全不同于 η 和 ν，前者不是流体的属性，是随流动情况变化的参数。

l 值很难确定，常用实验方法获得。

因此由式（4-11）和式（4-13），可得紊流切应力

$$\tau = \eta \frac{d\overline{v_x}}{dy} + \rho l^2 \left(\frac{d\overline{v_x}}{dy}\right)^2 \tag{4-14}$$

在层流底层区只有粘性摩擦力 $\eta \frac{d\overline{v_x}}{dy}$ 起作用，而在紊流核心区中 $\rho l^2 \left(\frac{d\overline{v_x}}{dy}\right)^2$ 比 $\eta \frac{d\overline{v_x}}{dy}$ 大数百倍，对 $\eta \frac{d\overline{v_x}}{dy}$ 可忽略不计，故

$$\tau = \rho l^2 \left(\frac{d\overline{v_x}}{dy}\right)^2 \tag{4-15}$$

4.2 管道内的紊流流动

工程中,常用管道输送流体,所以人们对流体在管道中的流动作了较多研究,有关管道中的层流流动在第三章中已作了较多的叙述,本节中主要叙述圆管内的紊流流动时流体流速的分布特点和在直管中流体所受的摩擦阻力问题,在圆管紊流流动分析的基础上,对断面非圆形管道中的紊流流动也作扼要的介绍。

4.2.1 水力光滑管和水力粗糙管

输送流体的管道内表面总是凹凸不平的,可用"Δ"表示管壁表面凹凸不平的程度———绝对粗糙度,表4-1示出一些新圆管内壁的绝对粗糙度。

表4-1 一些管子的绝对粗糙度 Δ(mm)

管子种类	冷拔管、黄铜管、铜管、铅管、玻璃管、塑料管	新无缝钢管	镀锌钢管	涂沥青钢管	普通新铸铁管	涂沥青铸铁管	混凝土管	橡皮软管
Δ(mm)	0.0015~0.01	0.04~0.17	精:0.25 普:0.39 粗:0.50	0.12~0.21	0.25~0.42	0.12	0.30~3.0	0.01~0.03

如层流底层厚度 δ' 大于 Δ,管壁的凹凸不平处全淹没在层流底层中,Δ 对流体紊流流动没有影响,流动阻力主要由流体粘性决定,这种管道称为水力光滑管。

如 $\Delta > \delta'$,层流底层被破坏,流体流动阻力受 Δ 很大影响,这种管道称水力粗糙管。

由上可见,同一管道可以为水力光滑管或水力粗糙管,主要取决于流体的流动情况,即紊流强度或雷诺数,层流底层厚度 δ' 与雷诺数关系的半经验公式为

$$\delta' = \frac{34.2d}{Re^{0.875}} \text{ (mm)} \tag{4-16}$$

式中 d——管道直径(mm)。

管道在使用过程中,由于锈蚀和流体内固态物的沉淀,Δ 会发生很大变化。

4.2.2 圆管流场中紊流核心区内的速度分布

圆管中紊流核心区中的切应力 τ 可用式(4-15)表示

$$\tau = \rho l^2 \left(\frac{d\bar{v}_x}{dy}\right)^2$$

卡门(Karman)通过对圆管紊流的大量实验得到

$$l = ky \tag{4-17}$$

式中 y——流体层到管壁的距离;

k——与流体物性无关的常数,$k = 0.36 \sim 0.435$。

尼古拉兹(Nikuradse)认为整个紊流区内切应力为常数 τ_0,则

$$\tau_0 = \tau = \rho(ky)^2 \left(\frac{d\bar{v}_x}{dy}\right)^2 \tag{4-18}$$

或
$$\frac{\mathrm{d}\overline{v}_x}{\mathrm{d}y} = \frac{1}{ky}\overline{v}_* \qquad (4-19)$$

式中 $\overline{v}_* = \sqrt{\dfrac{\tau_0}{\rho}}$，称为阻力流速或切应力流速。

对式(4-19)积分，得
$$\overline{v}_x = \frac{\overline{v}_*}{k}(\ln y + C)$$

因为管的轴心速度最大($\overline{v}_{x\max}$)，此时 $y = r$（r 为圆管的半径），则可得
$$\frac{\overline{v}_{x\max} - \overline{v}_x}{\overline{v}_*} = -\frac{1}{k}\ln\frac{y}{r} \qquad (4-20)$$

此式说明在紊心核心区中，流体的时均流速分布符合对数的分布规律，实验表明 $k = 0.4$。但此式中的 $\overline{v}_{x\max}$ 和 $\overline{v}_*$ 尚难用理论精确确定。

在工程技术中，还流行着普朗特提出的圆管紊流区中流动速度按指数规律分布的观点，即
$$\frac{\overline{v}_x}{\overline{v}_{x\max}} = \left(\frac{y}{r}\right)^n \qquad (4-21)$$

当 $Re < 5 \times 10^4$ 时，$n = \dfrac{1}{7}$，故此式又称 $\dfrac{1}{7}$ 指数速度分布规律。

由式(3-26)、(3-28)知，当圆管中流体层流流动时，流速在径向按抛物线规律分布，其平均流速为圆管轴心处最大流速的 0.5 倍。而当紊流流动时，流速在径向按对数或指数规律分布，其平均的时均速度约为圆管轴心处最大时均速度的 0.75~0.87 倍。

4.2.3 圆管内流体流动时的管壁摩擦系数 λ

流体在圆管中流动时会遇到管壁的摩擦阻力。层流流动时，管壁对流体的摩擦阻力即为管壁表面处的切应力 τ 与流体所接触的管壁面积 $2\pi RL$ 的乘积。如设圆管为水平按放，可不考虑重力的影响，则由式(3-21)可得
$$\tau = \left(\frac{p_0 - p_1}{L}\right)\frac{R}{2} \qquad (4-22)$$

式中 p_0、p_1——所观察圆管段两端面上流体的压力；
L、R——所观察圆管段的长度和内半径。

因此层流时，流体所遇到的管壁阻力为
$$F = \pi R^2(p_0 - p_1) \qquad (4-23)$$

当圆管内紊流流动时，由于圆管壁上总有层流底层，并且属水力光滑管的流动，则式(4-22)、(4-23)仍然适用。

此外，圆管内流动摩擦阻力往往用与式(3-75)形式相似的下式表示
$$F = fAK \qquad (4-24)$$

式中 f——摩擦系数；
A——圆管壁特征面积，$A = 2\pi RL$；
K——特征动能，其值为 $\dfrac{1}{2}\overline{\rho v}^2$。

根据式(3-28),层流时,$\bar{v} = \dfrac{R^2}{8\eta L}(p_0 - p_1)$,取式(4-23)等于式(4-24),可得

$$f = \dfrac{16}{Re} \tag{4-25}$$

人们也常用能量损失形式,即液柱高度 h 来描述圆管长度上流体受管壁摩擦阻力所出现的能耗,这种损失又称沿程损失,其单位为 m,它与管道长度和流动速度的平方成正比,与圆管直径($2R$)成反比,即

$$h = \dfrac{p_0 - p_1}{\rho g} = \lambda \dfrac{L}{2R} \dfrac{\bar{v}^2}{2g} \tag{4-26}$$

式中 λ——摩擦系数,$\lambda = \dfrac{h}{\dfrac{L}{2R}\dfrac{v^2}{2g}}$,当管中流体为层流时 $\lambda = \dfrac{64}{Re} = 4f$。

因此可知,圆管流体层流时的摩擦系数 f 和 λ 都只与雷诺数有关,如能求出 Re,就可由上述式(4-23)、(4-24)和(4-25)或式(4-26)求得流体流经圆管时的沿程损失压力降($p_0 - p_1$)或摩擦损失的能量 h。

如为紊流时,管壁的摩擦系数已不单是雷诺数的函数了,它们同时也是 $\bar{\Delta}$ 的函数或当雷诺数很大时变成只是 $\bar{\Delta}$ 的函数。

尼古拉兹人工地把均匀砂粒粘在管道内壁,对圆管流体流动作了大量实验,制出了广泛流传的 λ-Re 的关系曲线(图 4-3)。

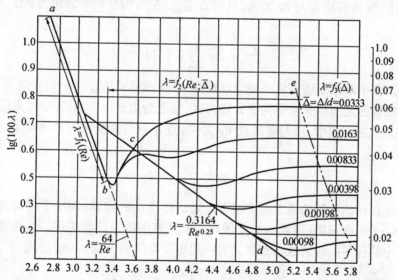

图 4-3 尼古拉兹 λ-Re 曲线图

此图上的曲线表明了圆管内五种流体流动情况下的 λ 与 Re、$\bar{\Delta}$ 间的关系,$\bar{\Delta}$ 为圆管的相对粗糙度,即圆管壁的绝对粗糙度 Δ 与圆管内径 d 的比值,$\bar{\Delta} = \dfrac{\Delta}{d}$。

(1) 层流区 由 ab 直线表示,即为 $\lambda = \dfrac{64}{Re}$ 直线,当圆管内流体流动的雷诺数 $Re \leqslant 2\,300(\lg Re \leqslant 3.3)$ 即层流流动时,此直线所示的 λ-Re 关系都适用。

(2) 层、紊流过渡区 由曲线 bc 表示,适用于 $2\,300 < Re < 4\,000$,为层流、紊流不稳定

区。尚不能整理出 λ 与 Re 关系的数学式。

(3) 紊流光滑管区　由 cd 直线表示,其数学关系式为勃拉休斯式,$\lambda = \dfrac{0.316\,4}{Re^{0.25}}$,适用于 $4\,000 < Re < 10^5$,此直线表明 λ 与圆管壁的粗糙度无关。若把此式代入式(4-26)求摩擦损失的能量 h,则可发现 h 与 $\bar{v}$ 的 1.75 次方成正比,故紊流光滑量区又称 1.75 次方阻力区。

(4) 紊流光滑——粗糙管过渡区　由 cd 线和 ef 虚线间的曲线表示,其 $\lambda-Re$ 关系数学式为洛巴耶夫(Лобаев Б.Н.)式,$\dfrac{1}{\sqrt{\lambda}} = 1.42[\lg(Re/\overline{\Delta})]$,适用于 $26.98\left(\dfrac{1}{\overline{\Delta}}\right)^{8/7} < Re < 4\,160\left(\dfrac{1}{2\overline{\Delta}}\right)^{0.85}$。在此区中紊流流动的层流底层厚度 Δ 随 Re 增大而减薄,即摩擦系数 λ 不仅与 Re 有关,还与圆管壁的相对粗糙度有关。

原苏联拉宾诺维奇(Рабинович Б.В.)通过对铁液在砂型圆形断面通道中流动情况的实验研究,发现 $\lambda-Re$ 的关系点都处于紊流光滑—粗糙过渡区中。

(5) 紊流粗糙管(平方阻力)区　由虚线 ef 右边的各水平线表示,ef 虚线的雷诺数 Re 与相对粗糙度 $\overline{\Delta}$ 的关系式为

$$Re = 4\,160\left(\dfrac{1}{2\overline{\Delta}}\right)^{0.85} \tag{4-27}$$

在此区中,摩擦系数 λ 与 Re 无关,只与 $\overline{\Delta}$ 有关,尼古拉兹的平方阻力区 λ 与 $\overline{\Delta}$ 的关系式为

$$\dfrac{1}{\sqrt{\lambda}} = 2\lg\dfrac{1}{2\overline{\Delta}} + 1.74 \tag{4-28}$$

此式在工程中常用于通风管道的设计计算,在输油管道的设计中也有应用。

紊流粗糙管区之所以又被称为平方阻力区,是因为由式(4-26)转变过来的摩擦损失能量 h 的表达式的 λ 值中,已与雷诺数 Re 无关,而 h 只与紊流的时均速度平均值 $\bar{v}$ 的平方成比例,即

$$h = \lambda \dfrac{L}{d}\dfrac{\bar{v}^2}{2g} \propto \bar{v}^2 \tag{4-29}$$

莫迪通过在自然粗糙的新工业管道中大量流体流动的实验,制出了与尼古拉兹图形相似的 $\lambda-Re$ 关系曲线图(图 4-4),此图在工程计算中得到广泛应用。在紊流光滑-粗糙管过渡区中的各条曲线的数学表达式为柯列布茹克(C.F.Colebrook)公式

$$\dfrac{1}{\sqrt{\lambda}} = 1.74 - 2\lg\left(2\overline{\Delta} + \dfrac{18.7}{Re\sqrt{\lambda}}\right) \tag{4-30}$$

人们还提出了各种情况下多种形式的 $\lambda = f(Re)$、$\lambda = f(Re、\overline{\Delta})$ 和 $\lambda = f(\overline{\Delta})$ 式,读者可在具体工作中根据当时的资料和经验予以选择。

例　15℃的水流过直径 $d = 300$ mm,长度 $L = 300$ m 的钢管,已知钢管壁的相对粗糙度 $\overline{\Delta} = 0.01$,流经该管道时,损失能量 $h = 6$ m,试求通过此管的流量 q。

解　如知水在管中平均流速 $\bar{v}$,即可求得 q,但 $\bar{v}$ 却与摩擦系数 λ 有关,故只能先估取 $\lambda = 0.038$ 由式(4-26)计算 $\bar{v}$

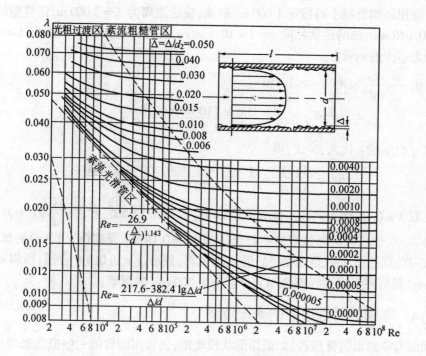

图 4-4 莫迪 $\lambda - Re$ 关系曲线图

$$\bar{v}=\sqrt{\frac{hd\times 2g}{\lambda L}}=\sqrt{\frac{6\times 0.3\times 2\times 9.81}{0.038\times 300}}=1.76 \text{ m/s}$$

现验算 Re 值,15 ℃水的运动粘度 $\nu=1.13\times 10^{-6}\text{m}^2/\text{s}$,则

$$Re=\frac{\bar{v}d}{\nu}=\frac{1.76\times 0.3}{1.13\times 10^{-6}}=467\,000$$

用图 4-4 上的莫迪图核对 λ,查得恰好 $\lambda=0.038$,故前面估取的 λ 值合适。因此

$$q=\frac{\pi d^2}{4}\bar{v}=\frac{\pi}{4}(0.3)^2\times 1.76=0.124\,5 \text{ m}^3/\text{s}$$

如估取的 λ 值不对,则可取由莫迪图查得的 λ 值再计算 $\bar{v}$、Re 查图,直至估取 λ 值与最后查图的 λ 值相互符合,再计算 q 值。

例 输送重油的钢管长 $L=2\,000$ m,管径 $d=20$ cm,油的运动粘度 $\nu=0.36\times 10^{-4}$ m^2/s,输油的流量 $q=40$ L/s 问沿程摩擦阻力损失是多少?

解 油在管中的平均流速

$$\bar{v}=\frac{4q}{\pi d^2}=\frac{4\times 40\times 10^{-3}}{3.14\times (0.2)^2}=1.27 \text{ m/s}$$

计算雷诺数

$$Re=\frac{\bar{v}d}{\nu}=\frac{1.27\times 0.2}{0.36\times 10^{-4}}=7\,056$$

由 Re 值知,油在管内流动属水力光滑管条件,故可用勃拉休斯式计算 λ,即

$$\lambda=0.316\,4Re^{-0.25}=0.316\,4\times (7056)^{-0.25}=0.034\,5$$

故可用式(4-26)计算沿程水头损失

$$h=\lambda \frac{L}{d}\frac{\bar{v}^2}{2g}=0.034\,5\times \frac{2000}{0.2}\times \frac{(1.27)^2}{2\times 9.81}=28.39 \text{ m 油柱}。$$

例 需用新钢管每小时输送 1 000 m³ 的油,输送距离为 $L = 2\ 000$ m,钢管壁的绝对粗糙度 $\Delta = 0.046$ mm,油的运动粘度 $\nu = 1 \times 10^{-5}$ m²/s,可允许的最大水头损失 $h = 20$ m,问需用直径为多少的钢管?

解 由 $\bar{v} = \dfrac{4q}{\pi d^2}$ 和式(4-26)可得

$$d^5 = \frac{8Lq^2}{\pi^2 gh}\lambda = \frac{8 \times 200 \times (1000/3600)^2}{\pi^2 \times 9.8 \times 20}\lambda = 0.064\ 2\lambda \tag{a}$$

将以 q 表示的 $\bar{v}$ 代入 Re 式,得

$$Re = \frac{4q}{\pi \nu}\frac{1}{d} = \frac{4 \times (1000/3600)}{\pi \times 10^{-5}}\frac{1}{d} = \frac{35\ 400}{d} \tag{b}$$

先试取 $\lambda = 0.02$ 代入式(a),得 $d = 0.264$ m,得 $Re = 13\ 400$,而 $\overline{\Delta} = \dfrac{\Delta}{d} = 0.000\ 17$,由莫迪图查得 $\lambda = 0.016$,与前面试取的不符合,就以 $\lambda = 0.016$ 重复式(a)、式(b)的试算过程,进一步核对与莫迪图 λ 值是否相符。经几次试算,最后 $\lambda = 0.015\ 8$ 合适,所以可取管经 $d = 252$ mm,最后根据钢管标准选用公称直径为 300 mm 的钢管。

4.2.4 非圆截面管道中的紊流流动

对截面为非圆形的管道言,如截面形状较规矩,仍可用圆管的一些概念来考虑管道中的紊流流动,只是在考虑管道设计计算时,需换算那些截面的水力半径 R,将适用于圆管各数学式中的管径 d 换成 $4R$。

例 用边长 3 cm 正方形截面管道输送 $\nu = 0.1$ cm²/s 的油,管长 $L = 5$ m,油在管内流速 $v = 1.5$ m/s,问沿程损失多少?

解 正方形截面管道的 R 和液流的 Re 为

$$R = \frac{3 \times 3}{2(3+3)} = \frac{3}{4}\ \text{cm}$$

$$Re = \frac{4vR}{\nu} = \frac{4 \times 150}{0.1} \cdot \frac{3}{4} = 4\ 500 > 4\ 000$$

油液流动属紊流光滑管流,则

$$\lambda = 0.316\ 4 Re^{-0.25} = 0.038\ 6$$

沿程损失

$$h = \lambda \frac{L}{4R}\frac{v^2}{2g} = 0.038\ 6 \times \frac{5}{4 \times \frac{3}{4} \times 10^{-2}} \times \frac{(1.5)^2}{2 \times 9.81} = 0.733\ \text{m 油柱}$$

4.3 平板表面紊流边界层近似计算

第三章中的层流边界层计算式不能应用于紊流边界层,目前尚不能从理论上建立有关紊流边界层的计算公式。普朗特认为平板边界层内的紊流流动与圆管内紊流流动相同,因此就借用圆管内紊流流动的理论研究结果解决平板紊流边界层的近似计算问题。此时,取圆管轴心线上的最大流速 $v_{x\max}$ 相当于平板的来流流速 v_0,圆管的半径 r 相当于

边界层厚度 δ,并且设定从平板前缘一开始,边界层就是紊流流动。

按照普朗特提出的圆管紊流内流速按指数规律分布的观点,即按式(4-21)可得

$$v_x = v_0 \left(\frac{y}{\delta}\right)^{\frac{1}{7}} \quad (4-31)$$

此时采用由式(4-22)、(4-26)推导用摩擦系数 λ 表达的切应力 τ 的公式,推导时取 $p_0 - p_1 = \rho g h$,得

$$\tau = \frac{\lambda}{8}\rho v^2 \quad (4-32)$$

同时将紊流光滑管区的勃拉休斯公式 $\lambda = 0.316\,4Re^{-0.25}$ 代入上式,并取平均流速 $\bar{v} = 0.8\,v_{x\max}$,得

$$\tau = 0.025\,5\rho v_{x\max}^{\frac{7}{4}}\left(\frac{\nu}{r}\right)^{\frac{1}{4}}$$

将边界层外边界上的 v_0 和 δ 替代上式中 $v_{x\max}$ 和 r,得

$$\tau = 0.022\,5\rho v_0^2 \left(\frac{\nu}{v_0\delta}\right)^{\frac{1}{4}} \quad (4-33)$$

将式(4-31)、(4-33)代入平面边界层冯·卡门积分关系式[式(3-96)],同时考虑到边界层内沿平板壁面上的压力是不变的,即 $\frac{\mathrm{d}p}{\mathrm{d}x} = 0$,得

$$\frac{\mathrm{d}}{\mathrm{d}x}\int_0^\delta \left[v_0\left(\frac{y}{\delta}\right)^{\frac{1}{7}}\right]^2 \mathrm{d}y - v_0\frac{\mathrm{d}}{\mathrm{d}x}\int_0^\delta v_0\left(\frac{y}{\delta}\right)^{\frac{1}{7}}\mathrm{d}y = -\frac{1}{\rho}\times 0.022\,5\rho v_0^2\left(\frac{\nu}{v_0\delta}\right)^{\frac{1}{4}}$$

因为 $\quad\int_0^\delta \left(\frac{y}{\delta}\right)^{\frac{2}{7}}\mathrm{d}y = \frac{7}{9}\delta \quad \int_0^\delta \left(\frac{y}{\delta}\right)^{\frac{1}{7}}\mathrm{d}y = \frac{7}{8}\delta$

故由上式可得

$$\delta^{\frac{1}{4}}\mathrm{d}\delta = 0.022\,5\times\frac{72}{7}\left(\frac{\nu}{v_0}\right)^{\frac{1}{4}}\mathrm{d}x$$

把此式积分,得

$$\delta = 0.37\left(\frac{\nu}{v_0 x}\right)^{\frac{1}{5}}x + C$$

平板前缘处边界层厚度为零,即 $x = 0, \delta = 0$,故 $C = 0$,即

$$\delta = 0.37\left(\frac{\nu}{v_0 x}\right)^{\frac{1}{5}}x = 0.37 x Re_x^{-\frac{1}{5}} \quad (4-34)$$

由此式可知,紊流边界层的厚度是以指数规律由平板边缘向平板长度方向增大的。

将式(4-34)代入式(4-33),得切应力

$$\tau = 0.028\,9\rho v_0^2\left(\frac{\nu}{v_0 x}\right)^{\frac{1}{5}} = 0.028\,9\,\rho v_0^2 Re_x^{-\frac{1}{5}} \quad (4-35)$$

因此宽度为 b,长度为 L 的平板上由紊流边界层引起的总摩擦阻力

$$F = b\int_0^L \tau \mathrm{d}x = 0.028\,9\rho v_0^2\left(\frac{\nu}{v_0}\right)^{\frac{1}{5}}b\int_0^L x^{-\frac{1}{5}}\mathrm{d}x = 0.036\,bL\rho v_0^2 Re_L^{-\frac{1}{5}} \quad (4-36)$$

由 3.11.2 节还可知平板面上的摩擦阻力

$$F = fbL\frac{\rho v_0^2}{2}$$

将此式与式(4-36)比较,可知平板紊流边界层对板面的摩擦系数

$$f = 0.072 Re_L^{-\frac{1}{5}} \qquad (4-37)$$

由实验所得的摩擦系数 $f = 0.074 Re_L^{-\frac{1}{5}}$,故理论 f 值与实验 f 值很接近。但这里的 f 值只适用于 $5\times 10^5 \leqslant Re_L \leqslant 10^7$。当 $10^7 > Re_L \leqslant 10^9$ 时,上述 f 式不能用,因紊流边界层内速度已按对数规律分布,此时

$$f = 0.455(\lg Re_L)^{-2.58} \qquad (4-38)$$

因此结合第三章中层流边界层的摩擦系数 $f = 1.328 Re_L^{-\frac{1}{2}}$ 可制得平板边界层流动摩

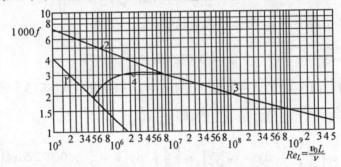

图 4-5 流过平板表面时 $f - Re_L$ 曲线

擦系数 f 与雷诺数 Re_L 的关系曲线(图 4-5)。图中曲线 1 为层流时 $f = 1.328 Re_L^{-\frac{1}{2}}$ 线,曲线 2 为紊流时 $f = 0.074 Re_L^{-\frac{1}{5}}$ 线;曲线 3 为紊流时 $f = 0.455(\lg Re_L)^{-2.58}$ 线;曲线 4 为层流 – 紊流过渡线,$f = 0.455(\lg Re_L)^{-2.58} - A Re_L^{-1}$。

例 用一个钢质平板测力器来研究感应电炉内搅拌力与铝液运动速度间的关系,平板垂直地处于炉膛中部(图 4-6),铝液环流向上运动,已知铝液粘度 $\eta = 0.001$ Pa·s,密度 $\rho = 2560$ kg/m³,测力器平板板面尺寸 $L \times L = 305 \times 305$ mm²。试用计算的方法制出铝液运动速度 v_0 与搅拌力 F 的关系表。

解 设铝液在感应炉膛内掠过测力板的流动为紊流,流动的雷诺数 $10^5 < Re_L \leqslant 10^7$,则摩擦系数 $f = 0.074 Re_L^{-\frac{1}{5}}$。如取 $Re_L = 10^6$,由图 4-5 可知 $f = 0.0045$,此时相应的铝液流速

$$v_0 = \frac{\eta}{L\rho}Re_L = \frac{0.001}{0.305 \times 2560} \times 10^6 = 1.28 \text{ m/s}$$

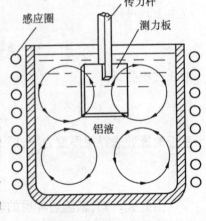

图 4-6

作用在测力板两面的摩擦阻力为

$$F = 2fL^2\left(\frac{1}{2}\rho v_0^2\right) = 2 \times 0.0045 \times (0.305)^2 \left(\frac{1}{2} \times 2560 \times 1.28^2\right) = 1.758 \text{ N}$$

同上可取 $Re_L = 10^5、2 \times 10^6 \cdots\cdots$，计算相应的 v_0 值，查得相应 f 值，计算 F 值，因此可制得下述铝液流速 v_0 与 F 值的关系表。

Re_L	10^5	5×10^5	10^6	2×10^6	4×10^6	5×10^6
v_0(m/s)	0.128	0.640	1.28	2.56	5.12	6.40
F(N)	0.0265	0.481	1.76	6.06	21.76	32.13

如果平板表面的边界层是混合边界层，即在平板的前半段是层流边界层，后半段是紊流边界层，此时可假设(1)层流向紊流的转变是突然发生的；(2)紊流流段边界层的厚度、切应力和垂直方向上的速度分布，都与由平板端部起算的紊流边界层相同，进行近似的计算。计算的步骤为：

(1) 先按平板全长上都是紊流边界层算出阻力 F_1；

(2) 按平板层流段长度上是紊流边界层计算阻力 F_2，所以平板实际紊流段上的阻力为 $F' = F_1 - F_2$；

(3) 用层流边界层阻力系数公式 $f = 1.328 Re_L^{-\frac{1}{2}}$ 计算平板层流段长度上的阻力 F''，最终可得整个平板长度上的阻力为

$$F = F' + F''$$

例 气流以速度 $v = 15$ m/s 对静止平板平行地掠过，板长 $L = 1$ m，宽 $b = 5$ m。设边界层层流转变为紊流的临界雷诺数为 $Re = 3 \times 10^5$，15℃空气的粘度 $\nu = 15.2 \times 10^{-6}$ m²/s，密度 $\rho = 1.23$ kg/m³。求平板面上所受阻力。

解 按整个板长计算雷诺数

$$Re_L = \frac{vL}{\nu} = \frac{15 \times 1}{15.2 \times 10^{-6}} = 9.85 \times 10^5 > Re = 3 \times 10^{-5}$$

按 $Re = 3 \times 10^5$ 计算层流段长度

$$l_c = \frac{Re \nu}{v} = \frac{3 \times 10^5 \times 15.2 \times 10^{-6}}{15} = 0.304 \text{ m}$$

层流段阻力系数

$$f'' = 1.328 Re^{-\frac{1}{2}} = 1.328/\sqrt{3 \times 10^5} = 2.37 \times 10^{-3}$$

而紊流段阻力系数

$$f' = 0.074 Re_L^{-\frac{1}{5}} = 0.074 \times (9.85 \times 10^5)^{-\frac{1}{5}} = 4.68 \times 10^{-3}$$

平板紊流段的阻力

$$F' = F_1 - F_2 = f'Lb\frac{1}{2}\rho v^2 - f'l_cb\frac{1}{2}\rho v^2 = 4.68 \times 10^{-3} \times 5 \times \frac{1}{2}$$
$$\times 1.23 \times 15^2 (1 - 0.304) = 2.25 \text{ N}$$

平板层流段的阻力

$$F'' = f''l_cb\frac{1}{2}\rho v^2 = 2.37 \times 10^{-3} \times 0.304 \times 5 \times \frac{1}{2} \times 1.23 \times 15^2 = 0.498 \text{ N}$$

平板所受阻力
$$F = F' + F'' = 2.25 + 0.498 = 2.748 \text{ N}$$

4.4 气体在散料中的流动

散料即指松散的颗粒状材料,第三章 3.10 节已叙述过流体在多孔介质中的层流流动,而由散料堆积起来的料层即为多孔介质的一种。在金属热态成形生产场合常易遇到气体在散料层缝隙中的紊流流动。这种流动有三种状态:

(1) 散料层在气体流动时静止不动或有不受气流影响的缓慢移动,如铸造化铁的冲天炉中缓慢下降的炉料中空气的流动往往对冲天炉的工作状态有很大影响。

(2) 在流动的气体压力作用下散料间隙增大,散料层体积膨胀,颗粒不规则跳动,但不随气体作长距离运动,散料层出现沸腾的现象,如制造熔模型壳粘砂用的沸腾床(图 4-7)、金属件热处理时使用的流态床(图 4-8)。

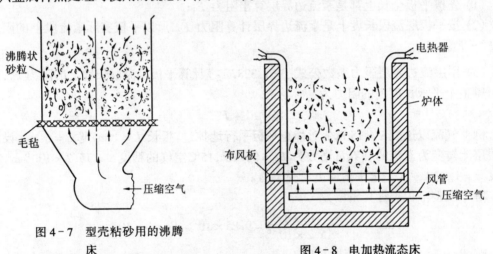

图 4-7 型壳粘砂用的沸腾床　　　　图 4-8 电加热流态床

(3) 固体颗粒随气流一起运动,如尘粒、砂粒、粉粒的气力输送。

本节将叙述(1)、(2)两种情况的气体流动。

4.4.1 气体在固定散料层中的运动

考虑气体在固定散料层中流动时出现的压力降 Δp 时,同时可利用流体层流通过多孔介质时的毛细管模型,故由式(3-89)的移项可得

$$\Delta p = k \frac{L\eta \bar{v}}{nd^2} \tag{4-39}$$

式中　$\bar{v}$——式(3-89)中的 q 取平均值,因为 q 本身具有气流速度的涵义;

　　　Δp——式(3-89)中的$(p_1 - p_2)$;

　　　k——由式(3-89)中 32 转换过来,但 32 这一数字是在考虑层流情况下得到的,而气体紊流流动时,$k \neq 32$;

　　　L——散料层的高度或长度,由于气体密度很小,可忽略重力的影响;

d——散料层中孔隙使用毛细管模型时的当量直径,

$$d = \frac{4 \times \text{散料层中孔隙总体积}}{\text{孔隙总面积}} = \frac{4V}{S}。$$

料层中散料颗粒的总体积 $V_s = V_0 - V = V_0 - nV_0 = (1-n)V_0$,式中 V_0 为料层总体积。

单位体积散料颗粒具有的表面积称比表面积 S_0,则

$$S = S_0 V_s = S_0(V_0 - nV_0)V_0 = S_0(1-n)V_0$$

因此,散料层中孔隙的当量直径

$$d = \frac{4nV_0}{S_0(1-n)V_0} = \frac{4n}{S_0(1-n)}$$

将上式代入式(4-39),得

$$\Delta p = K_c L \eta \bar{v} \frac{S_0^2(1-n)^2}{n^3} \tag{4-40}$$

式中 $K_c = \dfrac{k}{4}$,为确定此阻力系数,研究者提出了无因次的修正阻力系数

$$f_c = \frac{\Delta p n^3}{LS_0 \rho \bar{v}^2 (1-n)} = K_c \frac{\eta S_0(1-n)}{\rho \bar{v}} = K_c / Re_c \tag{4-41}$$

式中 Re_c——修正雷诺数 $Re_c = \dfrac{\rho \bar{v}}{\eta S_0(1-n)}$。

厄贡(S. Ergun)等人在大量实验后获得了 f_c 与 Re_c 之间的关系曲线(图4-9)。图中当 $K_c = 4.2, f_c = \dfrac{4.2}{Re_c}$,此时 $Re_c < 2.0$,为层流运动。此后随 Re_c 值的增大逐渐变成紊流,在强紊流区,$K_c = 0.292 Re_c, f_c = 0.292$。而在过渡区,则出现层流和紊流综合的情况,即

$$f_c = \frac{4.2}{Re_c} + 0.292$$

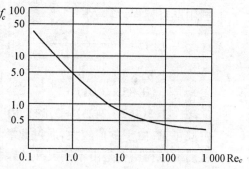

图4-9 $f_c = f(Re_c)$ 曲线

将 f_c 和 Re_c 的数学表达式代入此式,则得固定散料层中气流压力降的数学式

$$\frac{\Delta p}{L} = \frac{4.2 \eta S_0^2 (1-n)^2 \bar{v}}{n^3} + \frac{0.292 \rho S_0(1-n) \bar{v}^2}{n^3} \tag{4-42}$$

当散料层的颗粒都为一样直径 D 的球粒时,则

$$S_0 = \frac{\pi D^2}{(\pi D^3/6)} = \frac{6}{D}$$

则式(4-42)变为

$$\frac{\Delta p}{L} = \frac{150 \eta (1-n)^2 \bar{v}}{D^2 n^3} + \frac{1.75 \rho (1-n) \bar{v}^2}{D n^3} \tag{4-43}$$

此式称为厄贡方程,是应用得最为广泛的公式。它仅适用于由球粒形成的散料层。当散料形状变化时,推导此式时的 S_0 会比同体积球粒的 S_0 增大一定的倍数 ψ,表4-2

中列出了几种规则形状颗粒和不规则形状料块的形状系数 ψ 值。

表4-2 几种形状规则颗粒和形状不规则料块的形状系数值

颗粒形状或种类	球	立方体	圆柱	圆盘	方柱	方盘	多角形砂	尖角形砂	圆形砂	煤块	焦碳
ψ	1	1.24	1.15~1.24	2.12	1.87	2.32	1.68	1.49	1.15~1.24	1.72	1.43~1.81

考虑形状系数应用厄贡方程时,应将此式中 D 改写 D_S/ψ,D_S 为与非球状料块同体积球粒的换算直径。

式(4-43)等号右边第一项系指由气体粘性摩擦阻力引起的在单位散料层高度(或长度)上的压力降,当气流流速较低时,尤其是流动形态处于层流时,此项的数值远较第二项的数值大;而第二项系指由气流运动惯性(涡流)引起的单位高度(或长度)散料层中的压力降,与气体流速的平方成正比,故在气流高速运动时,惯性引起压力降占支配地位。

例 一实验室中的散料层,料层直径 $D_0 = 0.2$ m,料层高度 $L = 1.5$ m,散粒颗粒的换算直径 $D_S = 0.01$ m,其形状系数 $\psi = \dfrac{1}{0.85}$,料层孔隙率 $n = 0.45$,压缩空气以流量 $Q = 0.04$ m³/s通过散料层,空气粘度 $\eta = 1.85 \times 10^{-5}$ Pa·s,密度 $\rho = 1.21$ kg/m³。求空气通过此散料层时的压力降 Δp。

解 气流通过散料层的平均流速

$$\bar{v} = \frac{4Q}{\pi D_0^2} = \frac{4 \times 0.04}{3.14 \times (0.2)^2} = 1.27 \text{ m/s}$$

利用厄贡方程计算 Δp

$$\Delta p = L\left[150 \frac{(1-n)^2}{n^3} \frac{\eta \bar{v}}{(D_S/\psi)^2} + 1.75 \frac{1-n}{n^3} \frac{\rho \bar{v}^2}{D_S/\psi}\right] = 1.5\left[150 \times \frac{(1-0.45)^2}{0.45^3} \times \frac{1.85 \times 10^{-5} \times 1.27}{(0.85 \times 0.01)^2} + 1.75 \times \frac{1-0.45}{0.45^3} \times \frac{1.21 \times (1.27)^2}{0.85 \times 0.01}\right] =$$

$$1.5(162 + 2425) = 3.88 \times 10^3 \text{ Pa}$$

由此可见,由于 $\bar{v}$ 值较大,通过此散料层的空气压力降主要由惯性引起。

常遇的散料层会是由不同尺寸的颗粒所组成,对球形颗粒言,可采用比表面筛分平均直径 $\bar{D}$ 来替代厄贡方程中的 D。

$$\bar{D} = \frac{1}{\sum \dfrac{X_n}{D_n}} \tag{4-44}$$

式中 X_n 为直径 D_n 的固体颗粒在全部颗粒中所占的分数。

对形状不规则的颗粒言,则应以 $\psi \bar{D}$ 替代厄贡方程中的 D。

计算时较难推测的散料层参数为孔隙率,散料颗粒尺寸越不均匀,由于小颗粒可填充大颗粒间的孔隙,则孔隙率越低,此外颗粒的堆积方式,散料层堆积紧密度分布的不均匀和散料层颗粒与容器壁间较大的孔隙等因素,都会影响孔隙率和气流在散料层断面上的分布。如冲天炉的料层常由铁料层、焦碳层交替地堆积而成,相邻不同材料层的接触区内可能会出现局部孔隙率较小的情况,这将显著阻碍气流流动;冲天炉靠近炉壁处较大的孔隙率会使中心处向上流动的气体向炉壁流动,使靠炉壁处的焦碳燃烧较剧烈,铁料熔化较快,这种情况称为器壁效应(或炉壁效应),一般只有当散料层直径比散料颗粒直径大过50倍时,料层气体向器壁移动的器壁效应才能减得很小。

一些形状规则的颗粒按一定方式堆积起来的散料层孔隙率可由理论计算获得,表4-3示出了由不同形状颗料按不同方式堆积的散料层最小孔隙率。在大多场合,孔隙率只能用实验方法测得。

表4-3 不同形状颗料按不同方式堆积散料层的理论孔隙率

颗粒形状	堆积方式	理论孔隙率(n)
球状	六方紧密堆积	0.2595
球状	面心立方堆积	0.2595
球状	体心立方堆积	0.40
球状	无规则紧密堆积	0.363
球状	无规则松散堆积	0.389
棒状	单轴六方紧密堆积	0.093
棒状	单轴简单立方堆积	0.215
棒状	单轴无规则堆积	0.18
棒状 $L/D=1$	近似的三维无规则堆积	0.296
棒状 $L/D=4$	近似的三维无规则堆积	0.375
棒状 $L/D=16$	近似的三维无规则堆积	0.697
棒状 $L/D=40$	近似的三维无规则堆积	0.870
棒状 $L/D=70$	近似的三维无规则堆积	0.935

注:L/D——长度、直径比。

例 铁矿粉烧结机的料层厚度 $L = 0.305$ m,其孔隙率 $n = 0.39$,单位体积料层颗粒的总表面积 $S' = 81$ cm^2/cm^3,空气通过料层的速度 $\bar{v} = 25$ cm/s,标准状态下空气密度 $\rho = 1.23 \times 10^{-3}$ g/cm^3,其粘度 $\eta = 1.78 \times 10^{-5}$ Pa·s。求空气通过料层时的压力降。

解 先求修正雷诺数 Re_c,因为

$$S' = \frac{S}{V_0} = S_0(1-n)$$

所以
$$Re_c = \frac{\rho \bar{v}}{\eta S_0(1-n)} = \frac{\rho \bar{v}}{\eta S'} = \frac{1.23 \times 0.25}{1.78 \times 10^{-5} \times 81 \times 10^2} = 2.13$$

利用式(4-42)计算压力降

$$\frac{\Delta p}{L} = \frac{\rho \bar{v}^2 S'}{n^3}\left(\frac{4.2}{Re_c} + 0.292\right) = \frac{1.23 \times 0.25^2 \times 8100}{0.39^3}\left(\frac{4.2}{2.13} + 0.292\right) = 237\ 64 \text{ Pa/m}$$

$$\Delta p = 237\ 64 L = 23764 \times 0.305 = 724\ 8 \text{ Pa}$$

4.4.2. 气体在流态化散料层中的流动

当在散料层下部的气体压力增在至一定值后,散料层的固体颗粒便流态化,出现颗粒上下沸腾的状态,故流化床又称沸腾床。散料层流态化的过程可结合图 4-10 的散料层中压降 Δp 与气流速度 $\bar{v}$ 间的关系曲线叙述。

O 点为开始送气点。$O-B$ 段曲线表示固定散料层中气体流动情况,A 点是气体层流转变为紊流的转折点。

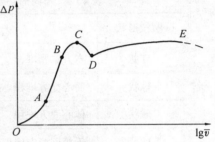

$B-C-D$ 段曲线表示固定散料层转变为流态化散料层时的气体流动情况,当气流速度 $\bar{v}$ 增大至 B 点时,Δp 值刚好等于单位散料层截面上的散料重力,料层开始松动。当 $\bar{v}$ 值超过 B 点值,料层颗粒间孔隙增大,松动的颗粒空间位置逐渐变动,但颗料间仍相互接触;当 $\bar{v}$ 值增至 D 点,散料层的孔

图 4-10 散料层 $\Delta p-\bar{v}$ 曲线

隙率达到颗粒相互接触条件下的最大值,Δp 值与 B 点的 Δp 值接近。在 BD 段之间既存在着 $\bar{v}$ 值增大促使 Δp 值加大的因素,也有随着孔隙率增大,气体流动阻力降低的因素,故出现了 Δp 最大值的 C 点。

$B-C-D$ 段可称为散料层进入流态化时的膨胀段。B 点称为膨胀点(或流态化临界点),该点的压降称流态化临界压降($\Delta p'$)。气体流速称流态化临界速度($\bar{v}$)。D 点称流态化开始点,相应的气流速度称流态化开始速度($\bar{v}_{min}$)。

$D-E$ 段曲线表示散料流态化情况下的气体流动状态,颗料脱离接触,处于不稳定的悬浮(沸腾)状态,上升一段距离,又降落一段距离,还相互碰撞。此时随着 $\bar{v}$ 值增大,气流惯性阻力也会增大,但伴随 $\bar{v}$ 值的料层孔隙率的增大,又可较大比例地降低气体流动的阻力,所以 $\bar{v}$ 值增大所引起的 Δp 增大值并不显著。

一般流态化床都采用 D 至 E 点间的气流速度值。

E 点时的气流速度达到颗粒的自由沉降速度,称此时气流速度为流态化极限速度(v_{max}),散料层颗粒有被气体带走的趋势,故可认为 E 点散料层的孔隙率 $n=1$。带走颗粒的最小气流速度的计算式可见 3.9.1 节。

由上述可知,D 点处散料层的压力降可用下式表示

$$\Delta p = (\rho_s - \rho)g(1 - n_{min})L' \tag{4-45}$$

式中　ρ_s、ρ——颗料、气体的密度;

n_{min}——D 点处散料层孔隙率,即流态化开始孔隙率;

L'——n_{min} 时流态化散料层高度。

不同散料具有不同的流态化开始孔隙率,并且散料颗细越细,流态化开始孔隙率也越低。表 4-4 列出了几种散料的实测 n_{min} 值。

表4-4 几种散料的流态化开始孔隙率 n_{min}

散料名称	颗粒换算直径 D_S(cm)						
	0.02	0.05	0.07	0.10	0.20	0.30	0.40
尖角形砂($\psi=1.49$)	—	0.60	0.59	0.58	0.54	0.50	0.49
均匀圆形砂($\psi=1.16$)	—	0.56	0.52	0.48	0.44	0.42	—
混合圆形砂			0.42	0.42	0.41		
煤 粉	0.72	0.67	0.64	0.62	0.57	0.56	
金钢砂	—	0.61	0.59	0.56	0.48	—	

也可用下式粗略估算颗粒尺寸为 50～500 μm 的散粒流态化开始孔隙率

$$n_{min} = 1 - 0.356(\lg d_{均} - 1) \tag{4-46}$$

式中 $d_{均}$——颗粒平均直径，以微米单位表示。

在流态化开始点 D 点，散料层中的颗粒还相互接触，仍可视为固定散料层，厄贡方程适用。对不规则形状颗粒的散料层言，厄贡方程的形式为

$$\Delta p = L'\left[\frac{150\eta\psi^2(1-n_{min})^2\bar{v}_{min}}{D_S^2 n_{min}^3} + \frac{1.75\psi p(1-n_{min})\bar{v}_{min}^2}{D_S n_{min}^3}\right] \tag{4-47}$$

由式(4-45)和式(4-47)可得

$$\frac{150\psi^2(1-n_{min})}{n_{min}^3}\left(\frac{\rho\bar{v}_{min}D_S}{\eta}\right) + \frac{1.75\psi}{n_{min}^3}\left(\frac{\rho\bar{v}_{min}D_S}{\eta}\right)^2 = \frac{D_S^3(\rho_s-\rho)\rho g}{\eta^2}$$

取 $\frac{\rho v D_S}{\eta}$ 为雷诺数 Re_{min}，则上式可写成

$$\frac{150\psi^2(1-n_{min})}{n_{min}^3}Re_{min} + \frac{1.75\psi}{n_{min}^3}Re_{min}^2 = \frac{D_S^3(\rho_s-\rho)\rho g}{\eta^2} \tag{4-48}$$

式中 $\frac{D_S^3(\rho_s-\rho)\rho g}{\eta^2} = Ar$，称阿基米德数。

一般情况下，ψ 与 n_{min} 须通过实测才能获得确切数据，但很麻烦。文(C.Y.Wen)和于(Y.H.Yu)通过实验，获得了如下近似的 n_{min} 与 ψ 的关系

$$\frac{\psi^2(1-n_{min})}{n_{min}^3} \approx 11; \quad \frac{\psi}{n_{min}^3} \approx 14$$

将此两式代入式(4-48)，可得

$$24.5Re_{min}^2 + 1650Re_{min} - Ar = 0 \tag{4-49}$$

解此方程

$$Re_{min} = \sqrt{(33.673)^2 + 0.0408Ar} - 33.673 \tag{4-50}$$

由此式可在不知 ψ 和 n_{min} 情况下估算散料层开始流态化的气流速度。D_S 值在颗粒粒度相差不大时可取筛分平均直径；在粒度相差较大时，可取较大粒径为 D_S 值，以使流化床获强烈的沸腾。此两种情况的分界点为颗粒中最大颗粒和最小颗粒的粒径比为1.3。

厄贡在提出其方程时，认为当 $Re<20$（即层流）时，可略去由惯性涡流引起的压力降，由式(4-48)可得

$$\frac{150\psi^2(1-n_{\min})}{n_{\min}^3}Re_{\min} = Ar$$

即
$$Re_{\min} = \frac{Ar}{150} \times \frac{n_{\min}^3}{\psi^2(1-n_{\min})} \tag{4-51}$$

或由式(4-49)得
$$Re_{\min} = \frac{Ar}{1650} \quad 或 \quad \bar{v} = \frac{D_S^2(\rho_s - \rho)g}{1650\eta} \tag{4-52}$$

式(4-51)和式(4-52)适用于 $Ar < 33\,000$ 时。

当 $Re_{\min} > 1\,000$ 时,可忽略摩擦引起的压力降,则由式(4-48)和式(4-49)可得
$$Re_{\min} = \sqrt{\frac{Ar}{1.75\psi}n_{\min}^3} \tag{4-53}$$

或
$$Re_{\min} = 0.2\sqrt{Ar} \quad 或 \quad \bar{v}^2 = \frac{D_S(\rho_s - \rho)g}{24.5\rho} \tag{4-54}$$

有 $n_{\min}$ 和 ψ 可供利用时,则使用式(4-51)、式(4-53)计算较为可靠。

例 流化床中颗粒粒径组成见下表:

颗粒粒径(mm)	0.1625	0.1375	0.1125	0.0875	0.0625
占有分数	0.083	0.167	0.333	0.250	0.167

其平均直径 $\bar{D} = 0.098$ mm,颗粒密度 $\rho_s = 1\,000$ kg/m³。流化介质为空气,20℃时 0.105 MPa 下的密度 $\rho_{20} = 1.26$ kg/m³,其运动粘度 $\nu_{20} = 15.68 \times 10^{-6}$ m²/s;500℃时,0.105 MPa 下的密度 $\rho_{500} = 0.478$ kg/m³,运动粘度 $\nu_{500} = 81.0 \times 10^{-6}$ m²/s。进入床层的空气绝对压力 $p_1 = 0.11$ MPa,离开床层时 $p_2 = 0.1$ MPa,求流化床 20℃、500℃时所需的开始流态化的气流速度。

解 由于缺乏 ψ 和 $n_{\min}$ 的数据,故可用式(4-50)或式(4-52)、式(4-54)计算 $\bar{v}_{\min}$。

先计算流化床内平均气体绝对压力
$$\bar{p} = \frac{p_1 + p_2}{2} = \frac{0.11 + 0.1}{2} = 0.105 \text{ MPa}$$

20℃时的阿基米德数如按颗粒的平均直径计算,可得
$$Ar_{20} = \frac{\bar{D}^3(\rho_s - \rho)\rho_{20}g}{(\nu_{20}\rho_{20})^2} = \frac{(9.8 \times 10^{-5})^3 \times (1\,000 - 1.26) \times 9.81}{(15.68 \times 10^{-6})^2 \times 1.26} = 29.76$$

由式(4-50)得
$$Re_{\min 20} = \sqrt{(33.673)^2 + 0.0408 Ar_{20}} - 33.673 =$$
$$\sqrt{(33.673)^2 + 0.0408 \times 26.76} - 33.673 = 0.018 < 20$$

则 $\bar{v}_{\min 20} = Re_{\min 20} \nu_{20}/\bar{D} = 0.018 \times 15.68 \times 10^{-6}/9.8 \times 10^{-5} = 0.0029$ m/s

如直接用式(4-52)计算,则
$$\bar{v}_{\min 20} = \frac{\bar{D}^2(\rho_s - \rho_{20})g}{1650\nu_{20}\rho_{20}} = \frac{(9.8 \times 10^{-5})^2 \times (1000 - 1.26) \times 9.81}{1650 \times 15.68 \times 1.26 \times 10^{-6}} = 0.0032 \text{ m/s}$$

由此式求得的 $\bar{v}_{\min 20}$ 比上式计算得到的 $\bar{v}_{\min 20}$ 大约 10%。

如按式(4-50)和式(4-52)求得的 $\bar{v}_{min20}$ 平均值把空气输入床层,则只有粒径小于 0.098 mm 的颗粒能流态化,由颗粒粒径组成表可知尚有粒径大于 0.98 mm 的占总量一半多的颗粒不能流态化,因此应再按最大颗粒粒径 $\bar{D}_{max} = 0.1625$ mm 计算所需气流的流态化最小速度。此时

$$Ar_{20} = 135.7 \quad \bar{v}_{min20} = 0.0166 \text{ m}^2/\text{s}$$

计算床层为 500 ℃时的 $\bar{v}_{min500}$。如按最大颗粒直径计算,则

$$Ar_{500} = \frac{D_{max}^3(\rho_s - \rho_{500})\rho_{500}g}{(\nu_{500}\rho_{500})^2} = \frac{(1.625 \times 10^{-4})^3 \times (1000 - 0.478) \times 9.81}{(81 \times 10^{-6})^2 \times 0.478} = 13.4$$

由式(4-50),可得 $Re_{min500} = 0.0081$,因此

$$\bar{v}_{min500} = Re_{min500}\nu_{500}/\bar{D} = \frac{0.0081 \times 81.0 \times 10^{-6}}{1.625 \times 10^{-4}} = 0.004 \text{ m/s}$$

此值比 20℃时相应的 $\bar{v}_{min20}$ 小,这说明温度升高使气体粘度变大,促使 $\bar{v}_{min}$ 变小的影响大于温度升高时气体密度降低,导致 $\bar{v}_{min}$ 变大的影响。

习 题

4.1 请说明:(1) 平均速度;(2) 时均速度;(3) 瞬时速度;(4) 脉动速度。

4.2 欲使 $Re = 3.5 \times 10^5$ 的普通镀锌钢管内流动是水力光滑管流动,管子的直径至少应多大?
(答:0.81 m)

4.3 一凝汽器中有 400 条管径 $d = 20$ mm 的黄铜管,在这些管子中循环地流着温度为 10℃的冷却水,以冷却凝结进入此器的蒸汽,为保证足够的冷却速度,应使管中形成 $Re = 3300$ 的紊流,求冷却水的流量。已知 10 ℃时水的粘度 $\nu = 1.308 \times 10^{-6}$ m²/s。
(答:135.6 kg/s)

4.4 有内表面绝对粗糙度 $\Delta = 0.4$ mm 的管道,其直径 $d = 200$ mm,长度,$L = 300$ m。通过此管道的流量 $q = 1000$ m³/h,油的粘度 $\nu = 2.5 \times 10^{-6}$ m²/s,求流体的能量损失 h。
(答:$h = 140$ m 或 142 m 油柱)

4.5 一输油管道,管长 300 m,管径 20 cm,内表面绝对粗糙度 0.25 mm,每小时输油 90 t,油的密度为 900 kg/m³,其粘度在冬季为 $\nu_1 = 1.092$ cm²/s,夏季为 $\nu_2 = 0.355$ cm²/s。这条输油管道在冬季和夏季的沿程损失多少?
(答:夏季 2.25 m 或 2.32 m 油柱,冬季 2.78 m 油柱)

4.6 熔化金属的无心感应电炉的感应器采用长方形截面紫铜管制造,内通冷却水。如铜管内孔截面长 20 mm、宽 10 mm,水平均温度为 20℃,其粘度 $\nu = 1.007 \times 10^{-6}$ m²/s,水在管内流速 $v = 0.5$ m/s,管长 8 m。求水在管中的沿程阻力损失值。 (答:0.181 m 水柱)

4.7 一辆汽车以 60 km/h 速度行驶,汽车垂直于运动方向的投影面积为 2 m²,空气对汽车的阻力系数为 0.3,静止空气的密度为 1.29 kg/m³,求汽车行驶时克服空气摩擦阻力所消耗的功率。
(答:1.797 kW)

4.8 一长 6 m,宽 2 m 的平板平行静止地放在风速为 60 m/s 的 40 ℃空气流中,设层流转变紊流的临界雷诺数 $Re = 10^6$,试计算平板的摩擦阻力。40℃空气的粘度 $\nu = $

16.9×10^{-6} m²/s,密度 $\rho = 1.127$ kg/m³。 (答:92.94 N)

4.9 有一固定散料层,其高为 18.288 m,直径为 4.572 m,其中心直径为 3.048 m 的料柱由 A 散料组成,中心外面圆筒形料柱由 B 散料组成,散料层顶部和底部气体压力分别为 6.87 N/cm² 和 17.17 N/cm²,而两种散料的特征为:A 料 $n_A = 0.40$、$D_A = 76.2$ mm;B 料 $n_B = 0.25$、$D_B = 19.05$ mm,如在散料层的任意高度上温度分布均匀,不同散料中的气体密度 $\rho_{\text{气}}$ 相同,而且气体的流动为紊流流动,试计算通过 A 散料层的气体所占百分数。

(答:78.36%)

4.10 散料的粒径组成示于下表

筛孔尺寸(mm)	0~0.3	0.3~0.5	0.5~0.75	0.75~1.0	1.0~1.5	1.5~2.0	2.0~2.5	2.5~5.0	5.0~10
占有分数	0.012	0.067	0.135	0.082	0.14	0.098	0.098	0.255	0.113

* 比表面平均粒径:1.17 mm。

如用 20℃ 空气使散料流态化,其临界流态化速度为多少?如用 1000℃ 烟气流态化,临界流态化速度又应为何值?20℃ 空气的 $\rho = 1.2$ kg/m³、$\eta = 18.1 \times 10^{-6}$ Pa·s;1000℃ 烟气的 $\rho = 0.275$ kg/m³、$\eta = 48.36 \times 10^{-6}$ Pa·s,散料的 $\rho = 2120$ kg/m³。

(答:按平均颗粒直径计算:20℃ 空气吹 $\overline{v}_{\min} = 0.574$ m/s;1 000℃ 烟气吹 $\overline{v}_{\min} = 0.345$ m/s)

4.11 已知圆柱形颗粒的高 h 为直径 d 的 1.5 倍,请计算这种颗粒的形状系数。

(答:$\psi = 1.164$)

4.12 以煤粉为燃料的炉膛中,烟气的最小上升速度为 0.45 m/s,1 300 ℃ 烟气的运动粘度 $\nu = 234 \times 10^{-6}$ m²/s,煤的密度为 1099 kg/m³,问烟气能带走的煤粉颗粒的最大直径是多少?

(答:200 μm)

4.13 一散料层高 305×10^{-3} m,其孔隙率为 0.39,单位体积料层中颗粒总面积 $A = 8\ 100$ m²/m³,气体流速为 0.25 m/s,气体密度和粘度为 $\rho = 1.23$ kg/m³、$\eta = 178 \times 10^{-7}$ Pa·s,求空气流过散料层时的压力降。

(答:$\Delta p = 7\ 248$ Pa)

第五章 流体流动的能量守恒

流体流动时,出现多种多样的运动现象,相应地其能量的形式也会相互转换,这种能量转换也是以物质运动的普遍规律——能量守恒规律为基础的,流体流动的能量守恒规律可由伯努利(Bernoulli)方程表达,故本章主要叙述伯努利方程的建立、物理意义以及它在实际工程中的应用。

5.1 能量守恒方程——伯努利方程

流体质点在沿流线流动时,具有流线运动方向上的一维流动特征。今观察理想、不可压缩流体沿流线的稳定运动。

按全微分的定义,流体质点的流动速度的微分应为

$$dv = \frac{\partial v}{\partial x}dx + \frac{\partial v}{\partial y}dy + \frac{\partial v}{\partial z}dz$$

故

$$\frac{dv}{dt} = \frac{\partial v}{\partial x}\frac{dx}{dt} + \frac{\partial v}{\partial y}\frac{dy}{dt} + \frac{\partial v}{\partial z}\frac{dz}{dt} = \frac{\partial v}{\partial x}v_x + \frac{\partial v}{\partial y}v_y + \frac{\partial v}{\partial z}v_z$$

相应地速度分量 v_x、v_y 和 v_z 对时间 t 的导数可写成

$$\frac{dv_x}{dt} = v_x\frac{\partial v_x}{\partial x} + v_y\frac{\partial v_x}{\partial y} + v_x\frac{\partial v_x}{\partial z}$$

$$\frac{dv_y}{dt} = v_x\frac{\partial v_y}{\partial x} + v_y\frac{\partial v_y}{\partial y} + v_z\frac{\partial v_y}{\partial z}$$

$$\frac{dv_z}{dt} = v_x\frac{\partial v_z}{\partial x} + v_y\frac{\partial v_z}{\partial y} + v_z\frac{\partial v_z}{\partial z}$$

与此同时,各速度分量对 t 的导数又可写成

$$\frac{dv_x}{dt} = \frac{dv_x}{dx}\frac{dx}{dt} = \frac{dv_x}{dx}v_x$$

$$\frac{dv_y}{dt} = \frac{dv_y}{dy}\frac{dy}{dt} = \frac{dv_y}{dy}v_y$$

$$\frac{dv_z}{dt} = \frac{dv_z}{dz}\frac{dz}{dt} = \frac{dv_z}{dx}v_z$$

因此第三章中的欧拉方程[式(3-53)]可写成

$$v_x\frac{dv_x}{dx} = -\frac{1}{\rho}\frac{\partial p}{\partial x} + g_x$$

$$v_y\frac{dv_y}{dy} = -\frac{1}{\rho}\frac{\partial p}{\partial y} + g_y$$

$$v_z\frac{dv_z}{dz} = -\frac{1}{\rho}\frac{\partial p}{\partial z} + g_z$$

如坐标系统的 z 轴垂直地面,则 $g_x = g_y = 0$,$g_z = g$,再对上面三式的两端分别乘以 dx、dy 和 dz,则

$$v_x dv_x = -\frac{1}{\rho}\frac{\partial p}{\partial x}dx$$

$$v_y dv_y = -\frac{1}{\rho}\frac{\partial p}{\partial y}dy$$

$$v_z dv_z = -\frac{1}{\rho}\frac{\partial p}{\partial z}dz - gdz$$

将此三式相加,得

$$v_x dv_x + v_y dv_y + v_z dv_z = -\frac{1}{\rho}\left(\frac{\partial p}{\partial x}dx + \frac{\partial p}{\partial y}dy + \frac{\partial p}{\partial z}dz\right) - gdz \tag{5-1}$$

流体质点在空间任意方向上的速度与各方向上速度分量的关系为

$$v^2 = v_x^2 + v_y^2 + v_z^2$$

即

$$vdv = v_x dv_x + v_y dv_y + v_z dv_z$$

将此式代入式(5-1),又式(5-1)右端第一项括号内为压力的全微分 dp,故式(5-1)可写成

$$gdz + \frac{1}{\rho}dp + vdv = 0 \tag{5-2}$$

此式即为流体质点在微元空间($dx\ dy\ dz$)内沿任意方向流线运动时的伯努利方程——能量平衡关系式。

如流体质点沿流线由空间的点1运动到点2时,则可对式(5-2)进行从点1到点2的积分,可得

$$g\int_{z_1}^{z_2}dz + \frac{1}{\rho}\int_{p_1}^{p_2}dp + \int_{v_1}^{v_2}vdv = 0$$

即

$$gz_1 + \frac{1}{\rho}p_1 + \frac{1}{2}v_1^2 = gz_2 + \frac{1}{\rho}p_2 + \frac{1}{2}v_2^2$$

或

$$gz + \frac{1}{\rho}p + \frac{1}{2}v^2 = \text{const} \tag{5-3}$$

式(5-3)是伯努利在1738年提出的,这种形式的方程也称伯努利方程,它表示同一流线上不同点处的能量和总保持为一个不变的常数,即为能量守恒。如对式(5-3)各项都乘以 ρ,则此式成为

$$\rho gz + p + \frac{1}{2}\rho v^2 = \text{const} \tag{5-4}$$

此式各项的量纲都是 $\dfrac{\text{kgm/s}^2}{\text{m}^2}$ 或 $\dfrac{\text{Nm}}{\text{m}^3}$,可把式(5-3)中各项视为能量的表现形式就在于此。式(5-4)中 ρgz、p 和 $\dfrac{1}{2}\rho v^2$ 可相应地视为单位体积流体所具有的位能、压力能和动能。

如把式(5-4)各项除以常数值 ρg,则可得伯努利方程的常用形式

$$z + \frac{p}{\rho g} + \frac{v^2}{2g} = \text{const} \tag{5-5}$$

此式左端各项的量纲为 m,z、$\dfrac{p}{\rho g}$ 和 $\dfrac{v^2}{2g}$ 表示单位质量流体所具有的位能(称位置水头

或位头)、压力能(称压力水头或压头)和动能(称速度水头或速度头)。位头表示流体质点所处的基准面以上的高度;压头表示流体质点在 z 高度位置上受压力 p 作用时所能上升的高度;速度头表示流体质点在 z 位置上能以 v 的速度垂直向上喷射所能达到的高度。因此可以如图 5-1 的几何图形表示伯努利方程的物理意义,图中 H 为式(5-5)中右端的 const,它为三种水头之和,称总水头,$H_1 = H_2 = H$。

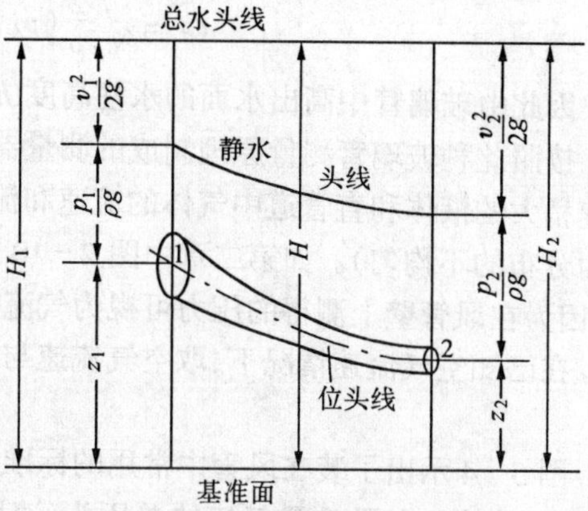

如流动在同一水平面内进行,或 z 值的变化与其它水头值的变化可以忽略不计,则由式(5-5)可得

图 5-1 理想流体的水头线

$$\frac{p}{\rho} + \frac{v^2}{2} = \text{const} \qquad (5-6)$$

此式说明,沿流线如压力变得越来越小,则速度变得越来越大,降低压力可提高流速,或相反。由于流体速度的提高,可使流体的压力降至周围环境压力以下,造成流体抽吸现象。如压缩空气喷雾器的工作原理就是因为喷嘴处射出的气流速度增大,造成负压,把下面罐中的液体抽吸上来,实现喷雾目的的(图 5-2)。由于速度增大使液体的压力降至饱和压力之下时会使流动的流体汽化,在液流中形成气泡,此时伯努利方程就不适用了。

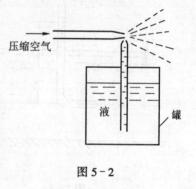

图 5-2

5.2 伯努利方程在流体流动参数测量器具上的应用

流体流动参数需用各种仪表测量,如第二章中已叙述过的压力的测量,此外还有流体的流速、流量的测量也是工程人员时常需要关注的问题。根据伯努利方程原理建立起来的流体流速、流量的测量器具,主要有毕托管,文丘里(Venturi)管以及由它们改型的其它器具。

5.2.1 毕托管

毕托在 1773 年首次用一根弯成直角的玻璃管(图 5-3)测量河水流速,插入河水中迎着流动的河水的水平管口接受河水的水柱压和速度引起的压力,使管中出现如图所示的水柱。观察同一水平流线上 B、A 两点,列出伯努利方程

$$\frac{v_B^2}{2} + \frac{p_B}{\rho} = \frac{p_A}{\rho}$$

式中 $p_B = \rho g H_0$, $p_A = \rho g (H_0 + h)$,故

$$v_B = \sqrt{\frac{2}{\rho}(p_A - p_B)} = \sqrt{2gh} \tag{5-7}$$

因此由玻璃管中高出水面的水柱高度 h 即可算得河水的流速。

按照此种玻璃管测量原理制成的测量器具称为毕托管,可用它测量直径不大管道中流速稍大的液体和直管道中气体的流速和流量(因此时可忽略流场中沿管道截面上流体压力分布的不均匀)。如第二章中图 2-10 所示的结构较简单的测量风速和风量的毕托管,因为在风管壁上测得的压力可视为气流的静压力,毕托管示出的水柱高度差即为速度头。在已知空气流速情况下,取空气流速与风管横截面面积的乘积就是风管中气流的流量。

图 5-4 示出了装在风管中常用的标准毕托管,它利用测头旁壁上的孔测量气流的静压力,测头中心的孔测量气流的总压头(速度头加压力头),利用 U 形管中的水柱高度差 Δh 示出气流速度或流量。也可用经验式根据 Δh 和风管直径 D 计算气流流量。

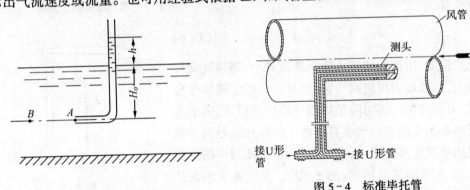

图 5-3

图 5-4 标准毕托管

当把测头放在 $1/3D$ 处(平均流速处),气流流量的计算式为

$$Q = 189.9 D^2 \sqrt{\Delta h} \quad \text{m}^3/\text{min} \tag{5-8}$$

当把测头放在风管轴心处(最大流速处),气流流量的计算式为

$$Q = 159.5 D^2 \sqrt{\Delta h} \quad \text{m}^3/\text{min} \tag{5-9}$$

上两式中 D 的量纲为 m,Δh 的量纲为 mm。

毕托管只能根据风管横截面上一点的气流参数测定风量,可是风管断面上气流的速度总不会那么均匀,所以用它测得的数值误差较大,并且毕托管 U 形管上显示的 Δh 值也较小,不易观察,图 5-5 示出了一种测量管道风量的改型毕托管——笛形管,它用带有孔洞如笛子那样的小管子放在风管中,并使孔迎向气流,感受全压,与盛密度较水小的油贮液器相连;在风管壁的孔上感受静压,与盛水贮液器相连。这样便提高了毕托管测量风量的准确性和灵敏度。

5.2.2 文丘里管

文丘里管上有一段收缩的喉部(图 5-6),在喉部入口前的直管截面 1 和喉部截面 2 处测量静压力差 p_1 和 p_2,则由式(5-6)可建立有关此两截面的伯努利方程

$$\frac{v_1^2}{2}+\frac{p_1}{\rho}=\frac{v_2^2}{2}+\frac{p_2}{\rho}$$

根据连续性方程,截面 1 和 2 上的截面积 A_1 和 A_2 与流体流速 v_1 和 v_2 的关系式为

$$v_1=\frac{A_2}{A_1}v_2$$

所以

$$v_2=\sqrt{\frac{2(p_1-p_2)}{\rho\left[1-\left(\frac{A_2}{A_1}\right)^2\right]}} \quad (5-10)$$

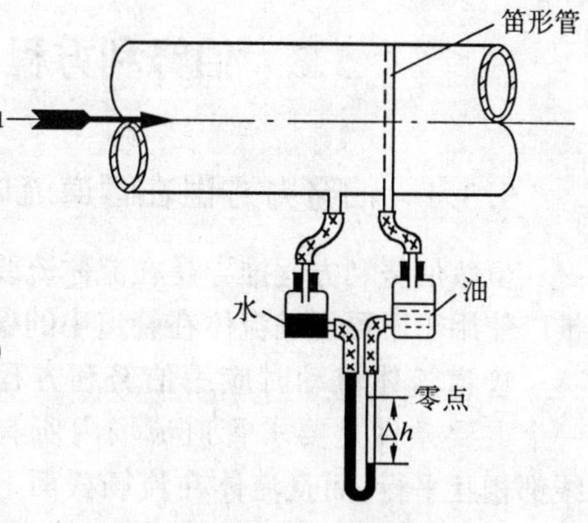

通过管子的流体流量为

$$Q=\beta A_2\sqrt{\frac{2(p_1-p_2)}{\rho\left[1-\left(\frac{A_2}{A_1}\right)^2\right]}} \quad (5-11)$$

图 5-5 笛形管

式中 β——是考虑粘性流体在截面上速度分布不均和流动中能量损失的修正系数,又称流量系数,$\beta<1$。

因 (p_1-p_2) 用 U 形管中液柱表示,所以

$$Q=\beta A_2\sqrt{\frac{2g\Delta h(\rho'-\rho)}{\rho\left[1-\left(\frac{A_2}{A_1}\right)^2\right]}} \quad (5-12)$$

式中 ρ、ρ'——被测流体和 U 形管中流体的密度。

文丘里管的改型结构为一种装在风管中的带标准孔板的风量测量装置(图 5-7),风量计算公式为

$$Q=187.4\alpha d^2\sqrt{\Delta h} \quad (m^3/min) \quad (5-13)$$

式中 d——孔板开孔直径(m);
Δh——U 形管水柱高度差(mm);
α——修正系数,与风管直径和孔板开孔直径有关,$\alpha=0.65\sim0.83$。

在铸造车间冲天炉的送风系统中常用上面叙述的毕托管、文丘里管及其改型装置测量风量。

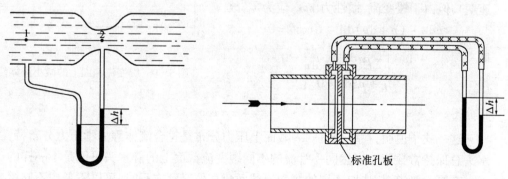

图 5-6 文丘里管　　　　图 5-7 带环式标准孔板的风量测量装置

5.3 伯努利方程在管道流体运动中的应用

5.3.1 伯努力方程在管道流体运动中的应用条件

虽然伯努利方程推导是在流体流线上运动的设定下推导出来的,但在一定条件下可推广使用于不可压缩流体在管道中的稳定流动。

管道流体流动时应用伯努利方程的一个重要条件是要求管道流场内所有流线都相互平行,而且流体在流场截面上各点的速度都相等。在实际管道系统中,不可能获得这样的流体流动条件,但在缓变流情况下,伯努利方程仍能较准确地确定管道流体流动的能量平衡关系。所谓缓变流,是指流场内各流线之间的夹角很小;如果流场转向,各流线也能一致地转向,转向的曲率半径又很大。此时可忽略

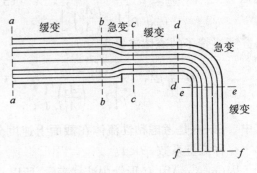

图 5-8 缓变流与急变流

由直线加速度和离心加速度引起的惯性力。图 5-8 所示管道流动的 ab、cd、ef 段为缓变流段,而 bc、de 段则属急变流段。

与此同时,在缓变流截面上流体的压头和位头之和为一常数,可证明如下。

如图 5-9 所示在缓变流截面上两无限近流线之间取微小流体柱,设微小柱体截面为 dA,高度为 dn,则作用在这柱体上外力在 n 方向上的分量为:pdA、$(p+dp)dA$、$G\cos\theta$,其中 G 为柱体的重力,$G=\rho g dA dn$,$\cos\theta = \dfrac{dz}{dn}$。

按牛顿第二定律 $\sum F_n = ma_n$(F_n—n 方向的外力总和,m—柱体质量、a_n—n 方向加速度),但由于缓变流,惯性力 ma_n 应为零,故

$$pdA - (p+dp)dA - G\cos\theta = 0$$

即

$$-dpdA - \rho g dA dn \frac{dz}{dn} = 0$$

得

$$dp + \rho g dz = 0$$

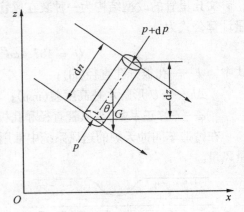

图 5-9 缓变流截面上的微小流体柱

积分得

$$\frac{p}{\gamma} + z = \text{const}$$

这一式子说明,在缓变流同一截面上压力分布是符合流体静力学压力分布特性的,静水头总保持常数值。当然同一管流的不同缓变流截面上的静水头可能是不一样的。

在同一管道上,选取不同的缓变流截面建立伯努利方程时,可以不考虑不同缓变流截面间出现的急变流流段的影响。

对理想流体言,缓变流截面上流体流速分布均匀,故可取截面上任一点的流速计算该截面上的速度头。但对于粘性流体言,流体流速在管道截面上分布是不均匀的,应取截面上平均流速来计算伯努利方程式中的速度头项。但是按平均流速计算的速度头值与按不同实际流速计算的各点上速度头的平均值是不相同的,所以按平均流速计算的速度头值不是截面上实际的速度头值,应给予修正。

在粘性流体层流条件下,以截面上平均速度 $\bar{v}$ 计算的速度头值只是实际速度头值的一半,如以 β 表示流速分布的修正系数,则在伯努利方程中以平均速度计算的速度头值前乘以 $\frac{1}{\beta}$,即考虑这种特点的伯努利方程可写成

$$z_1 + \frac{p_1}{\rho g} + \frac{1}{\beta_1}\frac{\bar{v_1^2}}{2g} = z_2 + \frac{p_2}{\rho g} + \frac{1}{\beta_2}\frac{\bar{v_2^2}}{2g} \tag{5-14}$$

一般,层流时,$\beta = 0.5$,紊流时,$\beta = 1$,粗略计算时,不考虑 β 的影响,直接取 $\beta = 1$。

粘性流体在所观察的两缓变流截面间的管道中流动时,会因粘性摩擦、流动方向的改变、管道截面出现突变等原因,造成能量损失,这种损失的能量会以热能形式向外散发,因此初始截面 1 与终止截面 2 上的能量就不能一样了。此时为保持伯努利方程的能量守恒的原来意义,其形式应写成

$$z_1 + \frac{p_1}{\rho g} + \frac{v_1^2}{2g} = z_2 + \frac{p_2}{\rho g} + \frac{v_2^2}{2g} + h_失 \tag{5-15}$$

式中 $h_失$——1、2 截面间流体的能量损失。

5.3.2 管道流体动量传输中的摩擦阻力损失和局部损失

流体在管道中流动时主要有两种形式的能量损失:(1) 摩擦阻力损失,(2) 局部损失。

一、摩擦阻力损失

粘性流体在管道直管段中流动时,流体与管壁间产生摩擦阻力,阻碍流体流动,这种阻力就是沿程阻力,计算这种由沿程摩擦阻力引起的能量损失数学公式就是第四章中式(4-26),即

$$h_失 = \lambda \frac{L}{D}\frac{v^2}{2g} = K_失 \frac{v^2}{2g} \tag{5-16}$$

式中 $K_失$——能量损失系数,$K_失 = \lambda \frac{L}{D}$;$\lambda = \frac{64}{Re}$。

管道中流动为紊流时,式(5-16)仍然成立,该式中的 λ 值可根据上章 4.2.3 中所述计算,也可根据有关资料中的经验数据决择。

二、局部损失

除了沿程摩擦阻力损失外,流体在流经管道管径突然变化和管道急剧变化或拐弯处(如闸阀、弯头、三通),即形成急变流的管段时,由于流体的流向和速度发生急剧变化,也会产生由于流体相互碰撞和形成漩涡引起的能量损失,这种损失称为局部损失。局部损失的计算式仍为式(5-16),但由于出现局部损失管段处的 L 和 D 很难确定,故局部损失的计算式的形式只能是 $h_失 = K_失 \frac{v^2}{2g}$,局部损失的计算问题便归结为寻求能量损失系数

$K_{失}$。局部损失情况很复杂，目前除了管道截面突然扩大时的 $K_{失}$ 可用解析法求得外，其它形式局部损失时的 $K_{失}$ 主要靠实验方法获得。

1. 管道截面突然扩大

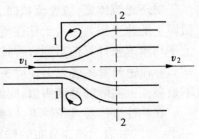

图 5-10 管道截面突然扩大

如图 5-10 所示，流体由小直径管子(1-1 截面处)流进大直径管子时，由于惯性作用，流束不能按照管道形状突然扩大，而是逐渐在流动过程中扩大，至 2-2 截面才获得大直径管子的形状，这样在管壁拐角处形成漩涡，引起能量损失。

观察截面 1-1 和 2-2，根据连续性方程可得 $\rho A_1 v_1 = \rho A_2 v_2 = \rho q$（$A_1$ 和 A_2 为 1-1 和 2-2 截面面积，q 为流量），故

$$v_2 = \frac{A_1}{A_2} v_1 \quad \text{或} \quad v_1 = \frac{A_2}{A_1} v_2 \tag{5-17}$$

根据动量平衡方程，可得

$$p_1 A_1 - p_2 A_2 + p(A_2 - A_1) = \rho q(v_2 - v_1)$$

式中 p_1、p_2 为 1-1 和 2-2 截面上流体静压力，$p(A_2 - A_1)$ 为扩大管凸肩圆环上流体作用于流束的压力，实验表明 $p = p_1$，故上式可改写成

$$p_1 - p_2 = \rho v_2 (v_2 - v_1) \tag{5-18}$$

对 1-1、2-2 截面列伯努利方程

$$\frac{p_1}{\rho g} + \frac{v_1^2}{2g} = \frac{p_2}{\rho g} + \frac{v_2^2}{2g} + h_{失}$$

$$h_{失} = \frac{1}{\rho g}(p_1 - p_2) + \frac{1}{2g}(v_1^2 - v_2^2)$$

将式(5-17)、(5-18)代入上式，可得

$$h_{失} = \frac{1}{2g}(v_1 - v_2)^2 = \frac{v_1^2}{2g}\left(1 - \frac{A_1}{A_2}\right)^2 = \frac{v_2^2}{2g}\left(\frac{A_2}{A_1} - 1\right)^2 \tag{5-19}$$

根据式(5-16)，可得管道突然扩大时的能量损失系数

$$K_{失} = \left(1 - \frac{A_1}{A_2}\right)^2 \quad \text{或} \quad K_{失} = \left(\frac{A_2}{A_1} - 1\right)^2 \tag{5-20}$$

2. 管道截面突然缩小

流体从大直径管道流进小直径管道时(图 5-11)，流线需先期弯曲，流束收缩。由于惯性作用，进入小直径管道的流束将继续收缩直至最小截面 A_m，而后逐渐扩大，充满整个管道截面 A_2，在大直径管道凸肩处和缩颈周围形成漩涡区，引起能量损失；流线弯曲、流体在加速和减速时，流体质点相互碰撞，也会造成能量损失。这种流束先收缩、后扩大引起的能量损失应由收缩损失和扩大损失两部分组成，即

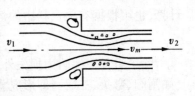

图 5-11 管道截面突然缩小

$$h_{失} = K_{失}\frac{v_2^2}{2g} = K_m\frac{v_m^2}{2g} + \frac{(v_m - v_2)^2}{2g}$$

式中 K_m、v_m——缩颈处能量损失系数和流速。

由连续性方程 $A_m v_m = A_2 v_2$，并设 $C = \frac{A_m}{A_2}$（A_m 为缩颈处最小截面面积），则

$$K_{失} = \frac{K_m}{C^2} + \left(\frac{1}{C} - 1\right)^2 \qquad (5-21)$$

实验表明，$A_2 \ll A_1$ 时，$K_{失} = 0.5$，$C = 0.617$，$\frac{K_m}{C^2} = 0.115$；$A_2 = A_1$ 时，为直管道，无流束的收缩和扩大，故 $K_{失} = 0$，所以 $K_{失}$ 值随 $\frac{A_2}{A_1}$ 值变化，表 5-1 中列出了随 $\frac{A_2}{A_1}$ 值变化的 $K_{失}$。

表 5-1 管道突然缩小时的能量损失系数 $K_{失}$ 值

A_2/A_1	0.01	0.1	0.2	0.3	0.4	0.5	0.6	0.7	0.8	0.9	1
$K_{失}$	0.5	0.47	0.45	0.38	0.34	0.30	0.25	0.20	0.15	0.09	0

3. 管道截面的逐步扩大和缩小

管道截面的突然扩大或缩小会使流体流动能量损失很大，故常在管道中采用逐步扩大或逐步缩小截面的结构（图 5-12），以减小局部能量损失。

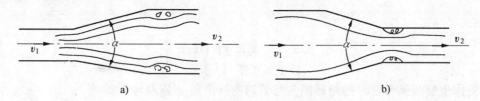

图 5-12 管道截面逐步扩大和逐步缩小
a) 逐步扩大 b) 逐步缩小

管道截面逐步扩大时的局部能量损失随扩大角 α 的增大而增加，按管道局部结构后流速计算局部损失的能量损失系数

$$K_{失} = \frac{\lambda}{8\sin\frac{\alpha}{2}}\left(1 - \frac{A_1^2}{A_2^2}\right) + k\left(1 - \frac{A_1}{A_2}\right)^2 \qquad (5-22)$$

式中 λ——计算管道沿程损失的达西摩擦系数；

k——与扩大角 α 有关的系数，k 与 α 之关系见表 5-2。

表 5-2 式(5-22)中 k 值与 α 角的关系

管道截面形状	圆 形		方 形	
α	<8~10°	10°~40°	<8~10°	10°~40°
k	$\sin\alpha$	$4.8 \times \left(\tan\frac{\alpha}{2}\right)^{1.25}$	0	$9.3 \times \left(\tan\frac{\alpha}{2}\right)^{1.25}$

管道截面逐步缩小时，按管道局部结构变化后流体流速计算局部损失时的能量损失系数。

当 $\alpha < 30°$ 时

$$K_{失} = \frac{\lambda}{8\sin\frac{\alpha}{2}}\left(1 - \frac{A_1^2}{A_2^2}\right) \quad (5-23)$$

当 $\alpha = 30° \sim 90°$ 时，流体离开管壁，产生漩涡，阻力增大，故

$$K_{失} = \frac{\lambda}{8\sin\frac{\alpha}{2}}\left(1 - \frac{A_1^2}{A_2^2}\right) + 0.001\alpha \quad (5-24)$$

4. 管道转向

管道改变方向时经常采用圆弧弯管或折管的方法(图5-13)。

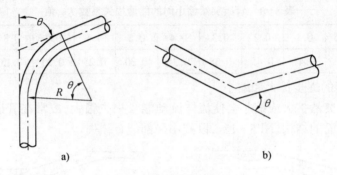

图 5-13 圆弧弯管和折管
a) 圆弧弯管 b) 折管

流体流经圆弧弯管时的局部损失与管道的转向角 $\theta°$ 以及弯管的曲率半径 R 有关，即

$$K_{失} = 0.008\frac{\theta^{0.75}}{(R/D)^{0.6}} \quad (5-25)$$

流体流经折管改变流动方向时，其局部损失与转向角 θ 以及管道的直径有关，当管径小于 30 cm 时

$$K_{失} = 0.946\sin^2\frac{\theta}{2} + 2.05\sin^4\frac{\theta}{2} \quad (5-26)$$

管径大于 30 cm 时，$K_{失}$ 值随管径增大而减小。

5. 伞形风帽

在加热炉烟筒顶部、化铁冲天炉顶部常有伞形风帽(图5-14)，此时的 $K_{失}$ 值可见表5-3。

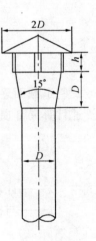

图 5-14 伞形风帽

表 5-3 伞形风帽能量局部损失系数 $K_{失}$ 值

h/D	0.1	0.2	0.3	0.4	0.5~1.0
$K_{失}$	2.6	1.2	0.8	0.65	0.6

6. 蝶阀、旋塞阀和闸阀

为调节和控制管道中流体的流量,常在管道中装上各种阀门,如蝶阀、旋塞阀、闸阀等(图 5-15)。它们的能量局部损失系数 $K_{失}$ 示于表 5-4、表 5-5。

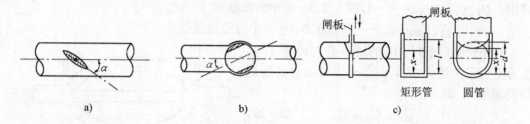

图 5-15 各种阀
a) 蝶阀 b) 旋塞阀 c) 闸阀

表 5-4 蝶阀、旋塞阀的 $K_{失}$ 值

α	0°	5°	10°	15°	20°	25°	30°	35°	40°	45°	50°	55°	60°	65°	70°
蝶阀 $K_{失}$	0.05	0.24	0.52	0.9	1.54	2.51	3.91	6.22	10.8	18.7	32.6	58.8	118	256	751
旋塞阀 $K_{失}$	—	0.05	0.29	0.75	1.56	3.10	5.47	9.68	17.3	31.2	52.6	106	206	486	—

表 5-5 闸阀 $K_{失}$ 值

矩形管	x/b	0	0.1	0.2	0.3	0.4	0.5	0.6	0.7	0.8	0.9	1.0
	$K_{失}$	∞	200	40	17	8	4	2	1.0	0.5	0.2	0.1
圆管	x/d	0	1/8	2/8	3/8	4/8	5/8	6/8	7/8	1.0		
	$K_{失}$	∞	97.8	17.0	5.52	2.05	0.31	0.26	0.07	0.05		

除了上述的一些管道局部结构外,还有很多其它种类的局部结构,如管道出口、入口三通、四通、形式不同的阀、进水口的过滤网、气体输送管道中的吸气罩、吸湿器、过滤器、除尘装置等,它们的 $K_{失}$ 值都可在有关手册中找到。

三、管网系统的能量损失

管网是由管道和局部结构件组成的,因此流体在整个管网系统流动时的能量损失应是众多管道沿程摩擦阻力损失和局部损失的总和。设计管网时,应力图减少流体在管网中流动时的能量损失。

减少能量损失的第一方面措施是选择流体在管网中的"经济流速",因 $h_{失}$ 与流体流速 v 的平方成比,为减少 $h_{失}$,v 值应尽可能小。但为保证管网一定的流体输送量,v 值的变小会使管网构件如管子、管件、阀等结构变大,增大管网建设投资,因此管网设计者应在吸收他人经验基础上结合自己工程特点和市场物资供应情况多方核算,选择最佳的经济流速。

减少能量损失的第二方面措施是选择管网的节能构件,如表面光滑的管子、$K_{失}$ 小的局部构件,如将突然管径变化构件改为管径逐渐变化构件等。

管网的联接形式可概括为串联和并联两种。串联管路的特点是管路各段的流量相等,该管路中能量损失 $h_{失}$ 是各段能量损失的总和,即

$$Q_1 = Q_2 = Q_3 = \cdots\cdots = Q_n \qquad (5-27)$$

和
$$h_{失} = h_{失1} + h_{失2} + h_{失3} + \cdots\cdots + h_{失n} \qquad (5-28)$$

式中 Q_1、Q_2、$Q_3\cdots Q_n$——管段 1、2、3$\cdots n$ 中的流量；

$h_{失1}$、$h_{失2}$、$h_{失3}\cdots h_n$——管段 1、2、3$\cdots n$ 中的能量损失。

并联管路（图 5-16）的特点是总流量 Q 是各分支管段流量的总和，而各分支管段中的能量损失都相等，即

$$Q = Q_1 + Q_2 + Q_3 \qquad (5-29)$$
$$h_{失1} = h_{失2} = h_{失3} \qquad (5-30)$$

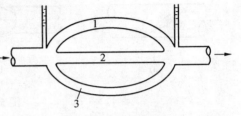

图 5-16 并联管路

例 一 5 t 冲天炉的送风系统示于图 5-17，冷风在管中风速 $v_1 = 17.5$ m/s，冷空气密度 $\rho_1 = 1.25$ kg/m³，气流在管中流动的雷诺数 $Re_1 = 350000$；热风管内风速 $v_2 = 32.3$ m/s，热空气密度 $\rho_2 = 0.82$ kg/m³，气流流动雷诺数 $Re_2 = 170\,000$。已知滤清器的 $K_{失1} = 2.4$，一通不出流三通管的 $K_{失} = 0.15$，管道出口的 $K_{失} = 1$，在不计炉胆内气流能量损失情况下，请计算气流在此送风系统中的能量损失。

解 1. 冷风管内的沿程摩擦损失

由于 $Re_1 > 10^5$，故冷风管内气流的紊流程度比紊流光滑管区大，现计算冷风管的紊流光滑-粗糙管过渡区的雷诺数上限值

$$Re = 4160\left(\frac{1}{2\overline{\Delta}_1}\right)^{0.85} = 4160\left(\frac{300}{2 \times 0.5}\right)^{0.85} = 529700 > Re_1 = 350000$$

所以冷风管气流属紊流光滑-粗糙管过渡管，其沿程摩擦系数 λ_1 的计算为

$$\lambda_1 = \{1.42[\lg(Re_1/\overline{\Delta}_1)]\}^{-2} = \left(1.42 \times \lg\frac{350000 \times 0.5}{300}\right)^{-2} = 0.0645$$

故冷风管的沿程能量损失

$$h_1 = \lambda_1 \frac{l_1}{D_1} \frac{v_1^2}{2g} \frac{\rho_1}{\rho_{水}} = 0.0645 \times \frac{17.5}{0.3} \times \frac{17.5^2}{2 \times 9.8} \times \frac{1.25}{1\,000} = 71.7 \text{ mm 水柱}$$

2. 计算热风管沿程损失

因 $10^5 < Re_2 = 170000 < 4160\left(\frac{1}{2\overline{\Delta}_2}\right) = 4160 \times \left(\frac{200}{2 \times 0.5}\right)^{0.85} = 375900$

故热风管气流属紊流光滑-粗糙管过渡区，其沿程摩擦系数

$$\lambda_2 = \{1.42[\lg(Re_2/\overline{\Delta}_2)]\}^{-2} = \left(1.42 \times \lg\frac{170000 \times 0.5}{200}\right)^{-2} = 0.072$$

热风管沿程损失

$$h_2 = \lambda_2 \frac{l_2}{D_2} \times \frac{v_2^2}{2g} \frac{\rho_2}{\rho_{水}} = 0.072 \times \frac{2.5}{0.2} \times \frac{32.3^2}{2 \times 9.8} \times \frac{0.82}{1\,000} = 39.27 \text{ mm 水柱}$$

3. 计算冷风管局部损失

冷风管系统中有：

a. 滤清器一个，其 $K_{失1} = 2.4$

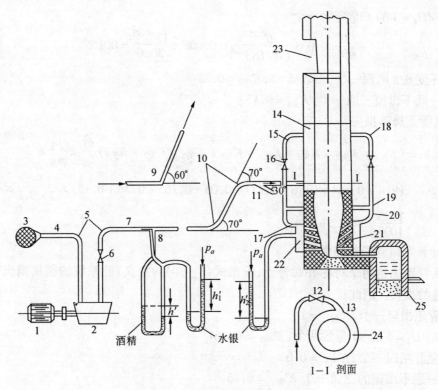

图 5-17 冲天炉送风系统示意图

1—电动机 2—离心鼓风机 3—吸风管始端滤清器 4—吸风管 5—$\frac{R}{D_1}=1$ 的 90° 弯管 2 个 6—开度 ($\frac{x}{d}$) 6/8 闸阀 7—冷风管 8—毕托管 9—60° 的折管 10—$R/D_1=2$ 的 70° 弯管两个 11——通不出流的三通 12—全开闸阀 13—$R/D_1=3$ 的 135° 弯管 14—热风炉胆 15—热风管 16—全开闸阀 17—管道进入风箱的出口 18—$R/D_2=1$ 的 90° 弯管 19—一通不出流的直角三通 20—$R/D_2=1$ 的 90° 弯管 21—冲天炉风口 22—风箱 23—加料口 24—热风炉胆 25—前炉(送风系统有包括吸风管在内的冷风管全长 $l_1=17.5$ m,管径 $D_1=300$ mm,热风管全长 $l_2=2.5$ m 管径 $D_2=200$ mm。全部风管管壁粗糙度 $\Delta=0.5$ mm)

b. $R/D_1=1$ 的 90° 弯管两个,由式(5-25)其

$$K_{失2}=2\times0.008\frac{\theta^{0.75}}{(R/D_1)^{0.6}}=2\times0.008\times\frac{90^{0.75}}{1}=0.464$$

c. 60° 折管一个,由式(5-26)

$$K_{失3}=0.946\sin^2\frac{\theta}{2}+2.047\sin^4\frac{\theta}{2}=0.946\sin^230°+2.047\sin^430°=0.46$$

d. $R/D_1=2$ 的 70° 弯管两个

$$K_{失4}=2\times0.008\frac{\theta^{0.75}}{(R/D_1)^{0.6}}=2\times0.008\times\frac{70^{0.75}}{2^{0.6}}=0.237$$

e. 全开闸阀一个,由表 5-5 查得 $K_{失5}=0.05$。

f. $R/D_1 = 3$ 的 135°弯管一个

$$K_{失6} = 0.008 \frac{\theta^{0.75}}{(R/D_1)^{0.6}} = 0.008 \times \frac{135^{0.75}}{30.6} = 0.165$$

g. 开度 6/8 闸阀一个，由表 5-5，$K_{失7} = 0.26$

h. 一通不出流三通一个，$K_{失8} = 0.15$

冷风管上局部损失

$$h_3 = (K_{失1} + K_{失2} + K_{失3} + K_{失4} + K_{失5} + K_{失6} + K_{失7} + K_{失8})\frac{v_1^2}{2g} \times \frac{\rho_1}{\rho_水} =$$

$$(2.4 + 0.464 + 0.46 + 0.237 + 0.05 + 0.165 + 0.26 + 0.15) \times \frac{17.5^2}{2 \times 9.8} \times$$

$$\frac{1.25}{1000} = 84.22 \text{ mm 水柱}$$

4. 计算热风管局部损失

热风管系统是两个对称并联管道，根据式(5-30)的意义，此系统的能量损失可只算一个管道的损失。因此：

a. 管道出口一个，$K'_{失1} = 1$

b. $R/D_2 = 1$ 的 90°弯管两个，$K'_{失2} = 0.464$

c. 全开闸阀一个，$K'_{失3} = 0.05$

d. 一通不出流的三通一个 $K'_{失4} = 0.15$

所以热风管路的局部损失

$$h_4 = (K'_{失1} + K'_{失2} + K'_{失3} + K'_{失4})\frac{v_2^2}{2g}\frac{\rho_2}{\rho_水} = (1 + 0.464 + 0.05 + 0.15) \times \frac{32.3^2}{2}$$

$$\times \frac{0.82}{1000} = 72.55 \text{ mm 水柱}$$

此冲天炉送风系统的能量损失

$$h = h_1 + h_2 + h_3 + h_4 = 71.7 + 39.27 + 84.22 + 72.55 = 267.74 \text{ mm 水柱}$$

5.4 伯努利方程在铸造用底注浇包工作状况计算中的应用

铸造生产浇注金属液时常用底注式浇包(图 5-18)，有两种工作方式：(1) 浇包内自由金属液面高度保持不变，如连续铸钢时用的中间包在浇注过程中由于可不断得到金属液的补充，液面高度总可保持不变；(2) 浇包内自由金属液面随浇注时包内金属液的流出而连续下降，如一般成形铸钢件浇注时用的浇包。都可用伯努利方程推导金属液自浇包中流出的速度。

求解液面高度不变时金属液从浇包的流出速度时，可观察如图 5-18 所示的 1-1 和 2-2 面，并取 2-2 面为基准水平面，在考虑金属液流速可能在有效断面上的分布不均匀的情况下，利用式(5-14)的形式建立的伯努利方程应为

$$H + \frac{p_1}{\rho g} + \frac{1}{\beta_1}\frac{\overline{v}_1^2}{2g} = \frac{p_2}{\rho g} + \frac{1}{\beta_2}\frac{\overline{v}_2^2}{2g} + h_失$$

式中,由于 1-1、2-2 面都与大气接触,故近似地可认为 $p_1 = p_2$;自由表面处的截面面积又比金属液出口处的截面面积大得多,所以 $\bar{v}_1 \ll \bar{v}_2$,可取 $\bar{v}_1 \to 0$;$h_{失}$ 为金属液从 1-1 面流至 2-2 面的能量损失,主要为金属出口处的突然缩小局部损失,故

$$h_{失} = K_{失} \frac{\bar{v}_2^2}{2g}$$

式中 $K_{失}$——金属出口处局部能量损失系数。
故上式可改写为

$$\left(\frac{1}{\beta_2} + K_{失}\right) \frac{\bar{v}_2^2}{2g} = H, \quad \bar{v}_2 = \mu \sqrt{2gH} \quad (5-31)$$

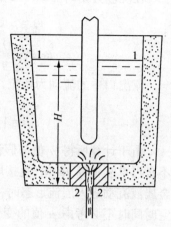

图 5-18 底注浇包示意

式中 $\mu = \left(\frac{1}{\beta_2} + K_{失}\right)^{-\frac{1}{2}}$,又可称浇包流出系数,$\mu < 1$,具体数值需用实验测定。

式(5-31)不单适用于浇包底部开孔流出金属液的情况,也适用于浇包侧壁开流出口的场合。

如果浇包内金属液初始液面高为 h_0,浇注时随着金属液从流出口的流走,液面高度 h 变小,在知道式(5-31)的前提下,可计算浇包内金属液流完所需时间。

由流出口流出的金属液流量

$$\frac{dQ}{dt} = A_{出} \bar{v}_2 = A_{出} \mu \sqrt{2gh}$$

式中 $A_{出}$——流出口截面面积;
Q——流出的金属液体积,$dQ = A_{包} dh$;
$A_{包}$——浇包截面面积。

所以

$$dt = \frac{A_{包}}{A_{出} \mu \sqrt{2g}} h^{-\frac{1}{2}} dh$$

对此式由 0 至 t 积分,相应地 h 为由 h_0 至 0,此时可不计浇包包底的厚度,因与 h 比较,浇包包底厚度可忽略不计,所以

$$t = \frac{2A_{包}}{A_{出} \mu} \sqrt{\frac{h_0}{2g}}, \quad A_{包} = \frac{\pi}{4} D_{包}^2, \quad A_{出} = \frac{\pi}{4} D_{出}^2$$

故上式可写成

$$t = \frac{2D_{包}^2}{D_{出}^2 \mu} \sqrt{\frac{h_0}{2g}} \tag{5-32}$$

例 一底注浇包,内盛密度 $\rho = 2483 \text{ kg/m}^3$ 的 Al-7%Si 液,其粘度 $\eta = 2758 \times 10^{-6}$ Pa·s。已知包内液面高 $h_0 = 1.22$ m,浇包的截面直径 $D_{包} = 0.914$ m,流出口直径 $D_{出} = 0.076$ m,其局部能量损失系数 $K_{失} = 0.075$。求浇包流空时间。

解 可用式(5-32)求流空时间 t,但需先确定 μ 值,即应先求出 β_2 值,而 β_2 与流出口处 Re 有关。

在浇注开始时 $h = 1.22$ m,先假设 $\mu = 1$,估算 Re,由式(5-31)可得

$$\bar{v}_2 = \mu \sqrt{2gh_0} = 1 \times \sqrt{2 \times 9.8 \times 1.22} = 4.9 \text{ m/s}$$

$$Re = \frac{\bar{v}_2 D_{出} \rho}{\eta} = \frac{4.9 \times 0.76 \times 2483}{2758} \times 10^6 = 3.29 \times 10^5$$

流出口中的流动为紊流,故 $\beta_2 = 1$,因此

$$\mu = \left(\frac{1}{\beta_2} + K_{失}\right)^{-\frac{1}{2}} = (1 + 0.075)^{-\frac{1}{2}} = 0.95$$

由于计算所得 μ 值与假设的 μ 值接近,并且 Re 值远远大于层流的临界雷诺数值,故不必再重复估算 Re 值,直接取 $\mu = 0.95$。也因上述第二个理由,可预先估出在流出口中金属液流动进入层流形态时,浇包内的铝液面已很低了,大部分铝液已经流出,故计算流空时间时不必考虑 μ 值的变化,视作常数。因此流空时间为

$$t = \frac{2D_{包}^2}{D_{出}^2 \mu} \sqrt{\frac{h_0}{2g}} = \frac{2 \times 0.914^2}{0.076^2 \times 0.96} \sqrt{\frac{1.22}{2 \times 9.8}} = 74.9 \text{ s}$$

5.5 伯努利方程在铸型浇注系统研究中的应用

浇注系统是控制浇注参数,如浇注速度、浇注时间、金属液流入铸型时的线速度等的重要工艺元件,这些参数就与浇注系统的流体力学参数有关,如浇注系统浇道的结构、能量损失系数、金属液流动形态等都会影响浇注参数的具体数值,所以铸型浇注系统研究中人们就常利用伯努利方程与其它流体力学基础理论。

浇注系统的流体力学研究已经表明,金属在浇注系统中的流动形态为紊流光滑-粗糙管区,金属液在浇注系统中(尤其在砂型浇注系统中)的流动通过时间相对于金属液在型中冷却凝固时间是很短的,故可粗略地把浇注系统中的金属液流动视为绝热过程。本节将介绍研究铸型浇注时间、浇道面积和浇注系统通道阻力系数测定时伯努利方程的应用。

5.5.1 充型时间、浇道面积的流体力学计算

铸造重力浇注时的浇注系统基本上有三种形式:顶注式、底注式、中注式(图5-19)。在直浇道上面都有一个浇口杯,在整个浇注过程中应保证浇口杯内金属液面保持一定的高度 H。顶注式时,金属液自浇口杯的流出情况与上节液面高保持常数情况下浇包底部的流出情况一样,故可直接利用从伯努利方式推导得到的式(5-31)

$$v = \mu \sqrt{2gH}$$

式中 v——金属液由浇口杯流出的速度。

如浇杯出口截面面积为 f,需浇注的金属液质量为 G,金属液的密度为 ρ,则浇注铸型所需时间

$$t = \frac{G}{v f \rho} = \frac{G}{f \rho \mu \sqrt{2gH}} \tag{5-33}$$

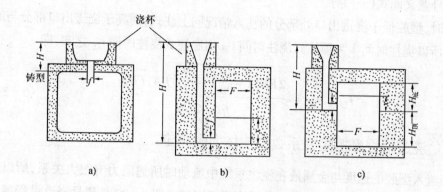

图 5-19 三种不同形式的浇注系统示意
a) 顶注式 b) 底注式 c) 中注式

相应地

$$f = \frac{G}{t\rho\mu\sqrt{2gH}} \quad (5-34)$$

浇注铁液时，铁液的密度 $\rho = 6\,900$ kg/m，经实验式(5-34)可写成

$$f = \frac{G}{0.31 t\mu\sqrt{gH}} \quad (5-35)$$

浇注钢液时，$\rho = 7140$ kg/m³，经实验，可得下式

$$f = \frac{G}{0.317 t\mu\sqrt{gH}} \quad (5-36)$$

上两式中 G 和 H 的量纲各为 kg 和 cm。

式(5-35)、(5-36)在铸造文献中称为奥赞(Ozanne)公式，并把奥赞公式的应用扩充至一切型式的砂型浇注系统计算之中。如浇注铁液时，根据砂型类型(湿、干砂型)、浇注温度、型腔的透气程度、浇注系统浇道的结构特点、浇注系统的注入形式(顶注、底注或中注)，浇注金属的多少，μ 值的波动范围为 0.15~0.9。

此外底注式时，根据连续性方程可得通过浇道截面和通过型腔截面的流量相等关系式

$$Fv' = f\mu\sqrt{2g(H-x)}$$

或

$$\frac{dx}{dt} = \frac{f}{F}\mu\sqrt{2g(H-x)}$$

如考虑与型腔高度相比浇杯高度很小，则对上式移项、积分，可得

$$t = \int_0^H \frac{F dx}{\mu f \sqrt{2g(H-x)}} = \frac{2FH}{f\mu\sqrt{2g}}\sqrt{H} = \frac{2F}{f\mu\sqrt{2gH}} \quad (5-37)$$

故

$$f \approx \frac{2G}{\rho t\mu\sqrt{2gH}} \quad (5-38)$$

上面各式中　v'——型腔中液面上升速度，$v' = \frac{dx}{dt}$；

x——液面在型腔中上升高度。

其余符号意义同式(5-34)。

中注式时,型腔低于浇道出口处部分的注入情况同上注式,而高于浇道出口部分与底注式相同。所以浇注时间 t 为顶注式浇注时间 $t_{顶}$ 加底注式浇注时间 $t_{底}$ 之和,即

$$t = t_{顶} + t_{底} = \frac{2FH(1 - \sqrt{1 - \frac{H_{顶}}{H}}) + FH_{底}}{f\mu\sqrt{2GH}} \tag{5-39}$$

5.5.2 浇道沿程摩擦阻力系数的流体力学测定

金属液流入型腔的速度与金属液在浇注系统中流动时所遇阻力有很大关系,所以人们对测定浇注系统各组元的能量损失系数曾表现了兴趣。图5-20是测量浇道沿程摩擦阻力系数 λ 的浇注系统结构装置,浇杯顶面距在同一平面上的浇道同心线平面的高度为 H,浇道1和2的直径为 d,它们的长度差为 Δl,浇注时在保持浇口杯液面高度的情况下,可由浇道射出的金属液落地距离 S_1 或 S_2 算出在浇道1或2出口处金属液射出时的水平平均速度 v_1 或 v_2,即为浇道内金属液流动的平均速度。因此取浇口杯顶面对浇道1或浇道2出口面建立的伯努力方程。

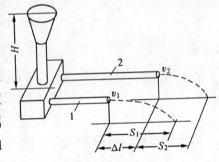

图5-20

对浇道1而言

$$H = \frac{v_1^2}{2g} + K_{失}\frac{v_1^2}{2g} + \lambda\frac{l_1}{d}\frac{v_1^2}{2g} \tag{1}$$

对浇道2而言

$$H = \frac{v_2^2}{2g} + K_{失}\frac{v_2^2}{2g} + \lambda\frac{l_2}{d}\frac{v_2^2}{2g} \tag{2}$$

上两式中 $K_{失}\frac{v^2}{2g}$ 为浇注系统中的局部能量损失;$\lambda\frac{l}{d}\frac{v^2}{2g}$ 为浇道沿程摩擦能量损失。

对上两式相应地各除以 $\frac{v_1^2}{2g}$ 和 $\frac{v_2^2}{2g}$,并将第(2)式减第(1)式,则得

$$2Hg\left(\frac{1}{v_2^2} - \frac{1}{v_1^2}\right) = \frac{\lambda}{d}(l_2 - l_1) = \frac{\lambda\Delta l}{d}$$

所以

$$\lambda = 2g\frac{Hd}{\Delta l}\left(\frac{1}{v_2^2} - \frac{1}{v_1^2}\right) \tag{5-40}$$

习 题

5.1 为何伯努利方程只适用于缓变流?
5.2 位能、压力能、动能和位头、压头、速度头在物理意义上有何异同之处?

5.3 忽略损失,求图 5-21 所示文丘里管内的流量。

5.4 如图 5-22 所示,水在内径 $D = 150$ mm 的水平管道中以平均速度 $v = 1.3$ m/s 流动,管中装有孔板流量计,孔口直径 $d = 90$ mm,如过小孔时的能量损失系数 $\beta = 0.61$,求 U 形差压计中水银柱高度差 Δh。
(答:90 mm)

5.5 如果 2.3.2 中第一个例题(图 2-10)中的毕托管是设置在直径 $D = 200$ mm 的风管中,求此风管中空气的流量,设空气密度 $\rho = 1.293$ kg/m³。
(答:0.4 m³/s)

5.6 一铸造车间的鼓风机装置(图 5-23),吸风管口压力 $p_1 = -10500$ Pa,排风管 2-2 截面上压力 $p_2 = 147$ Pa,体积流量 $Q = 9250$ m³/h,空气的密度 $\rho = 1.27$ kg/m³,吸风管直径 $d_1 = 300$ mm,排风管直径 $d_2 = 400$ mm,由截面 1-1 至截面 2-2 的压力损失 $h_\text{失} = 49$ Pa,请确定鼓风机的风量和风压应为多少?
(答:$q = 2.54, p = 10345$ Pa)

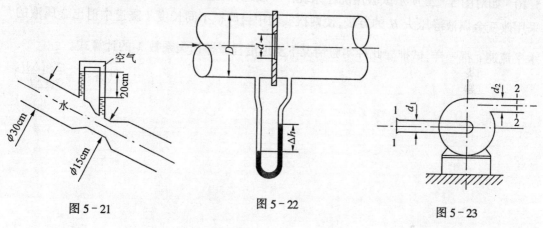

图 5-21　　　　图 5-22　　　　图 5-23

5.7 在一车间房顶上设置一水箱(图 5-24),为防止上水时水箱过满溢出,用一直径 $D = 100$ mm,管长 18 m,并有 3 个 $\dfrac{R}{D} = 1$ 的 90°弯管的溢流管泄水,以便地面工人及时发现关闭进水用水泵。水温为 20℃,其粘度 $\nu = 1.01 \times 10^{-6}$ m²/s。如工人不注意,加水时水面升至齐水箱顶,通过溢流管每秒钟流走的水量为多少 m³?设溢水管管壁粗糙度 $\Delta = 0.6$ mm,溢流管入口处局部能量损失系数 $K_\text{失} = 0.5$。
(答:$Q = 2.82 \times 10^{-2}$ m³/s)

5.8 一送气管路 ABC(图 5-25),直径为 182 mm,长度如图所示,每小时送气 2000 m³。现拟在 B 点分接支管 BD,由 BD 管输出空气流量应为 800 m³/h,而经 BC 管的流量便减小为 1200 m³/h。已知 BC、BD 管路上局部能量损失系数各为 7 和 4;空气的密度 $\rho = 1.2$ kg/m³,粘度 $\nu = 15.06 \times 10^{-6}$ m²/s,管壁粗糙度 $\Delta = 0.5$ mm,求 BD 管道直径应为多少?设 BD 管很短,可忽略其沿程摩擦损失。
(答:$d_{BD} = 0.111$ m)

5.9 图 5-26 所示为有上注式浇注系统的铸型,浇注时保持金属液的静压头 $H = 30$ mm,需往铸型内浇注的金属液重 $G = 588.6$ N,金属液密度 $\rho = 7000$ kg/m³,浇注时间 $t = 9$ s,若不计金属液充型时所遇阻力,浇道面积应取多大?
(答:$A = 4$ cm²)

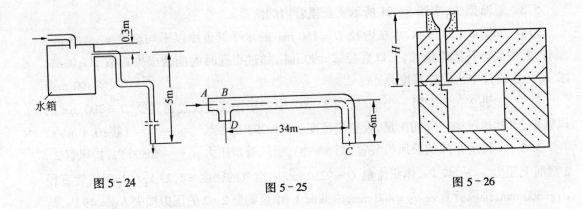

图 5-24　　　　　　　图 5-25　　　　　　图 5-26

5.10　如对图 5-20 所示试验用浇注系统作一改造,使直径为 d 的圆管形浇道只有一根,采用改变金属液静压头 H 的方法,使两次实验中自两根不同长度 l 浇道中射出金属液的水平流速 v 都一样,试推导此种实验情况下浇道沿程摩擦损失系数 λ 的计算式。

(答:$\lambda = \dfrac{2gd\Delta H}{v^2 \Delta l}$)

· 116 ·

第六章 流体输送设备

在工业生产中常需把流体从一处输送到另一处,如输油管、输气管;不少机器、装置上常需具有一定能量(如较高的压力、较高的动能)的工作流体,驱动机器产生一些设定的动作;创造真空条件实施一些特殊的工艺,如真空熔炼、金属液的真空处理和浇注、真空热处理、真空钎焊、电子束焊等,以及利用真空实施某些制件的搬运如真空吸盘等,都需要把气体从一空间抽走,上述一系列生产项目的实施都有赖于流体输送设备的选用。

一般把输送液体的设备称为泵,把输送气体的设备称为风机,但是为建立真空把密闭空间中的气体吸走的气体输送设备也称为泵,如真空泵。此外在一些特殊场合,输送流体的设备常有些特殊的名称,如烟囱、风箱、打气筒、喷雾器等。

流体输送设备功能的实现主要是为流体提供能量,使其具有较高的动能、压头或获得更高的位能。按照能量传输方式的不同可把流体输送设备分为五类:

(1) 由高速转动的叶片把能量传给流体的流体输送设备称为叶片式泵(风机),根据传递能量时的流体力学条件,叶片式泵又有离心式、轴流式、混流式等数种。

(2) 利用设备中驱动元件(活塞、柱塞、齿轮、旋片等)的运动,使设备中空间的流体容积发生变化(对气体言)和被驱动,实现能量传递的流体输送设备称为容积式泵(风机),根据驱动元件在工作时的运动情况,容积式泵又有往复式(如活塞、柱塞、活塞式气体压缩机)、回转式如齿轮泵、罗茨泵(风机)、螺杆泵、旋片泵(压气机)等。

(3) 利用工作流体高速流动时的动量,通过动量传输带动周围的流体,实施能量的传递的设备,如扩散泵、喷射式真空泵、燃气烧嘴等。

(4) 利用电磁能使液态金属获得流动的能量实现流体输送的设备,如电磁泵。

(5) 利用密度较大流体对密度较小流体在连通器中产生的浮力,促使密度较小流体流动,如烟囱。

按风机输出气体压力的高低,可分为:

(1) 通风机 输出气体压力小于 15 000 Pa。输出压力低于 1 000 Pa 的称低压通风机;输出压力为 1 000 ~ 3 000 Pa 的称中压通风机;输出压力为 3 000 ~ 15 000 Pa 的称高压通风机。它们都是叶片式风机。

(2) 鼓风机 输出气体压力在 $1 \times 10^4 \sim 3.5 \times 10^5$ Pa 之间,它们可为叶片式风机和容积式风机。

(3) 气体压缩机(压气机) 输出气体压力超过 3×10^5 Pa,它们可为多级离心式风机(一个机壳内装有多个串联的叶轮)和容积式风机。

不同型式的流体输送设备输出流体的压力(液体压力常用水柱高度表示,称扬程)和流量都不一样,图 6-1 示出了各种泵的适用范围(不含真空泵)。

叶片式流体输送设备不能用于建立真空,为获得高的真空度(即压力极低),一些无油真空泵的工作原理是建立在吸附气体分子而达到抽气目的的。

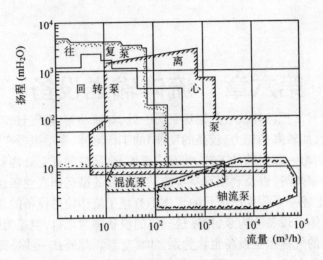

图6-1 各种泵的适用范围

本章将对金属热态成形产业中常遇的流体输送设备的工作原理、性能特点和使用注意事项给以必要的叙述。

6.1 叶片式泵与风机

叶片式泵(风机)根据叶片型式分三种类型。

(1) 离心式(图6-2) 流体轴向进入,在转动的叶片推力和本身离心力作用下径向地沿叶片流动,最后在叶片转动的切线方向流出机壳。

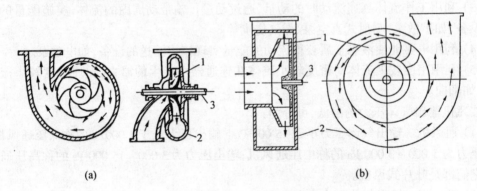

图6-2 离心式泵和风机
a) 离心式泵 b) 离心式风机
1—叶轮 2—蜗壳(机壳) 3—轴

(2) 轴流式(图6-3) 流体轴向流入机内,轴向流出机体。

(3) 混流式(图6-4) 流体轴向进入叶片,斜向从叶片流出。

叶片式泵和风机中用得最得广泛的是离心式泵和风机,在流体输送设备中最易遇到的也是它们。主要由于它们设备结构简单,易于操作,故障少,能在宽广的流量和压力(扬

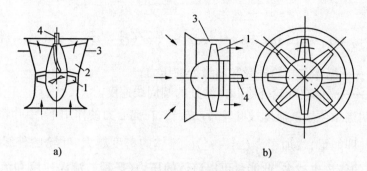

图 6-3 轴流式式泵和风机
a) 轴流式泵 b) 轴流式风机
1—叶轮 2—导流器 3—机壳 4—轴

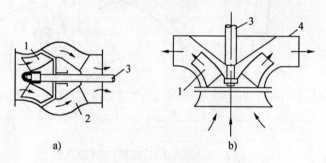

图 6-4 混流式泵和风机
a) 混流式泵 b) 混流式风机
1—叶轮 2—导流器 3—轴 4—机壳

程)范围内使用,效率较高,但其工况参数易受前、后外接管道工作情况的影响。在输水、送风方面用得较多,如冲天炉、加热炉、车间排尘、排污水、送风、锅炉给水、给风、引风,松散材料(如煤粉、粘土)的气力输送等都用离心式泵和风机。

6.1.1 离心式泵(风机)工作原理

离心式泵(风机)中流体获得能量的原理可由图 6-5 的流体微元能量分析中了解。流体微元所处半径为 r,其厚度为 dr,宽度为 b,所对应的圆心角为 $d\varphi$,则其质量

$$dm = \rho r d\varphi dr b$$

如流体在叶轮空腔中没有流动,则流体微元随叶轮以角速度 ω 旋转时,产生的离心力

$$dF = dm \omega^2 r = \rho \omega^2 b r^2 d\varphi dr$$

此离心力应为流体微元的径向压力差所平衡,故

$$dF = b r d\varphi dp$$

则

$$dp = \frac{dF}{p r d\varphi} = \rho \omega^2 r dr$$

设流体的密度不随 r 变化而改变,对上式由叶轮内缘半径 r_1 积分至外缘半径 r_2,则

相应的压力差

$$p_2 - p_1 = \int_{r_1}^{r_2} dp = \rho\omega^2 \int_{r_1}^{r_2} rdr = \frac{\rho}{2}\omega^2(r_2^2 - r_1^2) = \frac{\rho}{2}(v_2^2 - v_1^2) \qquad (6-1)$$

式中 p_2、p_1——流体在叶轮外缘和内缘处的压力；
v_2、v_1——流体在叶轮外缘和内缘处的圆周线速度。

此式说明当单位质量流体被叶轮带动旋转,在离心力的作用下,由叶轮内缘运动到外缘时,静压头(即能量)增加了$\frac{1}{2}(v_2^2 - v_1^2)$。流体的密度越大、叶轮的外缘尺寸和转速越大,流体获得的能量也越多,此能量可以流体的压力(扬程)、流动速度和流体提升的高度表现出来。

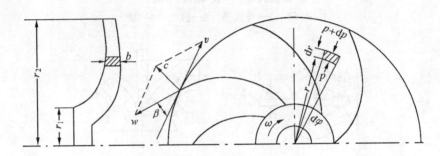

图 6-5 离心式泵(风机)工作原理图

图 6-5 上还示出了流体质量离开叶片时的速度示意,w 为质点沿叶片表面移动的分速度,v 为切向分速度,最后流体质点的合成速度为 c。改变叶片的弯曲形状,可以改变 c 的方向。当叶片在出口处弯曲的方向与该点圆弧切线的交角 $\beta < 90°$ 时,为后向叶片,可使泵和风机具有较大效率,但产生流体的压力和流速都较小,离心泵都用后向叶片。如 $\beta > 90°$,得前向叶片,欲得同样压力和流量的气流(风)时,前向叶片的风机尺寸可较小,有的高、低压通风机采用前向叶片。

6.1.2 离心式泵(风机)特性曲线与工作点选择

离心式泵(风机)的流量(风量) Q 在叶轮的一定转速下,与扬程 H(压力 p)、带动叶轮转动所需功率 P、设备的工作效率 η 有紧密关系。图 6-6 示出了离心泵和风机的特性曲线。

在此图中可见离心泵(风机)都有一个最高效率点,为了节能,选用离心泵(风机)的工作参数如 Q、$H(p)$ 最好都与 η 最高点相对应。当 Q 为零时,$Q-P$ 曲线与纵坐标的交点系指设备内功率的损失值,这种损失是指设备传动系统的摩擦阻力损失,流体流经设备时的水力能量损失、流体的泄漏损失等。为降低设备起动时电动机的负荷,离心泵(风机)都在出口关闭情况下起动的。由泵输出的液体扬程随流量的增大而变小,这是因为流量增大意味着流体流速增大,而设备内部流体的水力能量损失等与流速的平方成正比,由能量守恒观点出发,流体的扬程变小是极易理解的。可是对风机言,在风量较小时,风量的增大会伴随压力的升高,但这一阶段很小,过此阶段后,风量的增加总是引起压力的变小。

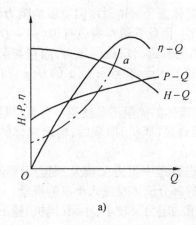 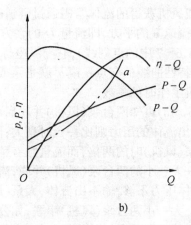

图 6-6 离心泵和风机的特性曲线
a) 离心泵特性曲线　　b) 离心风机特性曲线

为改变离心泵(风机)的工作性能,常可以采用改变叶轮转速 n 的方法;离心泵(风机)的 Q、$H(p)$、P 与 n 的关系为

$$\frac{Q_1}{Q_2}=\frac{n_1}{n_2}, \quad \frac{H_1(p_1)}{H_2(p_2)}=\frac{n_1^2}{n_2^2}, \quad \frac{P_1}{P_2}=\frac{n_1^3}{n_2^3} \qquad (6-2)$$

当一个离心泵(风机)的流量(风量)或扬程(压力)不够时可以采用将两台或多台离心泵(风机)并联或串联的方法。

离心泵(风机)的并联可增大泵(风机)组输出的流量(风量)。图 6-7a)示出了两台相

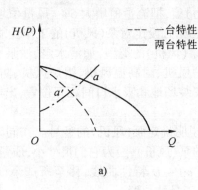 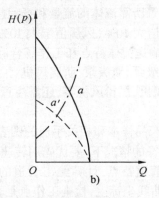

图 6-7 两台离心泵(风机)并联、串联 $H(p)\tau - Q$ 特性曲线
a) 并联 $H(p) - Q$ 特性曲线　　b) 串联 $H(p) - Q$ 特性曲线

同设备并联后 $H(p) - Q$ 特性曲线的变化,流量(风量)为两台设备流量(风量) Q 之和,而输出扬程(压力)保持不变。

离心泵(风机)的串联可增大泵(风机)组输出流体的扬程(压力),图 6-7b)示出了两台相同设备串联后 $H(p) - Q$ 特性曲线,扬程(压力)为两台设备扬程(压力)之和,流量(风量)保持不变。

将泵串联时,它们常设在公共管道的前面,而风机串联时,常把一台放在公共管道的前面,另一台放在后面。

由泵或风机获得的流体常需通过管道输送,流体流径管道时所需克服的阻力(损失压头)与流体流速 v 的平方,即流量 Q 的平方成正比。因此管道本身也有 $H(p)-Q$ 特性曲线(图6-6、6-7中的点划线),它与纵坐标的交点为管道出口处的压力,而它与泵或风机 $H(p)-Q$ 特性曲线的交点 a 或 a' 就是泵或风机的工作点,交点 a 或 a' 的 $H(p)$ 和 Q 值即为泵或风机工作时的参数。

由图6-7a)可知两台泵(风机)并联后可得到流体的流量不足使用一台泵(风机)时的两倍,而输出流体的压力则比一台时稍大;同样两台泵(风机)串联时,输出流体的压力也不足一台泵(风机)时的两倍,而流量则有稍许增大。

如将一大一小的两台泵(风机)并联,流体输送管道中阻力又较大,则会发生小泵(风机)输出流体压力不够,输不出流体,大泵(风机)的部分流体反流入小泵的现象。

如将一大一小两台泵(风机)串联,如公共管道的阻力又较小,小泵(风机)输出的流体流量会小于管道所需通过的流体流量,小泵(风机)不但不起增压作用,反而会产生阻力。

改变离心泵(风机)的工作特性以满足管道和使用流体设备的需要时,还可以在离心泵(风机)的吸入端和出口端的管道中设置调节阀(如闸阀、蝶阀等),改变整个流体输送系统阻力的方法,达到调整离心泵(风机)特性曲线和改变工作点位置的目的。风机的工作点不能设置在 $p-Q$ 曲线最高点的左侧,这是风机的不稳定工作区,风机在工作时会振动剧烈、噪音极大,设备易于摩损。

6.1.3 离心式泵(风机)的选择、安装和使用

选择离心式泵(风机)的步骤大致相似。

(1) 按照第四章、第五章所述计算流体输送管道的沿程压头损失和局部压头损失,结合使用流体装置所需流体的流量和扬程(压力)值,把流量值增大5%(风量值增大10%~15%)、扬程值增大10%(风压值增大10%~15%),设定对泵(风机)的工作性能要求。

(2) 根据输送流体特点和工作场合确定泵(风机)的类型,如清水泵、油泵、耐腐泵、污水泵、砂泵、单级泵、双级泵、防腐风机、工业炉风机、耐高温风机、锅炉风机、防爆风机、通风风机、排尘风机、煤粉风机等,还需注意泵安装场地和吸水口间相互位置,出风口的角度等。

(3) 根据产品样本和相关手册的图表及说明确定泵(风机)的型号。在同时有几种泵(风机)可供选择的情况下,要优先用转速高的泵(风机),因为它们尺寸小,质量轻、价廉。

(4) 根据管道特点,计算绘出管道的 $H(p)-Q$ 特性曲线,移至所选泵(风机)的 $H(p)-Q$ 特性曲线坐标上,检查工作点是否处于最佳位置。

安装泵(风机)时除了应满足一般机械安装要求外,还应注意泵离被吸流体液面的高度不能太大,以防吸入口出现太大的真空,引起被吸液体的汽化,生成大量汽泡进入泵内,在高压区又凝成水,汽泡体积剧烈缩小,产生强烈的水击,使设备疲劳受损;与此同时,泵的工作也不稳定,出现剧烈振动和很强的噪音。一般泵上标有标准状况(大气压为标准大气压、水温为20℃)下输水时的允许吸入真空高度。泵的吸入管上不装流量调节阀。泵和风机与管道联接时,应使流体流动流畅,尽可能避免流动方向和速度的突然变化。

泵与风机使用时应注意的要点为:
(1) 起动时,应关闭输出管道的阀,使设备电机在小功率下起动。
(2) 起动前,泵内应灌满水。

(3) 起动后 2-4min 内应注意设备运转是否正常,如有剧烈振动和异常噪声,应立即停机检查。

(4) 运转过程常检查轴承升温是否太高、各种仪表读数是否正常,输送液体时应注意被吸液体的液面是否太低,以防发生汽蚀。

(5) 采取措施防备石块、金属件等硬物进入设备。

(6) 停机前,先关闭输出阀,再切断电源。

(7) 如在冬季,停机时应放空泵内积液,防止冻裂设备。

例 需输送流量为 11 500 m³/h,全压为 1961 Pa 的空气,其温度 $T = 70$ ℃,当地大气压 $p'_a = 98\ 070$ Pa,试选择风机和配套电机。

解 将对风机的风压 p 和风量 Q 要求都提高 10%

$$Q = 1.1 \times 11\ 500 = 12\ 650\ \text{m}^3/\text{h}$$

$$p = 1.1 \times 1\ 961 = 2\ 158\ \text{Pa}$$

将 p 值换算成标准规定状态(温度 $T_a = 20$ ℃、大气压 $p_a = 101\ 325$ Pa)下的风压(p_0)值

$$p_0 = p \frac{p_a}{p'_a} \frac{273+T}{273+T_a} = 2\ 158 \times \frac{101\ 325}{98\ 070} \times \frac{270+70}{273+20} = 2\ 610\ \text{Pa}$$

因此所需风机的工作全风压应为 2 610 Pa、风量 12 650 m³/h。

从产品目录可选用 4-72-11 №5 离心式风机,当叶轮转速为 2 900 rpm 时,序号 6 的工作点参数为 $p_0 = 268\ \text{mm}\ \text{H}_2\text{O} = 2\ 628\ \text{Pa}$,$Q_0 = 12\ 780\ \text{m}^3/\text{h}$。

在产品特性曲线上查到上述工作条件下的工作效率 $\eta = 0.88$,故风机轮轴上的功率应为

$$N_{\text{轴}} = \frac{Qp}{1\ 000\eta} = \frac{12\ 650 \times 2\ 158}{3\ 600 \times 1\ 000 \times 0.88} = 8.62\ \text{kW}$$

在考虑电动机的传动效率 $\eta_{\text{传}}$ 和容量富裕系数 B 的情况下,根据有关手册检索,可取 $\eta_{\text{传}} = 0.98$,$B = 1.15$,故应配的电动机功率

$$N_{\text{电机}} = \frac{BN_{\text{轴}}}{\eta_{\text{传}}} = 10.12\ \text{kW}$$

由电动机产品目录选用 JO₂-52-2(D₂/T₂)型,其功率为 13 kW。

注意:风机目录上对标准规定状态下,工作条件为 p_0 和 Q_0 输出的轴功率 $N_0 = 10.5$ kW,而本例的工作条件为 p,故可按下式将 N_0 转换 $N_{\text{轴}}$,即

$$N_{\text{轴}} = N_0 \frac{p'_a}{p_a} \frac{273+T_a}{273+T} = 10.5 \times \frac{98\ 070}{101\ 325} \times \frac{273+20}{273+70} = 8.68\ \text{kW}$$

与前面计算要求相符。

6.2 容积式流体输送设备

容积式流体输送设备除了有活塞式风机、罗茨式风机外,主要用于液体的输送。而后者在气体运送方面也已被逐渐淘汰。故本节主要叙述输送液体的泵。

6.2.1 活塞泵与柱塞泵

活塞泵的结构示意图见图 6-8,当活塞 2 在曲轴连杆 1 带动下往右移动时,阀门 4 打

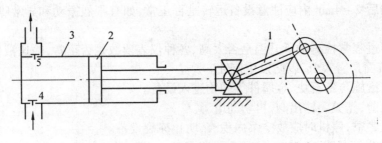

图 6-8 活塞泵结构示意图
1—连杆 2—活塞 3—缸体 4—吸入阀 5—压出阀

开,5 关闭,将流体吸入,活塞向左移动时,阀门 4 关闭,5 打开,缸体内流体被压向工作管道。活塞的一个往复运动,就实施一次流体的吸入和输出。此种泵称单缸单作用泵。这种泵的吸入和输出的液体是断续的,故供液不均匀。

如在缸体活塞的两侧都装上吸入阀和压出阀,则此种泵便称为单缸双作用泵,输送液的流量便可增大一倍,供液的连续性便可改善但不均匀程度仍很大。

三个单作用泵并联,有公共的吸入管和排出管,曲轴连杆的夹角为 120°,则曲轴转一周,三个单作用泵工作一个往复,流体流量就可为一个泵的三倍,供液的连续性和均匀性进一步改善。

活塞泵输出液的压力取决排液管道中的流体压力,因此只要泵零件结构强度、密封性能足够大,电动机功率足够,从理论上讲活塞泵可输出任意压力的流体。活塞泵起动时不能关闭管道中的出液阀,活塞泵的工作性能曲线示于图 6-9。可见流量 Q 与效率 η 在扬程 H 很大范围内都是常数,只是在高压时,由于泄漏增大,Q 与 η 才有所降低。在低压工作时活塞泵效率很低,是由于排出的流量的流体压力太小,较大一部分功率消耗于泵运动件的摩耗了。

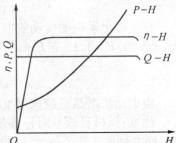

图 6-9 活塞泵工作性能曲线

调节压出阀可调节输出液的压头,让阀开启度变小,排液的压力就高。改变曲轴转速可改变泵的输出流量,曲轴转速大,流量就增加。为防止泵输出液的压力太大,损坏泵,故在泵的排出口处常装安全阀。

在泵的出液口处装压液空气室(图 6-10)可减少输出液流量和压力的脉动程度,当泵活塞输出的瞬时流量大于平均值时,排液管中阻力增加,部分液体便可储在空气室中,同时压缩气体;当泵的瞬时流量变小时,排液管中阻力变小,压气室内部分液体被压缩的气体挤入管道,增加管中流量。

在泵的吸液口处装吸液空气室可减少吸液管中流量的脉动,原理同压液空气室。

活塞泵缸体吸液口至所吸液体的液面垂直高度 h_{BC} 有一定的限制。吸液时活塞表面上液体的压力 p_2 应比所吸液体液面上的大气压力 p_a 小,其压头差值需足够克服吸入高度 h_{BC}(图 6-10)、吸液管内的水力损失、流体流动所需的速度头 $\dfrac{v^2}{2g}$ 和惯性水头(使液体由静止变为具有一定流速 v)的能量总和。活塞表面上液体压力 p_2 还不能小于所吸液体的饱和蒸气压,否则泵会受汽蚀破坏。故设置活塞泵的吸水高度受一定限制。

铸件、焊接的高压容器在进行渗漏水压检验时,高压水源的获得常借助于活塞泵。

可移动的小型空气压缩机和固定的空气压缩机,也常用数量不同缸体组成或单、双作用活塞式气泵制取压缩空气。

柱塞泵的工作原理与活塞泵相似,图 6-11 示出了一种斜盘式轴向柱塞泵的结构,斜盘 2 和配流盘 8 不转动,带有柱塞的缸体与主轴被带动,按箭头所示方向转动,柱塞 4 一端与滑靴 3 受弹簧力和液压力作用紧贴斜盘镜面。当柱塞轴线处于视图 A-A 上的 0°和 180°位置时,柱塞的封闭容腔与两个油槽不相通,当任意一个柱塞由 0°经 90°移到 180°的过程中,柱塞逐渐进入缸体,封闭容积减小,这是泵的排油过程,油经注流槽 12、孔 11 排出。当任意柱塞从 180°经 270°移到 0°过程中,柱塞伸出泵体,封闭容积增大,实

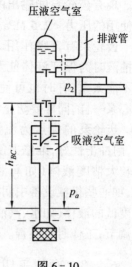

图 6-10

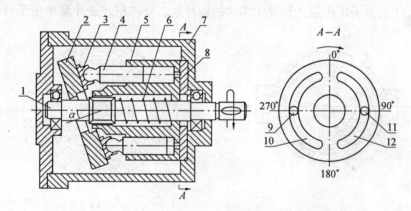

图 6-11 斜盘式轴向柱塞泵结构简图

1—主轴 2—斜盘 3—滑靴 4—柱塞 5—缸体 6—压紧弹簧 7—壳体 8—配流盘 9—吸油孔 10—半圆形油槽 11—排油孔 12—半圆形油槽

现吸油过程,油经孔 9、槽 10 进入封闭容腔。

柱塞泵输送液体的流量大,最大达 400 L/min,可调节压力高达 40 MPa,多用于高压系统,重型机械驱动,如液压机。但其结构复杂,价贵。

6.2.2 齿轮泵

图 6-12 示出了外齿轮泵结构简图,一对相互啮合的齿轮安装在泵壳内,其中一个为主动齿轮,它带动从动齿轮旋转,液体被吸入泵内,分两路沿齿槽与泵壳内壁间空间 K 流至压出口,啮合的齿把高压区 G 与低压区 D 隔开,液体不能倒流,齿顶表面与壳体的间隙也很小,也能阻高压区液体向低压区返流。这样齿轮泵便能连续不断均匀地输送流体,输出流体的压力主要取决于管道阻力和液动机构的载荷以及齿轮泵机件本身能承受的载

荷。现有齿轮泵能输出的流体最大压力达 17.5 MPa,一般使用的压力 <2.5 MPa。

齿轮泵有自吸作用,不用在起动之前先灌流体。但在抽液时为保证液体能及时充满齿间空间,齿顶圆周速度不能太大,有时也可使供液液面比泵轴高。齿轮泵与离心泵一样,同样要防止气蚀的产生。

齿轮泵的优点为流量均匀、尺寸小而轻便,坚固耐用,耐冲击性好,维修方便,价廉。常在需流量少、压力高的较大粘度液体(如润滑油、燃料油、机油等)输送中使用,如一些机械设备中润滑油的输送,液压传动系统中工作油的输送。但它不宜用于输送粘度低的液体(如水、汽油等),也不宜输送含有固体颗粒、杂质的液体,泵的工作流量也不能调节,工作时有噪音。

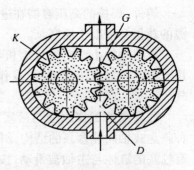

图 6-12 外齿轮泵结构简图

6.2.3 旋片泵(叶片泵)

图 6-13 示出了单作用式和双作用式的旋片泵。单作用式旋片泵中定子与转子偏心

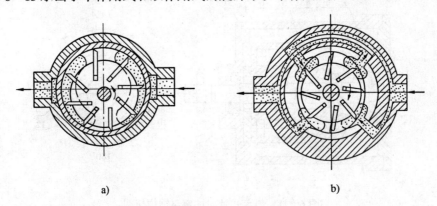

图 6-13 旋片泵
a) 单作用式旋式泵 b) 双作用式旋片泵

装配,转子内径向地装有叶片,转子转动时叶片产生离心力紧压定子内壁,故叶片与定子组成了几个封闭的工作腔。因转子是偏心的,故在转子转动过程中,每个工作腔都经历了扩张和缩小的过程,扩张时,工作腔吸入液体,缩小时工作腔内液体受压,经端盖上的出液口送出泵外。

双作用式旋片泵的定子和转子同心装配,但定子的工作内表面不是圆柱面,而是具有断面与椭圆形相似的柱面,故转子转动时,叶片同样会伸缩,使工作腔扩张或缩小,实现液体的吸入和挤压排液。在泵的端盖上对称地布置着两个吸入口和两个压出口,转子每转一周实施两次液体的吸入和挤出,故称双作用式。

旋片泵构造紧凑简单,工作噪音小,流量均匀,价低,提供液体的最大压力可达 20 MPa。单作用式旋片泵常用于中低压液压传动系统,双作用式旋片泵较多地用于中压液压传动系统。两种型式旋片泵比较,单作用式稍差,由于机件受单向力,易磨损,输出流体压力不高,但它可通过转子偏心量的改变,变换输出流量,而双作用式则不能。单作用式旋片泵可输出液体流量为 25~63 L/min,液体压力为 2.5~6.3 MPa;双作用式旋片泵可输出的液体流量为 4~210 L/min,流体压力为 6.3~20 MPa。

旋片式流体输送设备也可用于气体的输送,有的空气压缩机上就采用旋片式气泵,它能将气体压缩到压力达 0.4~1.0 MPa,流量可达 300~4 000 m³/h。其体积比活塞式气泵小,结构简单,工作稳定,但润滑油耗量大,机壳易摩擦发热,效率低。

6.3 真空泵

金属热态成形工业中常采用真空装置,需要真空条件,如铸造中的真空熔炼炉、真空浇注铸件、真空处理金属液、真空造砂型;电子束焊、扩散焊、某些钎焊等都需要真空条件;在真空环境中进行金属件的退火、淬火、渗碳等。不少金属研究装备如电子显微镜,高温显微镜也需有真空工作空间,所以本节将叙述一些真空泵的工作原理及工作特性。

真空泵可分为机械真空泵、扩散泵和无油真空泵三类,其中无油真空泵的工作原理主要是创造各种条件,使泵中某一特殊材料吸附气体在与泵连通的装置空间中减少气体数量达到高真空的状态(真空度可达 10^{-9} Pa,有的甚至可达 10^{-18} Pa)。这种泵在金属热态成形工业中较少遇到,故在下面将不作专门的叙述。

6.3.1 机械真空泵

一、旋片式真空泵(油封机械真空泵)

图 6-14 示出了单级旋片式真空泵的结构,其工作原理与 6.2.2 所叙述的旋片泵相同。气镇阀的作用是排除进入泵内能破坏泵工作性能的水蒸汽。

旋片式真空泵结构简单,但单级旋片泵所能建立的真空度较小,工作时的摩擦热会使润滑、密封和冷却用的泵油裂化,放出气体,进一步降低泵的极限真空度,所以常用的旋片式真空泵都是双级的(图 6-15),所建真空度可达 10^{-2} Pa,常使用于低真空的建立和作高真空度真空泵的前置真空泵使用。但旋片真空泵不宜于抽含氧量高、易爆、有腐蚀性、对泵油起反应和含颗粒的气体。

在工业中还可遇到有多个叶片的高速旋片式真空泵。

使用旋片泵时应注意泵内真空油数量是否合适,泵油有否变质、污染,泵的机件工作是否正常,泵的工作温度是否过高,冷却水接通是否合适。泵与被抽系统连接用管道应尽可能短而粗,排出气体应

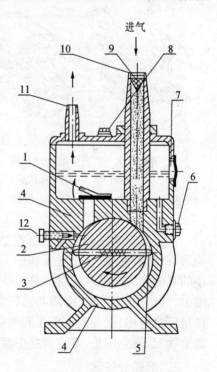

图 6-14 单级旋片式真空泵结构
1—排气阀 2—转子 3—弹簧 4—定子 5—叶片 6—放油塞 7—观察窗 8—加油塞 9—滤网 10—进气管 11—出气管 12—气镇阀

直接引到室外。环境温度较低起动困难时,可将抽气口通大气,用手或电断续转动电动机,使泵腔内存油排入油箱,即可启动。也可将泵温升高后启动泵。要防止坚硬物进入泵内,存放泵时应将抽、排气口堵死,防止污物进入。工作结束时,应先关高真空阀,后关低真空阀,再停旋片泵,然后放气,切断总电源,关闭冷却水。

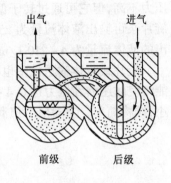

图 6-15 双级旋片式真空泵

二、罗茨真空泵

图 6-16 示出了罗茨真空泵的两种结构简图,图 6-17 所示为此种泵的工作原理。罗茨泵靠一对高速转动(1 000 ~ 3 000 rpm)的转子抽真空,转子处于图 6-17a)位置时,把进气口与排气口隔开,转子继续转动,把封闭空间 V_0 与排气口连通,并把气体排出泵外(图 6-17b)),接着又形成新的封闭空间 V_0,进行又一次的排气。如此交差重复地形成 v_0,排走其中气体,实现真空泵的工作目的。

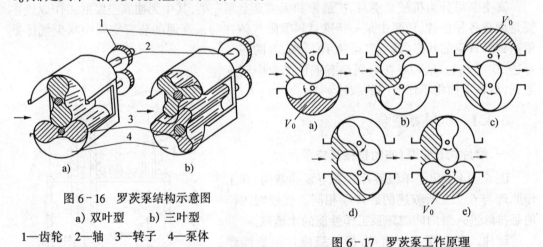

图 6-16 罗茨泵结构示意图
　　a) 双叶型　b) 三叶型
1—齿轮　2—轴　3—转子　4—泵体

图 6-17 罗茨泵工作原理

罗茨真空泵所能建立的真空达 10^{-2} ~ 10^{-4} Pa,抽气速率为 15 ~ 40 000 L/s。它不需油润滑,结构紧凑,转子之间和转子泵壁间无接触摩擦,故转子转速可很高,从而使体积较小的泵能有大的抽气速度。泵工作时振动也小,不怕进入可凝性蒸汽,启动快,功耗小,易维护。但它在工作时,必需与前级真空泵串联,被抽气体通过前级泵排入大气。它最适宜作增压泵使用,接在高真空泵和前级泵之间构成高抽速、大排气量的真空机组。在金属液真空除气、真空熔炼、真空焊接中都有应用。

三、涡轮分子泵

涡轮分子泵是靠高速转动的叶片多次碰撞气体分子,并把气体分子驱向排气口,由前级泵排除,使被抽容器获得超高真空的机械真空泵,其结构简图示于图 6-18。在转子的圆周上和定子的内圆壁上都装有动涡轮叶片与定涡轮叶片,转子叶片间形成的空槽与定子叶片间的空槽方向相反(图 6-18b))。每层动叶片都处于两层定叶片之间,当转子高速转动时,其转速达每分钟几万转,被抽空间中的气体分落到动叶片上,获得与动叶片同转

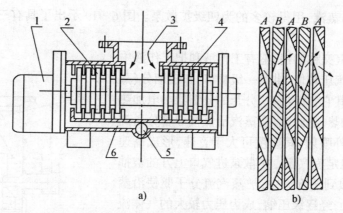

图 6-18 涡轮分子泵结构简图
a)转子和定子展示图　b)叶片排列特点和气体分子的流动（A-定叶片，B-动叶片）
1—传动装置　2—转子叶片（动叶片）　3—进气口　4—定子叶片（定叶片）　5—排气口　6—排气通道

向、同速度的动量，通过定叶片间的空槽进入下一层高速旋转动叶片中，又获得动量往低真空方向的叶片层流动，最后到达排气口，被前级真空泵抽走。

涡轮分子泵可建真空达 10^{-9} Pa，抽气速率可为几十至 5 000 L/s。启动快，运转时振动和噪音小，可避免被抽系统的油污染，工作时如向泵内突然冲入大气，泵的结构和工作性能不会被破坏。故在精密仪器如质谱仪、能谱仪、电子显微镜等方面用得较广泛，在金属真空熔炼时也有时采用涡轮真空泵。可与更高级真空泵联用获得极低压力、更清洁的真空环境。但其价格较高，使用时必需小心谨慎。

为达到极限真空，使用前必须对泵和真空室（包括测量规管）进行烘烤 10 小时以上，烘烤温度不超过 150 ℃。启动泵之前，须接通冷却水或冷却风扇。在泵停止工作时，需将排气口处的阀关闭，向泵内通入干燥氮气，一般在泵的转速降到额定转速的一半时，就应开始通入氮气，防止前级泵的油蒸汽返到高真空。泵运转一定时期后，需更换润滑油，轴承不能轻易拆洗。

6.3.2 扩散泵

扩散泵是一种利用蒸汽流体作为抽气介质来获得真空的装置，被抽气体分子扩散到蒸汽流中，并通过逐级压缩被驱赶到泵的出口端，被前级泵抽走。其工作压力范围为 1~10^{-8} Pa，抽气速度范围为几十至几十万 L/s。对各种气体都可高速地抽走，在抽氢气和氦气时更为有利。其结构简单，使用方便，工作寿命长。因此扩散泵是一种在金属热态成形工业中广泛应用的获得高真空和超高真空的设备，如真空焊接、真空热处理、真空熔炼等设备和真空仪器上都常可遇到扩散泵。有时它也作为无油真空泵的前级泵，以获得压力达 10^{-10} Pa 的真空空间。

扩散泵的蒸汽流体常为汞或泵油（如 1#、2#、3# 油，274、275、276 号硅油和聚苯醚等）。小型泵（抽气速度每秒几百升）的主体用玻璃制成；大型泵的主体用金属制成。常用几级喷嘴喷出蒸汽,用得较多的为四级扩散泵。图 6-19 示出了具有三级喷嘴的油扩散泵的结构简图。

泵的底部(又称油锅)盛有工作液和把工作液中的重馏分(蒸汽压较低,供第一级喷口)和轻馏分(蒸汽压较高,供其它各级喷口)分开的分馏器。电加热器把工作液加热,沸腾汽化,蒸汽沿蒸汽导管分送到各级喷嘴,向外喷射,其速度可大于音速,形成高速定向密集的稳定蒸汽流。扩散泵进气口上方的被抽气体分子扩散到蒸汽流中,被蒸汽流分子驱使沿蒸汽流方向运动,经逐级压缩,成为压力较大的气体流向泵出口处,被前级真空泵抽走。从喷嘴喷出的工作液蒸汽在与水冷泵壁接触时被冷凝成液态,回流至泵底;再重新被加热成蒸气。挡油帽可防止蒸气进入被抽真空,挡油板可防止油被前置真空泵抽走。

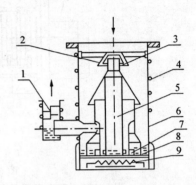

图 6-19 油扩散泵结构简图
1—前置挡油板 2—挡油帽 3—喷嘴
4—冷却水管 5—蒸汽流导管 6—泵体
7—分馏槽 8—泵工作液 9—加热器

扩散泵出口处的压力不能大于扩散泵正常工作时所允许的"反压力",扩散泵的允许最大反压力为 26 Pa(对老式泵言)至 80 Pa(对现代泵言),最大的可达 106 Pa。

扩散泵工作时,须先通适量的冷却水,然后加热油锅;工作结束后,应先切断电热器电源,再闭冷却水。真空空间的管道应注意加热除气,真空管道应尽可能短而粗,减少阻力和泄漏的可能性。对扩散泵应注意清洁,除去泵内各处的油脂杂质,可先用绸布擦,再用汽油洗,去离子水冲洗,无水酒精脱水,最后烘箱烘干。如只有少量油垢,则可用丙酮、三氯乙烯、汽油等有机溶剂擦洗,再用热风吹干。若为玻璃泵,则可将泵浸泡在重铬酸钾洗液中二十四小时,然后用水冲洗,无水酒精脱水,烘干。

扩散泵按装前,需将其抽真空,检查漏气情况。安装时,应防止再污染。按规定加泵油,不能太多或太少,应注意使用过程中泵油的更换要求。

泵工作时冷却水流量应适中,水温应适当地低。水流量太低,会使泵壁温度升高,泵工作液蒸汽不能完全、迅速地凝结,部分回流的工作液在泵壁上就重新蒸发,返流至高真空空间并污染被抽系统。水量太大,会使蒸汽流过早冷凝,得不到稳定的蒸汽流以阻挡被抽气体分子返流,溶入蒸气流的气体分子也来不及析出,会降低真空泵的工作极限真空。

扩散泵的电热器功率也应适中,如功率太小,不能获得足够的蒸气流密度和速度,泵的抽速将下降,被抽气体的返流会加强,泵出口处的最大反压力会降低;如功率太大,工作液泵油的分解会加剧,蒸气流边缘形成紊流,使极限压力提高,抽速下降,返流到高真空端的油量增大。但可使泵出口处的最大反压力上升。所以使用扩散泵时应注意最佳加热功率的选择。

习 题

6.1 在工业中驱使流体流动的设备有哪几类?

6.2 请根据亲身经历,列举一些金属热态成形生产现场使用离心式泵(风机)的实例。

6.3 使用离心式泵时应注意些什么?为何在离心式泵启动前,泵内需灌满水,而活塞泵和齿轮泵则无此要求?

6.4 为何泵的安装高度都有一定的限制?

6.5 何谓前置真空泵?为何要用前置真空泵?对前置真空泵和主真空泵的工作性能要求有何不同?

第二篇 热量传输

按热力学第二定律,凡是有温度差的地方就一定有热量的转移,即热量传输的过程。金属热态成形产业中,自然常可遇到热量传输的问题,而且其中许多都是与生产过程有密切关系的,如金属熔炼过程中的传热,金属液保温时的防止散热,金属液在铸型中凝固时的散热和铸型的升温,影响金属件热处理后性能的金属件加热和冷却的速度,加热炉的保温,金属件热态成形后冷却速度的控制等,它们都与热量传输过程的控制有紧密的联系,因此金属热态成形工作者必需具有有关热量传输的基础知识。

本篇将结合金属热态成形产业中可能遇到的热量传输问题传授有关热量传输方式,热量传输速度的理论和计算的方法,热量传输中物体内部温度场变化规律,影响热量传输过程的各种因素等知识。至于不同的热量传输过程可能引起的对金属热态成形过程的影响、对金属热态成形用设备、仪器、模具装备等的影响将由其它有关课程传授。

金属热态成形时常会同时出现热量传输、动量传输和质量传输的现象,而且这三种现象相互影响。如离心铸造时,既有金属液中热量在自身内和向铸型传输的情况,又有铸型壁外部流动空气对铸型的冷却,还有金属液内部的组分转移。所以学习时应注意三种传输现象知识的综合运用。

第七章 热量传输基本概念

7.1 热量传输基本方式

热量传输有三种基本方式,即传导、对流和辐射。在工程实际中所遇到的热量传输现象,常常是由这几种基本热量传输方式组合的。

一、传导

热量依靠物体中微观粒子(分子、原子或自由电子)的热运动从物体中温度较高的部位向温度较低的部位传输或者从温度较高的物体传输到与之接触的温度较低的物体的过程称为传导传热。例如冲天炉工作时,炉衬温度高于外部炉壳温度,这样热量就由炉衬向炉壳传输。

在固体、液体以及气体中都可以进行热传导。如金属中有相当多的自由电子可在晶格间运动,故金属是良好的导热体。

一般来说,固体和静止的液体中发生的热量传输方式为传导,而流动的液体、流动和静止的气体中的热传导方式较弱,大多数情况下,主要的传热方式是对流和辐射。

二、对流

流体内各部分之间发生相对位移或当流体流过一固态物体表面时,而引起的热量传输称为对流。砂型在浇注后,其中气体受热膨胀逸出砂型时带走热量的过程就是一种对流传热现象。对流与传导的区别在于,对流所指的流体各部分间的相对位移,是指流体微团之间的宏观相对运动,而流体的热传导是通过流体分子杂乱无章的热运动而实现的,因而对流现象只能发生在流体内部,但在流体中发生对流时,总伴有导热现象。

根据引起流体流动的原因不同,对流分为自然对流和强制对流。由于流体的密度随温度改变所引起的流体流动称自然对流,如热力设备表面附近空气受热向上流动、金属液温度降低时焊接熔池中由于温度分布不均匀引起质点密度差而产生的金属液流动等,都属于自然对流。由于外力作用产生的流体流动称为强制对流,如冷却器内的冷却水的流动属于强制对流。

流体流过固体表面时所发生的热交换过程称为对流换热。实际上是对流与导热两种基本方式同时出现的热量传输过程。例如流体流过平板时,在贴近板面处总有很薄的一层作层流流动。在薄层内,沿着垂直于板面的方向上,主要是依靠传导传输热量,而在层流薄层之外的区域,热量的传输方式为对流。

三、辐射

物体通过电磁波来传输热量的方式称为辐射传热。物体会由本身热的原因而发出辐射热。辐射传热与传导传热和对流换热完全不同,它传输热量时不需要物体的相互接触,也不需要介质,而是一种非接触传输能量的方式,即使在真空中,热辐射也同样可以进行。热辐射的另一个特点是辐射不仅产生能量的转移,而且在能量传输过程中可伴随有能量形式的变化。另外,物体在发射辐射能时,也可不断地吸收其它物质发射的辐射能,因此两个物体间通过辐射传输能量时,其中一物体上能量的变化实际上是顺向与逆向辐射能传输量之差,如果两物体温度相同,则彼此辐射与吸收的辐射能相等,处于一种动态平衡状态。

工程实践中可经常遇到物体之间的相互辐射,如在电炉中加热金属件,当空间两个物体(电热元件和金属件)处于某一相对位置时,两物体表面具有不同的温度 T_1 和 T_2,它们之间依靠辐射进行热量传输,最终必然会引起热量从温度较高的物体向温度较低的物体转移。

物体的辐射能力同温度有关,而同一温度下不同物体的辐射与吸收能力也不一样。通常情况下,热量传输过程出现的往往不是某种单一的基本传热方式,而是几种基本传热方式的不同组合。参与传热物体的温度、物体的形态(气、液、固)及物体间的相互联系(接触或非接触、相隔距离)等在一定程度上决定传热方式,但不论何种组合的传热方式,温度差的存在是产生传热过程的先决条件。

上述三种基本传热方式,各自遵循不同的规律,在以后各章中,将分别详细讨论热传导、对流换热以及辐射换热的规律。

7.2 温度场、等温面和温度梯度

7.2.1 温度场

传热体系内,温度 T 在空间和时间 t 上的分布情况,称为该体系的温度场。若温度在空间的 x 轴、y 轴和 z 轴三个方向上都有变化,则可得三维温度场的数学表达式为

$$T = f(x, y, z, t) \tag{7-1}$$

三维温度场中的传热过程称为三维传热。

若温度只在两个轴(如 x 轴和 y 轴)方向上或只在一个轴(如 x 轴)方向上有变化,则可得二维温度场或一维温度场,其表达式分别为

$$T = f(x, y, t) \tag{7-2}$$

和
$$T = f(x, t) \tag{7-3}$$

相应的传热过程称为二维或一维传热。

式(7-1)、(7-2)和(7-3)所表示的温度场都随时间而变化,这种温度场称为不稳定温度场,相应的传热过程称为不稳定传热。图 7-1 示出了铝铸件厚度方向上随时间而变化的温度曲线,这是一种不稳定一维传热的实例。

不随时间变化的温度场称为稳定温度场,相应地其数学表达式可由式(7-1)、(7-2)和(7-3)改变得到,即

$$T = f(x, y, z) \tag{7-4}$$
$$T = f(x, y) \tag{7-5}$$
$$T = f(x) \tag{7-6}$$

如化铁用冲天炉,在正常工作时,炉内温度分布可近似地看作稳定温度场,此时由炉衬内壁至炉壳表面之间的传热为稳定传热。

7.2.2 等温面(线)

在同一时刻,温度场中由温度相同的各点所组成的面(或线)称为等温面(或等温线),它可以是平面(或直线),也可以是曲面(或曲线)。

图 7-2 是 T 型铸件浇注后 10.7 min 时断面上的等温线。如垂直图面将各等温线平移,则可得该铸件体内的等温面。绘制物体内的等温面(等温线),可以直观地了解物体内温度分布情况。在铸造生产上,利用等温面(线)随时间的变化可以判断铸件凝固顺序,预测铸件缩孔、收缩缺陷的产生位置。

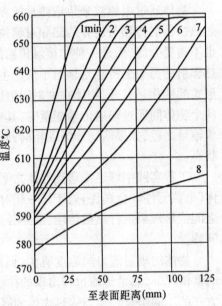

图 7-1 不稳定一维传热的铝铸件内温度曲线的变化

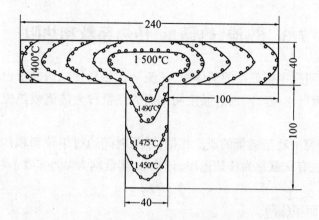

图 7-2 T形铸件浇注后 10.7 min 时断面的等温线

在同一等温面(线)上,各处的温度是相同的,所以在同一等温面(线)上没有热量传输,热量只能由温度高的等温面(线)向温度低的等温面(线)传输,而且热量的传输方向只能沿着等温面的法线方向。

7.2.3 温度梯度

在温度场中,单位长度上最大的温度变化率是在等温面的法线方向 n 上,因此把温度场中任意一点的温度沿等温面(线)法线 n 方向的增加率称为该点的温度梯度 $\mathrm{grad}\,T$,温度梯度是热量传输的推动力,其表达式如下

$$\mathrm{grad}\,T = \lim \frac{\Delta T}{\Delta n} = \boldsymbol{n}\frac{\partial T}{\partial n} \qquad (7-7)$$

式中 n ——单位法向矢量;

$\dfrac{\partial T}{\partial n}$ ——温度在 n 方向上的偏导数。

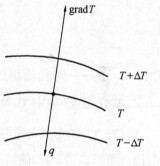

温度梯度是矢量,通常把温度增加的方向作为温度梯度矢量的正方向。如图 7-3 所示,热量传输方向为指向温度降低的方向,二者方向正好相反。

在温度场中,温度梯度也是空间坐标 x、y、z 和时间 t 的函数。对于稳定温度场,其温度梯度仅是空间坐标的函数,表达式为

图 7-3 热量传输方向和温度梯度方向

$$\mathrm{grad}\,T = \boldsymbol{i}\frac{\partial T}{\partial x} + \boldsymbol{j}\frac{\partial T}{\partial y} + \boldsymbol{k}\frac{\partial T}{\partial z} \qquad (7-8)$$

式中 $\boldsymbol{i}$、$\boldsymbol{j}$ 和 $\boldsymbol{k}$ ——x、y 和 z 轴方向单位矢量。

对于温度只在 x 轴方向上有变化的一维稳定温度场,温度梯度为

$$\mathrm{grad}\,T = \frac{\mathrm{d}T}{\mathrm{d}x} \qquad (7-9)$$

7.3 热流、热通量、传热系数和热阻

如同动量传输研究中把流动的流体视为"流",在热量传输研究中也可把正在传输过程中的热量视为"流",单位时间通过某空间截面的热量称为热流或热流量,记作 Q,其量纲为 W 或 J/s。

与动量传输研究中动量通量的概念相似,单位时间通过单位面积传输的热量称为热通量或热流密度,也有文献称为传热速率,记作 q,其量纲为 W/m^2 或 $J/(m^2 \cdot s)$。所以

$$Q = Fq \tag{7-10}$$

式中 F——传热面积(m^2)。

在稳定传热时,不论传热的方式是那一种,传热速率,即热通量总是与物体高温处和低温处的温度差 ΔT 成正比,所以传热方程式的形式为

$$\left. \begin{array}{l} q = K\Delta T \\ Q = KF\Delta T \end{array} \right\} \tag{7-11}$$

或

式中 K——传热系数,$(W/m^2 \cdot K)$

上式还可写成

$$\left. \begin{array}{l} q = \dfrac{\Delta T}{\dfrac{1}{K}} = \dfrac{\Delta T}{r_T} \\ Q = \dfrac{\Delta T}{\dfrac{1}{KF}} = \dfrac{\Delta T}{R_T} \end{array} \right\} \tag{7-12}$$

式中 r_T、R_T——单位面积热阻和总热阻,$r_T = \dfrac{1}{K}$,$R_T = \dfrac{1}{KF}$,其量纲分别为:$m^2 K/W$ 和 K/W 或 $m^2 ℃/W$ 和 $℃/W$。

式(7-12)的形式与电学中欧姆定律 $I = \dfrac{U}{R}$(I-电流,U-电压,R-电阻)的形式相同,因此可对式(7-12)的物理意义作如下述说:"传热中热流(或热通量)与温压(ΔT)成正比,与单位面积热阻或总热组成反比"。如同电压是导电过程的推动力那样,温压是传热过程的推动力。但电阻与电压无关,而热阻(或传热系数)则与传热方式、传热系统的温度或温压等因素有关。求解稳定传热问题的核心也正是确定具体传热条件下的传热系数或热阻,这在以后几章中要详细叙述。

习 题

7.1 试举生活和生产实践中的传热现象实例来说明导热、对流和热辐射三种基本传热方式。

7.2 如图 7-4 所示,封闭夹层中充满流体。顶与底的温度分别为 T_1 与 T_2,试问图

中 a)与 b)的换热情况有无区别?

7.3 一高温工件放在车间地面上。试指出工件与哪些方面发生何种换热?

7.4 何谓温度场、等温面(线)及温度梯度?举例说明等温面(线)的应用。

7.5 试说明热流、热通量、传热系数和热阻的定义及单位。

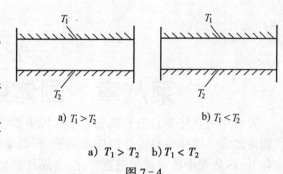

a) $T_1 > T_2$　b) $T_1 < T_2$

图 7-4

第八章 固体中的热传导

固体中的热传导是金属热态成形过程中要涉及到的传热问题的一个重要方面。可以找到许多有关固体中热传导的应用例子,例如凝固过程中铸型和铸件(或铸锭)的温度场变化、加热装置中各部件的温度变化、金属件热处理时的加热和冷却速度的控制、焊缝的凝固散热条件等。研究固体内的热传导过程,主要是在给定的边界条件下,对导热微分方程求解得到固体中的温度场,并求得热流密度或热量通量。当涉及到二维或三维热传导问题时,除了一些几何形状很简单的物体外,一般难以得到精确的解析解,但有的可借助计算机对物体中温度场进行数值求解。

本章将结合一些典型热传导问题,讨论固体中稳定和不稳定热传导的基本规律。

8.1 傅立叶热传导定律及导热系数

8.1.1 傅立叶热传导定律

1822 年,法国傅立叶(J.B.Fourier)在总结实验基础上,用一个简单的数学式子,把物体内部温度变化率和热流量联系了起来:

$$Q = -\lambda F \frac{\partial T}{\partial x} \tag{8-1}$$

或
$$q = -\lambda \frac{\partial T}{\partial x}$$

式中 λ——固体的导热系数,(W/(m·K));

$\frac{\partial T}{\partial x}$——$x$ 方向上的温度梯度。

式中负号表示热量传输方向与温度梯度方向相反,即热量向温度低处传输。

式(8-1)又称为热传导基本定律。傅立叶定律的物理意义为:热传导时,单位时间内通过给定面积的热量,正比于垂直于导热方向的截面积及其温度变化率。

傅立叶定律中的热量、温度的变化都是有方向的物理量,因此傅立叶定律必须采用向量的形式才能更完整地表达。用向量表示的傅立叶定律的数学式为

$$Q = -\lambda F \mathrm{Grad}\, T = -\lambda F \boldsymbol{n} \frac{\partial T}{\partial n}$$

或
$$q = -\lambda \boldsymbol{n} \frac{\partial T}{\partial n} \tag{8-1a}$$

式中 $\boldsymbol{n}$——单位矢量。

傅立叶定律是热传导理论的基础,该定律同样适用于非稳定导热过程。

8.1.2 导热系数与热扩散系数

一、导热系数

由傅立叶定律可以得到导热系数的表达式

$$\lambda = -\frac{q}{\frac{\partial T}{\partial x}} \qquad (8-2)$$

导热系数的数值等于单位温度梯度作用下物体内所产生的热流密度,表示了物体导热能力的大小。

物体的导热系数主要取决于物体的种类和温度,对于松散材料,其值也与压力、密度有关。具有最大导热系数的是纯金属,气体和蒸气的导热系数最小,非晶体绝热材料和无机液体的导热系数值介于它们之间。

各种物体的导热系数都采用实验测定。

1. 固体的导热系数

固体中的热传导主要按下面四种机理进行:

(1) 声子传播热量,物体晶格结点上的原子振动时发出的晶格波称为声子,是一种声波频率的能量子,以辐射形式传播;(2) 自由电子(或价电子)传播热量;(3) 光子传播热量,以光形式辐射的热量进入透明或半透明物质,在固体中传播;(4) 原子迁移传播热量。绝缘体如非导电晶体材料完全靠声子导热,导体和半导体由声子和自由电子导热。声子导热系数随温度升高而变小,而电子导热系数则随温度升高而变大。一般金属导热系数随温度升高而变小,但也有例外。金属中以银的导热系数最大,纯金属总比含有其它元素的合金的导热系数大。由于导电性能好的金属中自由电子多,因此导电性好的金属导热性也好。图8-1给出了一些金属的导热系数与温度的关系曲线。

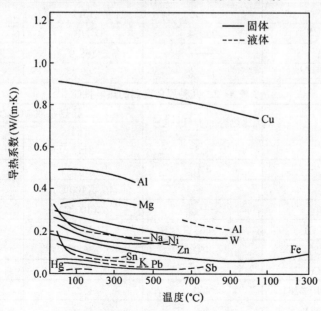

图8-1 纯固态和纯金属液的导热系数

合金的导热系数低于纯金属的导热系数,由于合金具有不同的结构特点,所以不同合金的导热系数相差较大。表8-1列出了非铁纯金属和合金的热学性能。表8-2所列的是几种黑色金属的热学性能。

表8-1 几种非铁纯金属和合金的热学性能

金属或合金	比热容 c(J/(kg·K))	导热系数 λ(W/(m·K))	
	温度为 0~100 ℃	温度为 20~100 ℃	更高温度
Al	900.1	238.6	205.2(550℃)
AlSi5	962.96	163.3	—
AlSi12	962.96	155	—
AlSi5 CuMg	—	138.2	—
AlCu4	962.96	192.6	—
Fe	452.2	73.7	29.7(800℃)
Au	125.6	295.6	—
Mg	1025.8	159.1	130.7(456℃)
MgAl8Zn	—	92.1	—
Cu	385.2	393.6	353.8(600℃)
CuZn37 Pb2.5	—	108.9	—
Ni	452.2	91.7	57.8(350℃)
NiCu29 Si1.45Mn0.85 Fe0.3（莫涅耳合金）	527.5	23.9	—
NiCr15Fe5(因科镍)	452.2	15.1	—
Sn	226.1	64.9	57.8(200℃)
Ag	234.5	418.68	364.3(500℃)
Ti	527.5	15.1	—
Zn	389.4	113	94.2(400℃)
ZnAl4Cu1	—	108.9	—
Pb	129.8	34.8	29.7

表8-2 几种黑色金属的热学性能

金属	比热容 c(J/(kg·K))	导热系数 λ(W/(m·K))	
		常温	高温
纯铁	455	81.1	39.4(600℃)
灰铸铁	470	39.2	20.8(600℃)
铜铸铁	—	46.6(100℃)	42(400℃)
铬镍铸铁	—	42(100℃)	37.7(400℃)
碳钢(0.5%C)	465	49.8	34(600℃)
铬钢(5%Cr)	460	36.1	28(600℃)
铬钢(26%Cr)	460	22.6	35.1(600℃)
铬镍钢(19%Cr10%Ni)	460	15.2	26.3
镍钢(35%Ni)	460	13.8	23.1(400℃)
锰钢(12%Mn)	487	13.6	18.3(300℃)

常用的建筑材料和绝热材料的导热系数约为 0.023~2.9 W/(m·K)。一般把常温下 $\lambda<0.23$W/(m·K)的材料称为绝热材料(或称保温材料或隔热材料),如石棉、矿渣棉、石、陶瓷纤维等。湿度对建筑材料及绝热材料的导热系数影响非常大,当材料中原来由空气所占据的空隙部分地被水占去后,一方面使材料体系导热系数增大,另一方面随着热量的传递,发生水分迁移(质传递),使导热系数进一步增大。因此作为绝热使用的材料要保持干燥,如露天的管道或设备在敷设绝热材料时,应采取措施防止水渗入绝热材料,以免降低其绝热性能。

有些材料如木材、石墨等各向结构不同,因而在各个方向上导热系数是不同的。

铸造用造型材料的导热系数与温度、密度(即紧实度)及组成有关。图 8-2 是原砂(硅砂)和型砂导热系数与温度及密度的关系,在常温下干型砂和湿型砂的导热系数分别约为 0.326 W/(m·K)和 1.13 W/(m·K),可见湿度对造型材料的导热系数影响也很大。造砂型用原砂中,锆砂导热系数最高,橄榄石砂导热系数最低,硅砂导热系数居中。砂粒越大,导热系数增大。型砂中的膨润土含量也可稍许提高其导热系数。因此铸造生产中可通过控制型砂的湿度、紧实度和组成,调整砂型的冷却能力,达到使铸件以理想的速度凝固的目的。表 8-3 是列出了金属热态成形时常用的保温耐火材料和工艺材料的导热系数。

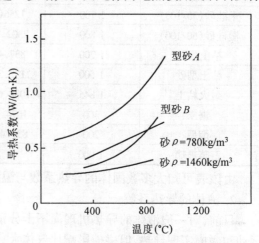

图 8-2 造型材料导热系数与温度及密度的关系

表 8-3 金属热态成形常用保温、耐火材料和工艺材料的热学性能(T——温度℃)

材料	密度 ρ(kg/m³)	比热容 C_p(J/(kg·K))	导热系数 λ(W/(m·K))
高铝砖	2500	—	$1.52 - 0.19 \times 10^{-3} T$
镁 砖	2800	—	$4.65 - 1.75 \times 10^{-3} T$
碳化硅砖	2100	—	$20.9 - 1.05 \times 10^{-3} T$
碳砖	1500	—	$3.14 + 2.09 \times 10^{-3} T$
硅藻土(熟料)	600	—	$0.083 + 0.21 \times 10^{-3} T$
膨胀蛭石	250	—	$0.072 + 0.26 \times 10^{-3} T$
水泥蛭石制品	420~450	—	$0.130 + 0.198 \times 10^{-3} T$
膨胀珍珠岩	55	—	$0.042 + 0.14 \times 10^{-3} T$
水泥珍珠岩制品	300~400	—	$0.065 + 0.105 \times 10^{-3} T$
矿渣棉	150	—	$0.041 + 0.19 \times 10^{-3} T$

续表 8-3

材料	密度 ρ(kg/m³)	比热容 C_p(J/(kg·K))	导热系数 λ(W/(m·K))
人造石墨	1 560	1356.5	112.8
镁砂	3 100	1088.6(T=1 000℃)	3.5(T=1 000℃)
铁屑	3 000	1046.7(T=20℃)	2.44(T=20℃)
干硅砂(50/100)	1 700	1256(T=900℃)	0.58(T=900℃)
湿硅砂(50/100)	1 800	2302.7(T=20℃)	1.28(T=20℃)
粘土型砂	1 700	837.4(T=20℃)	0.84(T=20℃)
粘土型砂	1 500	1172.3(T=900℃)	1.63(T=900℃)
耐火粘土	1 845	1088.6(T=500℃)	1.05(T=500℃)
锯末	300	1674.7(T=20℃)	0.174(T=20℃)
烟黑	200	837.4(T=500℃)	0.035(T=500℃)
石英玻璃	1 900	—	0.6(T=600℃),10(T=1 000℃)

由该表可知大多数固体的导热系数与温度呈线性关系。

2. 液体的导热系数

目前,对一般液体的导热机理尚不十分清楚,有的认为定性上与气体相似,由分子热运动和碰撞实现导热,但碰撞影响比气体大;有的认为是由原子、分子在平衡位置附近的振动实现导热。如液体由晶体状固体转化而得,由于没有声子和自由电子导热,其导热系数会显著低于其晶体状固体的导热系数。而在金属液和电解液中存在原子的运动和自由电子的漂移,并且在熔点附近金属液中还存在近程有序结构的声子导热,这些使得金属液和电解液的导热系数比非金属液体的导热系数大 10~1 000 倍。但金属液体的导热系数与其固体相比也小很多。

大多数纯金属液的导热系数随温度升高而降低,但是水银、镉及其共晶合金、铅、锡-铅、锡-锌和铜-锑等合金液的导热系数随温度升高而增加。一般,液体的导热系数与压力无关。表 8-4 提供了一些液体的导热系数值。

表 8-4 一些液体的导热系数(W/(m·K))

液体名称	导热系数 λ(W/(m·K))	液体名称	导热系数 λ(W/(m·K))
水	0.473(T=15.5) 0.546(T=38.7℃)	熔渣 铝液	3.45(T=1 593℃) 83.7
轻油	0.116(T=15.5℃) 0.119(T=38.7℃)	锡液	33.5
苯	0.125(T=80.5℃)	铅液	21.0
氟盐	4.758(T=482.5℃)	锌液	58.6

3. 气体的导热系数

气体的导热依靠分子的热运动和碰撞,可以根据气体分子运动理论,对单原子理想气体的导热系数表达式进行推导,得

$$\lambda = \frac{C_v \bar{v} a}{3} = \frac{C_v \rho \bar{v} a}{3} = \eta c_v \tag{8-3}$$

式中 C_v——单位体积热,$C_v = c_v\rho$;
$\bar{v}$——分子运动平均速度;
a——分子的自由平均行程;
ρ——气体密度;
c_v——恒容热容(J/(kg·K));
η——气体动力粘度(Pa·s),根据气体分子可推导得到 $\eta = \frac{1}{3}\rho\bar{v}a$。

对于多原子理想气体,欧肯(Encken)给出了正常压力下导热系数表达式

$$\lambda = (c_p + \frac{1.25R}{M})\eta \tag{8-4}$$

式中 c_p——气体的恒压比热;
M——气体的分子量;
R——气体常数;
η——气体动力粘度。

由上式可见,气体的导热系数与压力无关,所以在很宽的压力范围内,大多数气体的导热系数是温度的单值函数。实验表明,气体导热系数与温度的关系为

$$\lambda = \lambda_0\left(\frac{T}{T_0}\right)^n \tag{8-5}$$

式中 λ_0 为 0℃,$T_0 = 273$ K 时的导热系数;T 为气体绝对温度;n 为实验常数,对于 N_2 和 Ar,$n = 0.8$;对于 H_2、CO_2、O_2、空气和水蒸气,n 相应为:0.78、1.23、0.87、0.82 和 1.48。

表 8-5 给出了一些单纯气体的导热系数值。

表 8-5 几种气体的导热系数,(W/m·K)

温度	烟气	空气	水蒸气	氢气	氮气	氩气
0℃	0.0228	0.0244	0.0206	0.170	0.141	0.0163
200℃	0.0401	0.0393	0.0319	0.261	0.195	0.0211
500℃	0.0656	0.0574	0.0571	0.374	0.266	0.0258

对于混和气体,其导热系数需由实验测定,近似估算时可用下式

$$\lambda_{\text{mix}} = \sum_i x_i\lambda_i M_i / \sum_i x_i M_i \tag{8-6}$$

式中 x_i 为 i 组分气体的摩尔分数浓度;M_i 为 i 组分的分子量,λ_i 为 i 组分气体的导热系数。

4. 多孔材料的导热系数

一般情况下,松散填料或填料层的导热系数是孔隙内气体的导热系数、固体的导热系数、填料层的孔隙率和温度的函数。当温度较高(如 $T > 200$℃),颗粒间的辐射传热对填料层的导热系数也有影响。因此,实际测量得到的多孔材料的导热系数是上述各导热作用的综合结果,称为表观导热系数(温度较低情况下)或有效导热系数(温度较高情况下)。有效导热系数表达式如下

$$\lambda = \lambda_b + \lambda_r \tag{8-7}$$

式中 λ_b——温度低于 200 ℃时多孔材料的表观导热系数;

λ_r——温度高于 200 ℃时颗粒间的辐射导热系数, $\lambda_r = \dfrac{1-n}{1/\lambda_s + 1/\lambda_r} + n\lambda_r^0$;

λ_s——固体材料本身的导热系数;

n——孔隙率;

$\lambda_r^0 = 64.1\varepsilon D T^3 \times 10^{-8}$, ε 为固体材料黑度; D 为颗粒平均直径, T 的量纲为 K, 一般孔隙小时 λ_r 也不大。

多孔材料的导热系数较小,在金属热态成形产业中常用它作保温绝热材料。

二、砂型导热系数的测量

砂型的热学性能对铸件成形过程具有决定性的影响,所以测定砂型导热系数是铸造工作者关心的事。一般利用已知条件根据导热微分方程求出砂型中温度分布,如设定砂型中按抛物线、正弦曲线或误差函数分布等,再利用傅立叶定律求得热通量或热流量与导热系数的关系式,此式中的一些参数用实验法测得,从而求出砂型的导热系数。

较多采用的实验方法为非稳态方法,利用所测砂型材料制作具有平板形型腔的砂型,为创造一维传热条件,使型腔的长和宽为其厚度的 10 倍以上,把过热度为 ΔT 的纯金属液浇入铸型,测得铸件完全凝固时间 t,如已知砂型和金属液的密度为 ρ 和 ρ',砂型和金属液的比热为 c_p 和 c_p',型腔的体积和表面积为 V 和 A,金属的熔点为 T_M,砂型的初始温度为 T_0,则砂型的导热系数计算式为

$$\lambda = \frac{\pi}{4} \frac{1}{\rho c_p} \left(\frac{\rho' H_f'}{T_M - T_0} \right)^2 \left(\frac{V}{A} \right)^2 \frac{1}{t} \tag{8-8}$$

式中 $H_f' = H_f + c_p' \Delta T_s$, H_f 为金属结晶潜热。

此法也可用于测定一些其它非金属材料的导热系数。

三、热扩散系数

傅立叶定律可以改写成如下形式

$$q = -\frac{\lambda}{\rho c_p} \frac{\partial(\rho c_p T)}{\partial x} = -a \frac{\partial(\rho c_p T)}{\partial x} \tag{8-9}$$

式中 a——热扩散系数,又称热量传输系数, $a = \dfrac{\lambda}{\rho c_p}$;

$\rho c_p T$——表示温度为 T 的物体的单位体积的热量;

$\dfrac{\partial(\rho c_p T)}{\partial x}$——单位体积物体的热量梯度。

热扩散系数与导热系数成正比,与物体的密度和比热成反比。它综合了物体的导热能力和物体自身的热焓量。热扩散系数的物理意义是温度随时间变化时物体内部热量传播速度的大小,故热扩散系数又称导温系数。在非稳定导热中,物体热焓随时间而变化,同时又进行热量的传导,热扩散系数把这两个因素有机地统一起来。热扩散系数越大,物体内热量传播得越快。所以热扩散系数是非稳定导热的重要物性参数。在稳定导热时,物体内热焓不变,因此只需要考虑导热系数。

8.2 导热微分方程

热传导研究的重要任务就是确定导热体内部的温度分布,即物体在特定条件下 $T = f(x,y,z,t)$ 的具体函数关系。直接利用傅立叶定律可以计算一些简单形状物体的导热问题,如稳定的平壁导热、圆筒壁导热、球壁导热的热流和温度分布。但是对于复杂的几何形状和不稳定情况下的导热问题,仅用傅立叶定律往往无法解决,必须以能量守恒定律和傅立叶定律为基础,建立导热微分方程式,然后结合具体条件求得导热体内部的温度分布。

假设所讨论的导热体(固体或静止流体)由各向同性的均匀材料组成,其导热系数 λ、比热 c_p 和密度 ρ 都是常数,内部存在热源(如电热元件发热、合金凝固放出潜热等)。

在导热体中取一微元体 $\Delta x \Delta y \Delta z$,如图8-3所示。根据能量守恒原理,单位时间内导入微元体的热量减去导出微元体的热量再加上微元体内热源的生成热等于微元体内能的增量,即

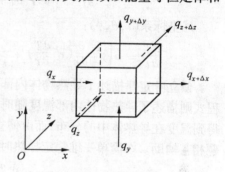

图8-3 直角坐标系中微元体导热

[微元体热量的积累] = [导入微元体的热量] – [导出微元体的热量] +
[微元体内热源的生成热] (8-10)

微元体热量的积累为 $\Delta x \Delta y \Delta z \rho c_p \dfrac{\partial T}{\partial t}$

导入微元体的热量为 $\Delta y \Delta z q_x + \Delta x \Delta z q_y + \Delta x \Delta y q_z$

导出微元体的热量为 $\Delta y \Delta z q_{x+\Delta x} + \Delta x \Delta z q_{y+\Delta y} + \Delta x \Delta y q_{z+\Delta z}$

微元体内热源的生成热为 $\Delta x \Delta y \Delta z \dot{Q}$

式中 q_x、q_y、q_z——分别为 x、y、z 三个方向的热流密度;

$\dot{Q}$——单位体积的导热体在单位时间内所放出的热量,即内热源强度,W/m³。

将上述各式代入式(8-10)中,两边都除以微元体体积 $\Delta x \Delta y \Delta z$,得

$$\rho c_p \frac{\partial T}{\partial t} = \frac{q_{x+\Delta x} - q_x}{\Delta x} - \frac{q_{y+\Delta y} - q_y}{\Delta y} - \frac{q_{z+\Delta z} - q_z}{\Delta z} + \dot{Q}$$

令 $\Delta x \to 0, \Delta y \to 0, \Delta z \to 0$ 取极根,并将 $q_x = -\lambda \dfrac{\partial T}{\partial x}, q_y = -\lambda \dfrac{\partial T}{\partial y}, q_z = -\lambda \dfrac{\partial T}{\partial z}$ 代入上式,整理得

$$\frac{\partial T}{\partial t} = a\left(\frac{\partial^2 T}{\partial x^2} + \frac{\partial^2 T}{\partial y^2} + \frac{\partial^2 T}{\partial z^2}\right) + \frac{\dot{Q}}{\rho c_p} = a\nabla^2 T + \frac{\dot{Q}}{\rho c_p} \quad (8-11)$$

式中 a——热扩散系数,m²/s,$a = \lambda/\rho c_p$;

∇^2——拉普拉斯算子,$\nabla^2 = \dfrac{\partial^2}{\partial x^2} + \dfrac{\partial^2}{\partial y^2} + \dfrac{\partial^2}{\partial z^2}$。

式(8-11)为具有内热源的三维非稳定导热微分方程式。

当导热体内无内热源且稳定导热时,式(8-11)简化为

$$\frac{\partial^2 T}{\partial x^2} + \frac{\partial^2 T}{\partial y^2} + \frac{\partial^2 T}{\partial z^2} = 0 \qquad (8-12)$$

上式为无内热源的三维稳定导热微分方程式,又称做拉普拉斯方程,是研究稳定导热最基本的方程式。

对于有内热源及非稳定导热情况,其柱坐标系和球坐标系中的导热微分方程式如下:

柱坐标系(r,ϕ,z):

$$\frac{\partial T}{\partial t} = a\left[\frac{1}{r}\frac{\partial}{\partial r}\left(r\frac{\partial T}{\partial r}\right) + \frac{1}{r^2}\frac{\partial^2}{\partial \phi^2} + \frac{\partial^2 T}{\partial z^2}\right] + \frac{\dot{Q}}{\rho c_p} \qquad (8-13)$$

球坐标系(r,θ,ϕ):

$$\frac{\partial T}{\partial t} = a\left[\frac{1}{r^2}\frac{\partial}{\partial r}\left(r^2\frac{\partial T}{\partial r}\right) + \frac{1}{r^2\sin\theta}\frac{\partial}{\partial \theta}\left(\sin\theta\frac{\partial T}{\partial \theta}\right) + \frac{1}{r^2\sin^2\theta}\frac{\partial^2 T}{\partial \phi^2}\right] + \frac{\dot{Q}}{\rho c_p} \qquad (8-14)$$

傅立叶定律描述了导热物体内部的温度梯度和热流密度之间的关系,而导热微分方程式则描述了导热物体内部温度随时间和空间变化的一般关系。解导热微分方程式可以得到温度在导热体中的分布,而由傅立叶定律可以得到热流量。因此两式在求解导热问题相互辅助。在简单一维稳定导热时,傅立叶导热定律表达式和导热微分方程式在形式上相同,因导热微分方程式简化为$\frac{d^2 T}{dx^2}=0$,而傅立叶定律表达式 $q = -\lambda\frac{dT}{dx}$中,$q$ = 常数,如对傅立叶定律表达式两边求导一次,同样可以得到$\frac{d^2 T}{dx^2}=0$。

8.3 一维稳定导热

稳定导热一般只存在于固体中,因在流体中除导热外总是有对流传热,很难出现单纯的导热。而所谓一维稳定导热系指可只考虑一个方向的稳定导热,工程上常见的典型一维稳定导热为大平壁导热、长圆筒壁导热和球壳导热。

8.3.1 无限大平壁导热

平壁是工程上最常见的一种实际物体,如房间的墙壁、各种加热炉的炉壁,当平壁的长度和宽度是厚度的 8~10 倍以上时,可以忽略沿平壁长度和宽度方向上的导热,只需考虑平壁厚度方向上的导热,平壁导热便简化成一维导热问题。

一、单层无限大平壁导热

设无限大平壁由均匀材料组成,厚度为 δ,导热系数为 λ,平壁两表面的温度分别为 T_1 和 T_2,且 $T_1 > T_2$。稳定导热时,平壁内的温度分布如图 8-4 所示。此时平壁内的等温面为垂直于 x 轴的平行平面。热沿 x 轴方向传导,这是一维稳定导热问题,故平壁内导热微分方程为

$$\frac{d^2 T}{dx^2} = 0$$

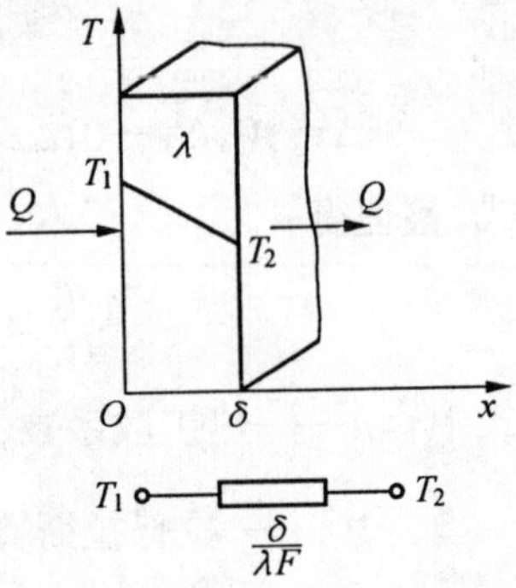

图 8-4 单层大平壁导热

边界条件为 $x=0$ 时，$T_1=T_1$ 和 $x=\delta$ 时，$T=T_2$。

积分上式并代入边界条件，可以得到平壁内温度分布表达式

$$\frac{T-T_1}{T_2-T_1}=\frac{x}{\delta} \tag{8-15}$$

或

$$T=\frac{T_2-T_1}{\delta}x+T_1$$

即大平壁内稳定导热时，其中温度呈线性分布。

由傅立叶定律可以求得通过无限大平壁的热流密度和热流量

$$q_x=-\lambda\frac{\partial T}{\partial x}=\frac{T_1-T_2}{\dfrac{\delta}{\lambda}} \tag{8-16}$$

$$Q=Fq_x=\frac{T_1-T_2}{\dfrac{\delta}{\lambda F}} \tag{8-17}$$

式中 F——平壁面积；

$\dfrac{\delta}{\lambda}$，$\dfrac{\delta}{\lambda F}$——分别为单位面积导热热阻和总导热热阻。

在某些情况下，壁面温度不一定均匀一致，但是如果分布区温度相差较小，则可以取平均温度作为壁面温度，同时把壁面视为等温面，并用式(8-16)或式(8-17)进行计算。

在工程上，常把两块不同材料的单层平壁压合成单层组合平壁，如图 8-5 所示。设组合平壁的厚度 δ 远小于其高和宽，两平壁两面的温度分别为 T_1 和 T_2（$T_1>T_2$），无内热源。如果组合平壁的导热系数 λ_1 和 λ_2 相差不大，则可以排除通过组合面热流的影响，仍然按一维导热计算。根据式(8-17)分别求得通过两块单层平壁的热流量为

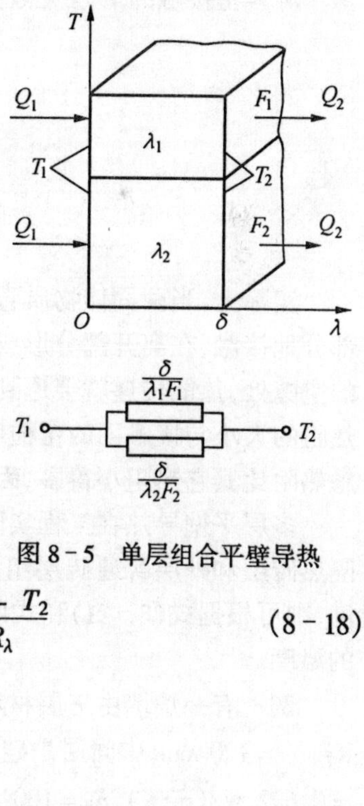

$$Q_1=\frac{T_1-T_2}{\dfrac{\delta}{\lambda_1 F_1}}=\frac{T_1-T_2}{R_{\lambda_1}}$$

$$Q_2=\frac{T_1-T_2}{\dfrac{\delta}{\lambda_2 F_2}}=\frac{T_1-T_2}{R_{\lambda_2}}$$

通过整个组合平壁的总热流量为两者之和

图 8-5 单层组合平壁导热

$$Q=Q_1+Q_2=\frac{T_1-T_2}{\dfrac{1}{R_{\lambda_1}}+\dfrac{1}{R_{\lambda_2}}}=\frac{T_1-T_2}{R_\lambda} \tag{8-18}$$

式中 R_λ 为总热阻，其值由两个热阻并联得到。

二、多层无限大平壁导热

由多层不同材料组成的平壁称多层平壁(图 8-6)，其厚度分别为 δ_1、δ_2、δ_3，导热系数分别为 λ_1、λ_2、λ_3，两侧外表面上温度分布均匀，分别为 T_1 和 T_4，且 $T_1>T_4$，如各层之

间紧密接触,则在稳定导热情况下,经过各层平壁的热流量 Q 都是相同的,根据式(8-17)可以求得各层的热流量表达式

$$Q = \frac{T_1 - T_2}{\frac{\delta_1}{\lambda_1 F}}, \quad Q = \frac{T_2 - T_3}{\frac{\delta_2}{\lambda_2 F}}, \quad Q = \frac{T_3 - T_4}{\frac{\delta_3}{\lambda_3 F}}$$

将以上三式移项相加,得

$$Q = \frac{T_1 - T_4}{R} = \frac{T_1 - T_4}{\frac{\delta_1}{\lambda_1 F} + \frac{\delta_2}{\lambda_2 F} + \frac{\delta_3}{\lambda_3 F}} \quad (8-19)$$

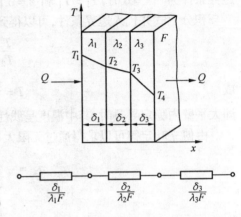

图 8-6 多层平壁导热

或

$$q_x = \frac{T_1 - T_4}{\frac{\delta_1}{\lambda_1} + \frac{\delta_2}{\lambda_2} + \frac{\delta_3}{\lambda_3}} \quad (8-20)$$

式中 R——总热阻; $R = \frac{\delta_1}{\lambda_1 F} + \frac{\delta_2}{\lambda_2 F} + \frac{\delta_3}{\lambda_3 F}$。

由上式可知,多层平壁的导热热流密度或热流量决定于总温差和总热阻。求出导热热流密度或热流量以后,即可求得各层接合面上的温度 T_2、T_3。

对紧密接触的 n 层无限大平壁的稳定导热过程,可得

$$Q = \frac{T_1 - T_{n+1}}{\sum_{i=1}^{n} \frac{\delta_i}{\lambda_i F}} \quad (8-21)$$

$$q_x = \frac{Q}{F} = \frac{T_1 - T_{n+1}}{\sum_{i=1}^{n} \frac{\delta_i}{\lambda_i}} \quad (8-22)$$

实际上,当两固体物质直接接触时,由于表面粗糙,两表面不可能处处都接触,只能是部分地接触,在离开部分形成空隙。此时两平壁间只有在接触面处才直接导热,在不接触的空隙处,热能传递就会遇到较大阻力,即在接触面处存在着热阻,称为接触热阻。接触热阻的大小与接触面的粗糙度及周围介质的种类、温度、压力有关。但在一定情况下,接触热阻比其它热阻小得多,因此可在计算中忽略不计。

多层平壁导热在工程实际中比较常见,例如加热炉炉墙一般是由内层耐火砖层、中间隔热砖层和外层普通砖层组成。如果已知炉墙两侧面上的温度和各层的导热系数及厚度,则可根据式(8-21)和式(8-22)求得热流量和热流密度,并进一步求得各层分界面上的温度。

例 有一炉墙由三层材料叠合组成,最里层是耐火粘土砂衬,其 $\lambda_1 = 1.039$ W/(m·K), $\delta_1 = 120$ mm;中间层是硅藻土,其 $\lambda_2 = 0.14$ W/(m·K), $\delta_2 = 75$ mm;最外层为红砖, $\lambda_3 = 0.692$ W/(m·K), $\delta_3 = 100$ mm。炉墙内、外表面温度分别为 $T_1 = 900$ ℃和 $T_4 = 60$ ℃。试计算通过此多层平壁的热流密度,并确定各界面上的温度。

解 热流密度

$$q = \frac{T_1 - T_4}{\sum_{i=1}^{3} \frac{\delta_i}{\lambda_i}} = \frac{900 - 60}{\frac{0.120}{1.039} + \frac{0.075}{0.14} + \frac{0.100}{0.692}} = 1055.67 \text{ W/m}^2$$

粘土砂衬与硅藻土间界面温度

$$T_2 = T_1 - q\frac{\delta_1}{\lambda_1} = 900 - 1055.67 \times \frac{0.120}{1.039} = 778.1 \text{ ℃}$$

硅藻土与红砖间界面温度

$$T_3 = T_2 - q\frac{\delta_2}{\lambda_2} = 778.1 - 1055.67 \times \frac{0.075}{0.14} = 212.56 \text{ ℃}$$

8.3.2 无限长圆筒壁导热

一、单层无限长圆筒壁导热

设有一圆筒壁,筒长度远大于筒壁外径,可以看作无限长,不必考虑轴向和圆周方向的导热,只有半径方向的导热,故属于一维导热。设圆筒内外表面的温度分别为 T_1 和 T_2 ($T_1 > T_2$),并保持不变,圆筒内、外半径分别为 r_1 和 r_2。如在稳定导热条件下,圆筒壁内的温度分布可如图8-7所示。而筒壁内的温度分布可以由式(8-13)简化得到

$$\frac{d}{dr}\left(r\frac{dT}{dr}\right) = 0$$

边界条件:$r = r_1$ 时,$T = T_1$;$r = r_2$ 时,$T = T_2$。

对此式进行求解可得

$$T = T_1 - \frac{T_1 - T_2}{\ln(\frac{r_2}{r_1})}\ln\frac{r}{r_1} \quad (8-23)$$

由式(8-23)可见,在无限长圆筒内,温度分布是半径的对数函数。

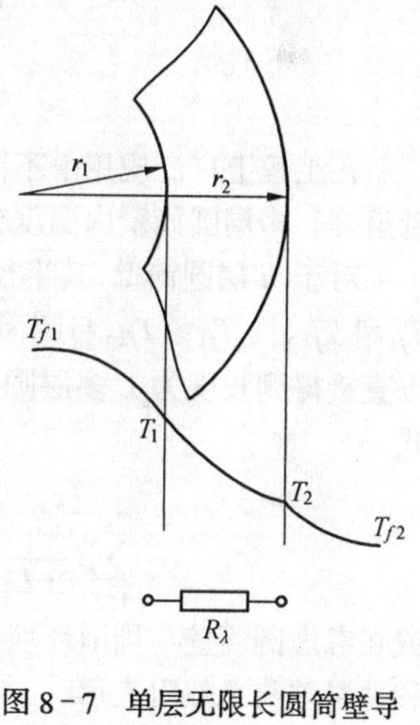

根据式(8-13)及傅立叶定律,可以求得通过圆筒壁的热流密度 q_r 和长为 L 的圆筒壁的热流量 Q

$$q_r = \frac{1}{\frac{r}{\lambda}\ln\frac{r_2}{r_1}}(T_1 - T_2) \quad (8-24)$$

$$Q = \frac{1}{\frac{1}{2\pi L\lambda}\ln\frac{r_2}{r_1}}(T_1 - T_2) \quad (8-25)$$

图 8-7 单层无限长圆筒壁导热

单层圆筒壁情况下导热热阻 $R = \frac{1}{2\pi L\lambda}\ln\frac{r_2}{r_1}$。

需要指出的是,在稳定条件下,通过圆筒壁的热流量是个不变的常量,但热流密度是个变量,因为导热面积随半径而变化。在工程实际中,为了简化计算,对于直径较大而厚度较薄的圆筒壁可以作为平壁处理,采用下式计算热流量

$$Q = \frac{\lambda}{\delta}F(T_1 - T_2) = \frac{2\pi\lambda}{\delta}r_m L(T_1 - T_2) \tag{8-26}$$

式中 r_m——圆筒壁的平均半径，$r_m = (r_1 + r_2)/2$；

δ——圆筒壁的厚度，$\delta = r_2 - r_1$。

在工程中，圆筒壁两侧常有不同温度的流体进行换热，此时可以采用总温差与总热阻来计算热流量。设圆筒内流体温度恒定为 T_{f1}，与壁面换热系数为 h_1，圆筒外流体温度恒定为 T_{f2}，与壁面换热系数为 h_2，此时在圆筒内外表面均存在换热热阻 R_{h1} 和 R_{h2}（图8-7）。换热热流量的计算式具有与式(7-11)同样的形式，即 $Q = hF(T_s - T_f) = h2\pi rL(T_s - T_f)$，故 $R_{h1} = \frac{1}{2\pi r_1 L h_1}$，$R_{h2} = \frac{1}{2\pi r_2 L h_2}$。换热热阻与导热热阻相互串联，所以总热阻 R 为

$$R = R_{h1} + R_\lambda + R_{h2} = \frac{1}{2\pi r_1 L h_1} + \frac{\ln(\frac{r_2}{r_1})}{2\pi L \lambda} + \frac{1}{2\pi r_2 L h_2}$$

传热的总温差为 $\Delta T = T_{f1} - T_{f2}$

$$Q = \frac{T_{f1} - T_{f2}}{\frac{1}{2\pi r_1 L h_1} + \frac{\ln(\frac{r_2}{r_1})}{2\pi L \lambda} + \frac{1}{2\pi r_2 L h_2}} \tag{8-27}$$

在工程上广泛应用由不同材料组合成的多层圆筒壁，如冲天炉墙和加保温层的热风管道等。多层圆筒壁内温度分布是由各层内温度分布对数曲线所组成，如图8-8所示。

对于 n 层圆筒壁，其半径分别为 r_n，导热系数为 λ_n，圆筒壁内外两侧流体温度恒定为 T_{f1} 和 T_{f2}，且 $T_{f1} > T_{f2}$，与圆筒壁间的换热系数分别为 h_1、h_2。按照串联热阻叠加特性，可以直接得到长度为 L 多层圆筒壁导热热流量计算式

$$Q = \frac{T_1 - T_{n+1}}{\sum_{i=1}^{n} \frac{1}{2\pi L \lambda_2} \ln \frac{r_{i+1}}{r_i}} \tag{8-28}$$

或在考虑圆筒壁与周围环境换热情况下用传热过程总温差与总热阻表示

$$Q = \frac{T_{f1} - T_{f2}}{\frac{1}{2\pi r_1 L h_1} + \sum_{i=1}^{n} \frac{1}{2\pi L \lambda_i} \ln \frac{r_{i+1}}{r_i} + \frac{1}{2\pi r_{i+1} L h_2}} \tag{8-29}$$

如果已知多层圆筒壁各层的导热系数、半径及内、外侧面的温度，可以按照式(8-28)求得通过圆筒壁导热热流量 Q，然后分别列出单层圆筒壁导热公式，即可求得各层接触面上的温度，其计算公式应为

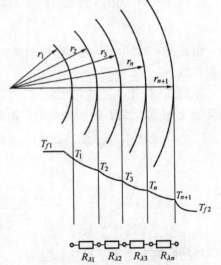

图8-8 多层无限长圆筒壁导热

$$T_{n+1} = T_n - \frac{Q}{2\pi L} \frac{1}{\lambda_n} \ln \frac{r_{n+1}}{r_n} \qquad (8-30)$$

例 设有一外半径为 r_2 长度为 L 的热风管,表面包敷一层隔热层,其外表面半径为 r_3,热风管外表面温度和周围环境温度恒定为 T_2 和 T_0,隔热层表面温度为 T_3,如图(8-9)所示。试分析该热风管径向的热损失如何随隔热层的厚度变化而变化。

解 从热管外表面到周围环境的总温度差为 $\Delta T = T_2 - T_0$,其间的径向热阻有两个,即隔热层导热热阻 $R_{\lambda 2}$ 和隔热层与周围环境间的换热热阻 R_{h2},其大小分别为

$$R_{\lambda 2} = \frac{1}{2\pi L \lambda_2} \ln \frac{r_3}{r_2}, \quad R_{h2} = \frac{1}{h_2 F} = \frac{1}{2\pi r_3 L h_2}$$

式中,λ_2 为隔热层导热系数,h_2 为隔热层与周围环境间的换热系数。

将温度差及各热阻代入式(8-29)中,整理得热管的径向损失表达式如下

$$Q_r = \frac{2\pi L (T_2 - T_0)}{(\ln \frac{r_3}{r_2})/\lambda_2 + 1/(h_2 r_3)}$$

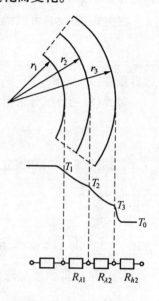

图 8-9 热风管导热

由上面式子可知,随着隔热层厚度增加(即 r_3 增大),隔热层导热热阻增大,使 Q_r 减小;但同时,随 r_3 增大,隔热层与周围环境间的换热热阻降低,导热 Q_r 增大。因此必然存在一热管外层半径 r_3 的临界值,使得总热阻达最大或最小值。总热阻 R 表达式为

$$R = R_{\lambda 2} + R_{h2} = \frac{1}{2\pi L \lambda_2} \ln \frac{r_3}{r_2} + \frac{1}{2\pi r_3 L h_2}$$

令 $\frac{dR}{dr_3} = 0$,可以得到 R 为最大或最小值时 r_3 的临界值,即

$$r_3 = \frac{\lambda_2}{h_2}$$

为确定此 r_3 值时 R 为最大或最小值可对 R 取二次导数,即

$$\frac{d^2 R}{dr_3^2} = \frac{-1}{2\pi \lambda_2 r_3^2} + \frac{1}{\pi r_3^3 h_2}$$

将 $r_3 = \frac{\lambda_2}{h_2}$ 代入上式得

$$\frac{d^2 R}{dr_3^2} = \frac{1}{2\pi \lambda_2^3 / h_2^2} > 0$$

上式表明,当热管外层半径 $r_3 = \frac{\lambda_2}{h_2}$ 时,使得总热阻为最小,或径向热损失 Q_r 最大。此半径称为临界半径,用 r_{3c} 表示。因此当热管外层半径小于临界半径时,随着热管半径 r_3 增大,径向热损失 Q_r 增加,当热管外层半径大于临界半径时,随着热管半径 r_3 增大,径向热

损失 Q_r 减小。

8.3.3 球壳壁导热

设单层球壳的内壁半径为 r_1，外壁半径为 r_2，内外壁的温度分别为 T_1 和 T_2（$T_1 > T_2$），导热系数 λ 为常数。等温面为同心球面，温度只沿径向改变，故为一维导热。

根据式(8-14)可以得到描述稳定导热时的球壳内温度分布的微分方程

$$\frac{d}{dr}\left(r^2 \frac{dT}{dr}\right) = 0 \tag{8-31}$$

边界条件：$r = r_1$ 时，$T = T_1$；$r = r_2$ 时，$T = T_2$。

对式(8-31)积分求解，并代入边界条件，可求得球壳壁内温度分布

$$T = \frac{r_1 r_2}{r_2 - r_1}\left(\frac{1}{r_1} - \frac{1}{r}\right)(T_1 - T_2) \tag{8-32}$$

根据式(8-32)和傅立叶定律，可得到通过球壳壁的热流量 Q 计算式

$$Q = \frac{1}{\frac{1}{4\pi\lambda}\left(\frac{1}{r_1} - \frac{1}{r_2}\right)}(T_1 - T_2) \tag{8-33}$$

式中 $\frac{1}{4\pi\lambda}\left(\frac{1}{r_1} - \frac{1}{r_2}\right)$ ——单层球壳壁的导热热阻。

同理可以得到多层球壁的热流量表达式

$$Q = \frac{1}{\sum_{i=1}^{n} \frac{1}{4\pi\lambda_i}\left(\frac{1}{r_i} - \frac{1}{r_{i+1}}\right)}(T_1 - T_{n+1}) \tag{8-34}$$

根据上式可以得到各层球壁之间界面温度计算式

$$T_n = T_{n+1} + \frac{Q}{4\pi}\frac{1}{\lambda_n}\left(\frac{1}{r_n} - \frac{1}{r_{n+1}}\right) \tag{8-35}$$

8.3.4 壁内温度的实际分布

前面讨论的几种稳定导热计算式都是在导热系数为常数下得到的。在工程实际中，导热系数 λ 与温度 T 有关，二者呈线性关系

$$\lambda = a + bT$$

式中 a 和 b 都是常数。

对于图 8-4 所示的平壁导热，式(8-16)形式便变为

$$q_x = -(a + bT)\frac{\partial T}{\partial x}$$

对上式求解并代入相应的边界条件，整理得到平壁中温度分布和通过平壁的热流密度计算式

$$T = \left[\left(\frac{a}{b} + T_1\right)^2 - \frac{2q_x x}{b}\right]^{1/2} - \frac{a}{b} \tag{8-36}$$

$$q_x = \frac{1}{\delta}\left(a + b\frac{T_1 + T_2}{2}\right)(T_1 - T_2) \qquad (8-37)$$

令 $\lambda_m = a + b\dfrac{T_1 + T_2}{2}$，式(8-37)变化为

$$q_x = \frac{\lambda_m}{\delta}(T_1 - T_2)$$

或

$$Q = \frac{\lambda_m F}{\delta}(T_1 - T_2)$$

对于 n 层平壁，有

$$q_x = \frac{T_1 - T_{n+1}}{\sum_{i=1}^{n}\dfrac{\delta_i}{\lambda_{im}}} \qquad (8-38)$$

或

$$Q = \frac{T_1 - T_{n+1}}{\sum_{i=1}^{n}\dfrac{\delta_i}{\lambda_{im}F}} \qquad (8-39)$$

式中 λ_{im} 是第 i 层平壁的平均导热系数。由上式可见，当考虑导热系数随温度线性变化时，采用 λ_m 代替 λ，可使热流量的计算结果更接近于实际。

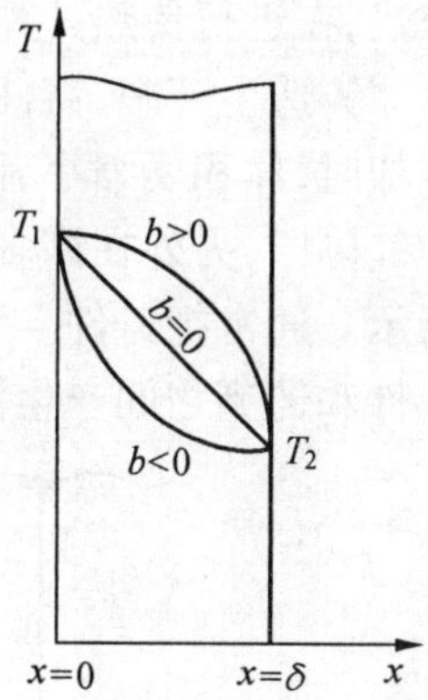

对于圆筒和球壳稳定导热问题，可以得到类似的结果。

将式(8-36)对 x 求导可知，当 $b>0$ 时，即材料的导热系数随温度升高而增加，$\left|\dfrac{dT}{dx}\right|$ 随 x 增加而增加；当 $b<0$ 时，即材料的导热系数随温度升高而减小，则 $\left|\dfrac{dT}{dx}\right|$ 随 x 增加而减小；当 $b=0$ 时，导热系数为常数，温度分布为一直线。不同 b 值时平壁中温度在厚度方向上的分布曲线形状示于图 8-10。

图 8-10 平壁厚度上温度分布曲线

液体和气体的单纯导热也可以采用上述固体导热计算公式。但是在液体和气体中导热时，可能还存在对流换热，对于气体还可能有辐射换热。在计算传热时，如果不考虑这些情况，其传热计算误差可能非常大，因此必须重视对流换热和辐射换热的影响。

8.3.5 接触热阻

两个固体表面相互接触时，有理想接触和非理想接触两种情况。

所谓理想接触，就是两个固体之间相互紧贴，互相接触的两个表面具有相同的温度，即在界面上没有温度差。这种情况下，两个固体之间的导热系数 λ 可以按串联热阻叠加特性求出。

前面讨论多层平壁和多层圆筒壁导热时，都假定界面为理想接触界面。但在实际上，固体表面不可能绝对光滑平整，在固体的接触面上只有部分点接触，存在着微观气隙(或者充填其它流体，或者为真空)，如图 8-11 所示。这样在两固体的接触面上存在着接触热阻，两个接触表面间产生一定的温度差，导致温度分布不连续，这就是非理想接触。

通过非理想接触面的传热包括固体与固体真正接触部位的传导及空隙中气体的传热，气隙中的传热含有导热、对流和辐射传热。一般情况下，由于非接触的气隙很小，其间

的对流及辐射传热作用很弱,可以忽略。如果固体是金属,气体的导热系数比金属要小得多,此时接触界面空隙中气体是产生接触热阻的主要原因。

图 8‑11 非理想接触界面

接触热阻与接触部位的温度、接触面间的压力、接触材料的硬度以及周围介质的性质有关。当温度和压力保持不变时,接触热阻随表面粗糙度的加大而升高。对于粗糙度一定的表面,接触热阻将随接触面上的压力增大而减小。

接触热阻的情况很复杂,至今还不能从理论上找出其规律,也未得出比较可靠的计算公式,在进行传热计算时可以参考有关文献给出的经验数据。

铸造生产中,铸件‑铸型界面是一个典型的非理想接触界面,因为铸件在铸型内凝固冷却时,体积要缩小,而铸型受热后体积要膨胀,从而在铸件‑铸型界面处形成一层很薄的气体层,另外在许多情况下(金属铸型和干砂型),铸型内表面需要刷涂料,如图 8‑12 所示。通常把铸件‑铸型界面处的气体层与涂料层合在一起称做间隙。间隙的存在使在铸件和铸型之间产生温度差,如图 8‑13 所示。

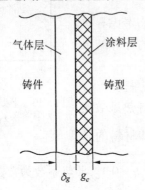

图 8‑12 铸件—铸型间隙涂料层

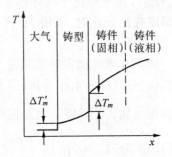

图 8‑13 因间隙产生的界面温差

间隙热阻包括气体层热阻和涂料层热阻两部分

$$R = R_g + R_c = \frac{\delta_g}{\lambda_g} + \frac{\delta_c}{\lambda_c}$$

式中 R_g、R_c——分别为气体层和涂料层热阻;
λ_g、λ_c——气体层综合导热系数和涂料层导热系数。

可用一个综合换热系数 h 来表示间隙传热特性,即

$$h = \frac{1}{R}$$

这样把各种影响传热的因素都归结到此系数中。h 并不是一个物性值,其值随条件不同而变化。铸件与铸型的表面温度均能影响 h 的大小,反过来 h 值的变化也会使间隙温度降 ΔT_m 发生变化。常用的确定界面换热系数(界面热阻)的方法有试算法和求解界面热流法,详细过程可以参阅有关文献。

8.4 二维稳定导热的分析解法

二维和三维稳定导热问题有四种求解方法：

(1) 分析解法：适合于求解具有简单的几何形状和边界条件的物体导热问题，结果最精确。

(2) 通量图解法：适用于求解几何形状复杂但具有等温边界条件的物体导热问题。

(3) 数值求解法：该方法建立在有限差分法的基础上，可以求解具有不均匀边界条件和热物理性质可变化的物体导热问题，计算机技术的发展为推广应用该方法提供了条件。

(4) 实验类比法：可用于求解复杂的问题。

本节只介绍分析解法。

8.4.1 半无限大平板稳定导热分析解法

图 8-14 示出了一半无限大平板的导热条件。该平板在 x 方向尺寸有限，其值为 L；在 y 方向尺寸无限大，在垂直于画面 z 方向尺寸则很小，因此可以忽略 z 方向的热量传输，即 $\frac{\partial T}{\partial z}=0$。

对于半无限大平板，其温度均是二维的，在稳定导热时，其导热微分方程为

$$\frac{\partial^2 T}{\partial x^2}+\frac{\partial^2 T}{\partial y^2}=0 \qquad (8-40)$$

边界条件：$x=0$ 和 $x=L$ 时，$T=0$；

$y=\infty$ 时，$T=0$；$y=0$ 时，$T=T_0$。

采用分离变量法求解导热微分方程式，设温度 T 可以分离成下列形式

$$T(x,y)=X(x)Y(y)$$

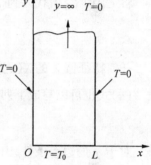

图 8-14 半无限大平板边界条件

式中，X 仅是 x 的函数，Y 仅是 y 的函数。将上式代入到式(8-40)中，并分离变量，得

$$-\frac{1}{X}\frac{\mathrm{d}^2 X}{\mathrm{d}x^2}=\frac{1}{Y}\frac{\mathrm{d}^2 Y}{\mathrm{d}y^2}$$

上式左端与 y 无关（X 仅是 x 的函数），因此其右端也必然与 x 无关；同理上式右端与 x 无关（Y 仅是 y 的函数），要求左端必须与 x 无关。因此该式两端只能等于一个常数，设为 λ^2，它称为分离常数。于是

$$\frac{\mathrm{d}^2 X}{\mathrm{d}x^2}+\lambda^2 X=0$$

$$\frac{\mathrm{d}^2 Y}{\mathrm{d}y^2}-\lambda^2 Y=0$$

此两式均为常系数齐次线性微分方程，令 $X=\mathrm{e}^{ax}$，$Y=\mathrm{e}^{by}$，代入到此两式中，可以得到通解

$$X=C_1'\mathrm{e}^{\mathrm{i}\lambda x}+C_2'\mathrm{e}^{-\mathrm{i}\lambda x}$$

$$Y = C'_3 e^{\lambda y} + C'_4 e^{-\lambda y}$$

利用恒等式 $e^{\pm i\lambda x} = \cos\lambda x \pm i\sin\lambda x$，则 X 式可以写成更通用的形式

$$X = C_1\cos\lambda x + C_2\sin\lambda x$$

所以式(8-40)的解为

$$T(x,y) = (C_1\cos\lambda x + C_2\sin\lambda x)(C'_3 e^{\lambda y} + C'_4 e^{-\lambda y})$$

下面利用边界条件来求得上式中的常数：
由 $x = 0$ 时，$T = 0$，得

$$C_1(C'_3 e^{\lambda y} + C'_4 e^{-\lambda y}) = 0$$

根据上式得 $\qquad C_1 = 0$

由 $x = L$ 时，$T = 0$，得

$$C_2\sin\lambda L(C'_3 e^{\lambda y} + C'_4 e^{-\lambda y}) = 0$$

$C_2 = 0$ 或 $\sin\lambda L = 0$ 均可满足此式要求。如果取 $C_2 = 0$，将使 $T(x,y) = 0$，为了得到有实际意义的非零解，只能 $\sin\lambda L = 0$，即 $\lambda L = 0, \pi, 2\pi \cdots n\pi$。写成一般形式有，$\lambda_n = n\pi/L$，$n = 0,1,2\cdots$。

将 C_1 和 C_2 值代入到 X 式中，得

$$X(x) = C_2\sin\frac{n\pi x}{L}$$

任何特征值 λ 的 $X(x)$ 都是式 $\dfrac{d^2 X}{dx^2} + x^2 X = 0$ 之解，各特征函数之和也必是此式的解。故 $X(x)$ 式也可以写成下列形式

$$X(x) = \sum_{n=0}^{\infty} C_n \sin\frac{n\pi x}{L}$$

对于 y 的边界条件，由 $y = \infty$ 时 $T = 0$，可以求得 $C_3 = 0$，于是

$$Y = C_4 e^{-\lambda y} = C_4 e^{-(n\pi/L)y}$$

式(8-40)的乘积解为

$$T(x,y) = X(x)Y(y) = \sum_{n=0}^{\infty} A_n e^{-(n\pi/L)y}\sin\frac{n\pi x}{L}$$

式中，A_n 综合了所有参数。

将边界条件 $y = 0$ 时，$T = T_0$ 代入到此式中，得

$$T_0 = \sum_{n=0}^{\infty} A_n\sin\frac{n\pi x}{L}$$

上式两边同乘以 $\sin m\pi\dfrac{x}{L}$，然后在 $x = 0$ 和 $x = L$ 之间进行积分

$$T_0\int_{x/L=0}^{1}\sin m\pi\left(\frac{x}{L}\right)d\left(\frac{x}{L}\right) = \int_{x/L=0}^{1}\sum_{n=0}^{\infty}A_n\sin n\pi\left(\frac{x}{L}\right)\sin m\pi\left(\frac{x}{L}\right)d\left(\frac{x}{L}\right)$$

由积分表可知，上式左边积分结果为 $\dfrac{2}{n\pi}$，$n = 1,3,5,\cdots$，右边积分结果为 $\dfrac{A_n}{2}$，$(n = m)$ 或 0，$(n \neq m)$。于是有

$$A_n = 4\frac{T_0}{n\pi}, n = 1,3,5,\cdots$$

式(8-40)的最终通解为

$$\frac{T}{T_0} = \sum_{n=1}^{\infty} \frac{4}{n\pi} e^{-(n\pi/L)y} \sin\frac{n\pi x}{L}, n = 1,3,5,\cdots \qquad (8-41)$$

如果二维稳定热传导具有如下的非齐次边界条件

$x = 0, x = L$ 和 $y = \infty$ 时，$T = T_1$;　　　$y = 0$ 时，$T = f(x)$

令 $\theta = T - T_1$，即可以把非齐次边界条件转化为齐次边界条件。此时可得以 θ 为变量的拉普拉斯方程

$$\frac{\partial^2 \theta}{\partial x^2} + \frac{\partial^2 \theta}{\partial y^2} = 0$$

该式的边界条件为 $x = 0$、$x = L$ 和 $y = \infty$ 时，$\theta = 0$;　$y = L$ 时，$\theta = f(x) - T_1 = F(x)$。

仍用分离变量法解此式，设 $\theta = XY$，按照上面的求解过程，可得

$$\theta = \sum_{n=0}^{\infty} A_n e^{-(n\pi/L)y} \sin\frac{n\pi x}{L}$$

因此非齐次边界条件下半无限大平板内稳定热传导问题的最后通解为

$$T = T_1 + \sum_{n=1}^{\infty} A_n e^{-(n\pi/L)y} \sin\frac{n\pi x}{L} \qquad (8-42)$$

式中，$A_n = \frac{2}{L} \int_0^L (f(x) - T_1) \sin\frac{n\pi x}{L} dx$。

8.4.2　矩形长杆稳定导热分析解法

图 8-15 所示为一矩形长杆的截面周围的边界条件。在 z 方向（垂直于图面的方向）上很长，无热流，即 $\frac{\partial T}{\partial z} = 0$。因此该矩形长杆为一个二维导热问题，稳定导热时，长杆中的温度分布方程为

$$\frac{\partial^2 T}{\partial x^2} + \frac{\partial^2 T}{\partial y^2} = 0$$

边界条件：$x = 0, x = L$ 和 $y = 0$ 时，$T = 0$;

　　　　$y = H$ 时，$T = f(x)$

将 T 分离为 $T = X(x)Y(y)$，可得

$$X(x) = \sum_{n=0}^{\infty} C_n \sin\frac{n\pi x}{L}$$

$$Y(y) = C_3 \text{sh}\frac{n\pi x}{L} + C_4 \text{ch}\frac{n\pi x}{L}$$

式中 $\text{sh}\frac{n\pi y}{L} = \frac{e^{n\pi y/L} - e^{-n\pi y/L}}{2}$,

　　　$\text{ch}\frac{n\pi y}{L} = \frac{e^{n\pi y/L} + e^{-n\pi y/L}}{2}$

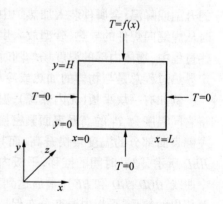

图 8-15　矩形长杆边界条件

根据边界条件 $y = 0, T = 0$，得 $C_4 = 0$，于是乘积解

$$T(x,y) = X(x)Y(y) = \sum_{n=1}^{\infty} A_n \text{sh}\frac{n\pi y}{L} \sin\frac{n\pi x}{L}$$

按照前面方法进行处理,并令 $B_n = A_n \sin(n\pi H/L)$,可以得到矩形长杆中导热问题的最终解

$$T(x,y) = \sum_{n=1}^{\infty} B_n \frac{\operatorname{sh}\dfrac{n\pi y}{L}}{\operatorname{sh}\dfrac{n\pi H}{L}} \sin\dfrac{n\pi x}{L} \tag{8-43}$$

式中, $B_n = \int_0^L f(x) \sin\dfrac{n\pi x}{L} dx$。

如果二维稳定热传导问题具有更复杂的线性边界条件,则可以把复杂的边界条件分解成相应的四个较简单的齐次边界条件分别进行求解,如图 8-16 所示,然后把得到的解进行叠加即可得到原问题的解。如边界条件为非线性,则不能用叠加法,需用其它方法求解。

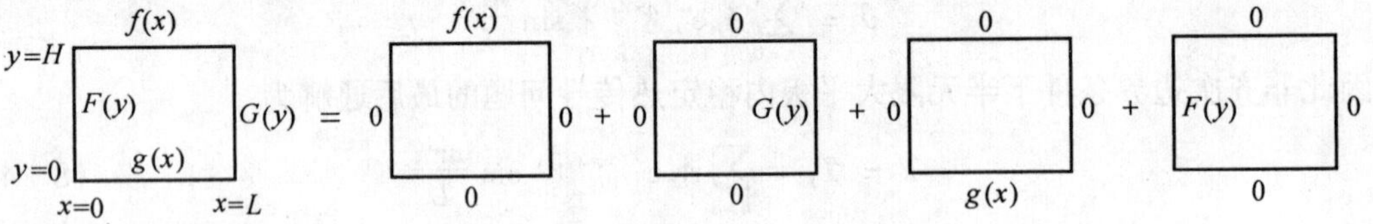

图 8-16 复杂边界条件的处理

对于稳定三维导热,也可采用上述分离变量法进行求解。假定乘积解为 $T = X(x)Y(y)Z(z)$,代入温度分布方程中,分离三个变量后,可以得到三个二次常微分方程,在给定的边界条件下积分,可以得到最后的乘积解。

8.5 物体在被加热(冷却)时的非稳定导热

在金属热态成形产业中,常有物体被加热或冷却的过程,如加热炉开炉或闭炉时炉壁的升温或降温;金属件装入加热炉中的加热升温;金属件淬火热处理时的冷却过程;焊接时从焊缝向焊件的导热,砂型放入烘型炉中的干燥;铸件在铸型中的凝固和冷却等,在这些过程中,物体内部的温度场均随时在发生变化,物体中出现非稳定导热过程。因此非稳定导热过程总是与物体的加热或冷却分不开的,在导热的同时总伴随有物体内能的变化。

例如有一块平板(无内热源),温度为 T_0。突然使其左侧表面的温度升高到 T_1(例如将它同温度为 T_1 的高温表面紧密接触),而右侧仍与温度为 T_0 的空气接触,开始时紧靠左侧表面部分的温度很快升高,而其余部分仍保持原来的温度。如图 8-17 中温度曲线 HBD 所示,随着时间的推移,平板内部以及靠近右侧的那部分温度也逐渐升高(图 7-17 中曲线 HCD、HD 和 HE),最后达到稳定状态,在平板左侧进入平板的热量等于从平板右侧传出的热量,平板内温度分布保持恒定,如直线 HG 所示(设导热系数为常数)。

上述过程中,在平板右侧表面温度开始升高以前,右侧面与空气之间没有换热,从平板左侧面进入的热量完全积蓄于平板自身之中,用于内部温度的升高。因此非稳定导热时每一个与热流方向垂直的截面上的热流量不相等,而是沿导热方向逐渐减少,所减少的热量用于物体内部的升温。

非稳定导热时,物体内能(温度)的变化速度是与它的导热能力(即导热系数 λ)成正比,与它的蓄热能力(单位容积热容量 $c_p\rho$)成反比,因此在不稳定状态下的热过程速度取决于热扩散系数 $a = \dfrac{\lambda}{\rho c_p}$。故导温系数在不稳定导热时如同导热系数在稳定导热时一样具有同样的物理意义。

物体在加热或冷却时,其温度场的变化可以分为三个阶段:

第一阶段——不规则状况阶段。物体在开始被加热或冷却的最初阶段,其内部温度变化一层一层地逐渐从表面深入内部。物体内各点温度变化速度均不相同,温度场受最初温度分布的影响很大。

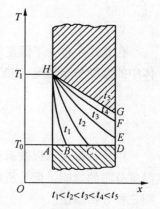

图 8-17 非稳定导热中温度分布曲线的变化

第二阶段——正规则状况阶段。加热或冷却经历一段足够长的时间后,物体内部初始温度对物体内各点温度变化速度的影响已消失,物体内温度场变化开始具有一定的规律。此时如将物体中任一点温度 T 与周围介质温度 T_f 之差以过余温度 θ 表示,即 $\theta = T - T_f$。θ 的自然对数值随时间 t 呈直线变化(图 8-18),即

$$\left. \begin{array}{r} \ln\theta = -mt + C \\ \dfrac{\partial \ln\theta}{\partial t} = -m \end{array} \right\} \quad (8-44)$$

或

式中,m 为一正数,对物体内部任一点来说,m 都保持为恒定。它表明物体加热速度(或冷却速度)的大小,称为加热率(或冷却率)。m 值的大小与物体的几何形状、尺寸、热物理参数 α、λ、ρ 以及对流传热系数 h 等有关,而与物体初始温度分布无关。式中负号表示直线斜率为负值,它说明 $\ln\theta$ 值随时间的增长而逐渐减小。

第三阶段——新的稳定阶段。是正规则状况阶段的极值,也就是重新达到的热平衡阶段。在理论上需要经历无限长时间($t = \infty$)才能达到。

上述物体温度随时间的不断增加或减少,越来越接近周围介质温度的过程称为非周期性非稳定导热。例如把高温零件突然放到冷却流体中进行热处理,其导热过程就属于这一类。如果物体内任一点温度随时间作周期性变化时,称为周期性非稳定导热。此时物体温度场随时间周期的波动在无限长时间内均存在,且每一周期的温度变化都相同,如蒸汽机及内燃机的活塞或汽缸在工作循环中出现的温度变化情况。

求解非稳定导热的目的就是找出温度及热流量随时间变化的规律;求得物体达到预定的温度所需要的时间;或者经历一定时间后,物体所能达到的温度。求得物体的温度场后,可以用傅立叶定律来确定热流量变化规律。

根据式(8-11),无内热源固体的非稳定导热微分方程式为

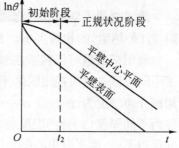

图 8-18 非稳态导热过程中过余温度 θ 的对数值随时间 t 的变化

$$\frac{\partial T}{\partial t} = a\left(\frac{\partial^2 T}{\partial x^2} + \frac{\partial^2 T}{\partial y^2} + \frac{\partial^2 T}{\partial z^2}\right)$$

在此式中包含了温度对时间的一阶导数及对空间坐标的二阶导数,可按初始时刻物体中的温度分布情况(初始条件)和边界条件,求解一具体的不稳定导热问题。

8.6 非稳定导热的分析解法

用分析解法可以获得温度与空间坐标及时间之间的函数关系,便于分析各种因素对温度分布的影响。但分析解法只能用于形状简单物体和边界条件简单的情况。本节将介绍三种分析解法。

8.6.1 非稳定导热的集总参数法

一、毕欧数(Bi)与傅立叶数(Fo)

为掌握集总参数法,首先应对热传导研究中常用的准则数——毕欧数(Bi)和傅立叶数(Fo)有所了解。

毕欧数的形式为

$$Bi_V = \frac{hV}{\lambda F} = \frac{hL}{\lambda}$$

式中　　h——对流换热系数;
　　　　λ——物体导热系数
　　　　L——物体特征长度;
　　　　V——物体的体积;
　　　　F——传热的物体表面积。

下脚标 V 表示特性长度为 $\frac{V}{F}$。

此式可改写成

$$Bi_V = \frac{hL}{\lambda} = \frac{L/\lambda}{1/h} = \frac{R_\lambda}{R_h} \tag{8-45}$$

此式说明了毕欧数的物理意义为固体中导热热阻 R_λ(内热阻)与界面上对流换热热阻 R_h(外热阻)的相对大小。Bi_V 越小则内热阻相对越小或外热阻相对越大。

利用毕欧数可以判断在非稳定导热时物体内部温度分布的均匀程度。图 8-19 给出了不同毕欧数时可能出现的平壁内温度分布曲线,平壁的厚度为 2δ,其初始温度为 T_0,周围介质温度为 T_∞。当 $Bi_V \to \infty$ 时,物体内部导热热阻远大于它表面的对流换热热阻,物体内不同厚度(x)处的温度相差很大,平壁表面温度很快的由初始温度变化到环境温度,并保持不变;而平壁中心部位($x=0$ 处)则长期保持原始温度不变,所以在任一时刻,整个传导-对流体系的总温差 $T_\infty - T_0$,或者说平壁内部温差 $T_w - T_0$(T_w 表示平壁表面温度)远大于平壁外部温差 $T_\infty - T_w$。实际中,当 $Bi_V \geqslant 100$ 时就可以认为是这种情况。当 $Bi_V \to 0$ 时,情况正相反,导热热阻远小于对流换热热阻,平壁内部温度分布很均匀,以致可以

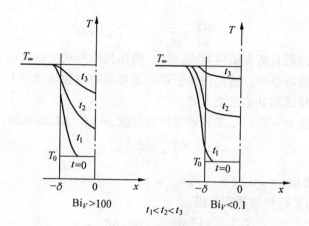

图 8‐19 不同毕欧数时平壁温度分布曲线

认为只与时间有关而与位置无关,平壁表面的温度变化速度即为平壁内部温度变化的速度。在实际中,当 $Bi_V \leqslant 0.1$ 时,即可以认为是这种情况。

傅立叶数的形式为

$$Fo_V = \frac{at}{\left(\frac{V}{F}\right)^2} = \frac{at}{L^2} = \frac{t}{\frac{L^2}{a}} \tag{8-46}$$

式中 a——热扩散系数;
t——时间。

由此式可知,傅立叶数 Fo_V 的物理意义为两个时间间隔相除后得到的无量纲时间。t 是从物体表面上开始发生热扰动时刻起至所计算的时刻为止的时间间隔。$\frac{L^2}{a}$ 为使热扰动扩散到 L^2 的面积上所需的时间,在非稳定导热时,Fo_V 越大,环境热量向物体内部穿透越深,物体内各点的温度越接近周围介质的温度。

二、用集总参数法求解

一般把 $Bi_V \ll 1$ 的加热或冷却过程称为牛顿加热或冷却过程。此时由于导热热阻非常小,物体内温度由于分布均匀故可看作仅是时间的函数,忽略物体内部导热热阻(或忽略内部温度梯度)导热微分方程的分析方法称为集总参数法,这是非稳定导热问题中最简单的模型。实际中,如果物体的导热系数相当大,或者其几何尺寸很小,或物体表面换热系数很低,都可以认为此时的非稳定导热属于这一类型。忽略物体内热阻,意味着整个物体的热容可以用一个点的热容来表示。

设有一金属小块,体积为 V,表面积为 F,初始温度为 T_0,将金属块突然放入恒定温度为 T_∞ 的流体中(设 $T_0 > T_\infty$),金属块与流体间的对流换热系数 h 以及金属块的物性参数均为常数。现用集总参数法分析金属块的温度随时间的变化规律。

由于忽略金属块内部导热热阻,金属块放入流体的某一时刻,其内部各点的温度均为 T,经时间 dt 后,由于对流体放热,其温度下降 dT,根据能量守恒定律,金属块热量的减小速率等于热量向流体中传输速率,即

$$-V\rho c_p \frac{dT}{dt} = hF(T - T_\infty)$$

或
$$\frac{dT}{dt} + \frac{hF}{\rho c_p V}(T - T_\infty) = 0 \tag{8-47}$$

上式的建立过程有两点值得指出：第一，物体几何形状的影响完全消失了；第二，此式的第二项引进了边界条件。这是内热阻可以忽略的物体导热微分方程式与前面所讨论的固体导热微分方程式的基本区别之处。

引入过余温度 $\theta = T - T_\infty$ 来表示物体的温度，式(8-47)转化为

$$\frac{d\theta}{dt} + \frac{hF}{\rho c_p V}\theta = 0 \tag{8-48}$$

初始条件为：$t = 0$ 时，$\theta = \theta_0$，$(\theta_0 = T_0 - T_\infty)$。

对式(8-48)进行整理并积分得

$$\int_{\theta_0}^{\theta} \frac{d\theta}{\theta} = -\int_0^t \frac{hF}{\rho c_p V} dt$$

或
$$\frac{\theta}{\theta_0} = \frac{T - T_\infty}{T_0 - T_\infty} = \exp\left(\frac{-hFt}{\rho c_p V}\right) \tag{8-49}$$

将上式中指数项做如下变化

$$\frac{hFt}{\rho c_p V} = \frac{hl}{\lambda} \cdot \frac{at}{L^2} = Bi_V Fo_V$$

代入式(8-49)得

$$\frac{\theta}{\theta_0} = \frac{T - T_\infty}{T_0 - T_\infty} = e^{-Bi_V Fo_V} \tag{8-50}$$

式(8-49)即为内热阻可以忽略不计的非稳定导热的基本公式。

由式(8-49)可得

$$\frac{dT}{dt} = \frac{d\theta}{dt} = \theta_0 \frac{d}{dt}\left(e^{-\frac{hFt}{\rho c_p V}}\right) \tag{8-51}$$

金属块单位时间传输给流体的热量为

$$Q = -\rho c_p V \frac{dT}{dt} = \theta_0 hF e^{-\frac{hFt}{\rho c_p V}} \tag{8-52}$$

从 $t = 0$ 到 t 时间内金属块传给流体的总热量为

$$Q_t = \int_0^t Q dt = \theta_0 \rho c_p V\left(1 - e^{-\frac{hFt}{\rho c_p V}}\right) \tag{8-53}$$

如物体被加热，则式(8-52)中 $\rho c_p V \frac{dT}{dt}$ 前面的负号应删去。

由上各式可见牛顿加热或冷却的特点为：

(1) 物体在加热或冷却时的温度变化与时间呈指数关系，由式(8-49)可知，物体温度变得与环境一样的时间应为无穷大。该式中 $\rho c_p V/hF$ 称为时间常数，如物体的热容 ($\rho c_p V$) 小，换热条件好 (hF 大)，即时间常数小，导热体的温度就能快速地趋近环境的温度，如用来测量流体温度的热电偶，其时间常数就应很小，使能迅速反映流体温度的变化；

(2) 物体的加热或冷却速度主要取决于表面换热能力的大小，而与物体本身的导热系数无关。所以加速物体表面上流体流动的速度，使 h 值增大，物体的升温或降温速度就快；

(3) 物体的加热或冷却速度与其单位体积的换热面积即 $\frac{F}{V}$ 成正比关系。$\frac{F}{V}$ 值与物体形状和大小有关,可用下式表示

$$\frac{F}{V} = \frac{k}{R} \tag{8-54}$$

式中　k——物体的形状系数；

　　　R——物体的特征尺寸。

有色金属压铸时铸件在压型中的冷却,可作为牛顿加热或冷却的一个实例。因压铸件壁一般都很薄,并且铸件材料的导热性良好。淬入水中的金属液滴的冷却是另一实例,因液滴尺寸很小,其导热系数又大。

研究表明,对于平板、柱体及球体,可用集总参数法求解的条件为

$$Bi_V = \frac{h\dfrac{V}{F}}{\lambda} < 0.1\,M \tag{8-55}$$

式中 M 是与物体几何形状有关的无量纲数,对于无限大平板,$M = 1$；无限圆柱体,$M = \dfrac{1}{2}$；球体,$M = \dfrac{1}{3}$。此时物体中各点间温度差小于5%。

例　一球形热电偶结点,其材料物性值为：$\rho = 8\,000$ kg/m^3,$c_p = 418$ J/(kg·K),$\lambda = 52$ W/(m·K),结点与流体间的换热系数 $h = 400$ W/(m^2·k)。试计算：

(1) 时间常数为1 s 的热电偶结点半径 r_0；(2) 把温度为25 ℃的结点放在200 ℃的流体中,结点温度达到199 ℃需要多长时间。

解　先用时间常数为1 s 求热电偶结点的半径 r_0,即

$$1 = \frac{\rho c_p V}{hF} = \frac{\rho c_p \dfrac{4}{3}\pi r_0^3}{h4\pi r_0^2} = \frac{8\,000 \times 418 \times r_0}{400 \times 3}$$

$$r_0 = 3.588 \times 10^{-4}\text{ m}$$

利用 Bi_V 检查热电偶结点导热是否可用集总参数法求解,利用式(8-55),得

$$Bi_V = \frac{h\dfrac{V}{F}}{\lambda} = \frac{h\dfrac{r_0}{3}}{\lambda} = \frac{400 \times 3.588 \times 10^{-4}}{52 \times 3} = 9.2 \times 10^{-4}$$

而

$$0.1\,M = 0.1 \times \frac{1}{3} = 3.33 \times 10^{-2}$$

故

$$Bi_V < 0.1\,M$$

由式(8-49)计算热电偶结点由25 ℃升至199 ℃的时间

$$t = \frac{\rho c_p V}{hF}\ln\frac{T_0 - T_\infty}{T - T_\infty} = 1 \times \ln\frac{T_0 - T_\infty}{T - T_\infty} = \ln\frac{25 - 200}{199 - 200} = 5.165\text{ s}$$

例　有一半径 r 为 2 cm 的钢球,温度为 400 ℃,将其置于 22 ℃的空气中冷却,试计算经过 200 s 后钢球的温度。设钢球与周围环境间的总换热系数 $h = 24$ W/(m^2·K),钢球的热物性值为 $c_p = 0.48$ kJ/(kg·K),$\rho = 7\,753$ kg/m^3,$\lambda = 33$ W/(m·K)。

解　计算 Bi_V 数

$$Bi_V = \frac{h\dfrac{V}{F}}{\lambda} = \frac{h\dfrac{r}{3}}{\lambda} = \frac{24 \times \dfrac{0.02}{3}}{33} = 0.00485 < 0.1 \text{ M} = 0.0333$$

因此可以采用集总参数法。

计算钢球温度

$$\frac{T - T_\infty}{T_0 - T_\infty} = e^{-\frac{hFt}{\rho c_p V}} = e^{-\frac{3ht}{\rho c_p r}}$$

即

$$\frac{T - 22}{400 - 22} = e^{-\frac{3 \times 24 \times 200}{7\,753 \times 0.48 \times 10^3 \times 0.02}}$$

$$T = 333.65 \, ℃ 。$$

前面给出了环境温度恒定时,物体内温度随时间的变化规律。但是在工程实际中,经常遇到环境温度变化的加热或冷却过程。假设环境的温度随时间线性变化,即

$$T_\infty = Bt$$

式中,B 为常数。金属小块在这样环境中的热平衡关系式为

$$-V\rho c_p \frac{\mathrm{d}T}{\mathrm{d}t} = hF(T - Bt)$$

或

$$\frac{\mathrm{d}T}{\mathrm{d}t} + \frac{hF}{V\rho c_p}T = \frac{hFB}{V\rho c_p}t \tag{8-56}$$

上式为非齐次一阶线性微分方程,其解为

$$T = B\left(t - \frac{V\rho c_p}{hF}\right) + C\,e^{-\frac{hFt}{V\rho c_p}}$$

式中,C 为积分常数,可由初始条件确定。设 $t = 0$ 时,$T = 0$,则 $C = B\dfrac{V\rho c_p}{hF}$,故

$$T = Bt - \frac{V\rho c_p}{hF}B\left(1 - e^{-\frac{hFt}{V\rho c_p}}\right) \tag{8-57}$$

此式表明,当环境温度随时间线性变化时,牛顿加热或冷却过程中导热物体的温度总是滞后于环境的温度。一旦初始的瞬变过程消失了(t 较大时),这个滞后就是一个常数,如图 8-20 所示。

根据上述分析,金属件或试样在炉中加热或冷却时必须考虑温度滞后效应。

8.6.2 非稳定导热的精确分析解法

当 Bi_V 准则数不能满足式(8-55)的条件时,用集总参数法求解非稳定导热会带来较大的误差,但可采用精确分析解法(分离变量法)求解。

一、表面温度不变时的一维非稳定导热

设具有平表面的物体的初始温度为 T_0,平表面温

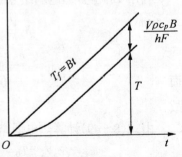

图 8-20 环境与物体温度的变化

度突然升高到 T_s 并保持不变,在热传导过程中,物体内部总有远离表面处的温度受不到表面温度的影响,仍保持为 T_0。图 8-21 所示为平面厚度方向(x 方向)板内温度 T 随时间 t 的分布情况。如半无限大平板的加热或冷却、工业炉炉底对不太深处地基或土壤的

加热、无过热的纯金属液浇入有平表面的型腔,在它凝固过程中砂型内温度分布的变化(此时砂型界面温度可近似看作恒定)等均属于这种情况。

导热方程应为

$$\frac{\partial T}{\partial t} = a \frac{\partial^2 T}{\partial x^2}$$

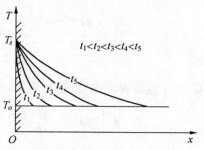

图 8-21 半无限大平板受热时温度 T 随时间 t 的分布

初始条件:$t = 0$ 时, $T = T_0$;

边界条件:$x = 0$ 时, $T = T_s$; $x = \infty$ 时, $T = T_0$。

令 $\theta = T - T_s$,将边界条件化为齐次的,得

$$\frac{\partial \theta}{\partial t} = a \frac{\partial^2 \theta}{\partial x^2}$$

初始条件:$t = 0$ 时, $\theta = T_0 - T_s = \theta_0$;

边界条件:$x = 0$ 时, $\theta = 0$。

$x = \infty$ 时,$T = T_0$ 的原边界条件在采用分离变量法求解时可不用。

利用前面介绍的分离变量法求解步骤,可求得上式的特解为

$$\frac{\theta}{\theta_0} = \frac{T - T_s}{T_0 - T_s} = \frac{2}{\sqrt{\pi}} \int_0^{\frac{x}{2\sqrt{at}}} e^{-\eta} d\eta = \mathrm{erf} \frac{x}{2\sqrt{at}} ① \quad (8-58)$$

式中 $\eta = \frac{x}{2\sqrt{at}}$;

$\mathrm{erf} \frac{x}{2\sqrt{at}}$ —— $\frac{x}{2\sqrt{at}}$ 的误差函数。

式(8-58)即为半无限大问题中温度场表达式。此一形式的表达式非常重要,在热量传输和质量传输中会经常遇到。

利用式(8-58)可以计算出任意给定时刻 t 时离受热表面距离为 x 处的温度,也可计算出在 x 点处达到某一温度 T 所需的时间。

图 8-22 为式(8-58)的图解。根据已知的 x 及 t,用 $\frac{x}{\sqrt{at}}$ 可由图 8-22 查得 $\frac{T - T_s}{T_0 - T_s}$ 后算出温度 T,或进行相反的运算。

利用式(8-58)及傅立叶定律可以求出通过平板受热表面($x = 0$)处的热流密度

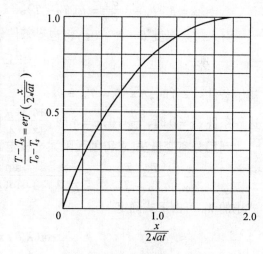

图 8-22 式(8-58)曲线

---

① $\mathrm{erf}\, N = \frac{2}{\sqrt{\pi}} e^{-\beta d\beta}$,称误差函数。$\mathrm{erf}\, 0 = 0$, $\mathrm{erf}\, \infty = 1$。

$$q_x = -\lambda \frac{\partial T}{\partial x}\bigg|_{x=0} = \lambda(T_s - T_0)\frac{1}{\sqrt{\pi at}}\exp(-\frac{x^2}{4at})\bigg|_{x=0}$$

或
$$q_x = \lambda(T_s - T_0)\frac{1}{\sqrt{\pi at}} \quad (W/m^2) \quad (8-59)$$

在 $0\sim t$ 这段时间内，流过每单位面积受热表面的热量为

$$Q_t = \int_0^t q_x dt = \int_0^t \lambda(T_s - T_0)\frac{1}{\sqrt{\pi at}}dt = 2\lambda(T_s - T_0)\sqrt{\frac{t}{\pi a}} \quad (J/m^2) \quad (8-60)$$

二、表面有对流换热时的一维非稳定导热

设有一块厚度为 2δ 的无限大平板，初始温度为 T_0。在初始瞬间将它置于温度为 T_∞ 的流体中（$T_\infty > T_0$），如图 8-23 所示。流体与平板表面间的对流换热系数 h 为常数。

将 x 轴的原点置于平板中心截面上，此为对称受热，只需研究厚度为 δ 的半块平板受热的情况。

该问题的偏微分方程及定解条件如下

$$\frac{\partial T}{\partial t} = a\frac{\partial^2 T}{\partial x^2}$$

初始条件：$t = 0$ 时，$T = T_0$；

边界条件：$x = 0$ 时，$\frac{\partial T}{\partial x} = 0$；

$x = \delta$ 时，$-\lambda\frac{\partial T}{\partial x} = h(T_0 - T)$。

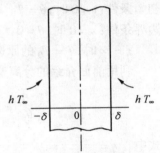

图 8-23 无限大平板在 T_∞ 环境中加热

引入过余温度 $\theta = T - T_\infty$，将边界条件化为齐次，即

$$\frac{\partial \theta}{\partial t} = a\frac{\partial^2 \theta}{\partial x^2}$$

初始条件：$t = 0$ 时，$\theta = T_0 - T_\infty = \theta_0$；

边界条件：$x = 0$ 时，$\frac{\partial \theta}{\partial x} = 0$，$x = \delta$ 时，$\frac{\partial \theta}{\partial x} + \frac{h}{\lambda}\theta = 0$。

利用分离变量法，求得的无限大平板中温度分布表达式为

$$\frac{\theta}{\theta_0} = \frac{T - T_\infty}{T_0 - T_\infty} = 2\sum_{n=1}^{\infty}\frac{\sin(\lambda_n\delta)}{\lambda_n\delta + \sin(\lambda_n\delta)\cos(\lambda_n\delta)}\exp(-\lambda_n^2 at)\cos(\lambda_n x) \quad (8-61)$$

式中的 λ_n 可由下式确定

$$\cot(\lambda_n\delta) = \frac{\lambda_n\delta}{\frac{h}{\lambda}\delta} = \frac{\lambda_n\delta}{Bi}$$

设 $\eta_n = \lambda_n\delta$，则式（8-61）可以写成下式

$$\frac{\theta}{\theta_0} = \frac{T - T_\infty}{T_0 - T_\infty} = 2\sum_{n=1}^{\infty}\frac{\sin\eta_n\cos(\eta_n\frac{x}{\delta})}{\eta_n + \sin\eta_n\cos\eta_n}\exp(-\eta_n^2 Fo) \quad (8-62)$$

由于式中 η_n 是 Bi 的函数，因而平板中的温度分布是 Bi、Fo 以及 $\frac{x}{\delta}$ 的函数，式

(8-62)可以写成

$$\frac{\theta}{\theta_0} = \frac{T - T_\infty}{T_0 - T_\infty} = f(Bi, F_0, \frac{x}{\delta}) \qquad (8-63)$$

在实际中采用式(8-62)计算$\frac{\theta}{\theta_0}$非常不方便,因而在工程上根据式(8-62)作出了计算$\frac{\theta}{\theta_0}$的诺谟图,图8-24是其中的一种,称为海斯勒姆图(Heisler Charts)。该图是计算平板中心截面上的无量纲过余温度$\frac{\theta_m}{\theta_0}$的诺谟图,图中以$F_0$(即$\frac{ht}{\delta^2}$)为横坐标,$\frac{1}{Bi}$作为参变量,由这两个数值可以查得相应的$\frac{\theta_m}{\theta_0}$。如果要计算距中心截面为$x$处的温度,可以在查出的$\frac{\theta_m}{\theta_0}$值上再乘以距离校正系数$\frac{\theta}{\theta_m}$。$\frac{\theta}{\theta_m}$的值可以根据$\frac{1}{Bi}$的值从相应的诺谟图上查取。图8-25是查取无限大平板的距离校正系数$\frac{\theta}{\theta_m}$值的诺谟图。

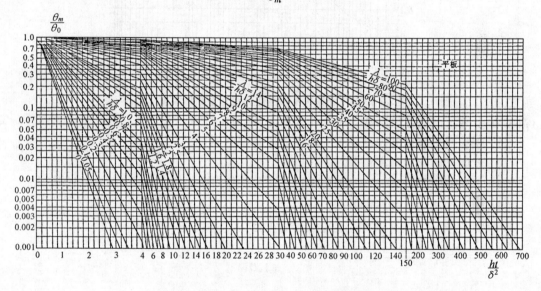

图8-24 无限大平板中心温度诺谟图

对于半径为R的无限长圆柱或球体,同样采用分离变量法可以求得其温度分布的分析解。它们的无量纲过余温度也是Bi、Fo及无量纲距离$\frac{r}{R}$的函数。r是欲确定温度的那一点的半径,$Bi = \frac{hR}{\lambda}$,$Fo = \frac{ht}{R^2}$都是以半径R作为特征尺寸的。为了实用计算方便,这些分析也都制成了诺模图,可在有关文献中查找。

需要指出的是,在上述求解过程中,曾假设平板处于受热状态,但是所得之解对于冷却的情况也是适用的。另外上面给出的图线仅适用于恒温介质的边界条件以及$Fo > 0.2$的情况。

例 一块厚度$\delta = 100$ mm的钢板放入温度为1 000 ℃的炉中加热,钢板单面受热,另一面可以近似认为绝热。钢板初始温度$T_0 = 20$ ℃,加热过程中平均对流换热系数$h =$

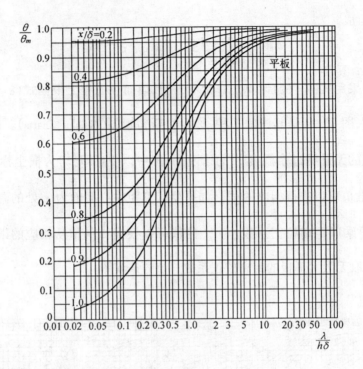

图 8-25 无限大平板的距离校正系数诺漠图

174 W/(m²·K),钢板导热系数 $\lambda = 34.8$ W/(m·K),$a = 0.555 \times 1.0^{-5}$ m²/s。试计算:

(1) 钢板受热表面的温度达到 500 ℃时所需要的时间;

(2) 此时剖面上的最大温差。

解 该问题相当于厚度为 200 mm 的平板在恒温介质边界条件下对称受热的情况。

(1) 求表面达 500 ℃所需时间 t

$$Bi = \frac{h\delta}{\lambda} = \frac{174 \times 0.1}{34.8} = 0.5$$

$$\frac{x}{\delta} = 1.0$$

由图 8-25 查得平板表面上的距离校正系数,$\dfrac{\theta}{\theta_m} = 0.8$。

根据已知数据,平板表面上的无量纲过余温度为

$$\frac{\theta}{\theta_0} = \frac{T - T_\infty}{T_0 - T_\infty} = \frac{500 - 1\,000}{20 - 1\,000} = 0.51$$

由于

$$\frac{\theta}{\theta_0} = \frac{\theta_m}{\theta_0} \cdot \frac{\theta}{\theta_m}$$

故得

$$\frac{\theta_m}{\theta_0} = \frac{\theta}{\theta_0} \bigg/ \frac{\theta}{\theta_m} = \frac{0.51}{0.8} = 0.637$$

根据 $\dfrac{\theta_m}{\theta_0}$ 以及 Bi 值,由图 8-24 查得 $Fo = 1.2$,于是

$$t = Fo\,\frac{\delta^2}{a} = 1.2 \times \frac{0.1^2}{0.555 \times 10^{-5}} = 2.16 \times 10^3 \text{ s}$$

(2) 求表面温度为 500 ℃时钢板剖面上最大温差 ΔT_{max}

由 $\dfrac{\theta_m}{\theta_0} = 0.637$ 得

$$T_m = 0.637\theta_0 + T_\infty = 0.637 \times (20 - 1\,000) + 1\,000 = 370 \text{ ℃}$$

式中，T_m——钢板绝热面温度（或 200 mm 厚钢板中心截面温度），在厚度方向上，中心截面温度最低。

钢板厚度剖面上最大温差为

$$\Delta T_{max} = 500 - 376 = 124 \text{ ℃}$$

8.6.3 简单多维非稳定导热乘积解

对于立方体、矩形棒、短圆柱体等这样一些几何形状简单的物体，导热过程往往是二维或三维的。这些形状的物体可以看成是由几个无限大物体相交而组成。如图 8-26 所示的阴影部分是有限长圆柱体，可看成是由无限长圆柱体与无限大平板垂直相交组成；图 8-27 中阴影部分为无限长直角柱体，可看作是由两块无限大平板垂直相交而成。

对于有限物体，如有限圆柱体、短方柱体等二维、三维的非稳定导热问题，其温度分布函数均可表示成为相应的二个或三个一维问题的解的乘积。有限物体内任意一点的无量纲过余温度，是相交的各无限大物体在此点无量纲过余温度的乘积。如图 8-26 中有限长圆柱体中部横截圆的表面（或中心）无量纲温度等于无限长圆柱体表面（或中心）无量纲温度与无限大平板中心无量纲温度的乘积，即

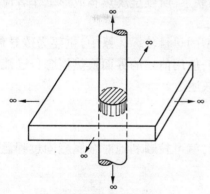

图 8-26 有限长圆柱体

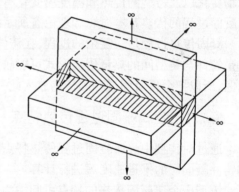

图 8-27 无限长直角柱体

$$\frac{\theta}{\theta_0} = R(r,t)X(x,t)$$

式中 $\dfrac{\theta}{\theta_0}$——无量纲温度；

$R(r,t)$——无限长圆柱体中无量纲的温度分布；

$X(x,t)$——x 方向无限大平板中无量纲温度分布。

采用上述方法，对于很多不同形状的固体可以给出乘积解。

例 在砂型中铸造一个直交型铸件，（图 8-28）。该铸件在 z 方向（垂直图面方向）可

以看成无限长。假设将无过热,凝固温度为 T_s 的纯金属浇入铸型,铸型初始温度为 T_0。试给出第一象限的砂型温度微分方程及定解条件,并给出其温度表达式。

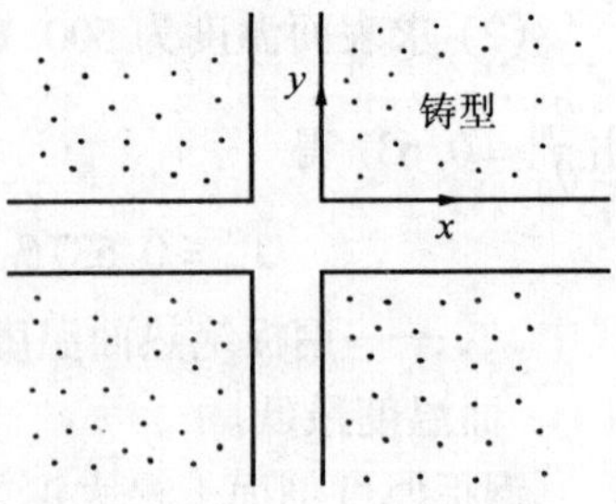

解 该问题属于表面温度不变二维非稳定导热,铸型中导热微分方程及定解条件为

$$\frac{\partial T}{\partial t} = a\left(\frac{\partial^2 T}{\partial x^2} + \frac{\partial^2 T}{\partial y^2}\right)$$

初始条件:$t = 0$ 时,$T = T_0$;
边界条件:$x = 0$ 时,$T = T_s$;$x = \infty$ 时,$T = T_0$;
$y = 0$ 时,$T = T_s$;$y = \infty$ 时,$T = T_0$。

图 8-28 直交型铸件及铸型

第一象限的砂型可以看成是两个半无限大平板相交的结果,根据式(8-58)可以直接写出第一象限铸型温度场的表达式

$$\frac{T(x,y,t) - T_s}{T_0 - T_s} = \mathrm{erf}\,\frac{x}{2\sqrt{at}}\,\mathrm{erf}\,\frac{y}{2\sqrt{at}}$$

8.7 金属凝固过程传热

在金属液进入铸型后进行冷却、凝固过程中的传热情况对铸件的成形过程具有很大的影响,如铸件上常见的缺陷缩孔、缩松、热裂、冷裂、变形、应力等都与铸件在凝固时的温度场变化以及铸型的传热和温度场变化有紧密的联系,所以金属热态成形工作者应对金属凝固过程的传热基本概念和理论有所了解。

凝固传热过程是一复杂的过程,在铸件-铸型的热量传输体系中,主要为传导传热,只是铸件与铸型间的热量传输形式可能较为复杂,但用前述的界面换热概念也已能解决问题,所以把金属凝固过程的传热放入此一章中叙述。

8.7.1 金属凝固过程传热特点

通过对铸型中金属凝固过程传热特点的分析,就可较顺利地对金属凝固过程温度场和铸件凝固层的推进速度等进行计算。

铸型中金属凝固传热的特点可归纳为以下几点:

(1) 金属在铸型中的凝固传热是不稳定过程,金属铸件和铸型中的温度场总是随时间发生变化;

(2) 由于金属凝固时会放出潜热,所以根据进入型腔后金属析出潜热的情况,可把金属凝固过程分成两个阶段,即(a) 放出过热热量阶段,在此阶段中金属以液态形式与铸型壁接触;(b) 凝固放热阶段。从铸件表面层出现固相晶粒开始至铸件中心液相消除止,此时除了析出由金属本身降温的热焓外,还需加上金属由液态变为同温固态时析出的潜热,它是在铸件的固液相共存区和结晶前缘上析出的,因此此一阶段的传热过程便成为有热源的过程,并且热源位置和放出热量的速率也是随时间而不断变化的。这使凝固传热计算变得复杂,常要采取各种简化处理方法,使传热计算得以顺利进行。如对有结晶温度区

间合金言,可把结晶潜热值加入到合金比热值中,即

$$c_{效} = c_{均} + \frac{L_1}{\Delta T_{结}} \tag{8-64}$$

式中 $c_{效}$——考虑了合金结晶潜热用来进行传热计算的合金等效比热;

$c_{均}$——结晶温度区间合金的平均比热,$c_{均} = \frac{c_{液} + c_{固}}{2}$,$c_{液}$ 和 $c_{固}$ 各为液态和固态合金的比热;

L_1——合金的结晶潜热;

$\Delta T_{结}$——合金液相线温度减去固相线温度。

有时也可把结晶潜热换算为可使合金温度提高所需的热量,在传热计算时人为地将合金液温度提高相应的度数。还有其它处理方法,不多述说。

(3) 金属凝固传热体系是由铸件、铸件铸型中间层和铸型组成的多层传热体系。当金属液理想紧密地接触铸型表面时,中间层为理想接触界面,面上无温度差,故在传热计算中不必考虑此种接触热阻。但一般金属液在接触铸型表面后,很快会在表面形成固态薄壳,铸件与铸型间便如 8.3.5 所叙述的那样形成了间隙,此间隙中除了有气体外,还应包括铸型表面的涂料层,传热计算中此间隙中的传热被视为一般性换热,采用式(7-11)计算热流量,同时把此式中 K 改为 h,得

$$q = h(T_{铸} - T_{型})$$

式中 $T_{铸}$、$T_{型}$——间隙两侧铸件表面和铸型表面的温度。

因此金属凝固时的热量传输受液态金属层热阻($R_L = \frac{\delta_L}{\lambda_L}$)、凝固金属层热阻($R_s = \frac{\delta_s}{\lambda_s}$)、间隙热阻($Ri = \frac{1}{h}$)和铸型热阻($R_m = \frac{\delta_m}{\lambda_m}$)的控制。其中 δ 表示相应传热体的厚度,λ 表示相应传热体的导热系数。由于这些热阻是串联的,而在整个传热系统中,它们之间的数值往往相差很大,而整个系统的热量传输速度总是受其中热阻最大的传热层控制,所以根据各种铸造工艺所具有热阻层的特点,可将金属凝固传热特点分为下述五类。

(1) 主要被铸型热阻控制的金属凝固传热,如一般砂型铸造;

(2) 主要被间隙热阻控制的金属凝固传热,如较薄铸件的金属型铸造;

(3) 主要被凝固层热阻控制的金属凝固传热,如连续铸造,水冷金属型中铸件的凝固;

(4) 主要被铸型热阻和凝固层热阻控制的金属凝固传热,如用厚壁金属型浇注厚大铸件。

(5) 铸型、间隙和凝固层热阻都起作用的金属凝固传热,如厚壁金属型和铸件间出现间隙或涂料。

下面将主要叙述这五种凝固传热的计算特点。

8.7.2 主要被铸型热阻控制的金属凝固传热

砂型、石膏型、陶瓷型等铸型的材料导热系数都比铸件金属的导热系数小得很多,而

且它们的壁厚又总是比铸件的壁厚大,故铸型的热阻常比铸件的热阻大得很多,凝固传热中铸型中的温度梯度总是相对很大的,与此相比,常可把铸件中的温度梯度忽略不计。铸型、铸件间和凝固层中的温度差都很小,也可不予考虑,金属凝固时通过铸型外表面散发的热量很小,可将铸型外表面的温度视为室温,因此铸件凝固期间的传热可视为主要由铸型热阻所控制。因此可根据铸型中温度分布,利用傅立叶定律求出通过铸型的热流密度,进而求得铸件凝固速度、凝固时间等有关表达式。

设纯金属或共晶金属在无过热情况下浇入铸型的平面型腔中,铸型的初始温度为 T_0,在 $t=0$ 时与金属液接触的铸型内表面温度突然升高到金属液的熔点温度 T_M,且在随后的金属凝固过程中保持不变,如图 8-29 所示。由于一直到铸件凝固完毕时,可把铸型外表面温度视为室温,因此可把铸型当做半无限大物体。描述铸型中温度场的微分方程及定解条件应为

$$\frac{\partial T}{\partial t} = a_m \frac{\partial^2 T}{\partial x^2}$$

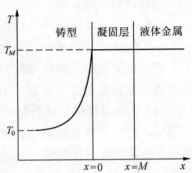

图 8-29 热阻相对很大铸型中金属与铸型的温度分布

初始条件:$t=0$ 时,$T=T_0$;
边界条件:$x=0$ 时,$T=T_M$;
$x=-\infty$ 时,$T=T_0$。

式中 a_m ——铸型热扩散系数,$a_m = \frac{\lambda_m}{\rho_m c_{pm}}$。

参照前面介绍的半无限大物体非稳定导热的解式(8-58),所得到的铸型中温度场表达式如下

$$\frac{T-T_M}{T_0-T_M} = \mathrm{erf} \frac{x}{2\sqrt{a_m t}} \tag{8-58}$$

设铸件的凝固速度为 $\frac{\mathrm{d}M}{\mathrm{d}t}$,则根据如下热平衡关系可求得凝固层厚度与时间的关系:

[金属凝固释放结晶潜热的热流通量 $\left(\rho_s L \frac{\mathrm{d}M}{\mathrm{d}t}\right)$] = [通过铸型表面层传导输入铸型的热流通量]

即

$$\rho_s L \frac{\mathrm{d}M}{\mathrm{d}t} = -\lambda_m \frac{\partial T}{\partial x}\bigg|_{x=0} \tag{8-65}$$

式中 ρ_s ——凝固层金属的密度;
L ——金属结晶潜热;
λ_m ——铸型导热系数;
M ——凝固层厚度。

根据式(8-58)可以求得铸型——铸件界面处的温度梯度

$$\frac{\partial T}{\partial x}\bigg|_{x=0} = (T_0 - T_M)\frac{1}{\sqrt{\pi a_m t}}$$

将上式代入到式(8-65)中整理得凝固速度表达式

$$\frac{dM}{dt} = \frac{(T_M - T_0)\sqrt{\lambda_m \rho_m c_{pm}}}{\rho_s L \sqrt{\pi t}}$$

积分上式可以求得凝固层厚度 M 与时间 t 的关系

$$M = \frac{2}{\sqrt{\pi}} \frac{T_M - T_0}{\rho_s L} \sqrt{\lambda_m \rho_m c_{pm}} \sqrt{t} = C\sqrt{t} \qquad (8-66)$$

式中 C——凝固常数,$C = \frac{2}{\sqrt{\pi}} \frac{T_M - T_0}{\rho_s L}\sqrt{\lambda_m \rho_m c_{pm}}$,$\sqrt{\lambda_m \rho_m c_{pm}}$ 称铸型蓄热系数。

由该式可知,平板形铸件凝固时,凝固层厚度与凝固时间的平方根成正比,而凝固常数则直接受铸型和金属的物性值以及金属的凝固温度和铸型初始温度的影响。

式(8-66)只适用于平板形铸件,铸件形状不同时,通过铸件表面的散热速度是不一样的,如图 8-30 所表示三种不同形状散热表面的形状,显然凸出铸件表面的散热速度比

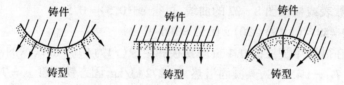

图 8-30 不同形状铸件表面的散热方式

其它两种表面大,而凹入铸件表面的散热速度最小。体积为 V 的铸件全部凝固时放出的总潜热应为 $\rho_s V L$,而在凝固时间 t 内通过铸件表面积 F 进入铸型的热量应为 $\int_0^t -\lambda_m \frac{\partial T}{\partial x}\bigg|_{x=0} \cdot F dt$,此两热量应相等,即

$$\int_0^t -\lambda_m \frac{\partial T}{\partial x}\bigg|_{x=0} \cdot F dt = \rho_s V L$$

将 $\frac{\partial T}{\partial x}\bigg|_{x=0} = (T_0 - T_m)\frac{1}{\sqrt{\pi a_m t}}$ 代入此式,经积分整理后得

$$t = \left[\frac{\pi}{4}\left(\frac{\rho_s L}{T_M - T_0}\right)^2 \frac{1}{\lambda_m \rho_m c_{pm}}\right]\left(\frac{V}{F}\right)^2 = K\left(\frac{V}{F}\right)^2 \qquad (8-67)$$

式中 K 即为式(8-66)中凝固常数 C 平方的倒数,即 $K = \frac{1}{C^2}$。此式称契伏利诺夫(Chvorinov)式,式中 $\frac{V}{F}$ 即为铸件形状对铸件凝固时间的影响因素。当铸件为平板时,$\frac{V}{F}$ 即为铸件的厚度,故对不是平板形状的铸件言,一些文献常把 $\frac{V}{F}$ 称为折算厚度,不少铸造文献称 $\frac{V}{F}$ 为模数,可用此值评价铸件不同部位的凝固速度,$\frac{V}{F}$ 大,则凝固速度慢。对长的圆柱体形铸件言,$\frac{V}{F} = \frac{r}{2}$,$r$ 为圆柱体半径;对球体形铸件言 $\frac{V}{F} = \frac{r}{3}$,$r$ 为球的半径。可从有关文献中查得不同形状铸件的 $\frac{V}{F}$ 值。

当浇注的金属液具有过热温度时,金属完全凝固时通过铸型壁传出的热量应为潜热 $\rho_s V L$ 和过热热量 $\rho_l c_{pl} V \Delta T_s$ 之和,ρ_l、c_{pl} 和 ΔT_s 为金属液的密度、比热和过热温度。可把过

热热量折算为结晶潜热加入到结晶潜热值中,取 $\rho_s = \rho_l$,得 $L_{效} = L + c_{pl}\Delta T_s$,即考虑过热热量时的等效金属结晶潜热为金属本身潜热和过热折算潜热之和,将 $L_{效}$ 替代 L 利用式(8-67)计算金属完全凝固所需的时间。

例 求浇注完大型平板铸钢件半小时(t)后离铸型内表面深度为 $x = 35.5$ mm 处砂型的温度(T)。浇注温度即为凝固温度 $T_M = 1\,450$ ℃,砂型初温 $T_0 = 20$ ℃,铸型热扩散系数 $a_m = 0.7 \times 10^{-6}$ m²/s。

解 由式(8-58)

$$T = T_M - (T_M - T_0)\,\text{erf}\,\frac{x}{2\sqrt{a_m t}}$$

$$\frac{x}{2\sqrt{a_m t}} = \frac{0.035\,5}{2\sqrt{0.7 \times 10^{-6} \times 0.5 \times 3\,600}} = 0.5$$

查误差函数表或根据图 8-22 的曲线,可得 erf(0.5) = 0.52。

所以 $T = 1\,450 - (1\,450 - 20) \times 0.52 = 706$ ℃

例 计算在砂型中浇注的 0.1 m 厚铁板和半径(r)为 0.05 m 铁球的凝固时间。已知铁水凝固温度 $T_M = 1\,450$ ℃,其凝固潜热 $L = 272$ kJ/kg,固态铁密度 $\rho_s = 7\,700$ kg/m³,型砂密度 $\rho_m = 1\,600$ kg/m³,型砂比热 $c_{pm} = 1.17$ kJ/(kg·K),型砂热扩散系数 $a_m = 0.461 \times 10^{-6}$ m²/s,砂型初温 $T_0 = 30$ ℃。

解 用式(8-67)计算 t。该式的 K 为

$$K = \frac{\pi}{4}\left(\frac{\rho_s L}{T_M - T_0}\right)^2 \frac{1}{\lambda_m \rho_m c_{pm}} = \frac{\pi}{4}\left(\frac{\rho_s L}{T_M - T_0}\right)^2 \frac{1}{a_m \rho_m^2 c_{pm}^2} =$$

$$\frac{\pi}{4}\left(\frac{7\,700 \times 272 \times 10^3}{1\,450 - 30}\right)^2 \times \frac{1}{0.461 \times 10^{-6} \times 1\,600^2 \times 1.17^2 \times 10^6} = 1\,057\,528$$

计算铁板凝固时间,因铁板两面散热,所以 $\frac{V}{F}$ 应为板厚的一半,即 $\frac{V}{F} = 0.05$ m,故铁板凝固时间

$$t_1 = K\left(\frac{V}{F}\right)^2 = 1\,057\,528 \times (0.05)^2 = 2\,643.85 = 0.734 \text{ h}$$

计算铁球凝固时间,$\frac{V}{F} = \frac{r}{3}$

$$t_2 = K\left(\frac{V}{F}\right)^2 = 1\,057\,528 \times \left(\frac{0.05}{3}\right)^2 = 293.7 \text{ s} = 0.086 \text{ h}$$

8.7.3 主要被间隙热阻控制的金属凝固传热

当在金属型中浇铸较薄的铸件时,铸件和铸型材料的导热系数相对很大,故它们的热阻往往比由气体和涂料层组成的间隙热阻小得多,金属凝固时铸件和铸型中的温度梯度比间隙中的温度梯度小,甚至可达到相对地被忽略不计的程度,这样就建立了单独计算间隙传热以替代整个系统传热计算的条件。下面分两种情况讨论。

一、凝固层中无温度梯度

设纯金属在无过热下浇入导热系数很大的铸型中(设铸型型腔为平表面),金属铸型

初始温度为 T_0，并在铸件凝固过程中保持不变，如图 8-31 所示。热平衡关系式应为：

[金属凝固释放结晶潜热的热流通量] = [通过间隙传出的热流通量]

即

$$\rho_s L \frac{dM}{dt} = h(T_M - T_0) \tag{8-68}$$

式中 h——间隙综合换热系数，该换热系数综合反映了间隙中气体及涂料层中的传热作用。

对上式进行整理并积分，可以得到铸件凝固层厚度与时间的关系

$$M = \frac{h(T_M - T_0)}{\rho_s L} t = Ct \tag{8-69}$$

式中 $C = \dfrac{h(T_M - T_0)}{\rho_s L}$。

金属型铸造或压铸薄壁铝合金、铜合金等导热性能良好的铸件时即属于此种讨论情况。

二、凝固层中有温度梯度

如果凝固层内存在温度梯度，这时凝固层表面的温度不是 T_M 而为 T_s，如图 8-32 所示。

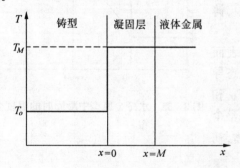

图 8-31 金属型中凝固时温度分布(凝固层中无温度梯度)

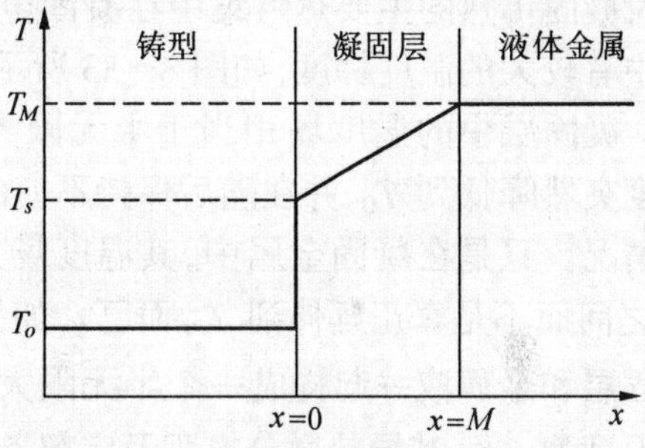

图 8-32 金属型中凝固时温度分布(凝固层中有温度梯度)

假设凝固层中温度分布为线性，在间隙处建立的热平衡关系式为：

[凝固金属传导的热流通量] = [通过间隙传出的热流通量]

即

$$q\Big|_{x=0} = -\lambda_s \frac{\partial T}{\partial x} = h(T_s - T_0) \tag{8-70}$$

式中 T——凝固层中温度。

由于凝固层中温度分布为线性，$\dfrac{\partial T}{\partial x}=$ 常数，即 $\dfrac{\partial T}{\partial x} = \dfrac{T_s - T_M}{M}$，代入上式并消去 T_s 得

$$q\Big|_{x=0} = \frac{T_M - T_0}{\dfrac{M}{\lambda_s} + \dfrac{1}{h}}$$

式中 M——凝固层厚度；

λ_s——凝固层导热系数。

上式所给出的热流密度应等于金属凝固放出的结晶潜热，即

$$\frac{T_M - T_0}{\dfrac{M}{\lambda_s} + \dfrac{1}{h}} = \rho_s L \frac{dM}{dt}$$

对上式整理并积分得

$$M = \frac{h(T_M - T_0)}{\rho_s L}t - \frac{h}{2\lambda_s}M^2 \tag{8-71}$$

上述讨论的情况对于估算在重型金属型中浇注薄截面小零件的凝固时间是很有用的。更细致的分析是假设凝固层中的温度分布为非线性的，如按正弦曲线、抛物线分布等，需根据具体情况确定。

8.7.4 主要被凝固层热阻控制的金属凝固传热

金属液在水冷金属型中凝固是凝固层中热阻为主的凝固传热的典型例子。水冷金属型的冷却能力强，铸型壁薄而导热热阻很小，通过控制冷却水温度和流量，可以使得薄壁的金属型温度保持近似恒定（T_0）。在不考虑铸件-铸型间隙热阻的情况下，凝固金属表面温度等于铸型温度。此时凝固传热的主要热阻集中在凝固金属层中，铸件中有较大的温度梯度，如图8-33所示。

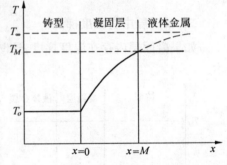

图8-33 水冷金属型中凝固时的温度分布

凝固层中的温度场相当于半无限大物体表面温度突然降低到 T_0，并在随后保持不变的非稳态导热情况。只是在凝固金属中，其温度场是在 T_M 和 T_0 之间而不是真正延伸到 T_∞ 而已。如果假想整个凝固层和金属液一起构成一个半无限大的物体，初始温度为 T_∞，其导热微分方程及定解条件为

$$\frac{\partial T}{\partial t} = a_s \frac{\partial^2 T}{\partial x^2}$$

初始条件：$t=0$ 时，$T=T_\infty$；
边界条件：$x=0$ 时，$T=T_0$；
$\quad\quad\quad\quad x=\infty$ 时，$T=T_\infty$。

式中 a_s——凝固金属层热扩散系数。

上述方程的解为

$$\frac{T - T_0}{T_\infty - T_0} = \mathrm{erf}\, \frac{x}{2\sqrt{a_s t}} \tag{8-72}$$

在 $x=M$ 处，上式为

$$\frac{T_M - T_0}{T_\infty - T_0} = \mathrm{erf}\, \frac{M}{2\sqrt{a_s t}} \tag{8-73}$$

此式左端为一常数，因此其右端必然为常数，即有

$$\frac{M}{2\sqrt{a_s t}} = \beta = 常数$$

或
$$M = 2\beta\sqrt{a_s t} \tag{8-74}$$

根据上式,只要知道 β,则凝固层厚度与时间的关系也就确定。

在凝固层-液体金属界面处,建立热平衡关系:

[金属凝固释放结晶潜热的热流通量]=[导入凝固层的热流通量]

而
$$\rho_s L \frac{dM}{dt} = \lambda_s \frac{\partial T}{\partial x}\bigg|_{x=M} \tag{8-75}$$

将式(8-72)、(8-73)代入到式(8-75)中,整理得到下式

$$\beta e^{\beta^2} \mathrm{erf}\beta = (T_M - T_0)\frac{c_{ps}}{L\sqrt{\pi}} \tag{8-76}$$

式中 c_{ps}——凝固层金属比热;

L——液体金属凝固潜热。

由此式可以求得 β,由式(8-73)求得 T_∞,最终可以由式(8-72)得到凝固层中温度分布曲线。

在实际中,为应用方便,将(8-76)制成如图 8-34 所示的曲线。该图适用于平板状或大平面状铸件。对于长圆柱体和球体铸件,在相同边界条件下的凝固时间计算可以参阅有关文献资料。

利用本小节的计算公式确定凝固初始阶段以后水冷铜结晶器中大钢锭的凝固速率,具有重要的实际意义。

例 温度为熔点温度 1 539 ℃ 的纯铁液浇入到水冷铜型中进行凝固,试计算厚度为 100 mm 的板形铁件的完全凝固时间。纯铁的物性参数为: $T_M = 1\ 539$ ℃,$L = 2.72 \times 10^5$ J/kg,$\rho_s = 7\ 850$ kg/m³,$c_{ps} = 669.5$ J/(kg·K),$\lambda_s = 83.1$ W/(m·K)。冷却水平均温度 $T_0 = 27$ ℃。

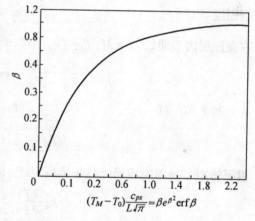

图 8-34 式(8-76)的 β 值计算曲线

解 由于板形铸件两面同时冷却凝固,相当于完全凝固层厚度为 50 mm 的半面凝固情况,即 $M = 50$ mm。

在水冷铜型中凝固条件下,凝固金属层表面温度 T_s 应等于水冷铜型的温度 T_0,先计算式(8-76)的右项值,即

$$(T_M - T_s)\frac{c_{ps}}{L\sqrt{\pi}} = (1\ 539 - 27)\frac{669.5}{2.72 \times 10^5 \sqrt{\pi}} = 2.10$$

根据此值,由图 8-34 可查得 $\beta = 0.98$。故由式(8-74)得

$$t = \left(\frac{M}{2\beta}\right)^2 \frac{1}{a_s} = \frac{M^2}{4\beta^2}\frac{\rho_s c_{ps}}{\lambda_s} = \frac{(0.05)^2}{4 \times 0.98^2} \times \frac{7\ 850 \times 669.5}{83.1} = 41.2\ \mathrm{s}$$

8.7.5 铸型热阻和凝固层热阻都起作用的金属凝固传热

在无涂料的厚金属型中浇注厚大的铸件时,凝固期间在铸件的凝固层和铸型壁中都会有明显的温度梯度,此时铸型热阻和凝固层热阻都对传热过程有影响。

如铸件－铸型界面上的温度为 T_s,铸型外表面温度为 T_0 并保持不变,浇注金属的温度为凝固温度 T_M,其温度分布曲线示于图 8－35。这样的传热系统可视为两个相互连接的半无限大平面物体的传热：凝固层中温度场相当于表面温度降到 T_s 并保持不变的半无限大物体的传热；铸型中温度场相当于表面温度升为 T_s 并保持不变的半无限大物体的传热。它们的温度分布表达式应为

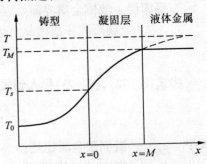

图 8－35 铸型、铸件凝固层中都有温度降时金属凝固过程温度分布

铸型
$$\frac{T - T_s}{T_0 - T_s} = \mathrm{erf} \frac{-x}{2\sqrt{a_m t}} \tag{8-77}$$

凝固层
$$\frac{T - T_s}{T_\infty - T_s} = \mathrm{erf} \frac{-x}{2\sqrt{a_s t}} \tag{8-78}$$

在凝固层内表面处,$x = M$,$T = T_M$,则式(8-78)有

$$\frac{T_M - T_s}{T_\infty - T_s} = \mathrm{erf} \frac{M}{2\sqrt{a_s t}} = \mathrm{erf}\,\beta \tag{8-79}$$

与上节一样
$$M = 2\beta\sqrt{a_s t}$$

$$(T_M - T_s)\frac{c_{ps}}{L\sqrt{\pi}} = \beta e^\beta \mathrm{erf}\,\beta \tag{8-76}$$

根据铸型－凝固层界面处热平衡确定 T_s,即

$$\lambda_m \frac{\partial T}{\partial x}\bigg|_{x=0} = \lambda_s \frac{\partial T}{\partial x}\bigg|_{x=0} \tag{8-80}$$

由式(8-77)和式(8-78)可得

铸型
$$\frac{\partial T}{\partial x}\bigg|_{x=0} = \frac{T_s - T_0}{\sqrt{\pi a_m t}} \tag{8-81}$$

铸件
$$\frac{\partial T}{\partial x}\bigg|_{x=0} = \frac{T_\infty - T_s}{\sqrt{\pi a_s t}} \tag{8-82}$$

把式(8-81)和(8-82)代入式(8-80),同时取 $a_m = \frac{\lambda_m}{\rho_m c_{pm}}$、$a_s = \frac{\lambda_s}{\rho_s c_{ps}}$,得

$$\frac{T_s - T_0}{T_\infty - T_s} = \sqrt{\frac{\lambda_s \rho_s c_{ps}}{\lambda_m \rho_m c_{pm}}} \tag{8-83}$$

将式(8-83)除以式(8-79),可得

$$\frac{T_s - T_0}{T_M - T_s} = \sqrt{\frac{\lambda_s \rho_s c_{ps}}{\lambda_m \rho_m c_{pm}}} \bigg/ \mathrm{erf}\,\beta \tag{8-84}$$

将式(8-84)与式(8-76)相乘,再加式(8-76),得

$$\frac{(T_M - T_0)c_{ps}}{L\sqrt{\pi}} = \beta e^{\beta^2}\left(\sqrt{\frac{\lambda_s \rho_s c_{ps}}{\lambda_m \rho_m c_{pm}}} + \mathrm{erf}\beta\right) \tag{8-85}$$

此式已绘成如图(8-36)所示的曲线图,可由 $\frac{(T_M - T_0)c_{ps}}{L}$ 和 $\sqrt{\frac{\lambda_s \rho_s c_{ps}}{\lambda_m \rho_m c_{pm}}}$ 值查得 β 值,再用式 $M = 2\beta\sqrt{a_s t}$,求得凝固层厚度或凝固时间;也可由式(8-76)计算 T_s,或从由式(8-76)制成的曲线图(图8-37)中查得 T_s 值,由式(8-83)计算 T_∞,将 T_∞ 值代入式(8-78)中,可确定凝固金属中的温度场。

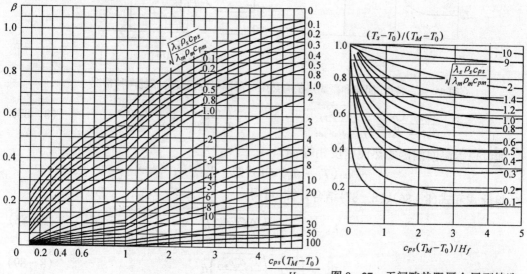

图8-36 无间隙热阻厚金属型铸造 β 值曲线图

图8-37 无间隙热阻厚金属型铸造铸型—铸件界面相对温度曲线图

8.7.6 铸型、间隙和凝固层的热阻都起作用时的金属凝固传热

如果在浇注厚大铸件的厚壁金属型工作表面有涂料层,并在凝固时铸件-铸型间出现气隙,则此时除了铸型和凝固层中的热阻外,不应忽略间隙的热阻。这样铸件和铸型表面的温度 T_{s1} 和 T_{s2} 将不相等,并且还随时间不断变化(图8-38)。

为求解此问题,可设想间隙内有一等温界面,此界面上的温度 T_s 在凝固过程中总保持不变,而靠近铸件一侧的间隙物性与铸件相同,靠近铸型一侧的间隙物性与铸型相同。而间隙总热阻 $\frac{1}{h}$ 应为铸件侧间隙热阻 $\frac{1}{h_1}$ 与铸型侧间隙热阻 $\frac{1}{h_2}$ 之和,即

$$\frac{1}{h} = \frac{1}{h_1} + \frac{1}{h_2}$$

或

$$\frac{h_2}{h} = \frac{h_2}{h_1} + 1, \qquad \frac{h_1}{h} = \frac{h_1}{h_2} + 1 \tag{8-86}$$

可把间隙传热近似地视为两相连接大平面物体的传热,故可直接利用式(8-83),并用 T_{s1} 替换 T_∞,T_{s2} 替换 T_0,得

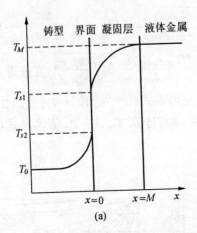
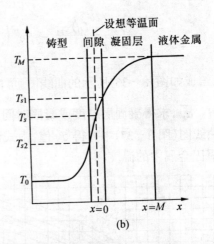

图 8-38 铸型、间隙和凝固层都有热阻时凝固过程温度分布的两种情况

$$\frac{T_s - T_{s2}}{T_{s1} - T_s} = \sqrt{\frac{\lambda_s \rho_s c_{ps}}{\lambda_m \rho_m c_{pm}}} \quad 或 \quad \frac{T_{s1} - T_s}{T_s - T_{s2}} = \sqrt{\frac{\lambda_s \rho_s c_{ps}}{\lambda_m \rho_m c_{pm}}} \tag{8-87}$$

如设想等温面两侧的热流密度相等,则

$$h_1(T_{s1} - T_s) = h_2(T_s - T_{s2})$$

将此式和式(8-86)、(8-87)结合计算,可得

$$h_1 = \left(1 + \sqrt{\frac{\lambda_s \rho_s c_{ps}}{\lambda_m \rho_m c_{pm}}}\right) h \tag{8-88}$$

$$h_2 = \left(1 + \sqrt{\frac{\lambda_m \rho_m c_{pm}}{\lambda_s \rho_s c_{ps}}}\right) h \tag{8-89}$$

根据式(8-88)和式(8-89)得知间隙热阻 h_1 和 h_2 后,计算铸件、铸型传热的步骤为:

(1) 先假设铸件、铸型间无间隙热阻,求出 T_s 值;

(2) 若欲求凝固层厚度 M 与时间 t 的关系,可参照图 8-32 情况计算,但在凝固层中温度不是直线分布,故需对式(8-71)作如下修正

$$M = \frac{h_1(T_M - T_0)}{B\rho_s L} t - \frac{h_1}{2\lambda_s} M^2 \tag{8-90}$$

式中 $B = \frac{1}{2} + \sqrt{\frac{1}{4} + \frac{c_{ps}(T_M - T_0)}{3L}}$,$h_1$ 由式(8-88)求得。

(3) 若研究铸型中的传热,这种传热可视为表面有热阻的无限大物体的传热(图 8-39),铸型中导热微分方程和定解条件为

$$\frac{\partial T}{\partial t} = a_m \frac{\partial^2 T}{\partial x^2}$$

初始条件:$t = 0$ 时,$T = T_0$;

边界条件:$x = 0$ 时,$\lambda_m \frac{\partial T}{\partial x} = h_2(T - T_s)$; $x = \infty$ 时,$T = T_0$。

求解结果为

$$\frac{T - T_0}{T_s - T_0} = \mathrm{erfc}\left(\frac{x}{2\sqrt{a_m t}}\right)^{①} - e^{\gamma} \mathrm{erfc}\left[\frac{x}{2\sqrt{a_m t}} + \frac{h_2}{\lambda_m}\sqrt{a_m t}\right] \qquad (8\text{-}91)$$

式中 $\gamma = \dfrac{h_2}{\lambda_m}\sqrt{a_m t}\left[\dfrac{x}{\sqrt{a_m t}} + \dfrac{h_2}{\lambda_m}\sqrt{a_m t}\right]$。

式(8-91)解的曲线示于图 8-40。表 8-6 示出了一些铸造条件下的间隙换热系数 h 值。

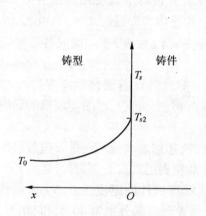

图 8-39 铸型的表面有热阻无限大物体传热

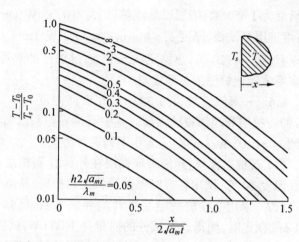

图 8-40 具有表面热阻的半无限大固体中温度变化曲线

表 8-6 凝固传热间隙有效换热系数实验值

铸造条件		$h\ (\mathrm{W/(m^2 \cdot K)})$	铸造条件	$h\ (\mathrm{W/(m^2 \cdot K)})$
一般连续铸造		284~2 268	表面涂无定形碳的灰铁铸型中铸可锻铸铁	1698
连续铸造 $0.1 \times 0.1\ \mathrm{m}$ 钢坯	拉速 0.5 m/min	483	铸铁型中铸钢锭	1 022
	拉速 2.5 m/min	794	离心铸钢型中铸铜	227~341
	拉速 4.37 m/min	1079	小型铜型中铸铝合金	1 704~2 559

习 题

8.1 平壁的厚度为 δ,两表面温度分别为 T_1 和 T_2,且 $T_1 > T_2$,平壁材料的导热系数是温度的线性函数,$\lambda = \lambda_0(1 + bT)$。试求热通量的表达式并分析该导热过程的热通量是否随 λ 变化。

8.2 为什么多孔材料的隔热性能较好?若多孔材料被水浸湿以后其导热性能有何变化?

---

① $\mathrm{erfc}(z) = 1 - \mathrm{erf}(z) = \dfrac{2}{\sqrt{\pi}}\int_z^{\infty} e^{u^2} \mathrm{d}u$,称余误差函数。

8.3　厚度分别为 δ_1 及 δ_2，且 $\delta_1 > \delta_2$ 的两平壁复合为多层平壁。其导热系数分别为 λ_1 及 λ_2，且 $\lambda_1 < \lambda_2$。两侧壁温分别为 T_1 及 T_2，且 $T_1 > T_2$。在稳定传热情况下，试分析两平壁接触面处的温度接近 T_1 还是接近 T_2？

8.4　试以傅立叶定律导出图 8-4 所示单层平壁一维稳定导热的热流量公式 (8-16) 和式 (8-17)。

8.5　一炉壁由三层材料组成，第一层是耐火砖，其 $\lambda_1 = 1.7$ W/(m·k)，允许的最高使用温度为 1 450 ℃；第二层是绝热砖，$\lambda_2 = 0.35$ W/(m·K)，允许的最高使用温度为 1 100 ℃；第三层是铁板，厚度 $\delta_3 = 6$ mm，$\lambda_3 = 40.7$ W/(m·K)。炉壁内表面温度 $T_1 = 1 350$ ℃，外表面温度 $T_2 = 220$ ℃，热稳定状态下，通过炉壁的热通量 $q = 4 652$ W/m²。试问各层壁应该多厚才能使炉壁的总厚度最小。

（答：91 mm，66mm）

8.6　一蒸汽管外径为 30 mm，外表面温度 350 ℃。蒸汽管外表面包敷厚度均为 15 mm 的石棉层和超细玻璃棉层。其中石棉导热系数 $\lambda_1 = 0.14$ W(m·K)，超细玻璃棉的导热系数 $\lambda_2 = 0.05$ W/(m·K)。采用下列两种方案：

（1）石棉层在里，超细玻璃棉层在外；（2）石棉层在外，超细玻璃棉层在里。包敷层外表面温度 30 ℃，试求各方案单位管长的热损失，从减少热损失的观点看，哪种方案好？

8.7　采用实验法测定某材料的导热系数，已知该材料试件的厚度为 2.5 cm，面积 0.1 m²。稳定时，测得通过试件的热量是 1 000 W，试件两表面温度分别为 40 ℃ 和 90 ℃，中心平面上的温度为 56 ℃，试给出该材料的导热系数随温度化的函数关系式。

（答：$\lambda = 15.75(1 - 0.0105T)$）

8.8　炉壁依次由耐火砖、绝热材料和铁板组成。耐火砖的导热系数 $\lambda_1 = 1.047$ W/(m·K)，厚度 $\delta_1 = 50$ mm；绝热材料的导热系数 $\lambda_2 = 0.116$ W/(m·K)；铁板的导热系数 $\lambda_3 = 58$ W/(m·℃)，厚度 $\delta_3 = 5$ mm。假设热流密度 $q = 465$ W/m²，耐火砖内表面温度为 600 ℃，铁板外表面温度为 40 ℃，试求绝热材料的厚度以及各层接触面的温度。

（答：134 mm、577.8℃、40.7℃）

8.9　在三层平壁的稳定导热系统中，已测得 T_1、T_2、T_3、T_4 依次为 600℃、500℃、200℃ 及 100℃，试求各层热阻在总热阻中所占的比例。　　（答：20%、60%、20%）

8.10　试阐明下列两个准则的物理意义：(1) 毕奥准则 Bi；(2) 傅立叶准则 Fo。

8.11　设有一直径为 5 cm、长 30 cm 的钢质圆柱体，初始温度 $T_0 = 30$ ℃，现放入炉温为 $T_\infty = 1 200$ ℃ 的加热炉中加热，试求需多少时间可将圆柱体加热到 800℃。已知钢质圆柱体的 $c_p = 0.48$ kJ/(kg·℃)，$\rho = 7753$ kg/m³，$\lambda = 33$ W/(m·K)，钢质圆柱体与炉气间的总热交换系数 $h = 140$ W/(m²·K)。

（答：329 s）

8.12　一球形热电偶结点，初始温度为 T'，要求初始温度的热电偶与温度为 T_f 的流体接触后，在 1 秒钟内所指示温度的过余温度比 $\theta/\theta' = (T - T_f)/(T' - T_f) = 0.98$。设结点材料的 $\rho = 8 000$ kg/m³，$c_p = 418$ J/(kg·K)，$\lambda = 52$ W/(m·K)，结点与流体间的换热系数 $h = 57$ W/(m²·K)。试求球形热电偶结点的最大允许半径。　（答：2.53 mm）

8.13　一直径为 0.5 mm 的热电偶，其材料的密度 $\rho = 8 930$ kg/m³、比热 $c_p = 400$ J/(kg·K)，初始温度为 25℃，被突然放入换热系数 $h = 95$ W/(m²·K)，温度为 120℃ 的气流中。

试问热电偶的过余温度为初始过余温度的 1% 及 0.1% 时需要多少时间?这时热电偶所指示的温度是多少? (答:$t_1 = 21.64$ s、$t_2 = 32.48$ s,$T_1 = 119.05$ ℃、$T_2 = 119.9$ ℃)

8.14 内热阻相对于外热阻很小($Bi < 0.1$)的物体放入温度为 T_f 的常温介质中冷却。物体的初始温度为 T_i,t_1 时刻的温度为 T_1。试求该物体温度随时间的变化关系。

(答:$t/t_1 = \ln\dfrac{T - T_f}{T_i - T_f} \Big/ \ln\dfrac{T_1 - T_f}{T_i - T_f}$)

8.15 把一块初始温度为 $T_0 = 25$ ℃、导热系数 $\lambda = 40$ W/(m·K)、$a = 6 \times 10^{-6}$ m²/s(物性认为常数)、厚度 $2\delta = 60$ mm 的钢板置入恒定炉温为 $T_f = 1025$ ℃的加热炉内加热。其换热系数 $h = 200$ W/(m·K)。试计算:(1) 加热到 5 分钟时,板中心、板面和 1/4 厚度处的温度;(2) 板中心温度达到 800 ℃时所需时间。

(答:325 ℃,374 ℃,335.5 ℃,0.362 5 h)

8.16 一冶金炉的炉底用 0.8 mm 厚的粘土砖直接砌在混凝土基础上。开工后,炉内表面温度立即升至 800 ℃并保持不变。试计算砖与混凝土界面处何时开始升温?一周后该处温度为多少? 设砖及混凝土的热扩散系数均为 5.9×10^{-7} m²/s。

(答:18.83 h,285 ℃)

8.17 将熔滴落入 38 ℃的水中以制取铜丸。熔滴可以近似看作为直径 5 mm 的球体。试计算温度为 1 200 ℃的熔滴滴入水中时使之冷却至 90 ℃所需的总时间。已知铜的物性参数为:凝固点 $T_M = 1083$ ℃,$c_{pL} = 0.5$ kJ/(kg·K),$c_{ps} = 0.377$ kJ/(kg·K),熔化热 $L = 207.1$ kJ/kg、$\rho_L = 8500$ kg/m³、$\rho_s = 8900$ kg/m³。熔滴与水之间的换热系数为:93 ~ 650 ℃时,$h = 2.09 \times 10^3$ W/(m²·℃),650 ~ 1 200 ℃时,$h = 0.42 \times 10^3$ W/(m²·K)。 (答:10.85 s)

8.18 试计算下述两个铸铁件的凝固时间。

(1) 厚度为 100 mm 的板形铸件;

(2) 直径为 100 mm 球形铸件;

已知铁水的凝固温度 $T_M = 1450$ ℃,熔化潜热 $L = 272$ kJ/kg,密度 $\rho_L = 7360$ kg/m³,固态铁密度 $\rho_s = 7850$ kg/m³;砂型的参数为密度 $\rho_m = 1602$ kg/m³ 比热 $c_{pm} = 1.17$ (kJ/(kg·K))导热系数 $\lambda_m = 0.866$ W/(m·K),砂型初始温度为 28 ℃。 (答:0.685 h,0.056h)

8.19 计算 0.12 m 厚的板状铸铁件在砂型、水冷铜型及厚钢型中的凝固时间。砂型的物性参数为:$\lambda_m = 0.692$ W/(m·K)、$\rho_m = 1600$ kg/m³、$c_{pm} = 1172$ J/(kg·K);铜的物性参数为:$\lambda_m = 398$ W/(m·K)、$\rho_m = 8900$ kg/m³、$c_{pm} = 376$ J/(kg·K);铸铁的物性参数为:$T_M = 1539$ ℃、$L = 2.72 \times 10^5$ J/kg、$\lambda_s = 43.3$ W/(m·K)、$\rho_s = 7360$ kg/m³、$c_{pm} = 628$ J/(kg·K)。铸铁浇注温度为熔点温度,铸型初始温度及冷却水温度均为 30 ℃。

(答:1.06 h,0.029 h,0.039 h)

8.20 板形铸钢件有中心线缩松倾向。这种缺陷沿最后凝固的平面整齐排列。已知厚度为 50 mm 的铸钢件在砂型中的凝固时间为 6 分钟,在隔热的莫来石型中为 60 分钟。如果采用图 8-41 所示的复合铸型,欲在加工后得到 47 mm

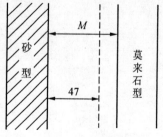

图 8-41 复合铸型

厚的致密钢板,试计算钢板总厚度 M。 (答:6.19 cm)

8.21 在一半为型砂而另一半为某专用材料制成的铸型中铸造厚度为 50 mm 的铝板。浇注时铝液无过热度,凝固后检查表明,两个凝固前沿相遇的面位于离砂型壁 37.5 mm 处。试计算该专用材料的热扩散系数($\lambda \rho c_p$)。已知铝的物性参数为:凝固点 $T_M = 650$ ℃,导热系数 $\lambda = 77.87$ W/(m·℃),密度 $\rho = 2880.00$ kg/m³,比热 $c_p = 1046.03$ J/(kg·℃),凝固潜热 $L = 395.40$ kJ/kg;砂型的物性参数为:导热系数 $\lambda_m = 0.69$ W/(m·℃),密度 $\rho_m = 1602.00$ kg/m³,比热 $c_{pm} = 1046.03$ J/(kg·℃)。 (答:30.76 J/(m⁴·s℃))

第九章 对流换热

在第七章中已知对流换热系指相对于固体表面流动的流体与固体表面间的热量传输；同时也已了解到，对流换热时，除了有随同流体一起流动的热量传输外，还存在传导方式的热交换，因此对流换热是流体流动与传导热量联合作用的结果。

对流换热除了有自然对流换热和强制对流换热的差别外（自然对流时的换热系数 $h = 5 \sim 25$ W/($m^2 \cdot$K)，强制对流时换热系数可达 $10 \sim 100$ W/($m^2 \cdot$K)），还可分为内部流动换热和外部流动换热，如图9-1所示。此外根据流体流动的形态还可分为层流换热和紊流换热两种。不同的换热情况都会使对流换热的速率出现很大的差别。

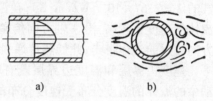

图9-1 内部流动换热与外部流动换热
a) 圆管内流动 b) 流体掠过铁管外表面

本章将结合金属热态成形时常遇的对流换热情况，进行基础理论、对流换热影响因素、换热系数的确定和不同情况对流换热速率计算等的叙述。

9.1 对流换热基本概念

9.1.1 温度边界层

在动量传输篇中已经知道，当流体流过固体表面时，靠近表面附近存在速度边界层，边界层可以是层流边界层或紊流边界层，但是在紧靠固体表面上总是存在着层流底层。

与速度边界层相类似，当流体掠过一固体平面时，如果流体与固体壁面之间存在温差而进行对流换热，则在靠近固体壁面附近会形成一层具有温度梯度的温度边界层，亦称热边界层。图9-2给出了流体沿固体壁面法线方向上温度变化情况。横坐标表示流体温度 T，纵坐标表示距固体壁面距离 y。在固体壁面处（$y = 0$），流体的温度等于固体壁面温

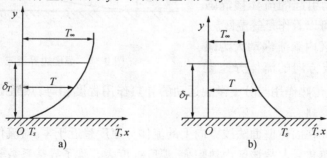

图9-2 温度边界层
a) $T_\infty > T_s$ b) $T_\infty < T_s$

度 T_s，随着离固体壁面距离的增加，流体温度升高（$T_\infty > T_s$）或降低（$T_s > T_\infty$），直到等于流体主流的温度 T_∞。热边界层的厚度用 δ_T 表示，随着流过平面的距离的增加而增加，随着雷诺数 Re 的增大而减小。

温度边界层的产生主要是由于壁面附近存在着速度边界层。当流体速度较低时，沿 y 轴方向的热传递主要依靠传导。由傅立叶定律有

$$q = -\lambda \frac{dT}{dy}$$

式中，λ 为流体的导热系数，其值一般很小，如 30 ℃时空气的 $\lambda = 2.67 \times 10^{-2}$ W/(m·K)；在温度边界层的外边缘，流体的速度比较高，沿 y 轴方向传递的热量很快被沿 x 轴方向流过的流体带走，此处热传递强度大，而温度梯度小。

速度边界层和温度边界层既有联系又相互区别。流动中的流体的温度分布受速度分布的影响，但是两者的分布曲线并不相同。一般说速度边界层厚度和温度边界层厚度并不相等，如图 9-3 所示 $\delta > \delta_T$，也可能 $\delta < \delta_T$。

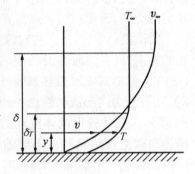

图 9-3 速度边界层与温度边界层的比较

根据边界层中流体流动的形态，温度边界层同样有层流温度边界层和紊流温度边界层之分。层流温度边界层中，流体微团在垂直固体表面方向上的流动分速度很小，故热量传输以传导为主。层流温度边界层内温度梯度也很大。而在紊流温度边界层中，流体微团在垂直固体表面方向上的流动分速度较大，它们相互扰动和掺和，故热量传输形式以对流为主，在此层中温度梯度较小。

紊流条件下的温度边界层，可以划分为三个区域，在固体壁面的法线方向上，依次分为紊流区、过渡区和层流底层区。如图 9-4 所示。

紊流区 在该区内流体沿固体壁面法线方向的分速度很大，质点的对流传热作用远大于分子微观运动的导热作用，紊流涡动引起的流体掺混强烈，故热阻极小，可以看作是等温区。

过渡区 该区内紊流涡动大为减弱，固体壁面法线方向的流体分速度

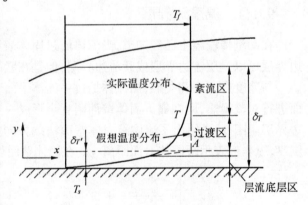

图 9-4 温度边界层三个区

较小，质点的对流传热作用与分子微观运动的导热作用程度相等，热阻明显增加，故该区内温度梯度不能忽略。

层流底层区 在固体壁面法线方向上的流体分速度趋近于零，对流传热作用消失，热量传输完全依靠热传导。故该区内热阻大，温度梯度大。除了导热系数较大的流体外，对流换热中有一半以上的温度降集中在这个区域，因此层流底层区的导热是对流换热中的限制环节。

由热边界层定义和实测结果可以知道,热边界层具有如下特点:(1) 热边界层厚度 δ_T 远小于物体的特征尺寸;(2)边界层内沿厚度方向温度变化剧烈,边界层内厚度方向的导热和流动方向的对流具有同样的数量级,边界层外可认为是无热量传递的等温区。

9.1.2 牛顿冷却公式

对流换热用牛顿冷却公式计算

$$Q = hF(T_s - T_f) \quad (\text{W}) \qquad (9-1)$$

$$q = h(T_s - T_f) \quad (\text{W/m}^2) \qquad (9-2)$$

式中　T_s、T_f——分别为壁面温度和流体温度;

　　　F——换热面积;

　　　h——对流换热系数,是把众多影响对流换热因素综合在一起的系数;标志换热程度的强弱;

　　　Q——热流量;

　　　q——热通量。

9.1.3 对流换热系数计算式

在固体壁面 $y = 0$ 处,流体因粘性力作用速度为零,在该层内热量传输只能是导热。因此由傅立叶定律可知,导热通量为

$$q = -\lambda \frac{\partial T}{\partial y}\bigg|_{y=0}$$

而由牛顿冷却公式计算的对流换热量为

$$q = h(T_f - T_s)$$

于是有

$$h = \frac{-\lambda \frac{\partial T}{\partial y}\bigg|_{y=0}}{T_f - T_s} \qquad (9-3)$$

式(9-3)称为对流换热系数 h 的数学计算式,或称为换热微分方程。它把换热系数与流体的温度场联系起来。根据式(9-3),只要求出热边界层温度场,就可得到对流换热系数 h。

9.1.4 影响对流换热系数的因素

在对流换热过程中,对流换热的强度取决于对流与传导两种传热方式的综合。显然,一切支配这两种传热的因素和规律,如流体流动的状态、流速、流体的物性等都会影响对流换热过程。下面将逐一加以叙述。

(1) 流体运动产生的原因

强制对流换热时的换热系数都较大,如水强制对流换热时 $h = 1\,000 \sim 1\,500$ W/(m²·K),空气强制对流换热时 $h = 10 \sim 500$ W/(m²·K)。自然对流换热时的换热系数比较小,如水自然对流换热时,$h = 200 \sim 1\,000$ W/(m²·K);空气自然对流换热时,$h = 3 \sim 10$ W/(m²·K)。

(2) 流体的运动形态

由于流体层流中沿固体壁面法向的热量转移主要依靠传导,因此层流对流换热强度较小。在紊流的流体中,在边界层内热量的转移依靠传导,而在主流区热量的转移依靠流体质点的宏观位移。此时换热强度基本上取决于层流边界层的热阻。一切可以减小边界层热阻的方法都能增强对流换热。如提高流体流动时的雷诺数 Re 就可以减小边界层厚度,增大对流换热系数。一般紊流对流换热系数较大。

(3) 流体流速

流体流动速度增加,层流底层厚度变薄,使导热增强。同时,当流体流速增加时,流体内部的对流换热也变得激烈。所以当流体流速增加时,对流换热系数就大。

提高流体流速固然可以增强换热效果,但需采用外力来驱动流体流动,则会增加能量消耗,因此在工程上并不是片面地提高流体流速来增大换热效果,而是通过流体流速提高效益与能量消耗费用的对比,选取适当的流体流速,这一流速称为"经济流速"。

(4) 流体的物性量

影响对流换热系数的物性主要是比热、导热系数、密度、粘度等。

1) 流体的导热系数 λ

导热系数大的流体,在层流底层厚度相同时,层流底层的导热热阻就小,因而对流换热系数就大。例如,水的导热系数是空气的 20 多倍,故流体为水时的对流换热系数比空气时大得多。

2) 流体的比热容 c_p 和密度 ρ

ρc_p 一般称为单位容积热容量,表示单位容积的流体当温度改变 1 ℃时所变化的含热量。ρc_p 越大,单位容积流体温度变化 1 ℃时所变化的含热量就越多,即它载热的能力就越强,因而增强了流体与壁面之间的热交换,提高了对流换热系数 h。例如常温下水的 $\rho c_p = 4\ 186\ \text{kJ}/(\text{m}^3\text{K})$,而空气的 $\rho c_p = 1.046\ 5\ \text{kJ}/(\text{m}^3\text{K})$,两者相差悬殊,因而它们的对流换热系数差别就很大。

3) 流体的动力粘度 η

动力粘度 η 大的流体,流动时沿壁面的摩擦阻力也大。在相同的流速下,动力粘度大的流体的边界层较厚,因此减弱了对流换热,对流换热系数较小。

4) 流体的体膨胀系数 β

体膨胀系数 β 值越大,流体的自然对流运动越激烈,对流换热越强。

上述各物性量是综合地影响对流换热系数的。如果单纯考虑某一物性量的影响,有时会导致错误的结论。例如,虽然水的粘性比空气大,会降低对流换热系数值,但水的密度 ρ、导热系数 λ 和比热容 c_p 都比空气大得多,特别是密度要比同温度下的空气大 800 倍左右,因此当水与空气在同样通道中,以相同流速流动时,水的换热系数要比空气高许多倍。

上述物性参数都随温度发生变化,流体的温度、固体壁面温度和热传输方向都会影响流体的物性参数,从而间接影响对流换热系数的大小。在换热条件下,流场内各处温度不同,各处流体的物性参数也不相同。因此在换热计算中如何选取确定物性参数的温度是很重要的。在工程计算中,一般是经验地按某一特征温度来确定特性参数,并把物性参数作为常量处理。这个特征温度称为定性温度。定性温度的选择可以是：流体的平均温度 T_f；壁面的平均温度 T_s；或流体与壁面的算术平均温度（或称边界层平均温度）
$T_m = \frac{1}{2}(T_f + T_s)$。

(5) 换热壁面的几何尺寸、形状及位置

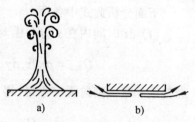

图 9-5 热面朝上或朝下时的气流
a)热面朝上 b)热面朝下

换热面的几何尺寸不同，往往形成不同的流态，例如强制对流时，决定层流或紊流的是雷诺数 $Re = vL/\nu$ 的数值，其中 L 为几何特征尺寸；流体沿平板流动时，L 为板长。一般短板上只出现层流边界层，而长板常出现紊流边界层。图9-5示出了热面朝上和热面朝下对自然对流换热的影响。热面朝上时，气流受热能自由地上升，而热面朝下时，热流体的上升受抑制，故后者换热较弱。

9.2 对流换热的数学表达式

为了揭示对流换热时流体的流动与流体内部温度场的关系，人们推导了对流换热的基本方程——热量平衡微分方程。推导此方程时，假设流体为不可压缩的牛顿流体；其物性参数如 λ、ρ、c_p 为常数，不随温度和压力发生变化；且流体中无内热源；流体的流速不高，由粘性摩擦产生的耗散热可以忽略不计。

在流体中任取一微元体 $\Delta x \Delta y \Delta z$，由导热和对流换热进出该微元体的热能示于图

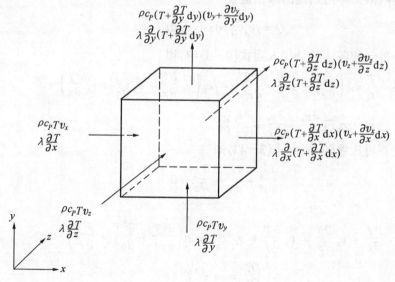

图 9-6 进出微元体的热能

9-6。根据能量守恒定律，有如下关系式：

[对流输入的热量] − [对流输出的热量] + [传导输入的热量] − [传导输出的热量] = [微元体内能的累积量]   (9-4)

下面分析此式中各项。

(1) dt 时间内在 x 方向由对流输入微元体的净热量 $Q_{1,x}$

$$Q_{1,x} = \rho c_p T v_x dydzdt - \rho c_p (T + \frac{\partial T}{\partial x}dx)(v_x + \frac{\partial v_x}{\partial x}dx)dydzdt$$

经整理并略去高阶无穷小量,得

$$Q_{1,x} = -\rho c_p (v_x \frac{\partial T}{\partial x} + T \frac{\partial v_x}{\partial x})dxdydzdt$$

同理可得 dt 时间内,在 y 方向及 z 方向由对流输入微元体的净热量 $Q_{1,y}$ 及 $Q_{1,z}$

$$Q_{1,y} = -\rho c_p (v_y \frac{\partial T}{\partial y} + T \frac{\partial v_y}{\partial y})dxdydzdt$$

$$Q_{1,z} = -\rho c_p (v_z \frac{\partial T}{\partial z} + T \frac{\partial v_z}{\partial z})dxdydzdt$$

(2) dt 时间内在 x 方向由传导输入微元体的净热量 $Q_{2,x}$

$$Q_{2,x} = -\lambda \frac{\partial T}{\partial x}dydzdt - \left[-\lambda \frac{\partial}{\partial x}(T + \frac{\partial T}{\partial x}dx)dydzdt\right] = \lambda \frac{\partial^2 T}{\partial x^2}dxdydzdt$$

同理可得 dt 时间内 y 方向及 z 方向由传导输入微元体的净热量 $Q_{2,y}$ 及 $Q_{2,z}$

$$Q_{2,y} = \lambda \frac{\partial^2 T}{\partial y^2}dxdydzdt$$

$$Q_{2,z} = \lambda \frac{\partial^2 T}{\partial z^2}dxdydzdt$$

(3) dt 时间内微元体内热能的累积量 Q

$$Q = \rho c_p \frac{\partial T}{\partial t}dxdydzdt$$

将上面推导得到的各项热量代入到式(9-3)中,得

$$\rho c_p \frac{\partial T}{\partial t} = \lambda \left(\frac{\partial^2 T}{\partial x^2} + \frac{\partial^2 T}{\partial y^2} + \frac{\partial^2 T}{\partial z^2}\right) - \rho c_p \left(v_x \frac{\partial T}{\partial x} + v_y \frac{\partial T}{\partial y} + v_z \frac{\partial T}{\partial z}\right) - \rho c_p T \left(\frac{\partial v_x}{\partial x} + \frac{\partial v_y}{\partial y} + \frac{\partial v_z}{\partial z}\right)$$

由于流体是不可压缩的,故由式(3-43)知

$$\frac{\partial v_x}{\partial x} + \frac{\partial v_y}{\partial y} + \frac{\partial v_z}{\partial z} = 0$$

所以

$$\frac{\partial T}{\partial t} + v_x \frac{\partial T}{\partial x} + v_y \frac{\partial T}{\partial y} + v_z \frac{\partial T}{\partial z} = a\left(\frac{\partial^2 T}{\partial x^2} + \frac{\partial^2 T}{\partial y^2} + \frac{\partial^2 T}{\partial z^2}\right) \tag{9-5}$$

或

$$\frac{DT}{Dt} = a\nabla^2 T \tag{9-6}$$

式中 $\frac{D}{Dt}$——实体导数,$\frac{D}{Dt} = \frac{\partial}{\partial t} + v_x \frac{\partial}{\partial x} + v_y \frac{\partial}{\partial y} + v_z \frac{\partial}{\partial z}$;

∇^2——拉普拉斯算子,$\nabla^2 T = \frac{\partial^2 T}{\partial x^2} + \frac{\partial^2 T}{\partial y^2} + \frac{\partial^2 T}{\partial z^2}$;

a——热扩散系数,$a = \lambda/\rho c_p$。

式(9-5)和式(9-6)即为热量平衡方程,又称傅立叶—克希霍夫导热微分方程,它既适用于对流的、也适用于传导的稳定和不稳定传热。

对于纯固体导热,没有流动,式(9-5)便变成

$$\frac{\partial T}{\partial t} = a\left(\frac{\partial^2 T}{\partial x^2} + \frac{\partial^2 T}{\partial y^2} + \frac{\partial^2 T}{\partial z^2}\right) \tag{8-10}$$

如果为固体稳定导热,则上式可进一步变化为

$$\frac{\partial^2 T}{\partial x^2} + \frac{\partial^2 T}{\partial y^2} + \frac{\partial^2 T}{\partial z^2} = 0 \tag{8-11}$$

在柱坐标系和球坐标系中,热量平衡方程的形式为:

柱坐标系

$$\frac{\partial T}{\partial t} + v_r\frac{\partial T}{\partial r} + \frac{v_\theta}{r}\frac{\partial T}{\partial \theta} + v_z\frac{\partial T}{\partial z} = a\left[\frac{1}{r}\frac{\partial}{\partial r}\left(r\frac{\partial T}{\partial r}\right) + \frac{1}{r^2}\frac{\partial^2 T}{\partial \theta^2} + \frac{\partial^2 T}{\partial z^2}\right] \tag{9-7}$$

球坐标系

$$\frac{\partial T}{\partial t} + v_r\frac{\partial T}{\partial r} + \frac{v_\theta}{r}\frac{\partial T}{\partial \theta} + \frac{v_\phi}{r\sin\theta}\frac{\partial T}{\partial \phi} =$$

$$a\left[\frac{1}{r^2}\frac{\partial}{\partial r}\left(r^2\frac{\partial T}{\partial r}\right) + \frac{1}{r^2\sin^2\theta}\frac{\partial}{\partial \theta}\left(\sin\theta\frac{\partial T}{\partial \theta}\right) + \frac{1}{r^2}\frac{1}{\sin\theta}\frac{\partial^2 T}{\partial \phi^2}\right] \tag{9-8}$$

利用式(9-5)可以求得流体中温度场,但是由于式中的未知量有四个,即 T、v_x、v_y、v_z,因此式(9-5)必须同流体动量平衡方程及流体质量平衡方程一起联立求解。于是可以得到对流换热微分方程组如下:

换热微分方程

$$h = \frac{-\lambda\left(\frac{\partial T}{\partial y}\right)_{y=0}}{T_f - T_s} \tag{9-3}$$

热量平衡方程

$$\frac{\partial T}{\partial t} + v_x\frac{\partial T}{\partial x} + v_y\frac{\partial T}{\partial y} + v_z\frac{\partial T}{\partial z} = a\left(\frac{\partial^2 T}{\partial x^2} + \frac{\partial^2 T}{\partial y^2} + \frac{\partial^2 T}{\partial z^2}\right) \tag{9-5}$$

动量平衡方程

$$\rho\left(\frac{\partial v_x}{\partial t} + v_x\frac{\partial v_x}{\partial x} + v_y\frac{\partial v_x}{\partial y} + v_z\frac{\partial v_x}{\partial z}\right) = \rho g_x - \frac{\partial p}{\partial x} + \eta\left(\frac{\partial^2 v_x}{\partial x^2} + \frac{\partial^2 v_x}{\partial y^2} + \frac{\partial^2 v_x}{\partial z^2}\right) \tag{3-47}$$

$$\rho\left(\frac{\partial v_y}{\partial t} + v_x\frac{\partial v_y}{\partial x} + v_y\frac{\partial v_y}{\partial y} + v_z\frac{\partial v_y}{\partial z}\right) = \rho g_y - \frac{\partial p}{\partial y} + \eta\left(\frac{\partial^2 v_y}{\partial x^2} + \frac{\partial^2 v_y}{\partial y^2} + \frac{\partial^2 v_y}{\partial z^2}\right) \tag{3-48}$$

$$\rho\left(\frac{\partial v_z}{\partial t} + v_x\frac{\partial v_z}{\partial x} + v_y\frac{\partial v_z}{\partial y} + v_z\frac{\partial v_z}{\partial z}\right) = \rho g_z - \frac{\partial p}{\partial z} + \eta\left(\frac{\partial^2 v_z}{\partial x^2} + \frac{\partial^2 v_z}{\partial y^2} + \frac{\partial^2 v_z}{\partial z^2}\right) \tag{3-49}$$

质量平衡方程:

$$\frac{\partial v_x}{\partial x} + \frac{\partial v_y}{\partial y} + \frac{\partial v_z}{\partial z} = 0 \tag{3-44}$$

由这六个方程求六个未知量 h、T、v_x、v_y、v_z 和 p,所以方程组是封闭的,理论上可以求解。

9.3 流体流过平板时层流对流换热

流体流过平板时的对流换热问题,可利用第一篇中已介绍过的普朗特提出的边界层概念,归结为边界层对流换热问题求解。

9.3.1 平板边界层对流换热微方程组的建立和其精确解

一、边界层对流换热微分方程组的建立

与动量传输中求平面边界层流动布拉休斯解(3.11.2)一样,认为流体在主流区中的流速、温度和固体表面特征尺寸(如平板表面对流换热时的平板长度 L)的数量级为1,而边界层厚度 δ 和 δ_T 比 L 小得多,其数量级为小于1的 δ',通过对对流换热时热量平衡方程和动量平衡方程中各项数量级的比较,略去比 δ' 量级更小的项,使方程式简化到可以求解的程度。

如设温度为 T_∞ 的流体以恒定速度 v_∞ 掠过温度恒定为 T_s 的平板($T_s < T_\infty$),随着流体沿平板流动距离的增加,温度边界层的厚度 δ_T 也不断增大。温度边界层中的流体温度不仅与平板法向 y 有关,而且在流体流动方向 x 上也有变化。稳定传热时,根据式(9-4)可以得到边界层流体中热量平衡方程和量级分析

$$v_x \frac{\partial T}{\partial x} + v_y \frac{\partial T}{\partial y} = a\left(\frac{\partial^2 T}{\partial x^2} + \frac{\partial^2 T}{\partial y^2}\right)$$

$$1 \quad \frac{1}{1} \qquad \delta' \quad \frac{1}{\delta'} \qquad \delta'^2 \frac{1}{1} \qquad \frac{1}{\delta'^2}$$

因此 x 方向的二阶导数项 $\dfrac{\partial^2 T}{\partial x^2}$ 可以忽略,于是上式可以简化为

$$v_x \frac{\partial T}{\partial x} + v_y \frac{\partial T}{\partial y} = a \frac{\partial^2 T}{\partial y^2} \tag{9-9}$$

此式即为边界层热量平衡微方程。

同理,根据式(3-93),平面边界层的动量平衡微分方程应为

$$v_x \frac{\partial v_x}{\partial x} + v_y \frac{\partial v_x}{\partial y} = \nu \frac{\partial^2 v_x}{\partial y^2} \tag{3-94}$$

由式(9-9)及式(3-93)可见,两个方程的形式完全一致,这表明边界层内动量传输和热量传输规律相似。特别是对 $\nu = a$ 的流体,如果速度边界条件与温度边界条件又相似,则温度分布与速度分布将完全相似,温度边界层的厚度 δ_T 与动量边界层(速度边界层)厚度 δ 相等。如果 $\nu \ne a$,则温度分布曲线与速度分布曲线并不相同,因此温度边界层厚度与动量边界层的厚度也不相等。$\nu > a$ 时,$\delta > \delta_T$;$\nu < a$ 时,$\delta_T > \delta$;比值 ν/a 称为普朗特数(Pr),$Pr = \nu/a = c_p \eta/\lambda$,它表示流体动量扩散与热量扩散的相对大小。图9-7示出了各种流体 Pr 数的大致数量级范围,由此图可见,气体的 Pr 数接近于1,且几乎不随温度变化,故其 $\delta \approx \delta_T$;对于一般液体、有机液体(如水、酒精等),由于其 λ 较小,$Pr > 1$,故其 $\delta_T < \delta$;而对于液态金属,由于其 λ 值较大,$Pr \ll 1$,所以其 $\delta_T \gg \delta$。

将边界层动量平衡方程及能量平衡方程与质量平衡方程、换热微分方程合在一起便

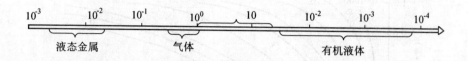

图 9-7 各种流体普朗特数 Pr 的大致范围

得到边界层对流换热微分方程组,即

$$h = \frac{-\lambda \left(\frac{\partial T}{\partial y}\right)_{y=0}}{T_f - T_s} \quad (9-3)$$

$$v_x \frac{\partial T}{\partial x} + v_y \frac{\partial T}{\partial y} = a \frac{\partial^2 T}{\partial y^2} \quad (9-9)$$

$$v_x \frac{\partial v_x}{\partial x} + v_y \frac{\partial v_x}{\partial y} = \nu \frac{\partial^2 v_x}{\partial y^2} \quad (3-94)$$

$$\frac{\partial v_x}{\partial x} + \frac{\partial v_y}{\partial y} = 0 \quad (3-92)$$

如板面温度为不变常量,则边界条件为

$y = 0$ 时, $v_x = 0$, $v_y = 0$, $T = T_s$;

$y = \infty$ 时, $v_x = v_\infty$, $T = T_\infty$。

二、平板边界层对流换热微分方程求解

利用边界层对流换热微分方程组中式(9-5)、(3-94)和边界条件,可以求出热边界层温度场,然后利用式(9-3)求解出对流换热系数 h。具体的求解过程可以参阅有关文献。

图 9-8 给出了采用精确解法得到的最终结果,它们是以流体内的温度 T 是 y 和 x 的函数形式来表示的。纵坐标上的无量纲温度数群 Θ 包含了流体内部温度 T、流体的平均温度 T_∞ 及壁温 T_0。横坐标上的空间尺寸 x 和 y 合起来看。图中各条曲线对应不同的普朗特数 Pr。当 $Pr = 1$ 时,边界层中温度分布曲线与相应的速度分布曲线相同。因此调整普朗特数就可以控制温度分布和速度分布相似。

知道了温度分布,就可以求得对流换热系数 h。根据图 9-8 中所给的结果,可以求得层流范围局部对流换热系数 h_x 的表达式

$$h_x = 0.322 \lambda Pr^{\frac{1}{3}} \sqrt{\frac{v_\infty}{\nu x}}, \quad Pr \geq 0.6 \quad (9-10)$$

如果用无量纲数群表示,则有

$$Nu_x = 0.332 Pr^{\frac{1}{3}} Re^{\frac{1}{2}} \quad (9-11)$$

式中 Nu_x ——局部努塞尔(Nusselt)数, $Nu_x = h_x \frac{x}{\lambda}$。努塞尔数的物理意义为相同温度条件下对流传热速率对传导传热速率之比。

通过求 $x = 0 \sim L$ 区间内 h_x 的平均值,可以得到平均对流换热系数 h

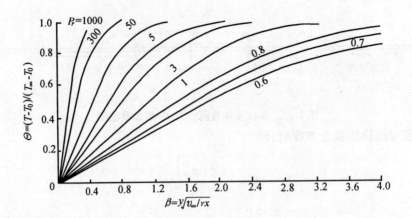

图9-8 各种 Pr 下的平板上层流边界层内的无量纲温度分布

$$h = \frac{1}{L}\int_0^L h_x \mathrm{d}x = 0.664\lambda Pr^{\frac{1}{3}}\sqrt{\frac{v_\infty}{\nu L}}, \qquad Pr \geqslant 0.6 \tag{9-12}$$

或
$$Nu = 0.664 Pr^{\frac{1}{3}} Re_L^{\frac{1}{2}} \tag{9-13}$$

比较式(9-10)与式(9-12)可知
$$h = 2h_L$$

上式表明,对于恒壁温纵掠平板换热,整块板的平均对流换热系数是板长终点处局部对流换热系数的两倍。但是在实际中,当平板长度超过一定限度以后,边界层由层流转变成紊流,上述公式不再适用。因它只适用于层流边界层的情况。

式(9-11)及式(9-13)仅适用于 $Pr \geqslant 0.6$ 的条件,故不能用于液态金属。对于液态金属,如果以均匀壁温作为边界条件,可以采用下式近似计算局部对流换热系数

$$Nu_x = \sqrt{Re_x Pr}\left(\frac{0.564}{1+0.90\sqrt{Pr}}\right) \tag{9-14}$$

如果壁面热流密度均匀,则推荐用下式计算局部对流换热系数

$$Nu_x = 0.458 Pr^{0.343}\sqrt{Re_x}, \qquad Pr > 0.5 \tag{9-15}$$

$$Nu_x = \sqrt{Re_x Pr}\left(\frac{0.880}{1-1.317\sqrt{Pr}}\right), \qquad 0.006 \leqslant Pr \leqslant 0.03 \tag{9-16}$$

例 $T_\infty = 25\ ℃$ 的水以 $v_\infty = 1.2\ \text{m/s}$ 的速度掠过平板,平板温度为 $T_s = 55\ ℃$。求距平板前缘 $x = 250\ \text{mm}$ 处的温度梯度及局部对流换热系数。

解 边界层平均温度 $T_m = \dfrac{T_\infty + T_s}{2} = \dfrac{25+55}{2} = 40\ ℃$

根据平均温度查得水的物性参数如下:

$\lambda = 0.634\ \text{W/(mk)}$; $\nu = 0.659 \times 10^{-6}\ \text{m}^2/\text{s}$; $Pr = 4.31$。

根据式(9-10)计算局部对流换热系数

$$h_x = 0.332\lambda Pr^{\frac{1}{3}}\sqrt{\frac{v_\infty}{\nu x}} = 0.332 \times 0.634 \times \sqrt[3]{4.31}\sqrt{\frac{1.2}{0.659\times 10^{-6}\times 0.25}} = 924.48\ \text{W/(m}^2\cdot\text{k)}$$

根据式(9-3)计算壁面处水的温度梯度

$$\left(\frac{\partial T}{\partial y}\right)_{y=0} = -\frac{h_x}{\lambda}(T_\infty - T_s) = -\frac{924.48}{0.634}(25-55) = 4.37 \times 10^4 \text{°C/m}$$

9.3.2 平板边界层对流换热积分方程组的建立和其近似解法

平板边界层对流换热精确解法的适用范围有限,数学分析难度也大。动量传输中的卡门近似积分解法同样可近似地求解平板边界层对流换热问题。在此解法中,边界层积分方程组包括边界层动量积分方程式和边界层热量积分方程式。通过这些方程的积分,可以求出动量边界层厚度 δ 及温度边界层厚度 δ_T,然后再由换热微分方程式求出换热系数 h。积分方程组的解称为近似积分解或近似解。采用近似积分解法时要引入一些纯经验的假设,且只能用于符合边界层特性的流动中。近似积分解法步骤简单,能在许多迄今无法用数学分析求得精确解的情况下,得到满足工程实际需要的结果,因而具有重要的实际意义。

一、边界层热量积分方程

设温度恒定为 T_∞ 的流体,以恒定速度 v_∞ 流过平板,形成厚度分别为 δ 和 δ_T 的速度边界层和温度边界层。由于大多数流体的普朗特数均大于1(液体金属及气体除外),可以认为 $\delta_T < \delta$。为了简化问题,采用推导热量平衡方程时同样的假设。

在边界层内,在垂直图面方向上取单位厚度的微元体 $\mathrm{d}x L$(图9-9)。

根据上节中的数量级分析, $\dfrac{\partial^2 T}{\partial x^2} \ll \dfrac{\partial^2 T}{\partial y^2}$,因此在推导热量积分方程时,仅考虑 y 方向的导热。根据能量守恒定律:

[对流带入的热流量] + [壁面导入的热流量] = [对流带出的热流量]　(9-17)

下面分析式(9-17)中各项。

(1) 通过 ab 面进入微元体的热流量为

$$\rho c_p \int_0^L v_x T \mathrm{d}y$$

(2) 通过 bc 面进入微元体的质量流率为

$$\rho \frac{\mathrm{d}}{\mathrm{d}x}\left(\int_0^L v_\infty \mathrm{d}y\right)\mathrm{d}x$$

这部分流体带入的热流量为

$$\rho c_p T_\infty \frac{\mathrm{d}}{\mathrm{d}x}\left(\int_0^L v_\infty \mathrm{d}y\right)\mathrm{d}x$$

(3) 通过 ad 面导入微元体的热流量为

$$-\lambda\left(\frac{\partial T}{\partial y}\right)_{y=0}\mathrm{d}x$$

(4) 通过 cd 面带出微元体的热流量为

$$\rho c_p \int_0^L v_x T \mathrm{d}y + \rho c_p \frac{\mathrm{d}}{\mathrm{d}x}\left(\int_0^L v_x T \mathrm{d}y\right)\mathrm{d}x$$

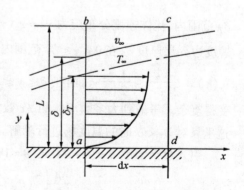

图9-9 推导边界层能量积分方程的微元体

将上述热流量诸式代入式(9-17)中,整理得

$$\frac{d}{dx}\int_0^L (T_\infty - T) v_x dy = a\left(\frac{\partial T}{\partial y}\right)_{y=0}$$

由于假设 $\delta_T < \delta$,温度边界层外的流体温度都为 T_∞,故可把上式积分的上限由 L 移至 δ_T,因此上式可以改写为

$$\frac{d}{dx}\int_0^{\delta_T} (T_\infty - T) v_x dy = a\left(\frac{\partial T}{\partial y}\right)_{y=0} \tag{9-18}$$

此式即为边界层热量积分方程。对于层流和紊流边界层,该方程均适用。

边界层动量积分方程即为 3.11.3 中的式(3-96)

$$\frac{d}{dx}\left[\int_0^\delta (v_\infty - v_x) v_x dy\right] = \nu\left(\frac{\partial v_x}{\partial y}\right)_{y=0} \tag{3-96}$$

积分方程组中只包含 x 一个变量,而微分方程则是 x、y 两个方向上的偏微分方程。因而积分方程的求解要比微分方程容易得多。微分方程式要求每个流体质点都满足动量守恒关系,积分方程却只要求流动的流体在整体上满足动量守恒关系,而不去深入考究每个质点是否满足动量守恒关系,因而与微分方程相比,积分方程要粗糙一些,其解也被称作近似解。

二、边界层积分方程组的求解

由第一篇 3.11.3 中已知边界层动量积分方程的解为

$$\frac{v_x}{v_\infty} = \frac{3}{2}\left(\frac{y}{\delta}\right) - \frac{1}{2}\left(\frac{y}{\delta}\right)^3 \tag{3-97}$$

$$\frac{\delta}{x} = 4.64\sqrt{\frac{\nu}{x \cdot v_\infty}} = \frac{4.64}{\sqrt{Re_x}} \tag{3-98}$$

通过此两式可求得边界层的速度场,今需通过式(9-18)的求解获得边界层的温度场。对此式应分两种情况求解:(1)温度边界层厚度 δ_T 小于速度边界层厚度 δ 时,在 $y \leq \delta_T$ 范围内,流体速度分布应为 $v_x = v_x(y) = \frac{3}{2}\frac{v_\infty}{\delta}y - \frac{1}{2}\frac{v_\infty}{\delta}y^3$;(2)温度边界层厚度 δ_T 大于速度边界层厚度 δ,在 $0 \leq y \leq \delta_T$ 范围内,速度的分布应分成两段:在 $0 \leq y \leq \delta_T$ 段中,$v_x = v_x(y) = \frac{3}{2}\frac{v_\infty}{\delta}y - \frac{1}{2}\frac{v_\infty}{\delta}y^3$,而在 $\delta \leq y \leq \delta_T$ 段中,$v_x = v_\infty$,故积分需分段进行,使求解过程变得复杂。考虑到大多数流体的 Pr 数大于或接近1,$\delta_T < \delta$,因此,作为一种方法的介绍,这里只对 $\delta_T < \delta$ 时的温度场进行求解。

引入过余温度 $\theta = T - T_s$,式(9-18)变为

$$\frac{d}{dx}\int_0^{\delta_T} (\theta_\infty - \theta) v_x dy = a\left(\frac{\partial \theta}{\partial y}\right)_{y=0} \tag{9-19}$$

边界条件:$y = 0$ 时, $\theta = 0$;
$y = \delta_T$ 时, $\theta = T_\infty - T_s = \theta_\infty$。

假定温度分布式为一个三次四项式

$$\theta = a_0 + b_1\theta + b_2\theta^2 + b_3\theta y^3$$

利用边界条件求得此式中各项系数,从而得到边界层内温度分布表达式

$$\frac{\theta}{\theta_\infty} = \frac{3}{2}\frac{y}{\delta_T} - \frac{1}{2}\left(\frac{y}{\delta_T}\right)^3 \tag{9-20}$$

将式(3-97)和式(9-20)代入式(9-19)中,得

$$\frac{d}{dx}\left\{\theta_\infty v_\infty \delta\left[\frac{3}{20}\left(\frac{\delta_T}{\delta}\right)^2 - \frac{3}{280}\left(\frac{\delta_T}{\delta}\right)^4\right]\right\} = \frac{3}{2}a\frac{\theta}{(\delta_T/\delta)\delta}$$

考虑 $(\delta_T/\delta) \leqslant 1$,可以忽略其四次方项,并利用 $\delta = 4.64\sqrt{\frac{\nu x}{v_\infty}}$ 消去上式中的 δ,同时又保留 $\frac{\delta_T}{\delta}$ 可以得到

$$\left(\frac{\delta_T}{\delta}\right)^3 + \frac{4}{3}x\frac{d}{dx}\left(\frac{\delta_T}{\delta}\right)^3 = \frac{13}{14}\frac{1}{Pr} \tag{9-21}$$

边界条件:$x = x_0$ 时,$\left(\frac{\delta_T}{\delta}\right)^3 = 0, \delta_T = 0$。

式(9-21)是一个关于 $\left(\frac{\delta_T}{\delta}\right)^3$ 的一阶非齐次常微分方程式,其解为(详细求解过程可参阅有关文献)

$$\frac{\delta_T}{\delta} = \frac{1}{1.026\sqrt[3]{Pr}}\sqrt[3]{1 - \left(\frac{x_0}{x}\right)^{\frac{3}{4}}} \tag{9-22}$$

如果在平板前缘 $x = 0$ 处便开始进行换热,则 $x_0 = 0$,上式简化成为

$$\frac{\delta_T}{\delta} = \frac{1}{1.026\sqrt[3]{Pr}} \tag{9-23}$$

严格地说,式(9-22)和(9-23)只能用于 $\frac{\delta_T}{\delta} < 1$、$Pr > 1$ 的流体,而气体的 Pr 数都比 1 小,但气体的 Pr 数最小值大体上在 0.65 左右,相应地 $\frac{\delta_T}{\delta} \approx 1.12$,应用式(9-22)或(9-23)所引起的误差并不大。因此除了液态金属以外,式(9-22)、(9-23)均可适用。

将从式(9-20)求得的 $\left(\frac{\partial T}{\partial y}\right)_{y=0}$ 表达式代入换热微分方程(式(9-3))中,可得层流范围局部对流换热系数 h_x 的表达式

$$h_x = \frac{3}{2}\frac{\lambda}{\delta_T} \tag{9-24}$$

将式(9-22)中的 δ_T 表达式代入上式,并取式(3-98)中的 δ 表达式代替式(9-22)中的 δ,得

$$h_x = 0.332\lambda\frac{\sqrt[3]{Pr}}{\sqrt[3]{1-(x_0/x)^{\frac{3}{4}}}}\sqrt{\frac{v_\infty}{\nu x}} \tag{9-25}$$

或用无量纲形式表示

$$\frac{h_x x}{\lambda} = 0.332 \sqrt[3]{Pr} \sqrt{\frac{v_\infty x}{\nu}} \frac{1}{\sqrt[3]{1-(x_0/x)^{\frac{3}{4}}}} \qquad (9-26)$$

当全板长上都进行换热时,$x_0 = 0$,上式简化为

$$\frac{h_x x}{\lambda} = 0.332 \sqrt[3]{Pr} \sqrt{\frac{v_\infty x}{\nu}} \qquad (9-27)$$

式(9-26)、(9-27)等号左边的无量纲项即为 Nu_x,而 $\frac{v_\infty x}{\nu}$ 即为 Re_x,故式(9-26)、(9-27)可以表示成

$$Nu_x = 0.332 Pr^{\frac{1}{3}} Re_x^{\frac{1}{2}} \frac{1}{\sqrt[3]{1-(x_0/x)^{\frac{3}{4}}}} \qquad (9-28)$$

$$Nu_x = 0.332 Pr^{\frac{1}{3}} Re_x^{\frac{1}{2}} \qquad (9-29)$$

而平均换热系数表达式应为

$$h = \frac{1}{L} \int_0^L h_x \mathrm{d}x = 0.664 \lambda \sqrt[3]{Pr} \sqrt{\frac{v_\infty}{\nu L}} \qquad (9-30)$$

写成无量纲形式

$$Nu = 0.664 Pr^{\frac{1}{3}} Re^{\frac{1}{2}} \qquad (9-31)$$

将式(9-29)、(9-31)与上节解换热微分方程组求得的结果式(9-11)、(9-13)相比较,可见结果完全一样。因此同样地式(9-29)、(9-31)只适用于层流边界层情况,从平板上某处流体流动变为紊流开始,此两式便不适用。

例 温度 T_∞ 为 25 ℃的空气纵向流过宽度 b 为 0.5 m 的长平板,平板温度 T_s 为 35 ℃,空气流速 v_∞ 为 14 m/s。试求:

(1) 离平板前缘 100、200、300、400、500 mm 处的速度边界层与温度边界层的厚度;

(2) 平板前缘最初 500 mm 一段长度的传热量。

解 空气的物性参数按平板表面温度与空气温度的平均值 30 ℃确定,故

$$\lambda = 2.67 \times 10^{-2} \text{ W/(m·K)}, \quad \nu = 16 \times 10^{-6} \text{ m}^2/\text{s}, \quad Pr = 0.701$$

(1) 在 $x = 0.5$ m 处有

$$Re = \frac{v_\infty x}{\nu} = \frac{14 \times 0.5}{16 \times 10^{-6}} = 4.375 \times 10^5$$

属于层流流动,其速度边界层厚度由式(3-97)计算

$$\delta = 4.64 \sqrt{\frac{\nu x}{v_\infty}} = 4.64 \sqrt{\frac{16 \times 10^{-6}}{14}} \sqrt{x} = 4.96 \times 10^{-3} \sqrt{x}$$

温度边界层厚度由下式计算

$$\delta_T = \frac{\delta}{1.026 \sqrt[3]{Pr}} = \frac{\delta}{1.026 \sqrt[3]{0.701}} = 1.1\delta$$

计算结果列入下表。

$x(m)$	$\delta(m)$	$\delta_T(m)$
0.1	1.57×10^{-3}	1.73×10^{-3}
0.2	2.22×10^{-3}	2.44×10^{-3}
0.3	2.72×10^{-3}	2.99×10^{-3}
0.4	3.14×10^{-3}	3.45×10^{-3}
0.5	3.51×10^{-3}	3.86×10^{-3}

(2) 计算平板的平均换热系数

$$Nu = 0.664\sqrt[3]{Pr}\sqrt{Re} = 0.664\sqrt[3]{0.701}\sqrt{4.375\times10^5} = 390$$

$$h = \frac{\lambda}{x}Nu = \frac{2.67\times10^{-2}}{0.5}\times390 = 20.84\ \text{W/(m·K)}$$

平板与空气的换热量为

$$Q = hF(T_s - T_\infty) = 20.84\times0.5\times0.5\times(35-25) = 52.1\ \text{W}$$

至于液态金属的边界层换热求解,可先从图 9-10 所示的液态金属边界层内温度和速度分布情况的分析着手,由图可见,在大部温度边界层厚度上,速度分布都相当平坦,可以近似地认为整个温度边界层内都有

$$v_x = v_\infty$$

边界层中温度分布表达式可直接采用式(9-20),即

$$\frac{\theta}{\theta_\infty} = \frac{3}{2}\frac{y}{\delta_T} - \frac{1}{2}\left(\frac{y}{\delta_T}\right)^3 \qquad (9-20)$$

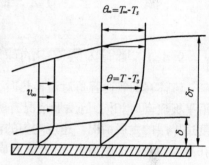

图 9-10 液态金属的边界层 δ 和 δ_T

将上面两式代入式(9-19)中,经运算后可得温度边界层厚度 δ_T 的表达式

$$\delta_T = \sqrt{\frac{8ax}{v_\infty}} \qquad (9-32)$$

将式(9-32)代入到式(9-24)中,得

$$h_x = \frac{3\sqrt{2}}{8}\lambda\sqrt{\frac{v_\infty}{ax}} \qquad (9-33)$$

或写成无量纲形式

$$Nu_x = \frac{h_x x}{\lambda} = \frac{3\sqrt{2}}{8}\sqrt{\frac{v_\infty x}{a}} = 0.53Pe^{\frac{1}{2}} \qquad (9-34)$$

式中 Pe——贝克列数,$Pe = RePr = \frac{vx}{a}$。

速度边界层厚度仍用式(3-98)表示,即 $\delta = 4.64\sqrt{\frac{vx}{v_\infty}}$,将此式除以式(9-32),得

$$\frac{\delta}{\delta_T} = 1.64 Pr^{\frac{1}{2}} \tag{9-35}$$

如 300 ℃的水银,其 $Pr = 0.01$,则 $\frac{\delta}{\delta_T} = 0.16$,这说明金属液边界层中 δ 比 δ_T 小得多,在推导式(9-34)时取 $v_x = v_\infty$ 是可行的。

从式(9-34)可知,金属液边界层的换热系数取决于 Pe。因此计算金属液对流换热系数的经验公式都用 Pe 表示。下面给出几个金属液对流换热系数的经验公式。

对于恒热流条件下液态金属在光滑管内充分发展的紊流换热,卢巴尔斯基和考夫曼推荐用下式计算换热系数

$$Nu_d = 0.625(Re_d Pr)^{0.4} = 0.625 Pe_d^{0.4} \tag{9-36}$$

如果管壁温度为常数,西巴恩和希麦札提出下式

$$Nu_d = 5.0 + 0.0025(Re_d Pr)^{0.8} = 5.0 + 0.0025 Pe_d^{0.8} \tag{9-37}$$

上两式中定性温度都为流体整体平均温度;适用范围 L/D 都大于 60;对前者言 $10^2 < Pe < 10^4$,对后者言 $Pe > 10^2$。

9.4 圆管内层流对流换热

9.4.1 圆管内层流中的速度分布和温度分布

流体在圆管内强迫对流换热时,形成速度边界层和温度边界层的机理基本上与流体沿平板流动时相同,但发展情况有所区别。图 9-11 所示为圆管截面上的速度分布和速度边界层的发展情况。速度均匀的流体一进入圆管口,贴壁处的流体速度立即降低为零,在离入口较短的距离内,沿管壁形成层流边界层,且边界层不断增厚,直至距入口为 ΔL_f

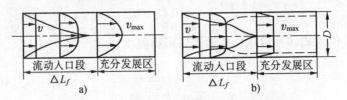

图 9-11 管入口段的速度分布和速度边界层的发展
a)层流　b)紊流

的截面处边界层充满整个圆管断面,边界层的厚度 $\delta = D/2$。此后为流动充分发展区域,其中的速度分布完全定型。充分发展区域中的速度分布呈抛物线形,其表达式可由式(3-31)和式(3-32)得

$$v = 2\bar{v}\left[1 - \left(\frac{r}{R}\right)^2\right] \tag{9-38}$$

式中　$\bar{v}$——圆管内流体的平均速度。

圆管截面上温度分布的情况比速度分布复杂,由于流体在整个管长上被加热或被冷却,它的温度在圆管长度上是一直变化的,不会出现温度分布不变的区段。但是在诸如恒

壁温或恒热流的条件下,在进入管子进口的一段距离以后,可以得到截面上的无量纲温度 Θ 分布不随时间变化的区段。图 9-12 所示为流体在加热圆管内流动时温度分布的发展过程。

温度分布均匀的流体进入加热管中,沿 z 方向流动,流体与管子的加热段相互作用,在离加热段入口处的下部有限范围内,流体由均匀的温度分布逐步变成充分发展的温度分布。在此区段,流体的无量纲温度分布只是圆管径向位置 r 的函数,不再随 z 发生变化。流体的无量纲温度 Θ 定义为

$$\Theta = \frac{T_s - T}{T_s - T_m} \qquad (9\text{-}39)$$

式中　T_s——圆管壁内表面温度;
　　　T_m——圆管截面上流体混合平均温度;
　　　T——圆管内某点流体的温度。

由于在充分发展区段 Θ 不随 z 发生变化,因此有

$$\frac{\partial \Theta}{\partial z} = \frac{\partial}{\partial z}\left(\frac{T_s - T}{T_s - T_m}\right) = 0$$

将上式展开后得

$$\left(\frac{\partial T_s}{\partial z} - \frac{\partial T}{\partial z}\right) - \frac{T_s - T}{T_s - T_m}\left(\frac{\partial T_s}{\partial z} - \frac{\partial T_m}{\partial z}\right) = 0$$

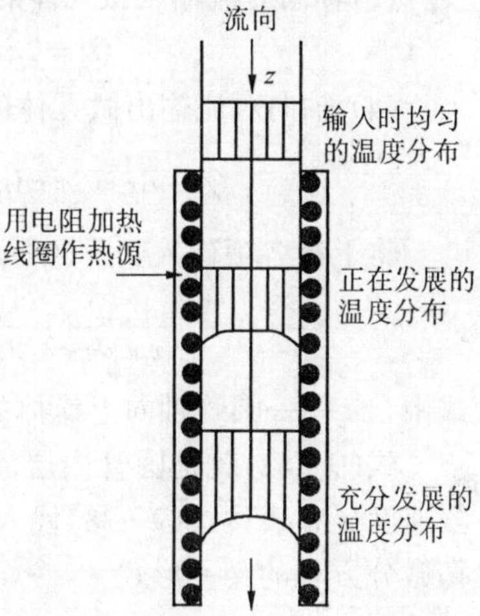

在充分发展区,恒热流条件下,可以证明对流换热系数 h 也不再随 z 变化,结合式(9-2)可得

$$T_m - T_s = \frac{q}{h} = \text{const}$$

图 9-12　加热管内流动时温度分布的发展过程

即

$$\frac{\partial T_m}{\partial z} = \frac{\partial T_s}{\partial z}$$

将此式代入 $\frac{\partial \Theta}{\partial z}$ 的展开式,可得

$$\frac{\partial T_s}{\partial z} = \frac{\partial T}{\partial z}$$

因此

$$\frac{\partial T}{\partial z} = \frac{\partial T_m}{\partial z} = \frac{\partial T_s}{\partial z} \qquad (9\text{-}40)$$

此式表明,在恒热通量条件下,圆管内层流中充分发展温度区段中流体各点的温度、平均温度及壁温都随 z 作线性变化。

9.4.2　圆管内对流换热热量平衡微分方程

在充分发展区段,取一环形微元体,其半径为 r,厚度为 dr,高度为 dz(图 9-13)。在忽略轴向热传导的前提下,由径向传入环状微元体的热量,必然等于轴向上以对流方式传输出去的热量,即

$$[\text{导热传入微元体的热流量}] + [\text{对流输出微元体的热流量}] = 0 \qquad (9\text{-}41)$$

(1) 径向传导传入微元体的热流量为
$$Q_r = -\lambda 2\pi r dz \frac{\partial T}{\partial r}$$

(2) 径向传导传出微元体的热量为
$$Q_{r+dr} = -\lambda 2\pi (r+dr) dz \left(T + \frac{\partial T}{\partial r} dr\right)$$

(3) 轴向对流输入微元体的热流量为
$$Q_z = 2\pi r dr \rho c_p v_z T$$

(4) 轴向对流输出微元体的热量为
$$Q_z + dz = 2\pi r dr \rho c_p v_z \left(T + \frac{\partial T}{\partial z} dz\right)$$

将上述各项代入到式(9-41)中,整理后得

$$\frac{1}{v_z r} \frac{\partial}{\partial r}\left(r \frac{\partial T}{\partial r}\right) = \frac{1}{a} \frac{\partial T}{\partial z} \tag{9-42}$$

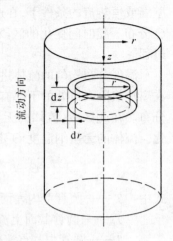

图9-13 环形微元体

式中 v_z——圆管轴向上流体的流速。

式(9-42)就是圆管内层流流动充分发展区段的热量平衡微分方程。将充分发展区段速度分布表达式(9-38)代入到式(9-42)中,得圆管内层流中充分发展区段的热量平衡微分方程的又一形式

$$\frac{\partial}{\partial r}\left(r \frac{\partial T}{\partial r}\right) = \frac{2}{a} \frac{\partial T}{\partial z} \bar{v}_z r\left[1 - \left(\frac{r}{R}\right)^2\right] \tag{9-43}$$

9.4.3 恒热流条件下圆管内对流换热的换热系数

由于 $\frac{\partial T}{\partial z}$ 是常数,因此式(9-43)是一个常微分方程,其中 $\frac{2}{a} \frac{\partial T}{\partial z} \bar{v}_z$ 是常数。对式(9-43)进行积分可得

$$r \frac{dT}{dr} = \frac{2}{a} \frac{\partial T}{\partial z} \bar{v}_z \left(\frac{r^2}{2} - \frac{r^4}{4R^2}\right) + C_1$$

对此式再积分,得

$$T = \frac{2}{a} \frac{\partial T}{\partial z} \bar{v}_z \left(\frac{r^2}{4} - \frac{r^4}{16R^2}\right) + C_1 \ln r + C_2$$

上两式的边界条件为 $r=0$ 时, $\frac{\partial T}{\partial r} = 0$, $T = T_0$,经运算后可得 $C_1 = 0, C_2 = T_0$。最后可由上式得

$$T = \frac{2}{a} \frac{\partial T}{\partial z} \bar{v}_z \left(\frac{r^2}{4} - \frac{r^4}{16R^2}\right) + T_0 \tag{9-44}$$

$r = R$ 时, $T = T_s$,由式(9-44)可得圆管壁面温度表达式

$$T_s = T_0 + \frac{3}{8} \frac{\bar{v}_z R^2}{a} \frac{\partial T}{\partial z} \tag{9-45}$$

式中 T_0——圆管轴线上的流体温度。

由于圆管轴线上的流体温度 T_0 实际上不易测得,因而管内流动的换热系数总是以管

截面上的混合平均流体温度 T_m 来定义的,即

$$h = \frac{q}{T_s - T_m} = \frac{(\lambda \frac{\partial T}{\partial r})_R}{T_s - T_m} \qquad (9-46)$$

由平均温度的定义可得

$$T_m = \frac{\int_0^R \rho \cdot 2\pi r \mathrm{d}r v_z c_p T}{\int_0^R \rho \cdot 2\pi r \mathrm{d}r v_z c_p} = \frac{\int_0^R v_z T \mathrm{d}r^2}{\int_0^R v_z \mathrm{d}r^2}$$

将式(9-38)和式(9-44)代入上式得

$$T_m = T_0 + \frac{7}{48} \frac{\overline{v_z} R^2}{a} \frac{\partial T}{\partial z} \qquad (9-47)$$

将式(9-44)、(9-45)和式(9-47)代入式(9-46),得

$$h = 2.18 \frac{\lambda}{R}$$

或

$$Nu = \frac{hD}{\lambda} = 4.36 \qquad (9-48)$$

式中 D——圆管直径。

由上式可见,管内层流时,在温度充分发展区段,如果壁面上热流量恒定,则 Nu 是常数,并等于4.36。如为恒壁温 Nu 也是常量,但等于3.65。表9-1列出了内部对流时几种管壁几何形状、壁面条件及速度分布的 Nu 值。

表9-1 充分发展管内层流的努塞尔数

几何形状	速度分布	壁面条件	$Nu_\infty = \frac{hD_e}{\lambda}$
圆　管	抛物线型	q_0 均匀	4.36
圆　管	抛物线型	T_0 均匀	3.66
圆　管	缓慢流动	q_0 均匀	8.00
圆　管	缓慢流动	T_0 均匀	5.75
平行板	抛物线型	q_0 均匀	8.23
平行板	抛物线型	T_0 均匀	7.60
三角管	抛物线型	q_0 均匀	3.00
三角管	抛物线型	T_0 均匀	2.35

例 已知流体的导热系数 $\lambda = 0.173$ W/(m·K),圆管内径 $D = 0.5 \times 10^{-2}$ m,管长 $L = 5.5$ m,壁面与流体的平均温差 $\Delta T = 65$ ℃。试求在恒壁温条件下,管内层流换热充分发展的换热系数和热流量。

解 对于恒壁温对流换热情况,努塞尔数 $Nu = 3.65$,于是有

$$h = 3.65 \frac{\lambda}{D} = 3.65 \frac{0.173}{0.5 \times 10^{-2}} = 126.29 \text{ W/(m}^2 \cdot \text{K)}$$

热流量 $Q = h\pi DL\Delta T = 126.29 \times \pi \times 0.5 \times 10^{-2} \times 5.5 \times 65 = 708.8$ W

9.5 紊流对流换热

工程实践中,流体的紊流流动比层流流动更普遍,但是用数学分析的方法求解紊流对流换热问题很困难,目前主要应用一些经验公式来进行求解。

9.5.1 热量与动量传输的比拟理论

由于流体紊流流动中的动量传输和热量传输基本都用流体微团的横向混合机理进行解释,因而在某些情况下,可以利用动量转移和热量转移的比拟,由紊流阻力系数推知紊流换热系数,可是必须已知阻力数据才能推算换热系数。

一、紊流中的传热

对于二维紊流流动,由 4.1.5 节知可,紊流中总切应力为

$$\tau = \rho(\nu + \varepsilon)\frac{d\bar{v}_x}{dy} \tag{9-49}$$

式中 ε——紊流运动粘度,又称紊流动量扩散率;

$\dfrac{d\bar{v}_x}{dy}$——紊流时均速度梯度。

对于紊流中的热量传递,可以采用与研究动量传递相同的办法。流体紊流流动时各点的温度,即使在稳定情况下,也是时高时低地随着时间而波动的,所谓瞬时温度,用 T_i 表示。采用热惯性极小的热电偶测量紊流中某一点的温度,可以得到瞬时温度与时间的关系,如图 9-14 所示。在有热量传递的情况下,紊流中的瞬时温度围绕着时均温度在脉动,即有

$$T_i = T + T'$$

式中 T——时均温度;
 T'——脉动温度。

时均温度为

$$T = \frac{1}{\Delta t}\int_t^{t+\Delta t} T_i dt$$

脉动温度的平均值则应为零,即

$$\frac{1}{\Delta t}\int_t^{t+\Delta t} T' dt = \overline{T'} = 0$$

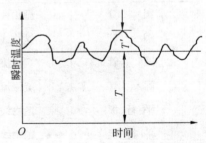

图 9-14 紊流中的温度脉动

由于紊流中流体质点有横向混合及涡流,因而这时层与层之间的热量传递除了导热外,还有由横向混和及涡流引起的热量传递。这样在紊流中传递的总热通量 q 等于导热的热通量 q_L 和紊流热通量 q_t 之和,即

$$q = q_L + q_t$$

可以证明,时均紊流热通量为

$$q_t = \rho c_p \overline{v'_x T'} = -\rho c_p \varepsilon_T \frac{dT}{dy}$$

于是总热通量为

$$q = q_L + q_t = -\lambda \frac{dT}{dy} - \rho c_p \varepsilon_T \frac{dT}{dy} = -\rho c_p (a + \varepsilon_T) \frac{dT}{dy} \quad (9-50)$$

式中　a——热扩散系数；
　　　ε_T——紊流热扩散率。

式(9-49)、(9-50)是动量传输和热量传输比拟理论的基本关系式。式中 ε_T 与 ε 不是流体的物性参数，只是反映了紊流的性质，它们与雷诺数和紊流强度有关。

与普朗特数 $Pr = \nu/a$ 相仿，比值 $\varepsilon/\varepsilon_T$ 可称为紊流普朗特数，用 Pr_T 表示。同样 Pr_T 也不是流体的物性参数。ε、ε_T 只能用半经验的方法解决。最简单的情况是 $\varepsilon = \varepsilon_T$，即 $Pr_T = 1$。其物理意义是，在紊流中热量传输与动量传输过程完全相同。

二、雷诺比拟

在层流中，$\varepsilon = \varepsilon_T = 0$。由式(9-49)、(9-50)得

$$\tau = \rho\nu \frac{dv_x}{dy}$$

$$q = -\rho c_p a \frac{dT}{dy}$$

将此两式相除，得

$$\frac{q}{\tau} = -\frac{c_p a}{\nu} \frac{dT}{dv_x} = -\frac{\lambda}{\eta} \frac{dT}{dv_x}$$

假定 q/τ 在任意 y 处都是相同的，并且取壁面处的值。将此式从壁面到主流积分并参看图9-15，可得

$$\frac{q_s}{\tau_s} = \frac{\lambda}{\eta} \frac{T_s - T_\infty}{v_\infty} \quad (9-51)$$

如假定整个紊流边界层中，流场单一地由紊流组成，无层流底层和过渡层的存在。而紊流的动量扩散率和热扩散率都比层流时的大得多，即 $a \ll \varepsilon_T$，$\nu \ll \varepsilon$，于是由式(9-49)、(9-50)可得

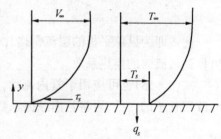

图9-15　雷诺比拟

$$\frac{q}{\tau} = -\frac{\rho c_p (a + \varepsilon_T) \frac{dT}{dy}}{\rho(\nu + \varepsilon) \frac{dv_x}{dy}} \approx -\frac{\rho c_p \varepsilon_T}{\rho \varepsilon} \frac{dT}{dv_x}$$

同样，假设 $\frac{q}{\tau}$ 在任意点上都相等，将上式从壁面到主流积分，并将 q 和 τ 均取壁面处的数值 q_s 和 τ_s，得

$$\frac{q_s}{\tau_s} = c_p \frac{T_s - T_\infty}{v_\infty} \quad (9-52)$$

实际上，紊流时存在着层流底层，因而上述简化假设与实际情况出入较大。但是对于 $Pr = 1$ 的流体，式(9-51)与式(9-52)完全相同，即层流底层和紊流核心中的热量与动量传输的比拟服从同一比拟方程，这样雷诺比拟就适用了。

式(9-51)、(9-52)均可改写成

$$h = \frac{q}{T_s - T_\infty} = \frac{\tau c_p}{v_\infty} \quad (9-53)$$

上式将换热数据与流体阻力特性联系起来。

在纵掠平板的情况下,$\tau = c_f \dfrac{\rho v_\infty^2}{2}$,代入上式得

$$St = \frac{h}{\rho c_p v_\infty} = \frac{c_f}{2} \quad (9-54)$$

式中 St——斯坦顿数,$St = \dfrac{h}{\rho c_p v_\infty} = \dfrac{Nu}{RePr}$;

c_f——摩擦系数,与动量传输研究中的 f 相似。

式(9-54)可以改写成

$$Nu = \frac{c_f}{2} RePr$$

当 $Pr = 1$ 时

$$Nu = \frac{c_f}{2} Re \quad (9-55)$$

式(9-55)就是雷诺比拟的解。根据该式,只要知道摩擦阻力系数 c_f,即可计算出对流换热系数。需要指出的是,应用雷诺比拟解时,必须满足 $Pr = 1$。

例如,对于纵掠平板层流流动,有 $c_f = 0.646 Re_x^{-\frac{1}{2}}$,将其代入式(9-55)可得

$$Nu_x = 0.323 Re_x^{\frac{1}{2}} \quad (9-56)$$

此式即为纵掠平板的层流雷诺比拟解。同样如果将紊流时的 c_f 代入式(9-55),即可得到紊流时的换热系数。

式(9-55)也可应用于管内流动,此时雷诺数中的速度应改用管内平均流速,特征尺寸改用管子的内径,再将管内摩擦系数 $c_d = 4c_f$ 代入可得管内流动雷诺比拟解,得

$$Nu_d = \frac{c_d}{8} Re_d \quad (9-57)$$

对于管内紊流,$c_d = 0.308$,将其代入式(9-57),可得管内紊流时的换热计算式(只适用 $Pr \approx 1$)

$$Nu_d = 0.038 Re_d^{\frac{3}{4}} \quad (9-58)$$

三、普朗特比拟

由于雷诺比拟忽略了紊流中存在的层流底层,它只适用于 $Pr \approx 1$ 的流体,普朗特对此做了改进,假定紊流流动由两部分组成,一部分是紊流核心,另一部分是层流底层,最后推导得到了普朗特比拟数学表达式

$$\frac{q}{\tau} = c_p \frac{T_s - T_\infty}{v_\infty} \cdot \frac{1}{1 + \dfrac{v_b}{v_\infty}(Pr - 1)} \quad (9-59)$$

式中 v_b——紊流核心与层流底层交界处的流速。

流体层流纵掠平板时,因 $\tau = \dfrac{c_f}{2}\rho v_\infty^2$,式(9-59)可以变为

$$h = \frac{q}{T_s - T_\infty} = \rho v_\infty c_p \frac{c_f}{2} \frac{1}{1 + \dfrac{v_b}{v_\infty}(Pr - 1)}$$

即

$$St = \frac{h}{\rho v_\infty c_p} = \frac{c_f}{2} \frac{1}{1 + \dfrac{v_b}{v_\infty}(Pr - 1)}$$

或写成

$$Nu_x = \frac{c_f}{2} Re Pr \frac{1}{1 + \dfrac{v_b}{v_\infty}(Pr - 1)} \tag{9-60}$$

紊流纵掠平板时的局部摩擦系数数据:$c_f = 0.0583 Re^{-\frac{1}{5}}$ 以及 $v_b/v_\infty = 2.12/Re^{0.1}$,代入上式得

$$Nu_x = \frac{0.029\,2 Re_x^{\frac{4}{5}} Pr}{1 + 2.12 Re_x^{-\frac{1}{10}}(Pr - 1)} \tag{9-61}$$

上式即为紊流纵掠平板的普朗特比拟解。适用于 $0.5 < Pr < 30$ 的流体。

对于圆管内的流动,只需将式(9-60)中的 v_∞ 用管内平均流速 v_m 代替,将圆管内径作为特征尺寸,将 c_f 换为 $c_d/4$ 即可,即

$$Nu_d = \frac{c_d}{8} Re_d Pr \frac{1}{1 + \dfrac{v_b}{v_m}(Pr - 1)}$$

流体在圆管内紊流流动时,$c_d = 0.308 R_d^{-\frac{1}{4}}$,$\dfrac{v_b}{v_m} = 2.44 R_d^{-\frac{1}{8}}$,将它们代入上式,得圆管内紊流普朗特比拟解

$$Nu_d = \frac{0.0385 Re_d^{\frac{3}{4}} Pr}{1 + 2.44 Re_d^{-\frac{1}{8}}(Pr - 1)} \tag{9-62}$$

例 一光滑铜管换热器,内径为 $d = 40$ mm,管内水流的平均温度 $T_f = 80$ ℃,平均流速 $v_m = 0.9$ m/s,圆管壁温 $T_s = 120$ ℃,试求管内换热系数。

解 以管内水流温度与壁温的平均值作为定性温度

$$T_m = \frac{T_f - T_s}{2} = \frac{80 + 120}{2} = 100 \text{ ℃}$$

由平均温度查得水的物性参数为

$$\lambda = 68.3 \times 10^{-2} \text{ W/(m·k)}, \quad \nu = 0.295 \times 10^{-6} \text{ m}^2/\text{s}, \quad Pr = 1.75$$

雷诺数 Re_d 为

$$Re_d = \frac{v_m d}{\nu} = \frac{0.9 \times 0.04}{0.295 \times 10^{-6}} = 1.22 \times 10^5$$

管内为紊流,采用式(9-62)进行计算

$$Nu_d = \frac{0.0385 Re_d^{\frac{3}{4}} Pr}{1 + 2.44 Re_d^{-\frac{1}{8}}(Pr-1)} = \frac{0.0385(1.22\times 10^5)^{\frac{3}{4}} \times 1.75}{1 + 2.44(1.22\times 10^5)^{-\frac{1}{8}}(1.75-1)} = 309$$

$$h = \frac{\lambda}{d} Nu_d = \frac{68.3 \times 10^{-2}}{0.04} \times 309 = 5\,276 \text{ W/(m}^2\cdot\text{K)}$$

四、冯·卡门比拟

冯·卡门对普朗特比拟做了进一步的发展,提出了包括由层流底层、过渡层以及紊流核心三部分所组成的紊流流动的动量与热量传输比拟公式,其表达式如下

$$St = \frac{\frac{c_f}{2}}{1 + 5(\frac{c_f}{2})^{\frac{1}{2}}\{Pr - 1 + \ln[1 + \frac{5}{6}(Pr-1)]\}} \tag{9-63}$$

当 $Pr = 1$ 时,上式便简化成雷诺比拟解,即式(9-54)的形式。普朗特比拟和冯·卡门比拟均只限于用在形状阻力可以忽略不计的情况。当 $Pr > 1$ 时,两者均能给出精确的解。

五、柯尔本(A.P.Colbum)比拟

柯尔本在综合了大量实验基础上,提出用 $Pr^{\frac{2}{3}}$ 来修正雷诺比拟,称做柯尔本比拟。柯尔本比拟解表达式如下

$$j_H = St Pr^{\frac{2}{3}} = \frac{c_f}{2} \tag{9-64}$$

式中 j_H 称为换热 j 因子。

柯尔本研究表明,只要满足下列条件:(1)没有形状阻力;(2) $0.5 < Pr < 50$,则式(9-64)均是精确可靠的,可用于广泛的流动状态和各种各样的几何形状。

当 $Pr = 1$ 时,式(9-64)与式(9-54)相同,即柯尔本比拟解与雷诺比拟解相同。因此式(9-64)是雷诺比拟解对于 $Pr \neq 1$ 的流体的推广。

9.5.2 流体在管内的强制紊流对流换热

流体在管内强制紊流对流换热是工业换热设备中最常见的换热方式。但是在管(槽)内紊流流动的换热通常没有合适的分析解。对此除了可以采用前面介绍的各种比拟解以外,对于紊流流动还经常采用一些经验公式来计算对流换热系数。

(1) 迪图斯-玻尔特(Dittus-Boelter)公式

对于壁面和流体间的温差不大的情况(气体:$\Delta T < 50$ ℃;水:$\Delta T < 20\sim 30$ ℃;油类:< 10 ℃),通常采用迪图斯-玻尔特公式进行计算

$$Nu_f = 0.023 Re_f^{0.8} Pr_f^m \tag{9-65}$$

式中下标 f 表示以流体进出口处温度的平均温度为定性温度,特征尺寸为圆管内径 D。

$T_s > T_f$ 时,流体被加热,$m = 0.4$;$T_s < T_f$ 时,流体被冷却,$m = 0.3$。取不同的 m 值,是考虑到流体物性受温度的影响。

式(9-65)是目前广泛采用的用于计算管(槽)内强制紊流对流换热的准则式,该式应

用条件为 $0.7 < Pr < 120, Re > 10^4$ 和 $L/D \geqslant 60$(L 为管段长)。

(2) 希德-泰特(Seider-Tate)公式

当壁面和流体间温差较大,引起流体粘度变化较大时,可采用希德-泰持公式计算。当壁温几乎不变时,此式的形式为

$$Nu = 0.026 Re^{0.8} Pr^{\frac{1}{3}} \left(\frac{\eta_f}{\eta_s}\right)^{0.14} \tag{9-66}$$

式中 η_f、η_s——进出口处流体温度的平均温度和平均壁温下的动力粘度,$\left(\frac{\eta_f}{\eta_s}\right)^{0.14}$ 为粘度随温度变化对换热影响的修正项。

此式适用范围为 $10^4 < Re < 10^5, 0.6 < Pr < 100$ 和圆管的 $L/D > 10$。用此式的计算结果与实验数据比较,误差小于 20%。

例 水以 1.5 m/s 的速度在内径 $D = 3.0$ cm 的圆管内流动,圆管内表面温度 $T_s = 80$ ℃,水的平均温度 $T_f = 40$ ℃。试求水与圆管之间的对流换热系数。

解 以水的平均温度 40 ℃ 作为定性温度,查表得到水的有关物性值

$\lambda = 63.5 \times 10^{-2}$ W/(m·K);$\nu = 0.659 \times 10^{-6}$ m²/s;

$\eta_f = 653.3 \times 10^{-6}$ kg/(m·s); $\eta_s = 355.1 \times 10^{-6}$ kg/(m·s); $Pr = 4.31$

圆管温度与水之间温度差为 $T_s - T_f = 80 - 40 = 40$ ℃ > 30 ℃,因此应选取希德-泰特公式进行计算

$$Re = \frac{v_D}{\nu} = \frac{1.5 \times 3.0 \times 10^{-2}}{0.659 \times 10^{-6}} = 6.83 \times 10^4 > 10^4$$

流动为紊流,选取式(9-66)进行计算

$$Nu = 0.026 Re^{0.8} Pr^{\frac{1}{3}} \left(\frac{\eta_f}{\eta_s}\right)^{0.14} = 0.026(6.83 \times 10^4)^{0.8} 4.31^{\frac{1}{3}} \left(\frac{653.3 \times 10^{-6}}{355.1 \times 10^{-6}}\right)^{0.14} = 339.6$$

$$h = \frac{\lambda}{D} Nu = \frac{63.5 \times 10^{-2}}{3.0 \times 10^{-2}} \times 339.6 = 7\,189.9 \text{ W/(m}^2\cdot\text{K)}$$

(3) 柯尔本公式

对于粘度较大的流体,建议采用柯尔本的又一公式计算

$$Nu = 0.023 Re^{0.8} Pr^{\frac{1}{3}} \tag{9-67}$$

式中以流体温度与壁面温度的算术平均值 $T_m = (T_\infty + T_s)/2$ 为定性温度。该式应用条件为 $Re > 10^4, 0.7 < Pr < 160$ 和圆管的 $L/D > 60$。

(4) 对于 $0.005 < Pr < 0.05$ 的液态金属,当 $Re > 10\,000$ 和热流密度均匀时,可以采用下式求出液态金属对管壁的对流换热系数

$$Nu_q = 6.7 + 0.004\,1(RePr)^{0.793} \exp(41.8 Pr) \tag{9-68}$$

由于液态金属的对流换热系数 h 值很高,且金属液在壁面处的温度 T_s 与混合平均温度 T_m 之间的差值又不很大,因此可以把混合平均温度做为定性温度,并利用该温度下的特征参数,不会有明显的误差。

式(9-68)适用于沿管子长度方向上热流密度均匀的情况。如果壁温均匀,液体金属的 Nu_T(壁温均匀时的 Nu 数)和 Nu_q(热流密度均匀时的 Nu 数)之间的差别很明显,如图

9-16 所示。当 $Pr > 0.5$ 时,因 Nu_T/Nu_q 接近于 1,故可忽略它们之间的差别,所以式(9-66)也适用于热流密度恒定的边界条件。

9.5.3 流体绕过潜体时的强制紊流对流换热

图 9-17 给出了垂直于流体流动方向的长圆柱体的 $j_H = \dfrac{h}{(\rho c_p)v_\infty}\left(\dfrac{c_p\eta}{\lambda}\right)_f^{\frac{2}{3}} = Nu_f Re^{-1} Pr_f^{-\frac{1}{3}}$ 对 Re 的关系曲线。为了说明流线型流动中常见的 $j_H < c_f/2$ 的情况,图中上部有 $c_f/2$ 与 Re 的关系曲线。

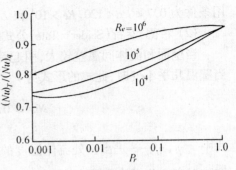

图 9-16 管内均匀壁温和均匀热流密度对流换热的比较

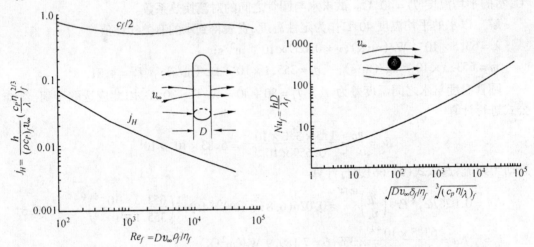

图 9-17 垂直于流动方向的圆柱体的热量传递和动量传递

图 9-18 由球体向流动流体的传热过程

麦克亚当斯(Mcadams)用水、油和空气做绕过潜体的强制紊流对流换热试验,得到下列关系式

$$Nu_f Pr_f^{-0.3} = 0.35 + 56 Re_f^{0.52} \tag{9-69}$$

如果雷诺数较大($10^3 < Re < 5 \times 10^4$),用空气做实验,得到了下述关系式

$$Nu_f Pr_f^{-0.3} = 0.26 Re_f^{0.60} \tag{9-70}$$

图 9-18 给出了绕过球体流动时的 Nu_f 与 Re_f 和 Pr_f 的函数关系。其关系式为

$$\dfrac{hD}{\lambda_f} = 2.0 + 6.0(Dv_\infty/\rho/\eta)^{\frac{1}{2}}(c_p\eta/\lambda_f)^{\frac{1}{2}} \tag{9-71}$$

由上式可见,当 $Re = \dfrac{Dv_\infty\rho}{\eta}$ 变小和趋于零时,Nu 值接近于 2。这就是置于静止介质中($Re \to 0$)温度均匀的球体的纯传导传热时的 Nu 值。

9.6 自然对流换热

静止的流体如果与不同温度的固体壁面或气体与不同温度液体表面相接触，将引起靠近换热表面上的流体中温度场不均匀，使流体中物质产生密度差，引起自然对流换热。金属热态成形产业中有很多自然对流换热情况，如加热炉炉壁的散热，浇包中金属液表面上气体的自然对流散热等。

自然对流换热有大空间和有限空间之区分。大空间自然对流指的是在热(或冷)表面的周围不存在其它阻碍自然对流运动的物体，如暖气片散热便是典型的大空间自然对流换热。而象双层玻璃窗间的空气换热则是有限空间的自然对流换热。本节主要讨论大空间中的自然对流换热。

流体沿垂直壁面发生自然对流时，也会形成速度边界层和温度边界层，如图 9-19 所示。同强制流动相比，自然对流边界层的特点为：(1)如 $T_s > T_\infty$，边界层中的流体温度沿着 y 方向自壁温 T_s 逐渐降低直至远离壁面的流体温度 T_∞，温度分布是一个单调递增(递减)函数。靠近壁面处由于粘性力作用，流体流动速度为零，而在边界层外，由于没有温度差，流体流速也为零，因而在 y 方向的速度分布中存在一个 v_x 的极大值；(2) 在流动方向上，流速 v_x 不断增加，这与强制流动相反，因在强制流动边界层中，流体为克服粘性阻力消耗本身的动能，故流速会逐渐下降。

图 9-20 所示为大空间中垂直平板表面自然对流温度边界层中流动形态示意和 x 方向上 h 的变化。在板的下部，流动为层流，而在最下端处，h 值为最大。随着高度增加，边界层厚度逐渐增大，h 值逐渐降低。当格拉晓夫数 Gr 增大到一定值以后，流动开始转为紊流。在层流转为紊流处，h 值最小，在紊流层区段，h 值基本不变。

在边界层区域外，主流体是静止的，其中温度也是均匀的。

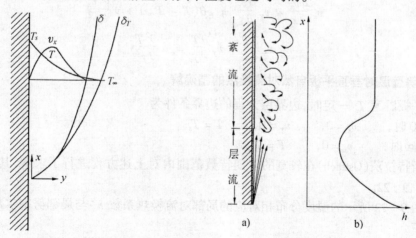

图 9-19　垂直平板自然对流时边界层的速度分布和温度分布

图 9-20　自然对流热边界层中流动形态和 h 值
a)流动形态　　b)h 值

9.6.1 垂直平板层流自然对流换热精确解

一、层流自然对流边界层基本方程

如图 9-19 所示，沿壁面高度方向设 x 坐标，垂直壁面方向设 y 坐标。自然对流时，应考虑重力 g 的作用和高度方向上的静止压力 p 的变化。因此由第一篇中的 $N-S$ 方程可求得垂直平板自然对流动量平衡方程为

$$\rho v_x \frac{\partial v_x}{\partial x} + \rho v_y \frac{\partial v_x}{\partial y} = -\frac{\partial p}{\partial x} - \rho g + \frac{\partial}{\partial y}\left(\eta \frac{\partial v_x}{\partial y}\right) \tag{9-72}$$

设主流体的密度为 ρ_∞，在主流体中处于静力学的平衡状态，则有

$$\frac{\partial p}{\partial x} = \frac{\partial p_\infty}{\partial x} = -\rho_\infty g$$

代入式(9-72)中得

$$\rho v_x \frac{\partial v_x}{\partial x} + \rho v_y \frac{\partial v_x}{\partial y} = (\rho_\infty - \rho)g + \frac{\partial}{\partial y}\left(\eta \frac{\partial v_x}{\partial y}\right)$$

将流体的体膨胀系数 β 写成差商形式，$\beta = \dfrac{\rho_\infty - \rho}{\rho(T - T_\infty)}$，将其代入上式中，得

$$v_x \frac{\partial v_x}{\partial x} + v_y \frac{\partial v_x}{\partial y} = g\beta(T - T_\infty) + \nu\left(\frac{\partial^2 v_x}{\partial y^2}\right) \tag{9-73}$$

可以用求解沿平板的强制流动换热完全一样的方法导出热量平衡方程。因此沿垂直平板自然对流的层流边界层基本微分方程组（连续性方程、动量平衡方程及热量平衡方程）为

$$\frac{\partial v_x}{\partial x} + \frac{\partial v_y}{\partial y} = 0$$

$$v_x \frac{\partial v_x}{\partial x} + v_y \frac{\partial v_x}{\partial y} = g\beta(T - T_\infty) + \nu \frac{\partial^2 v_x}{\partial y^2}$$

$$v_x \frac{\partial T}{\partial x} + v_y \frac{\partial T}{\partial y} = a \frac{\partial^2 T}{\partial y^2} \tag{9-74}$$

二、等壁温时垂直平板自然对流换热的精确解

当平板温度 T_s 一定时，边界层方程的边界条件为

$y = 0$ 时， $v_x = 0$, $v_y = 0$, $T = T_s$

$y = \infty$ 时， $v_x = 0$, $T = T_\infty$

奥斯特拉茨(Ostrach)在较宽的普朗特数范围内对上述方程进行了求解，其结果示于图 9-21、9-22。

与图 9-22 所示的温度分布相对应的局部对流换热系数 h_x 与局部努塞尔数 Nu_x 的表达式如下

$$h_x = 0.676\lambda x^{-1}\left(\frac{Pr}{0.861 + Pr}\right)^{\frac{1}{4}}\left(Pr\frac{Gr}{4}\right)^{\frac{1}{4}} \tag{9-75}$$

$$Nu_x = 0.676\left(\frac{Pr}{0.861 + Pr}\right)^{\frac{1}{4}}\left(Pr\frac{Gr}{4}\right)^{\frac{1}{4}} \tag{9-76}$$

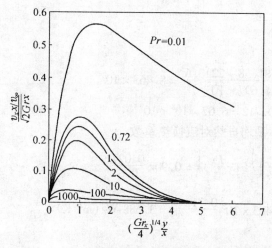 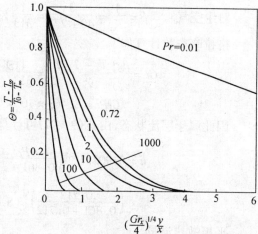

图 9-21 垂直平板附近自然对流的无因次速度分布　　图 9-22 垂直平板附近自然对流的无因次温度分布

对于高度为 L 的平板,由于 h_x 与 $x^{-\frac{1}{4}}$ 成正比,故其平均换热系数 h 的表达式为

$$h = \frac{1}{L}\int_0^L h_x \mathrm{d}x = \frac{4}{3}h_x$$

将式(9-75)代入其中,并取 $x = L$,则

$$h = 0.902\lambda L^{-1}\left(\frac{Pr}{0.861 + Pr}\right)^{\frac{1}{4}}\left(Pr\frac{Gr}{4}\right)^{\frac{1}{4}} \tag{9-77}$$

$$Nu = \frac{hL}{\lambda} = 0.902\left(\frac{Pr}{0.861 + Pr}\right)^{\frac{1}{4}}\left(Pr\frac{Gr}{4}\right)^{\frac{1}{4}} \tag{9-78}$$

上述表达式适用于 $0.00835 \leqslant Pr \leqslant 1\,000$,及 $10^4 < GrPr < 10^{10}$ 的层流条件,对于液态金属,上述公式同样适用。

在 $0.6 < Pr < 10$ 范围内,常用简单的公式进行计算

$$Nu = 0.59(GrPr)^{\frac{1}{4}} \tag{9-79}$$

当 $Pr = 0.702$ 时,式(9-78)可以简化为

$$Nu = \left(\frac{Gr}{4}\right)^{\frac{1}{4}} \tag{9-80}$$

对于大多数气体,Pr 数非常接近 0.7,即使温度高达 1 649 ℃,也几乎是常数,因此可以直接把式(9-80)应用于气体的层流自然对流换热计算。

例 有一高度 $L = 0.6$ m,宽度 $B = 1$ m 的平板,垂直悬挂于 $T_f = 22$ ℃ 的空气中,平板温度 $T_s = 58$ ℃,试求平均对流换热系数和平板的散热流量。

解 以平板温度与空气温度的平均温度 T_m 做为定性温度

$$T_m = (T_s + T_f)/2 = (58 + 22)/2 = 40 \text{ ℃}$$

根据 T_m 值,查表得空气的物性参数

$$\lambda = 0.027 \text{ W/(m·K)}, \quad \nu = 1.697 \times 10^{-5} \text{ m}^2/\text{s}, \quad Pr = 0.712$$

对于空气 $\beta = \dfrac{1}{T_m} = \dfrac{1}{40+273} = \dfrac{1}{313}$ K^{-1}

格拉晓夫数计算如下

$$Gr = \dfrac{\beta g(T_s - T_f)L^3}{\nu^2} = \dfrac{1}{313}\dfrac{9.81(58-22)0.6^3}{(1.697\times 10^{-5})^2} = 8.463\times 10^8$$

$$GrPr = 8.463\times 10^8 \times 0.712 = 6.02\times 10^8 < 10^9$$

因此属于层流状态,由式(9-77)可计算平均自然对流换热系数

$$h = 0.902\lambda L^{-1}\left(\dfrac{Pr}{0.861+Pr}\right)^{\frac{1}{4}}\left(Gr\dfrac{Pr}{4}\right)^{\frac{1}{4}} = 0.902\dfrac{0.027}{0.6}$$

$$\left(\dfrac{0.712}{0.861+0.712}\right)^{\frac{1}{4}}\left(8.463\times 10^8 \dfrac{0.712}{4}\right)^{\frac{1}{4}} = 3.688 \text{ W/(m}^2\cdot\text{K)}$$

平板散热流量

$$Q = h(T_s - T_f)L\times B = 3.688(58-22)\times 1 \times 0.6 = 79.67 \text{ W}$$

9.6.2 自然对流换热准数方程

在工程实际中,经常采用一些简单的准数方程式计算自然对换热的 h 值。表9-2列出了几种情况下的自然对流换热准数方程。

表9-2 不同条件下自然流换热准数方程式

加热表面形状与位置	流态	准数方程	特征尺寸	$GrPr$ 范围
垂直平板及圆柱体	层流	$Nu = 0.59(GrPr)^{\frac{1}{4}}$	$L = H$(高)	$10^4 \sim 10^9$
	紊流	$Nu = 0.13(GrPr)^{\frac{1}{3}}$		$10^9 \sim 10^{13}$
水平圆柱	层流	$Nu = 0.53(GrPr)^{\frac{1}{4}}$	$L = D$(直径)	$10^4 \sim 10^9$
	紊流	$Nu = 0.13(GrPr)^{\frac{1}{3}}$		$10^9 \sim 10^{13}$
水平板热面朝上	层流	$Nu = 0.54(GrPr)^{\frac{1}{4}}$	正方形:$L=L$ 长方形:$L=\dfrac{L_1+L_2}{2}$ 圆 形:$L=0.9D$	$10^5 \sim 2\times 10^7$
	紊流	$Nu = 0.14(GrPr)^{\frac{1}{3}}$		$2\times 10^7 \sim 3\times 10^{10}$
水平板热面朝下	层流	$Nu = 0.27(GrPr)^{\frac{1}{4}}$	同上	$3\times 10^5 \sim 3\times 10^{10}$
长方形固体 $L_1 \times L_2 \times L_3$,$L_3$ 为高度	层流	$Nu = 0.6(GrPr)^{\frac{1}{4}}$	$\dfrac{1}{L} = \dfrac{1}{\dfrac{L_1+L_2}{2}} + \dfrac{1}{L_3}$	$10^4 \sim 10^9$

9.7 淬火时的换热系数

加热的金属件浸入液体中进行淬火热处理时的冷却是一个复杂的对流传热过程,图9-23示出了金属件在水中淬火的冷却曲线,可把此曲线分成三段:A 阶段称为蒸汽冷却阶段,金属件一浸入水中即刻出现,在金属件表面的水汽化,并形成连续的汽膜,通过汽膜

沸腾冷却。如果金属件(如钢件)温度足够高,也会同时出现辐射冷却。B 阶段为蒸汽传热阶段,此阶段中存在部分成核沸腾(在金属件表面形成稳定的汽泡,汽泡分离,补充新的液体,又形成汽泡……反复出现)和不稳定汽膜沸腾向完全成核沸腾的过渡。C 阶段为液体冷却阶段,没有蒸汽形成,自然对流冷却。在各个阶段换热系数 h 值相差很大。h 值的大小除了与金属件表面温度和冷却介质的温度有关外,还与冷却液体的材料(如水或油或不同成分的水溶液)有关,图 9-24 示出了钢件在油中和 5% NaOH 水溶液中的 h——金属件表面温度间关系的曲线,由此两曲线可见金属件表面温度高时,相当于在金属件表面形成汽膜的蒸汽冷阶段,换热系数 h 值不是很大,且能在一金属件表面温度的区间保持为常数;金属件表面温度再降低一定程度后,会出现 h 值增大的现象,此时在金属件表面出现成核沸腾,对流加剧,使换热系数变大,换热系数增至一最大值后,由于金属件表面温度降低,成核沸腾减弱,表面上淬火介质逐渐趋于平衡,致使 h 值随着金属件表面温度的下降而迅速变小,最后进入自然对流冷却阶段,自然对流冷却阶段的 h 值有可能比蒸汽冷却阶段时小。对油冷却介质言,此种现象较明显。而对 5% NaOH 水溶液言,可能因为水的汽化较油容易,汽膜沸腾冷却时的 h 值都比油冷却介质时大,而且在金属件表面温度较低时仍可见到有汽膜沸腾对 h 值的影响,虽然相应地油介质中当金属件表面温度降到约 315 ℃以下后,由于金属件转到自然对流冷却阶段,h 值随金属件温度的变化已转成很平稳了。需要指出的是,当金属件表面温度处于 760~204 ℃时,5% NaOH 溶液中还可能由于析出钠盐晶粒的爆裂,使汽膜更不稳定,导致 h 值的显著增大。

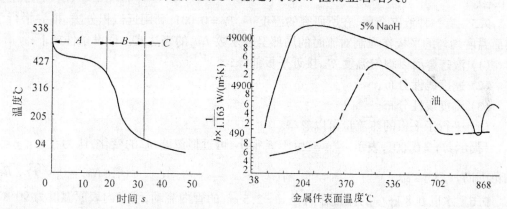

图 9-23 金属件在水中淬火的冷却曲线

图 9-24

由上述可见,淬火时的对流换热系数受很多复杂因素的影响。表 9-3 中示出了钢件在室温的介质中淬火时由 816 ℃冷却到 416 ℃时的 h 平均值。

表 9-3 钢件淬火时的换热系数平均值

淬火介质	油				水		盐水	
搅动情况	未搅动	适度搅动	良好搅动	极强裂搅动	未搅动	强烈搅动	未搅动	极强裂搅动
$h(W/m^2 \cdot K)$	272	476	684.4	963	1 927.7	2 041	2 721.4	6 803.6

长的金属件(如热轧机上出来的带材和连续铸造机上出来的板坯)常需喷水冷却,此时,当存有汽膜,换热强度取决于汽膜能被喷射液滴的击碎程度。如果喷嘴距金属件表面较近,或增加水速,即增加液滴的动能,汽膜被穿透的几率便增加,换热强度也就可加大。也有人研究用喷油法对金属件淬火,发现其冷却速度可为通常浸油法的 3～5 倍。

习 题

9.1 一平板长 400 mm,温度为 40 ℃,压力为大气压的 20 ℃ 的空气纵向流过,流速速为 10 m/s。试求离平板前缘 100 mm 处的速度边界层和温度边界层的厚度。

(答:1.87 mm,2.06 mm)

9.2 上题中平板的宽度为 1 m,求平板与空气的换热量。 (答:157.6 W)

9.3 20 ℃ 的空气,以 2 m/s 的速度纵向流过温度为 120 ℃ 的炉墙表面,炉墙宽 0.4 m,长 1.8 m。若不计自然对流影响,求炉墙表面的平均换热系数与最大的温度边界层厚度。

(答:4.1 W/($m^2 \cdot k$),0.022 m)

9.4 一块均匀加热到 93 ℃ 的铝板:尺寸为 1.22 m × 1.22 m,沿水平位置通过速率为 1.88 m/s 的 16 ℃ 的空气进行冷却,试计算其初始冷却速率。已知温度为 $\frac{93+16}{2} = 54.5$ ℃ 时空气的参数为:$\lambda = 2.91 \times 10^2$ W/(m·K),$\rho = 1.11$ kg/m^3,$\eta = 19.6 \times 10^{-6}$ kg/(cm·s),$Pr = 0.69$。

(答:1 156J/s)

9.5 有一种液态金属,在所研究的温度下,$Pr = 0.001$,利用近似积分法,推导平行于表面温度均匀的平板作强制对流时的局部努塞尔数 Nu_x 的表达式。假设条件如下:

(1) 液态金属以均匀温度 T_∞ 接近平板前缘;
(2) 速度线性分布;
(3) 温度线性分布;
(4) 平行于平板的热流量可以忽略。

(提示:$Pr = 0.001$,表示 $\delta_T \gg \delta$;由于 δ 很小,可近似忽略 v_x 的变化,认为在 $0 < y < \delta$ 的范围内,$v_x = v_\infty$。) (答:$Nu_x = \frac{1}{2}\sqrt{Pr}\sqrt{Re}$)

9.6 水以 0.8 kg/s 的流量在内径 $d = 2.5$ cm 的管内流动,管子内表面温度为 90 ℃,进口处水的温度为 20 ℃。试求水被加热至 40 ℃ 时所需要的管长。已知温度为 $T_m = \frac{1}{2}(T_s + T_f) = \frac{1}{2}(90 + \frac{1}{2}(20+40)) = 60$ ℃ 时,水的物性参数为:$c_p = 4.179$ kJ/(kg·K),$\lambda = 65.9 \times 10^{-2}$ W/(m·K),$\rho = 983.2$ kg/m^3,$\nu = 0.478 \times 10^{-6}$ m^2/s,$Pr = 2.98$。 (答:2 m)

9.7 试确定通过一实心球壳的热量 Q 的表达式。设球壳的内外半径分别为 R_1 和 R_2,温度分别为 T_1 和 T_2,球坐标系中的热量平衡方程为 $\frac{1}{R^2}\frac{d}{dR}(R^2\frac{dT}{dR}) = 0$。

(答:$Q = 4\pi\lambda(T_2 - T_1)/(\frac{1}{R_2} - \frac{1}{R_1})$)

9.8 某流体在内径为 2.54 mm 的管内流动,其速度分布已达定型,试求其容积平均温度从 15.56 ℃ 提高到 37.78 ℃ 所需的管长度。已知管壁温度恒定为 65.56 ℃，平均流速为 0.488 m/s。当容积平均温度 $T_b = \dfrac{T_1 + T_2}{2} = \dfrac{15.56 + 37.78}{2} = 26.67$ ℃ 时，该流体的物性参数为：$\rho = 874.7$ kg/m³，$\lambda = 0.159$ W/(m·K)，$c_p = 1.757 \times 10^3$ J/(kg·K)，$\eta = 5.8945 \times 10^{-4}$ kg/(m·s)，$Pr = 6.5$。
(答：0.783 m)

9.9 一壳芯砂混砂机的冷却器中，冷却水以 2.3 m/s 的速度在内径为 25 mm、长 0.9 m 的直管内流过，已知冷却水的进出口处温度的平均值为 35 ℃，壁面平均温度为 80 ℃，试求水在管内加热时的对流换热系数。已知 35 ℃ 时，水的物性参数为：$\lambda = 62.7 \times 10^{-2}$ W/(m·K)，$\rho = 994$ kg/m³，$\eta_m = 727.4 \times 10^{-6}$ kg/(m·s)，$Pr = 4.87$。80 ℃ 时水的 $\eta_s = 355.1 \times 10^{-6}$ kg/(m·s)。
(答：10 076.3 W/(m²·K))

9.10 采用一根直径为 50 mm 的热圆管，将铝液以 4 536 kg/h 的流率从熔化炉内抽送到中间包中，铝液被预热，管壁保持恒温 760 ℃。已知铝液在 704 ℃ 时的数据如下：$\lambda = 86.36$ W/(m·K)，$\rho = 2 565$ kg/m³，$c_p = 1 046$ J/(kg·K)，$\eta = 1.19 \times 10^{-3}$ kg/(m·s)。试求：

(1) 管壁同铝液间的换热系数；
(2) 利用此换热系数值，计算将铝液从 677 ℃ 加热到 757 ℃ 所需管子的长度。

(答：(1) 10 015 W/(m²·K℃) (2) 1.56 m)

9.11 一小型炉的炉壁高 0.6 m，宽 2.4 m，壁温为 38 ℃，周围空气温度为 22 ℃。求该炉壁自然对流散热量。
(答：78.6 W)

9.12 427 ℃ 的短金属棒经热处理后，垂直放于地面上。棒高 0.9 m，直径 0.15 m，空气温度为 27 ℃。计算棒表面和空气的对流传热系数。
(答：7.9 W/(m²·K))

第十章 辐射换热

辐射换热在金属热态成形产业中是常见的现象,如金属件在炉内的加热,熔化炉中的炉料与发热体之间的换热等。本章主要介绍辐射的基本概念及基本定律,黑体及实际物体的辐射换热计算方法,气体的辐射特点等。

10.1 辐射换热的基本概念

10.1.1 热辐射与辐射换热

物体中分子或原子受到激发而以电磁波的方式释放能量的现象叫辐射,电磁波所携带的能量叫辐射能。由于电磁波可以在真空中传播,因而辐射能也可以在真空中传播,而导热与对流换热则只在存有物质的空间中才能发生。激发物体辐射能量的原因或方法不同,产生的电磁波的波长和频率也不同。电磁波按波长的长短来划分有多种(图 10-1)。热辐射是由于热的表征而发生的辐射。主要集中在红外线和可见光的波长范围内。

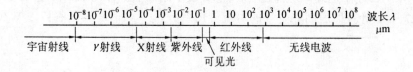

图 10-1 电磁波波谱

热辐射是物体的一种属性,只要物体的温度高于绝对温度 0 K,就会进行辐射。因此热量不仅从高温物体辐射到低温物体,同样也从低温物体辐射到高温物体,但是两者辐射的能量不同。

物体在发射辐射能的同时,也在吸收辐射能。辐射换热是指物体之间的相互辐射和吸收过程的总效果。例如工业炉炉壁与周围物体之间由于炉壁温度较高,炉壁向周围辐射的能量多于吸收的能量,这样热量就从工业炉传给周围物体。辐射换热不仅取决于两个物体之间的温度差,而且还取决于它们的温度绝对量。对于导热来说,其热流密度与温度梯度成正比,而对辐射换热来说,热流密度(或辐射力)与辐射物体热力学温度的四次方成正比,即 $E \propto T^4$。

10.1.2 吸收率、反射率、穿透率

当热辐射的能量投射到物体表面上时,同可见光一样有吸收、反射和穿透的现象。设辐射到物体表面的总能量为 Q,其中一部分 Q_a 在进入物体表面后被物体吸收,另一部分能量 Q_ρ 被物体反射,其余部分 Q_τ 穿透过物体,如图 10-2 所示。

根据能量守恒定律得

$$Q = Q_\alpha + Q_\rho + Q_\tau$$

或

$$\frac{Q_\alpha}{Q} + \frac{Q_\rho}{Q} + \frac{Q_\tau}{Q} = 1 \qquad (10-1)$$

令

$$\alpha = \frac{Q_\alpha}{Q}, \rho = \frac{Q_\rho}{Q}, \tau = \frac{Q_\tau}{Q}$$

则式(10-1)可以写成

$$\alpha + \rho + \tau = 1 \qquad (10-2)$$

式中 α、ρ、τ——物体的辐射吸收率、反射率和穿透率。

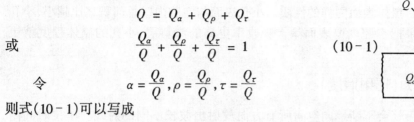

图 10-2 物体对辐射热的吸收、反射和穿透

固体及液体在表面下很短的一段距离内就能把辐射能吸收完毕,并把它转换成热能,使物体的温度升高。对于金属导体,这段距离约为 1 μm;对于大多数非导电体材料,这一距离也小于 1 mm。在工程实际中所用工程材料的厚度一般都大于这个数值,因此可以认为固体和液体不能透过热辐射,即穿透率 $\tau = 0$。这样式(10-2)可以简化成

$$\alpha + \rho = 1 \qquad (10-3)$$

辐射能在物体表面上的反射取决于表面不平整尺寸相对于热辐射的波长的大小,当物体表面不平整尺寸小于热辐射的波长时,形成镜面反射,否则形成漫反射。在一般工程材料的表面上大多形成漫反射现象。气体对辐射能几乎没有反射能力,可以认为其反射率 $\rho = 0$,因而式(10-2)可以简化成

$$\alpha + \tau = 1 \qquad (10-4)$$

固体和液体的辐射、吸收和反射辐射能的特性只受物体表面上材料的性质、表面状态、覆盖层的厚度以及温度等的影响,而气体的辐射和吸收则在整个气体容积中进行。

10.2 黑体辐射

10.2.1 黑体

自然界所有物体(固体、液体、气体)的吸收率 α、反射率 ρ 和穿透率 τ 的数值均在 0 至 1 的范围内变化。为了使问题简化,把吸收率 $\alpha = 1$ 的物体称做绝对黑体(简称黑体);把反射率 $\rho = 1$ 的物体称做镜体;把穿透率 $\tau = 1$ 的物体称做绝对透明体(简称透明体)。黑体、镜体及透明体都是假定的理想物体。

绝对黑体的吸收率 $\alpha = 1$,相应的反射率 ρ 和穿透率 τ 均为零,能全部吸收各种波长的辐射能。由于人眼所看到的是物体的反射光,所以黑体看起来就是黑色的。

自然界中没有绝对黑体,但可用人工的方法制造出非常接近于黑体的模型。如图 10-3 所示。用高吸收性的材料制一个空腔,在表面开一个小孔,空腔壁面保持均匀温度。当辐射能经过小孔进入空腔时,在空腔内要进行多次吸收和反射,每经过一次吸收,

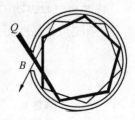

图 10-3 黑体模型

辐射能就减弱一些。最终能再从小孔穿出来的辐射能微乎其微,可以认为辐射能完全被空腔吸收,小孔就具有黑体表面同样的性质。小孔表面与空腔内壁总面积之比越小,小孔就越接近于黑体,如果把空腔内壁表面涂上吸收率更高的涂料层,小孔的黑体程度就更高。

10.2.2 辐射力(辐射照度)

物体只要有温度,就会不断地向空间所有方向放射出波长不同的射线。单位时间内单位表面积向半球空间所有方向发射的全部波长的辐射能的总能量叫做该物体的辐射力或辐射照度,用 E 表示,其量纲是 W/m^2。辐射力表示物体热辐射本领的大小。

单色辐射是指物体单位时间内单位表面积向半球空间所有方向发射的某一特定波长 λ 的能量。如果在 λ 至 $\lambda + \Delta\lambda$ 的波段内的辐射力为 ΔE,则

$$\lim_{\Delta\lambda \to 0} \frac{\Delta E}{\Delta\lambda} = \frac{dE}{d\lambda} = E_\lambda (W/m^3) \tag{10-5}$$

式中 E_λ 为单色辐射力。E_λ 与辐射力 E 之间的关系如下

$$E = \int_0^\infty E_\lambda d\lambda \ (W/m^2) \tag{10-6}$$

10.2.3 发射率(黑度)

黑体是一个理想的发射体,它能够发射出所有波长的辐射能,即为全辐射。在理论上,它的辐射能力是在给定温度下所能达到的最高值。因此,对于任何发生热辐射的实际热辐射体,其辐射力只是黑体的辐射力的某个分数,把这个分数定义为发射率或黑度,用 ε 表示。于是有

$$E = \varepsilon E_b \tag{10-7}$$

式中 E——实际物体的辐射力;

E_b——黑体的辐射力,在本章中有关黑体的量都将加用下角标 b 表示。

ε——实际物体的发射率(或黑度),$0 \leq \varepsilon \leq 1$。

10.3 辐射的基本定律

10.3.1 普朗克(Plangck)定律

普朗克定律表明了黑体辐射能按照波长的分布规律,或者说它给出了黑体单色辐射力 $E_{b\lambda}$ 随波长和温度而变化的函数关系,数学表达式为

$$E_{b\lambda} = \frac{c_1 \lambda^{-5}}{e^{\frac{c_2}{\lambda T}} - 1} \tag{10-8}$$

式中 λ——波长;

T——黑体的热力学温度;

c_1——常数,$c_1 = 3.743 \times 10^{-6} \ W \cdot m^2$;

c_2——常数，$c_2 = 1.4387 \times 10^{-2}$ m·K。

图 10-4 是根据式(10-8)绘制的不同温度下黑体辐射能按照波长的分布情况。在一定温度下，黑体辐射的各种波长的能量不一样，当 $\lambda = 0$ 时，$E_{b\lambda} = 0$；随着波长 λ 的增加，黑体的单色辐射力增加，并达到最大值；随后 $E_{b\lambda}$ 又随波长的增加而减少，直至变为零值。

图中每条曲线下面的面积代表某个温度下黑体的辐射力 E_b，即

$$E_b = \int_0^\infty E_{b\lambda} d\lambda \qquad (10-9)$$

可见，辐射力 E_b 随黑体温度的升高而增大。

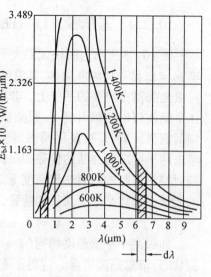

图 10-4 黑色辐射力与波长及温度关系

10.3.2 维恩(Wien)位移定律

由图 10-4 可见，随温度升高，单色辐射力的最大值向波长短的方向移动。1963 年，维恩对式(10-8)取极值，导出了对应于最大单色辐射力的波长 λ_m 和绝对温度 T 之间的关系，其表达式如下

$$\lambda_m T = 2.8976 \times 10^{-3} \approx 2.9 \times 10^{-3} (\text{m·K}) \qquad (10-10)$$

此式即为维恩位移定律。因此从黑体单色辐射力的波谱分布中获得 λ_m 后，就可利用维恩定律计算出黑体的温度，或根据辐射表面温度，推算辐射能的主要组成部分属于何种波长。如加热的金属，当其温度低于 500 ℃时，辐射的能量中无可见光的波长，故颜色不变，当温度再增加时，随着温度的上升，其颜色由暗红向白炽色变化，这正说明占有热辐射能中大部分能量的波长正随着温度升高的变化。太阳表面的温度也正是根据太阳光谱中的 λ_m 值利用式(10-10)计算得到的。

10.3.3 斯蒂芬-玻尔兹曼(Stefan-Boltzmann)定律

把式(10-8)代入式(10-9)中，得

$$E_b = \int_0^\infty E_{b\lambda} d\lambda = \int_0^\infty \frac{c_1 \lambda^{-5}}{e^{\frac{c_2}{\lambda T}} - 1}$$

积分上式，得斯蒂芬-玻尔兹曼定律(又称四次方定律)的表达式

$$E_b = \sigma_b T^4 \qquad (10-11)$$

式中，σ_b 称做斯蒂芬-玻尔兹曼常数(或黑体辐射常数)，$\sigma_b = 5.67 \times 10^{-8}$ W/(m²·K⁴)。此式表明黑体辐射力与其绝对温度的四次方成正比。为了计算方便，通常把式(10-11)写成如下形式

$$E_b = c_0 \left(\frac{T}{100}\right)^4 \qquad (10-12)$$

式中，c_0——黑体辐射系数，$c_0 = 5.67$ W/(m²·K⁴)。

10.3.4 基尔霍夫(Kirchhoff)定律

图 10-5 所示为两块无限大平行平壁,一块为黑体,其温度为 T_b,辐射力为 E_b,吸收率 $\alpha_b = 1$;另一块为非黑体,其温度为 T,辐射力为 E,吸收率 α。假设每块平壁的辐射能可以全部落在对面的平壁上。非黑体平壁放出的辐射能 E 完全为黑体平壁所吸收,而黑体平壁放射出的辐射能 E_b 只能被非黑体平壁吸收 αE_b,剩余辐射能 $(1-\alpha)E_b$ 被反射回去,仍为黑体平壁所吸收。如果略去两平壁之间介质的传导和对流的传热,则两平壁之间由辐射换热引起的辐射热流密度 q,应等于非黑体平壁所损失的能量或黑体平壁所获得的能量,即

$$q = E - \alpha E_b$$

如果两个平壁温度相同($T = T_b$),则整个系统处于热平衡状态,辐射热流密度 q 应等于零,上式变为

$$E = \alpha E_b \quad \text{或} \quad \frac{E}{\alpha} = E_b$$

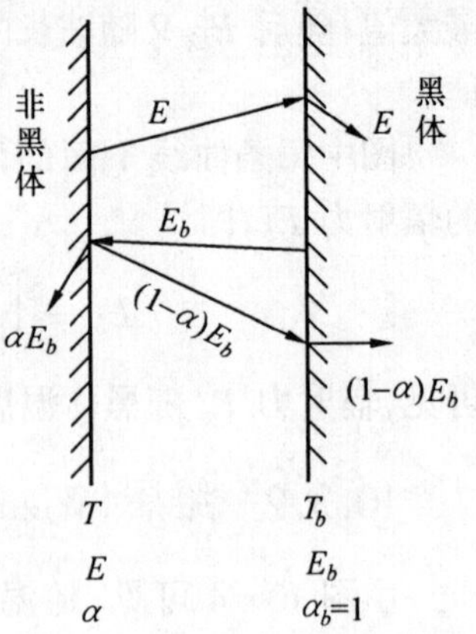

因为非黑体平壁是任意选取的,所以上式可以推广到任何物体,即

$$\frac{E_1}{\alpha_1} = \frac{E_2}{\alpha_2} = \frac{E_3}{\alpha_3} = \cdots = \frac{E_b}{\alpha} = E_b \quad (10-13)$$

图 10-5 基尔霍夫定律的推导用图

式(10-13)即为基尔霍夫定律的表达式。它表明:在体系处于热平衡时,任何物体的辐射力和吸收率之比值等于同温度下黑体的辐射力,而比值的大小只和温度有关。

从基尔霍夫定律可以得到以下结论:

(1) 物体的发射力和吸收率成正比,因而吸收能力大的物体,向外放射辐射能的能力也强。

(2) 各种物体以黑体的吸收率最大,即 $\alpha_b = 1$,所以在相同温度下,黑体的辐射能力也最强。

由式(10-13)可以得到 $\alpha = \dfrac{E}{E_b}$,根据黑度的定义,$\varepsilon = \dfrac{E}{E_b}$,因此有

$$\alpha = \varepsilon \quad (10-14)$$

式(10-14)是基尔霍夫定律的另一表达形式,它表明,在热平衡条件下,任意物体对黑体辐射的吸收率等于同温度下该物体的黑度。

实际物体对于投射过来的辐射能,其吸收率不仅决定于该物体的本身情况(如材料种类、表面状况与表面温度等),而且还与发射辐射能的对方物体的温度有关。如果该物体的温度改变,实际物体的吸收率也将变化,即实际物体对投射来的辐射能中各种波长下的单色吸收率 α_λ 是不同的。

10.3.5 兰贝特(Lambert)定律

兰贝特定律可表示黑体辐射能按空间方向的分布规律。

为了给空间方向定量，必先建立立体角的概念。人们已知可用弧度(rad)衡量平面角θ，而立体角ω的量度为球面上某一面积F_s与球半径r的平方之比，即$\omega = \dfrac{F_s}{r^2}$，其单位称球面度，以Sr表示。整个半球的立体角为$2\pi$Sr。

辐射换热研究中，把单位时间、单位可见面积、单位立体角内辐射能量称为定向辐射强度。因此，如图10-6所示，如在球心底面上有微元辐射面dF，它在任一方向P上的可见面积为$dF\cos\phi$，ϕ为辐射面dA法线方向与P方向间的夹角，则P方向上的定向辐射强度I_P为

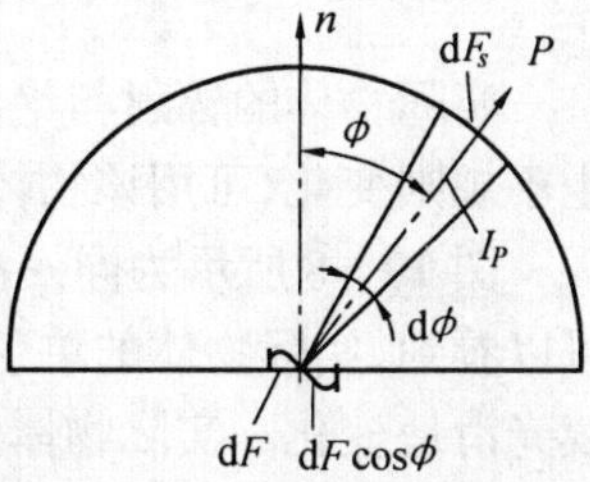

$$I_P = \frac{dQ_P}{dF \cdot \cos\phi \cdot d\omega} \quad (W/(m^2 \cdot Sr)) \qquad (10-15)$$

式中，Q_P为p方向上的辐射热流率。可以证明，黑体的定向辐射强度在半球的各个方向上都相等，即

图10-6 定向辐射强度

$$I_P = I_m = I_n = \cdots\cdots = I \qquad (10-16)$$

这一定向辐射强度与方向无关的规律是兰贝特定律的一种形式。

因此，式(10-15)可以写成

$$\frac{dQ_P}{dFd\omega} = I_P\cos\phi = I\cos\phi \qquad (10-17)$$

此式表明，黑体单位面积(dF)发生的辐射能落到空间不同方向单位立体角($d\omega$)中的能量值，与该方向同表面法线之间的夹角(ϕ)的余弦成正比。此即为兰贝特定律的另一表现形式，又称为余弦定律。

图10-7所示为一半球，其半径为r_0，这个半球盖在辐射微元面dF所在的平面上。物体的辐射力用E表示，则由式(10-17)有

$$E = \frac{dQ}{dF} = I\int \cos\phi d\omega \qquad (10-18)$$

由立体角定义可知$d\omega = dF_s/r^2$，dF_s应为球面上用点表示的微元面，因此有

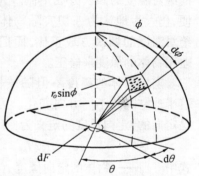

图10-7 辐射强度沿立体角的积分

$$d\omega = \frac{(r_0\sin\phi d\theta)(r_0 d\phi)}{r_0^2} = \sin\phi d\phi d\theta$$

将此式代入式(10-18)中，得

$$E = I\int \cos\phi\sin\phi d\phi d\theta = I\int_{\theta=0}^{\theta=2\pi} d\theta \int_{\phi=0}^{\phi=\frac{\pi}{2}} \sin\phi\cos\phi d\phi = I\pi \qquad (10-19)$$

上式表明，当辐射物体遵守兰贝特定律时，辐射力是任何方向上定向辐射强度的π倍。

10.4 实际物体的辐射

10.4.1 实际物体的辐射特性

实际物体的辐射与绝对黑体不同。实际物体的单色辐射力 E_λ 随波长和温度不同发生不规则变化,可用该物体在一定温度下的辐射光谱来测定。

图 10-8 所示为同一温度下三种不同类型物体的单色辐射力与波长的关系。从图中可以看到,实际物体的单色辐射力随波长作不规则的变化。黑体的单色辐射力随波长连续光滑地变化。实际物体的单色辐射力 E_λ 比黑体的单色辐射力 $E_{b\lambda}$ 小,即 $E_\lambda = \varepsilon_\lambda E_{b\lambda}$。这里 ε_λ 称为单色黑度(或单色发射率),是实际物体的单色辐射力与同温度下黑体的单色辐射力的比值。

根据实际物体的辐射力与黑体的辐射力之间的关系以及黑度的定义,实际物体的辐射力可以用 4 次方定律来计算,即

$$E = \varepsilon E_b = \varepsilon \sigma_0 T^4 \qquad (10-20)$$

研究发现,实际物体的辐射力并不严格地同绝对温度的四次方成正比。为了工程计算方便,仍人为地认为一切实际物体的辐射力都与绝对温度的四次方成正比,而把由此引起的误差用物体的黑度来修正。

实际物体的黑度不但随波长变化,而且随着半球空间的不同方向变化。因此物体的黑度是定向的,定向黑度的定义为

$$\varepsilon_\phi = I_\phi / I_{b\phi} \qquad (10-21)$$

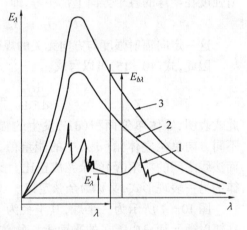

1—实际物体　2—灰体　3—黑体
图 10-8 不同物体的单色辐射力

式中　ε_ϕ——物体的定向黑度,ϕ 是辐射方向与表面法线方向之夹角;
　　　I_ϕ——物体在该方向上的定向辐射强度;
　　　$I_{b\phi}$——同温度下黑体在该方向上的定向辐射强度。

绝对黑体完全服从兰贝特定律,其定向辐射强度在空间所有方向上是常量。而实际物体的定向辐射强度在不同方向上有变化。实际物体沿个别方向上的辐射能量的变化,往往只是近似地遵守兰贝特定律,有些物体甚至与兰贝特定律有很大的偏离。

实际物体表面发射率(或黑度)ε 与物质种类、物体的表面温度和表面状况有关。一般说来,非导电材料的 ε 大于导电材料的 ε;金属或导电体的发射率(黑度)随温度升高而增大,而建筑材料和耐火材料的发射率(黑度)随温度升高而变小。物体表面越粗糙,参加辐射和吸收的微观表面越大,物体的发射率(黑度)和吸收率就越大。金属表面氧化后,不仅表面物性由导电体变为不良导体,且表面状况也变得较疏松粗糙,故其发射率(黑度)和吸收率都显著变大。但温度对氧化表面的影响程度降低,氧化越严重,温度的影响越弱。

表 10-1 示出了一些金属热态成形时常见材料在不同温度和表面状况下的黑度值。

表 10-1 常见材料的黑度

材料名称及其表面状况	温度(℃)	ε	材料名称及其表面状况	温度(℃)	ε
磨光的钢铸件	770~1 300	0.52~0.56	表面严重氧化的轧制铝板	38	0.20
轧制钢板	50	0.56		150	0.21
表面有粗糙氧化层钢板	24	0.8		205	0.22
表面严重生锈钢板	50~500	0.88~0.98	$SiO_2 38\%$	538	0.33
生锈铸铁	40~250	0.95	耐火粘土砖,含 $Al_2O_3 58\%$	1 000	0.61
铸铁液	1 300~1 400	0.29	$Fe_2O_3 0.9\%$	1 200	0.52
钢液	1 520~1 650	0.42~0.53		1 400	0.47
表面磨光的铜	50~100	0.02		1 500	0.45
表面氧化的铜	200~600	0.57~0.87	硅砖($SiO_2 98\%$)	1 000	0.62
紫铜液	1 200	0.138		1 200	0.535
	1 250	0.147		1 400	0.49
粗铜液	1 250	0.155~0.171		1 500	0.46
表面磨光的铝	225	0.049	红砖(表面粗糙)	20	0.93
	275	0.057		100	0.81
轧制后光亮的铝	170	$\varepsilon_\perp = 0.039$		600	0.79
	500	$\varepsilon_\perp = 0.050$	炭黑	20~400	0.95~0.97
表面氧化的轧制铝板	38	0.10	固体表面涂炭黑	50~1 000	0.96
	260	0.12	石棉纸	40	0.94
	538	0.18		400	0.93
			水面	0~100	0.95~0.963

注:$\varepsilon_\perp$ 指法向辐射黑度,即垂直于表面的辐射力与同温度下黑体在相同方向上的辐射力之比。

10.4.2 实际物体的吸收特性

实际物体的吸收率 α 既决定于辐射的投入方向和波长,又决定于物体本身的物质种类、表面温度和表面状况。

实际物体对某一特定波长辐射能吸收的百分数称为单色吸收率,用符号 α_λ 表示。实际物体对不同波长辐射能的单色吸收率是不相同的,图 10-9 所示为一些材料的单色吸收率同波长的关系。由图中(d)可见,玻璃对可见光和波长小于 2.5 μm 的红外线的单色吸收率很小,可认为基本上是透明体;而对紫外线和波长大于 3 μm 红外线,其单色吸收率又接近于1,表现了几乎不透明的性质。玻璃的这种对辐射能波长的吸收的选择性使太阳辐射的可见光和较短波长的红外线绝大部分能穿过玻璃进入室内,而不让室内的物体在常温下所发射出的较长波长的红外线通过玻璃进入外界,可以使室内温度升高,称为温室效应。

实际物体的吸收率还与发射辐射能的物体按波长的能量分布有关。而按波长的能量分布又取决于投射辐射物体的表面性质和温度。因此实际物体的吸收率要根据吸收和投射物体两者的性质和温度来确定。

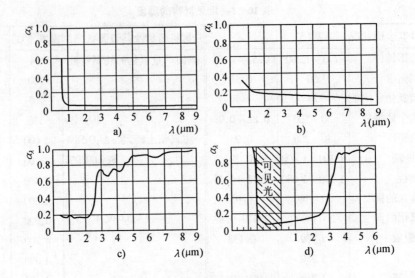

图 10-9 一些材料单色吸收率同波长的关系
a) 金 b) 铝(磨光) c) 白瓷砖 d) 玻璃(厚 1cm)

10.4.3 灰体

实际物体的吸收率与发射辐射能的物体有关。如果物体的单色吸收率与波长无关,即 $\alpha_\lambda =$ 常数,则不管发射辐射的情况如何,该物体对它的吸收率 α 都是常数。人们把单色吸率 α_λ 与波长无关的物体称为灰体。对于灰体,有如下关系式

$$\alpha = \alpha_\lambda = 常数 \qquad (10-22)$$

图 10-10 所示是黑体、灰体和实际物体的单色吸收率 α_λ 与波长 λ 的关系。

同黑体一样,灰体也是一种理想物体。从图 10-8 和图 10-10 可以看到,灰体的辐射和吸收的规律性与黑体完全相同,只是在数量上有差别。工业上所遇到的热辐射,其主要波长常位于红外线范围内,在此范围内,物体的单色吸收率一般不随波长显著变化。因此在研究红外线波长范围内的辐射时,把大多数工程材料作为灰体处理不会引起重大的误差。

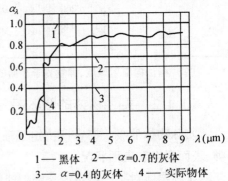

1—黑体 2— $\alpha=0.7$ 的灰体
3— $\alpha=0.4$ 的灰体 4—实际物体

图 10-10 黑体、灰体及实际物体的 α_λ 与 λ 的关系

10.5 黑体间的辐射换热

黑体表面对投射的辐射能是完全吸收的,问题比较简单。本节将先讨论两个黑体表面之间的辐射换热。

10.5.1 开放的两黑体表面间的辐射换热

设有任意放置的两个黑体表面之间的辐射换热系统(图 10-11),它们的表面面积分别为 F_1 和 F_2,表面温度恒定为 T_1 和 T_2,表面间的介质是绝对透明体。两个表面辐射出的能量只有部分能被另一表面接受,其余部分则落到系统之外,如表面 F_1 向半球空间辐射的全部能量为 $Q_1 = E_{b1}F_1$,而投落在 F_2 上的辐射能是比 Q_1 小的 $Q_{1,2}$。人们把表面 F_1 发射出的辐射总能量中投射到表面 F_2 的百分数,称为表面 F_1 对表面 F_2 的角系数或视

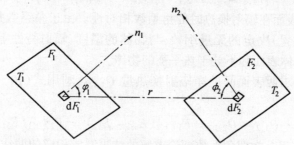

图 10-11 任意放置两个黑体表面间的辐射换热

角因数 $\phi_{1,2}$,即

$$\phi_{1,2} = \frac{Q_{1,2}}{Q_1} = \frac{Q_{1,2}}{E_{b1}F_1} \quad \text{或} \quad Q_{1,2} = \phi_{1,2}E_{b1}F_1 \qquad (10-23)$$

同理可得表面 F_2 对表面 F_1 的角系数 $\phi_{2,1}$,有

$$\phi_{2,1} = \frac{Q_{2,1}}{E_{b2}F_2} \quad \text{或} \quad Q_{2,1} = \phi_{2,1}E_{b2}F_2 \qquad (10-24)$$

根据定向辐射强度的定义式(10-15),由 dF_1 投射到 dF_2 上的辐射能 $dQ_{1,2}$ 应为

$$dQ_{1,2} = I dF_1 \cos\phi_1 d\omega_1$$

又由于黑体服从兰贝特定律,由式(10-19)可得 $E_{b1} = I\pi$,则上式可写成

$$dQ_{1,2} = \frac{E_{b1}}{\pi} dF_1 \cos\phi_1 d\omega_1$$

根据微元立体角的定义,$d\omega_1 = \dfrac{dF_2 \cos\phi_2}{r^2}$,故上式可写成

$$dQ_{1,2} = \frac{E_{b1}\cos\phi_1 \cos\phi_2}{\pi r^2} dF_1 dF_2$$

同理

$$dQ_{2,1} = \frac{E_{b2}\cos\phi_1 \cos\phi_2}{\pi r^2} dF_1 dF_2$$

所以积分上两式,可得

$$Q_{1,2} = E_{b1}\int_{F_1}\int_{F_2} \frac{\cos\phi_1 \cos\phi_2}{\pi r^2} dF_1 dF_2$$

$$Q_{2,1} = E_{b2}\int_{F_1}\int_{F_2} \frac{\cos\phi_1 \cos\phi_2}{\pi r^2} dF_1 dF_2$$

将此两式分别代入式(10-23)和式(10-24),可得角系数表达式

$$\left.\begin{aligned}\phi_{1,2} &= \frac{1}{F_1}\int_{F_1}\int_{F_2}\frac{\cos\phi_1\cdot\cos\phi_2}{\pi r^2}\mathrm{d}F_1\mathrm{d}F_2 \\ \phi_{2,1} &= \frac{1}{F_2}\int_{F_1}\int_{F_2}\frac{\cos\phi_1\cdot\cos\phi_2}{\pi r^2}\mathrm{d}F_1\mathrm{d}F_2\end{aligned}\right\} \quad (10-25)$$

由上两式可见

$$F_1\phi_{1,2} = F_2\phi_{2,1} \quad \text{或} \quad F_i\phi_{i,j} = F_j\phi_{j,i} \quad (10-26)$$

此式表明两个表面在辐射换热时的角系数相对性。由于角系数是由几何因子(如物体的形状、尺寸和位置)决定的无量纲数,与物体的温度、辐射特性等无关,所以式(10-26)同样适用于非黑体表面和不处于热平衡的物体。

已知角系数,可求两表面间的净辐射换热量 $Q_{1,2净}$,利用式(10-23)、(10-24)和式(10-26)可得

$$Q_{1,2净} = Q_{1,2} - Q_{2,1} = F_1\phi_{1,2}(E_{b1} - E_{b2}) = F_2\phi_{2,1}(E_{b1} - E_{b2}) \quad (10-27)$$

为使用方便,工程上常把角系数理论求解的结果制成相应的曲线图。图10-12示出了两平行平面和两相交平面间的角系数曲线图。在有关文献中还有其它各种形状和相对位置两个表面间的角系数曲线图。

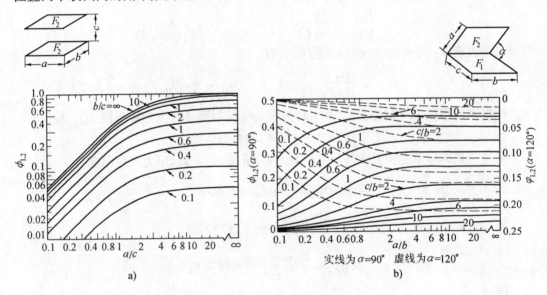

图10-12 两矩形平面间的角系数曲线图
a)平面相互平行　b)平面相交

例 试计算从600℃炉底辐射至270℃的炉壁的净辐射热流量,炉底和炉壁两个表面互相垂直,且都可视为黑体,其尺寸示于图10-13。

解 炉底表面至炉壁表面的净辐射热流量可由式(10-27)计算,即

$$Q_{1,2净} = F_1\phi_{1,2}(E_{b1} - E_{b2}) = F_1\phi_{1,2}\sigma_0(T_1^4 - T_2^4)$$

根据 $\dfrac{a}{c} = \dfrac{4.0}{2.0} = 2$ 和 $\dfrac{b}{c} = \dfrac{4.0}{4.0} = 1$,由图10-12查得 $\phi_{1,2} = 0.2$,又由前面已知

$\sigma_0 = 5.67 \times 10^{-8} \text{ W}/(\text{m}^2 \cdot \text{K}^4)$,所以

$$Q_{1,2净} = 2 \times 4 \times 0.2 \times 5.67 \times 10^{-8} \times$$
$$(873^4 - 543^4) = 44\ 807 \text{ W}$$

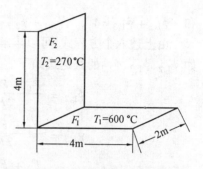

图 10-13 炉底和炉壁的尺寸

10.5.2 封闭的黑体表面间的辐射换热

图 10-14 所示一由平面和凸面组成的封闭辐射系统,根据能量守恒定理,其中任一个表面发射的辐射能必能全部落到其它表面上,所以其中任一表面(如表面1)对其余各表面间的角系数存在下列关系

$$\phi_{1,2} + \phi_{1,3} + \cdots + \phi_{1,n} = \sum_{i=1}^{n} \phi_{1,i} = 1 \quad (10-28)$$

此式表示的关系称为角系数的完整性。

图 10-15 所示为几种由两个表面组成的封闭辐射系统。凹面是可自见面,而平面和凸面都是不可自见面。不可自见面对自己的角系数为零。因此根据角系数的相对性和完整性规律,对图 10-15a)的情况言,$\phi_{1,1} = \phi_{2,2} = 0$, $\phi_{1,2} = \phi_{2,1} = 1$;对图 10-15b)和 10-15c)的情况言,$\phi_{1,1} = 0$, $\phi_{1,2} = 1$, $\phi_{2,1} = \frac{F_1}{F_2}$, $\phi_{2,2} = 1 - \frac{F_1}{F_2}$;对图 10-15d)情况言 $\phi_{1,1} = \frac{F_1}{F_1 + F_2}$, $\phi_{1,2} = \frac{F_2}{F_1 + F_2}$, $\phi_{2,1} = \frac{F_1}{F_1 + F_2}$, $\phi_{2,2} = \frac{F_2}{F_1 + F_2}$。

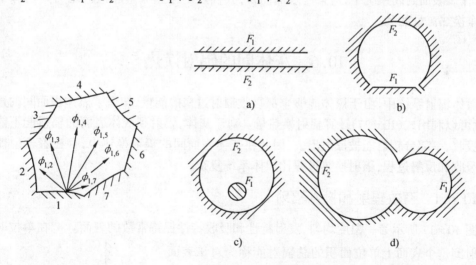

图 10-14 角系数的完整性

图 10-15 由两个表面组成的封闭辐射系统
a)两无限大平面 b)一凹面和一平面 c)一凹面和一凸面 d)两凹面

图 10-16 示出了由表面 F_1、F_2、F_3 组成的封闭系统。假定该系统在垂直图面方向上为无限长,从系统两端开口处逸出的辐射能可以略去不计。

根据由式(10-26)和(10-28)所示的角系数的特性,可以写出下列关系式:

$$F_1 \phi_{1,2} = F_2 \phi_{2,1} \qquad F_1 \phi_{1,3} = F_3 \phi_{3,1} \qquad F_2 \phi_{2,3} = F_3 \phi_{3,2}$$

和 $\phi_{1,2} + \phi_{1,3} = 1 \quad \phi_{2,1} + \phi_{2,3} = 1 \quad \phi_{3,1} + \phi_{3,2} = 1$

由上述六个方程式,可以求解出六个未知的角系数。例如 $\phi_{1,2}$、$\phi_{1,3}$、$\phi_{2,3}$ 的表达式如下

$$\left. \begin{aligned} \phi_{1,2} &= \frac{F_1 + F_2 - F_3}{2F_1} \\ \phi_{1,3} &= \frac{F_1 + F_3 - F_2}{2F_1} \\ \phi_{2,3} &= \frac{F_2 + F_3 - F_1}{2F_2} \end{aligned} \right\} \quad (10-29)$$

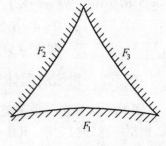

图 10-16 三个平(凸)表面组成的封闭辐射系统

如果系统横断面上三个表面的线段长度分别用 L_1、L_2、L_3 表示,则上述关系可以写成

$$\left. \begin{aligned} \phi_{1,2} &= \frac{L_1 + L_2 - L_3}{2L_1} \\ \phi_{1,3} &= \frac{L_1 + L_3 - L_2}{2L_1} \\ \phi_{2,3} &= \frac{L_2 + L_3 - L_1}{2L_2} \end{aligned} \right\} \quad (10-30)$$

得知角系数就可利用式(10-27)计算任意两表面间的净辐射换热热流量。需要注意的是,在多表面封闭系统中,对某一表面而言,其换热的净热流量总值应是与其它每个表面间净换热流量的和。

10.6 灰体间的辐射换热

黑体辐射系统中,由于黑体能够全部吸收辐射过来的能量,知道了黑体表面间的角系数,就可以利用式(10-27)计算辐射换热量。对于灰体,辐射到灰体表面的辐射能不能被全部吸收,一部分辐射能被反射出去,因此在灰体表面间的辐射换热中,存在着辐射能的多次吸收和反射过程,辐射换热过程比黑体系统复杂。

10.6.1 有效辐射和投入辐射

图 10-17 所示为一温度均匀、发射特性和吸收特性保持常数的表面。把在单位时间内投射到这个表面上单位面积的总辐射能称为对该表面的投入辐射,并用符号 G 表示;把辐射到表面上的能量中被灰体吸收的部分称为吸收辐射,为 αG;外界辐射到物体上的辐射能中被反射回去的部分称为反射辐射,其值用 ρG 表示;把单位时间内离开给定表面单位面积的总辐射能称做有效辐射,其值为灰体的辐射力 E(或称本身辐射)与反射辐射 ρG 的总和,用符号 J 表示。即

$$J = E + \rho G = \varepsilon E_b + \rho G$$

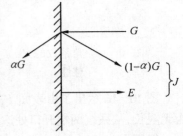

图 10-17 投入辐射和有效辐射

对于不透明的表面,穿透率 $\tau = 0$,则 $\alpha + \rho = 1$,代入上式得

$$J = \varepsilon E_b + (1 - \alpha) G$$

灰体表面与外界的辐射换热净量 Q 为灰体失去的能量与获得的能量的差值,其表达式为

$$Q = (J - G) F$$

把 J 的表达式代入上式,消去 G,得

$$Q = \frac{\varepsilon E_b - \alpha J}{1 - \alpha} F$$

当处于热平衡状态时,$\alpha = \varepsilon$,代入上式得

$$Q = \frac{\varepsilon F}{1 - \varepsilon}(E_b - J) \tag{10-31}$$

10.6.2 两个无限大平行平板间的辐射换热

图 10-18 所示为两个无限大的灰体平行平板。从图中 a)可见,从平板表面 1 发射的本身辐射(即辐射能)E_1,达到表面 2 后被吸收了 $\alpha_2 E_1$,其余部分 $\rho_2 E_1$ 被反射回表面 1。反射到表面 1 的辐射能 $\rho_2 E_1$ 又被吸收和反射,如此重复多次,辐射能逐渐减弱,直到 E_1 被完全吸收为止。同样图 b)中表面 2 的本身辐射(或辐射力)E_2 也经历了上述的反复吸收和反射过程,最后被完全吸收。由于辐射能以光速传播,这种反复进行的吸收和反射过程实际上是在瞬间完成的。

平板表面 1 的有效辐射 J_1 等于图 10-18 中 a)和 b)中离开表面 1 的全部箭头所表示的辐射能的总和。图 10-18 中 a)离开表面 1 的能量可以用无穷级数表示如下

$$E_1(1 + \rho_1 \rho_2 + \rho_1^2 \rho_2^2 + \cdots) = \frac{E_1}{1 - \rho_1 \rho_2}$$

同理,图 10-18 中 b)离开表面 1 的能量为

$$\rho_1 E_2(1 + \rho_1 \rho_2 + \rho_1^2 \rho_2^2 + \cdots) = \frac{\rho_1 E_2}{1 - \rho_1 \rho_2}$$

将此两式相加,表面 1 的有效辐射 J_1 为

$$J_1 = \frac{E_1 + \rho_1 E_2}{1 - \rho_1 \rho_2}$$

同理,表面 2 的有效辐射 J_2 为

$$J_2 = \frac{E_2 + \rho_2 E_1}{1 - \rho_1 \rho_2}$$

当两个平板为无限大时,$\phi_{1,2} = \phi_{2,1} = 1$。表面 2 的有效辐射即为它对表面 1 的投入辐射,即 $G_1 = J_2$,同理 $G_2 = J_1$。

两平板之间的辐射换热净热流密度 $q_{1,2}$ 等于表面 1 的有效辐射 J_1 和投入辐射

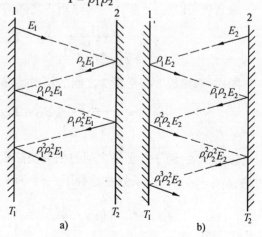

图 10-18 两平行平板之间的辐射换热

G_1 的差,即

$$q_{1,2} = J_1 - G_1 = J_1 - J_2 = \frac{1-\rho_2}{1-\rho_1\rho_2}E_1 - \frac{1-\rho_1}{1-\rho_1\rho_2}E_2 \tag{10-32}$$

由于 $\alpha_1 = \varepsilon_1, \alpha_2 = \varepsilon_2, \rho_1 = 1 - \alpha_1 = 1 - \varepsilon_1, \rho_2 = 1 - \alpha_2 = 1 - \varepsilon_2$,代入上式得

$$q_{1,2} = \frac{1}{\frac{1}{\varepsilon_1} + \frac{1}{\varepsilon_2} - 1}(E_{b1} - E_{b2}) = \varepsilon_s(E_{b1} - E_{b2}) \tag{10-33}$$

式中 ε_1、ε_2——分别为平板 1 和平板 2 的黑度;

ε_s——该辐射换热系统的系统黑度(或发射率),$\varepsilon_s = 1/(\frac{1}{\varepsilon_1} + \frac{1}{\varepsilon_2} - 1)$。因 ε_1 和 ε_2 都小于 1,故 $\varepsilon_s < 1$。

如果两个平行平板均为黑体,即 $\varepsilon_1 = \varepsilon_2 = 1$,于是式(10-33)变为

$$q_{1,2} = E_{b1} - E_{b2} \tag{10-34}$$

比较式(10-33)、(10-34)可知,灰体换热的系统黑度 ε_s 是指在其它条件相同时,灰体间的辐射换热量与黑体间的辐射换热量之比。系统黑度 ε_s 越大,就越接近于黑体系统。

10.6.3 遮热板

在工程上为了削弱两表面之间的辐射换热,可以在两表面之间插入一块薄板,这种用来阻碍辐射换热的薄板称为遮热板。图 10-19 所示为在两平行表面之间遮热板的设置。它们的表面积 $F_1 = F_2 = F_3 = F$,表面温度分别为 T_1、T_2、T_3,黑度分别为 ε_1、ε_2、ε_3,平板的长度与宽度远大于它们之间的距离。

无遮热板时,两平板之间的辐射换热量由式(10-33)计算,即

$$q_{1,2} = \frac{1}{\frac{1}{\varepsilon_1} + \frac{1}{\varepsilon_2} - 1}(E_{b1} - E_{b2})$$

加遮热板以后,平板 1 与遮热板 3 之间的辐射换热量 $q_{1,3}$ 为

$$q_{1,3} = \frac{1}{\frac{1}{\varepsilon_1} + \frac{1}{\varepsilon_3} - 1}(E_{b1} - E_{b3})$$

同样,遮热板 3 与平板 2 之间的辐射换热量为

$$q_{3,2} = \frac{1}{\frac{1}{\varepsilon_3} + \frac{1}{\varepsilon_2} - 1}(E_{b3} - E_{b2})$$

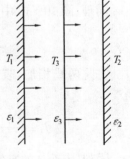

图 10-19 遮热板

加遮热板以后,两平行平板之间的辐射换热量为 $q'_{1,2}$。如为稳定传热,$q_{1,3} = q_{3,2} = q'_{1,2}$,故在推导下式时可消去 E_{b3},得

$$q'_{1,2} = \frac{1}{2}(q_{1,3} + q_{3,2}) = \frac{E_{b1} - E_{b2}}{(\frac{1}{\varepsilon_1} + \frac{1}{\varepsilon_3} - 1) + (\frac{1}{\varepsilon_2} + \frac{1}{\varepsilon_3} - 1)} \tag{10-35}$$

当 $\varepsilon_1 = \varepsilon_2 = \varepsilon_3 = \varepsilon$ 时,上式变为

$$q'_{1,2} = \frac{1}{2} q_{1,2} \tag{10-36}$$

上式表明,加遮热板以后,两平行平板之间的辐射换热量为无遮热板时的辐射换热量的一半。同样可以证明,当遮热板增至 n 块时,如果各平板的黑度相同,则两个平行平板之间的辐射换热量会减少到没有遮热板时换热量的 $\frac{1}{n+1}$。

遮热板原理在工程中应用很广,例如在利用热电偶测量管道内气流温度时,如果使用的是裸露热电偶,在高温气流以对流方式把热量传递给热电偶的同时,热电偶会以辐射方式把得到的热量传递给低温的管壁,因此只要管壁温度低于气流温度,气流与热电偶接点间的对流换热总在进行着。根据牛顿冷却公式,只有在热接点与气流之间存在温度差,才能进行对流换热,故热电偶所指示的温度显然低于气流的真正温度,造成了测量误差。为此可以在热电偶外面加一个遮热罩,以减少热电偶的辐射损失,提高测量精度。

如图 10-20 所示,一管道内壁温度为 T_s,气流的真实温度为 T_f,热电偶测得的读数为 $T_1(T_1 > T_s)$。已知热电偶热接点的黑度为 ε_1,气流与热电偶接点间的对流换热系数为 h。如忽略热电偶因导热引起的误差,并视气流为非吸收性介质,可导出稳定情况下反映气流温度 T_f 的表达式。

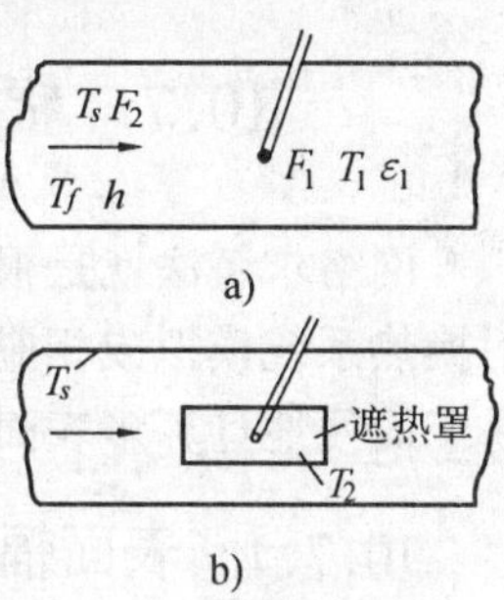

由于 $F_1 \ll F_2$,可认为热接点表面 F_1 全部被管壁包围,所以角系数 ϕ 应等于 1,因此热电偶接点对管壁的净热损失为

$$Q_1 = \varepsilon_1 \sigma_b F_1 (T_1^4 - T_s^4)$$

而气流对热接点的对流换热量

$$Q_2 = h F_1 (T_f - T_1)$$

图 10-20 气流温度的测量
a) 热电偶裸露
b) 热电偶加罩

稳定传热时,$Q_1 = Q_2$,上两式的右边应相等,经整理后得气流温度表达式

$$T_f = T_1 + \frac{\varepsilon_1}{h} \sigma_b (T_1^4 - T_s^4)$$

由此式可知,当 $T_1 > T_s$ 时,热电偶所指示的温度 T_1 比气流温度 T_f 低。减小此式等号右边第二项的值,可减小测量误差。为此可采取减小 ε_1 值,提高 h 值和降低热接点与管壁间的温度差的措施。如在热接点和管壁间设置遮热罩(图 10-20b)),在管道外壁敷绝热层等。

例 用裸露热电偶测得炉中气体温度 $T_1 = 792$ ℃。已知水冷炉壁面温度 $T_s = 600$ ℃,炉气对热电偶的对流换热系数 $h = 58.2$ W/(m² · K),热电偶表面黑度 $\varepsilon_1 = 0.3$。试求炉中气体真实温度 T_f 和测温误差。

解 由式(10-37)

$$T_f = T_1 + \frac{\varepsilon_1}{h} \sigma_b (T_1^4 - T_s^4) = 792 + \frac{0.3 \times 5.67 \times 10^{-8}}{58.2} (1065^4 - 873^4) = 998.2 \text{ ℃}$$

测温绝对误差值为 $T_f - T_1 = 998.2 - 792 = 206.2$ ℃,相对误差为 20.7%。

如在热电偶上加抽气式遮热罩($\varepsilon_2 = 0.3$),使对流换热系数增大达 $h = 116$ W/(m² · K)

(图 10-21),热电偶的测量误差计算情况为:

炉气对流传给遮热罩内、外表面的热流量(设遮热罩温度为 T_2)

$$Q_1 = 2h(T_f - T_2) = 2 \times 116 \times (998.2 - T_2)$$

遮热罩对炉壁辐射换热流量

$$Q_2 = \varepsilon_2 \sigma_b (T_2^4 - T_s^4) = 0.3 \times 5.67 \times 10^{-8}(T_2^4 - 873^4)$$

稳定传热时,$Q_1 = Q_2$,故可求得 $T_2 = 903$ ℃。

因此由式(10-37),可得热电偶的温度计算式为 $T_f = T_1 + \frac{\varepsilon_1}{h}(T_1^4 - T_2^4)$,通过计算可得 $T_1 = 950$ ℃。绝对测量误差减为 48.2 ℃,相对误差变为 4.82%。

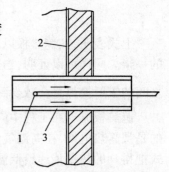

图 10-21 遮热罩抽气式热电偶测温
1—热电偶 2—炉壁 3—遮热罩

10.7 辐射换热的网络求解法

网络求解法就是根据热量传输与电量传输的相似性,把辐射换热系统模拟成相应的电路系统,借助于电路的理论求解辐射换热的方法。此法直观,易于简便地计算多表面间的辐射换热。

10.7.1 表面辐射热阻

对于温度均匀,且整个表面的黑度和反射率为常数的灰体面,由式(10-31)可得该表面单位时间传给外界(或得自外界)的净热流量 Q,即

$$Q = \frac{\varepsilon F}{1 - \varepsilon}(E_b - J) = \frac{1}{\frac{1-\varepsilon}{\varepsilon F}}(E_b - J) \quad (\text{W}) \qquad (10-37)$$

此式结构与电学中欧姆定律 $I = \frac{U}{R}$ 相似,热流 Q 对应于电流 I,辐射势差 $(E_b - J)$ 对应于电位差 U,$\frac{1-\varepsilon}{\varepsilon F}$ 对应于电阻 R,它称为表面辐射势阻。表面辐射势阻是由于表面为非黑体而形成的热阻,它反映表面接近黑体的程度。当表面为黑体时,因 $\varepsilon = 1$,热阻就等于零。因此可把此式所表示的辐射过程绘成等效电路,如图 10-22 所示。由于该电路仅为辐射网络系统的一部分,故称为表面网络单元。

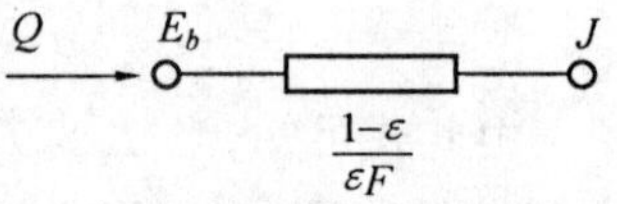

图 10-22 表面网络单元

10.7.2 空间辐射热阻

对于任意位置的两个面积各为 F_1 和 F_2 的灰体表面间的辐射换热热流 $Q_{1,2}$,它应为由 F_1 面发出的有效辐射能中能投射到 F_2 面上的一部分($F_1\phi_{1,2}J_1$),减去 F_2 面上发出的有效辐射能中能投射到 F_1 面上的一部分($F_2\phi_{2,1}J_2$)的差值,即

$$Q_{1,2} = F_1\phi_{1,2}J_1 - F_2\phi_{2,1}J_2 = F_1\phi_{1,2}(J_1 - J_2)$$

或

$$Q_{1,2} = \frac{J_1 - J_2}{\dfrac{1}{F_1\phi_{1,2}}} \tag{10-38}$$

相应地可把此式中的 $1/F_1\phi_{1,2}$ 称为空间辐射热阻,它反映了两表面间有效辐射能力差异的大小。把此式表示的辐射过程绘成如图 10-23 所示的等效电路图,该电路图称为空间网络单元。

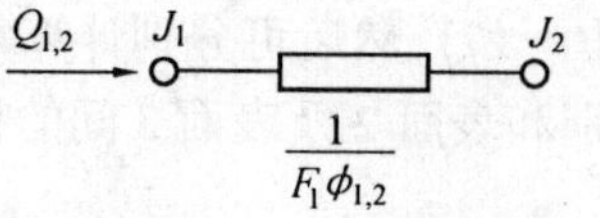

图 10-23 空间网络单元

图 10-22 和图 10-23 所表示的表面网络单元和空间网络单元是辐射网络的两个基本部分,可以把它们用不同的方式联结起来,构成各种辐射换热场合的辐射网络。

10.7.3 多表面间的辐射网络

图 10-24 表示由两个灰体表面组成的封闭系统,两灰体表面积分别为 F_1、F_2,温度为 T_1、T_2(设 $T_1 > T_2$),发射率为 ε_1 和 ε_2,有效辐射为 J_1 和 J_2。

下面讨论两个表面间的辐射换热。

由式(10-31),表面 1 失去的能量为 $Q_1 = \dfrac{E_{b1} - J_1}{\dfrac{1-\varepsilon_1}{\varepsilon_1 F_1}}$;

同理,表面 2 得到的能量为 $Q_2 = \dfrac{J_2 - E_{b2}}{\dfrac{1-\varepsilon_2}{\varepsilon_2 F_2}}$。

由式(10-38),两表面之间换热量为 $Q_{1,2} = \dfrac{J_1 - J_2}{\dfrac{1}{F_1\phi_{1,2}}}$。

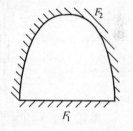

图 10-24 两灰体表面组成的封闭系统

根据能量守恒的原则,$Q_1 = Q_2 = Q_{1,2}$,于是可以得到两表面之间的辐射热换计算公式

$$Q_{1,2} = \frac{E_{b1} - E_{b2}}{\dfrac{1-\varepsilon_1}{\varepsilon_1 F_1} + \dfrac{1}{F_1\phi_{1,2}} + \dfrac{1-\varepsilon_2}{\varepsilon_2 F_2}} \tag{10-39}$$

上式表示的辐射换热过程可绘成辐射换热网络图,如图 10-25 所示。由此图可见,该网络是在辐射势差 $(E_{b1} - E_{b2})$ 之间用两个表面热阻和一个空间热阻串联起来的等效电路,

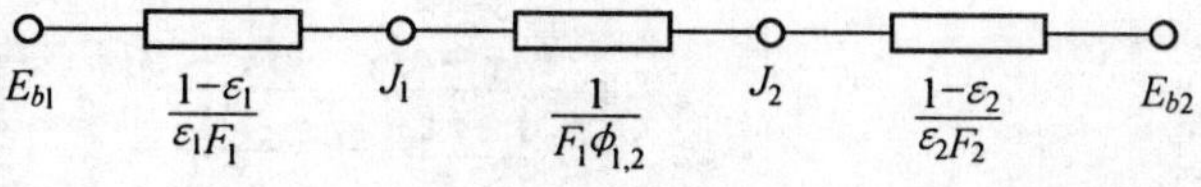

图 10-25 两表面间辐射换热网络

其物理意义为:两个灰体表面间的辐射换热量 $Q_{1,2}$ 等于灰体温度$(T_1、T_2)$之间的两个黑体本身辐射之差$(E_{b1} - E_{b2})$除以系统的总热阻。式(10-39)还可以写成下列形式

$$Q_{1,2} = \varepsilon_{1,2} F_1 (E_{b1} - E_{b2}) \tag{10-40}$$

其中,$\varepsilon_{1,2} = \dfrac{1}{\dfrac{1-\varepsilon_1}{\varepsilon_1} + \dfrac{1}{\phi_{1,2}} + \left(\dfrac{1-\varepsilon_2}{\varepsilon_2}\right)\dfrac{F_1}{F_2}}$。

$\varepsilon_{1,2}$ 称为系统的综合黑度。它不但与两个物体表面本身的黑度(或发射率)ε_1、ε_2 有关,而且还与辐射表面积 F_1、F_2 及彼此间的角系数有关。

利用电相似原理还可绘出三个表面和四个表面之间的辐射换热网络(图 10-26 和图 10-27),然后可分别计算每个表面与其它各表面间的辐射换热。如图 10-26 中表面 1 分别和表面 2 及表面 3 间的换热流量为

$$Q_{1,2} = \frac{J_1 - J_2}{\dfrac{1}{F_1\phi_{1,2}}} \qquad Q_{1,3} = \frac{J_1 - J_3}{\dfrac{1}{F_1\phi_{1,3}}}$$

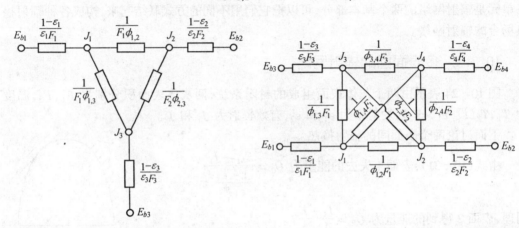

图 10-26 三个表面间辐射换热网络　　　图 10-27 四个表面间辐射换热网络

辐射网络中,流入任一节点的热流量之和为零。因此对图 10-26 中的三个节点 J_1、J_2、J_3 可以分别列出三个节点方程

$$\frac{E_{b1} - J_1}{\dfrac{1-\varepsilon_1}{\varepsilon_1 F_1}} + \frac{J_2 - J_1}{\dfrac{1}{F_1\phi_{1,2}}} + \frac{J_3 - J_1}{\dfrac{1}{F_1\phi_{1,3}}} = 0 \qquad (10-41)$$

$$\frac{E_{b2} - J_2}{\dfrac{1-\varepsilon_2}{\varepsilon_2 F_2}} + \frac{J_1 - J_2}{\dfrac{1}{F_1\phi_{1,2}}} + \frac{J_3 - J_2}{\dfrac{1}{F_2\phi_{2,3}}} = 0 \qquad (10-42)$$

$$\frac{E_{b3} - J_3}{\dfrac{1-\varepsilon_3}{\varepsilon_3 F_3}} + \frac{J_3 - J_1}{\dfrac{1}{F_1\phi_{1,3}}} + \frac{J_3 - J_2}{\dfrac{1}{F_2\phi_{2,3}}} = 0 \qquad (10-43)$$

由上述式子可以求解有效辐射 J_1、J_2 和 J_3,继而可求得各表面间的辐射换热流量。

对图 10-27 所示网络也可作相似处理。

例 一由炉顶隔焰加热的熔锌炉,炉顶被煤气加热到 900 ℃,熔池中锌液温度保持为 600 ℃,炉膛高 0.5 m,炉顶由碳化硅砖砌成,其面积 F_1 等于熔池面积 F_2,$F_1 = F_2 = (1 \times 3.8)$ m^2,碳化硅砖在 900 ℃下的黑度 $\varepsilon_1 = 0.85$,锌液表面黑度 $\varepsilon_2 = 0.2$。如炉墙不向外散热,求在稳定热态下,炉顶与炉墙向熔池的辐射热流及炉壁内表面的温度。

解 因炉壁不向外散热,投射到炉壁表面 F_3 的辐射热又全部返回炉内,即其表面辐

射热阻为零。所以可绘成如图 10-28 所示的炉顶、炉壁与熔池三表面间的封闭系统辐射换热网络。F_1 与 F_2 两平行表面的几何特性 $\dfrac{b}{c} = \dfrac{1.0}{0.5} = 2$ 和 $\dfrac{a}{c} = \dfrac{3.8}{0.5} = 7.6$,由图 10-12a)可查得 $\phi_{1,2} = 0.55$,则由式(10-28)可得 $\phi_{1,3} = 1 - \phi_{1,2} - \phi_{1,1} = 1 - 0.55 - 0 = 0.45$;又由式(10-26),$\phi_{2,1} = \phi_{1,2} \dfrac{F_1}{F_2} = \phi_{1,2} = 0.55$;

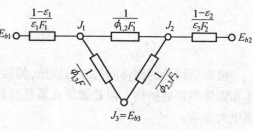

图 10-28 炉顶炉壁与熔池间辐射换热网络

$\phi_{2,3} = 1 - \phi_{2,1} - \phi_{2,2} = 1 - 0.55 - 0 = 0.45$。辐射换热网络图中各参数计算如下

$$\dfrac{1-\varepsilon_1}{\varepsilon_1 F_1} = \dfrac{1-0.85}{0.85 \times 3.8} = 0.046\ 4, \qquad \dfrac{1-\varepsilon_2}{\varepsilon_2 F_2} = \dfrac{1-0.2}{0.2 \times 3.8} = 1.05$$

$$\dfrac{1}{F_1 \phi_{1,2}} = \dfrac{1}{3.8 \times 0.55} = 0.478, \qquad \dfrac{1}{F_1 \phi_{1,3}} = \dfrac{1}{3.8 \times 0.45} = 0.585,$$

$$\dfrac{1}{F_2 \phi_{2,3}} = \dfrac{1}{3.8 \times 0.45} = 0.585$$

$$E_{b1} = 5.675 \times 10^{-8} T_1^4 = 5.675 \times 10^{-8} \times 1\ 173^4 = 107\ 438\ \text{W/m}^2$$

$$E_{b2} = 5.675 \times 10^{-8} T_2^4 = 5.675 \times 10^{-8} \times 873^4 = 32\ 963\ \text{W/m}^2$$

$$E_{b3} = 5.675 \times 10^{-8} T_3^4$$

由式(10-41)、(10-42)和(10-43)同时注意 $J_3 = E_{b3}$,列出节点方程:

对节点 1 $\qquad \dfrac{E_{b1} - J_1}{\dfrac{1-\varepsilon_1}{\varepsilon_1 F_1}} + \dfrac{J_2 - J_1}{\dfrac{1}{F_1 \phi_{1,2}}} + \dfrac{E_{b3} - J_1}{\dfrac{1}{F_1 \phi_{1,3}}} = 0$

对节点 2 $\qquad \dfrac{J_1 - J_2}{\dfrac{1}{F_1 \phi_1}} + \dfrac{E_{b2} - J_2}{\dfrac{1-\varepsilon_2}{\varepsilon_2 F_2}} + \dfrac{E_{b3} - J_2}{\dfrac{1}{F_2 \phi_{2,3}}} = 0$

对节点 3 $\qquad \dfrac{J_1 - E_{b3}}{\dfrac{1}{F_1 \phi_{1,3}}} + \dfrac{J_2 - E_{b3}}{\dfrac{1}{F_2 \phi_{2,3}}} = 0$

代入已知值,整理后得

$$-25.4 J_1 + 2.09 J_2 + 1.71 E_{b3} = -231\ 5474$$

$$2.09 J_1 - 4.752 J_2 + 1.71 E_{b3} = -313\ 93$$

$$J_1 + J_2 - 2 E_{b3} = 0$$

解此组方程,可得 $J_1 = 104\ 756\ \text{W/m}^2$,$J_2 = 87\ 078\ \text{W/m}^2$ 和 $J_3 = E_{b3} = 959\ 17\ \text{W/m}^2$。熔池得到的热流量为 F_1 和 F_3 向它辐射的热流量之和,即

$$Q'_2 = Q_{1,2} + Q_{3,2} = \dfrac{J_1 - J_2}{\dfrac{1}{F_1 \phi_{1,2}}} + \dfrac{E_{b3} - J_2}{\dfrac{1}{F_2 \phi_{2,3}}} = \dfrac{104\ 756 - 870\ 78}{0.478} + \dfrac{95\ 917 - 87\ 078}{0.585} = 52\ 092\ \text{W}$$

根据 $E_{b3} = 95\ 917\ \text{W/m}^2$,可计算出炉壁的温度

$$E_{b3} = 5.675 \times 10^{-8} T_3^4 = 95\ 917, \qquad T_3 = 1\ 140\text{K} = 867\ \text{℃}$$

10.8 气体辐射

前面所讨论的固体间的辐射换热,都假定固体间的介质对热辐射是透明体,不考虑气体和固体间辐射换热。但是如果介质是具有辐射能力和吸收辐射能力的气体,则辐射换热更为复杂。

10.8.1 气体的辐射和吸收特性

气体辐射具有如下特点:

(1) 气体辐射和吸收辐射能的能力与气体的分子结构有关。通常像氩、氖等惰性气体以及对称型双原子气体如氮、氧、氢等,在低、中温度下其热辐射和吸收能力均很小,可以认为是热辐射的透明体。因此两固体表面间进行辐射换热时,它们中间的上述气体层并不影响辐射热流的大小,由于空气主要由上述气体组成,故可认为空气分子基本上不吸收热辐射。但是多原子气体如 CO_2、水蒸汽、硫和氮的氧化物以及各种碳氢化合物的气体等及结构不对称的双原子气体如 CO 等,都具有相当大的辐射和吸收能力。因此在分析和计算辐射换热时必须加以考虑。如加热炉的燃烧产物中通常包含有一定浓度的 CO_2 和水蒸汽,一些热处理炉炉膛中充满含 CO、CO_2、H_2O、SO_2、CH_4 等较高的气体,它们对炉内辐射过程的影响就不能忽视了。

(2) 气体辐射对波长有选择性。固体能够辐射和吸收全部波长范围内的辐射能,其辐射光谱是连续的。但是某一种气体只能在某些波长范围内具有辐射和吸收的能力,故把一种气体能够辐射和吸收的波长范围称为光带,在光带以外,气体对热辐射呈现透明体的性质。不同种类的气体具有不同的光带范围。图 10-29 表示了黑体、灰体和气体的吸收光谱。

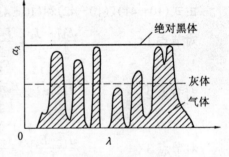

图 10-29 黑体灰体和气体的吸收光谱特点

(3) 气体的辐射和吸收是在整个容积中进行的。固体和液体的辐射与吸收都具有在表面上进行的特点,气体则不同,能量的辐射和吸收是在整个容积内进行的。

图 10-30 所示为辐射射线通过厚度为 L 的气体层时被气体吸收的情况。设强度为 $I_{\lambda 0}$ 的单色辐射线通过厚度为 x 的气体层以后,辐射强度变成 $I_{\lambda x}$,辐射强度的减少是由于气体吸收的结果。在通过 dx 厚度气体层以后,单色辐射的减少量 $dI_{\lambda x}$ 正比于 $I_{\lambda x}dx$,即

$$dI_{\lambda x} = - K_\lambda I_{\lambda x} dx$$

式中 K_λ——单色辐射减弱系数,它取决于气体的种类、密度和辐射能的波长。

当气体温度及压力为常数时,对上式积分得

$$I_{\lambda x} = I_{\lambda 0} e^{-K_\lambda L} \tag{10-44}$$

式(10-44)为气体吸收定律,也叫做贝尔定律。

如果气体不反射辐射能,则气体的单色吸收率 α_λ 为

$$\alpha_\lambda = 1 - e^{-K_\lambda L} \tag{10-45}$$

在气体和周围壁面具有相同的温度时,根据基尔霍夫定律,吸收率 α_λ 等于黑度 ε_λ,于是有

$$\varepsilon_\lambda = \alpha_\lambda = 1 - e^{-K_\lambda L} \tag{10-46}$$

由上式可见,当气体本层的厚度很大时,气体单色吸收率或黑度等于1,这时气体具有黑体的性质。

10.8.2 气体的发射率(黑度)与平均射线行程

图 10-30 气体对辐射的吸收

气体的发射率(黑度) ε_g 定义为气体的辐射力(辐射照度) E_g 与同温度下黑体的辐射力(辐射照度) E_b 的比值,即

$$\varepsilon_g = \frac{E_g}{E_b} \tag{10-47}$$

混合气体的黑度大体可按各组分黑度叠加的原理确定。但须考虑各组光带重叠而产生的相互干扰影响,一般在金属热态成形条件下,此一影响值很小,常可忽略不计。

式(10-47)中气体的辐射力 E_g 是由实验测定的,但是由于气体具有容积辐射的特点,其辐射力(辐射照度)与射线行程的长度有关,而射线行程长度则与气体容器的形状和尺寸有关。气体容器中不同部位的气体所发出的射线落到同一个面上的某点所经历的行程是各不相同的。为了确定射线平均行程长度,可以把含有辐射气体的任意形状空间设想为一当量半球空间,该当量半球内的气体温度、压力和成分与所研究情况下的气体温度、压力和成分完全相同,半球内气体对球心的辐射力等于实际物体内气体对某指定表面的辐射。因此此当量半球的半径就可作为实际容器内气体对某指定表面辐射的平均射线行程。表 10-2 列出了几种在不同几何条件下的气体对整个容器表面或对某一指定部位的平均射线行程。

其它几何形状的气体对整个包壁(容器表面)辐射力的平均射线行程,可以按下式计算

$$L = 3.6 \frac{V}{F} \tag{10-48}$$

式中　L——平均射线行程;
　　　V——气体容积;
　　　F——包壁面积。

在采用平均射线行程的情况下,气体发射率(黑度) ε_g 就仅仅是气体温度 T_g 和沿途吸收性气体分子数目的函数,而沿途气体分子数与气体分压力 P 和平均射线行程 L 的乘积成正比。于是可以写出下列函数形式

$$\varepsilon_g = f(T_g, PL)$$

不同单组分气体在不同压力和 L 情况下的黑度可在有关资料中查到。

表 10-2 气体辐射的平均射线行程

气体容积的形状	特性尺度	受到气体辐射的位置	平均射线行程
球	直径 d	整个球面或球面上的任何部位	$0.6d$
立方体	边长 b	整个表面	$0.6b$
高度等于直径的圆柱体	直径 d	底面圆心	$0.77d$
		整个表面	$0.6d$
高度等于直径两倍的圆柱体	直径 d	上下底面	$0.6d$
		侧面	$0.76d$
		整个表面	$0.73d$
无限长圆柱体	直径 d	圆柱面	$0.9d$
两无限大平行平板之间	平板间距 H	平板	$1.8H$

10.9 气体与固体表面间的辐射换热

金属热态成形产业中常会遇到带有一定温度 T_1 气体充满温度较低(T_2)的某容器或管道的情况,气体就会对固体表面 F 进行辐射换热。若气体和固定表面的温度、黑度分布均匀,用 α_1、ε_1 表示气体的吸收率和黑度,固体表面的黑度为 ε_2。气体无反射能力,其有效辐射即为其自身辐射,气体辐射面积即为与其换热的固体表面。与此同时气体与固体表面间辐射传热过程,实质是它们之间辐射能的发射、吸收、透过,再吸收、反射……无数反复循环过程。它同固体表面间的区别是:气体无反射而有透过,气固表面传热时只有一个共同的传热表面—固体表面,所以可以参照 10.6.2 中两无限大平行平板间辐射换热公式的推导过程,列出气体辐射能 E_{01} 和固体表面辐射能 E_{02} 在重复发射、吸收、透过的过程中的数值变化情况,列于表 10-3 中。

表 10-3 E_{01}、E_{02} 在辐射换热过程中的变化

过程	辐射能变化	过程	辐射能变化
气体辐射	E_{01}	表面辐射	E_{02}
表面吸收	$\alpha_2 = E_{01}$	气体吸收	$\alpha_1 E_{02}$
表面反射	$(1-\alpha_2)E_{01}$	气体透过	$(1-\alpha_1)E_{02}$
气体吸收	$\alpha_1(1-\alpha_2)E_{01}$	表面吸收	$\alpha_2(1-\alpha_1)E_{02}$
气体透过	$(1-\alpha_1)(1-\alpha_2)E_{01}$	表面反射	$(1-\alpha_1)(1-\alpha_2)E_{02}$
表面吸收	$\alpha_2(1-\alpha_1)(1-\alpha_2)E_{01}$	气体吸收	$\alpha_1(1-\alpha_1)(1-\alpha_2)E_{02}$
表面反射	$(1-\alpha_1)(1-\alpha_2)^2 E_{01}$	气体透过	$(1-\alpha_1)^2(1-\alpha_2)E_{02}$
气体吸收	$\alpha_1(1-\alpha_1)(1-\alpha_2)^2 E_{01}$	表面吸收	$\alpha_2(1-\alpha_1)^2(1-\alpha_2)E_{02}$
……		……	

归纳此表中的气体吸收项,可见气体吸收的辐射能按等比级数规律变化,其公比为 $K = (1-\alpha_1)(1-\alpha_2) < 1$,故气体吸收的辐射能总量为

$$q' = (1 + K + K^2 + \cdots)[\alpha_1(1-\alpha_2)E_{01} + \alpha_1 E_{02}] = \frac{1}{1-K}[\alpha_1(1-\alpha_2)E_{01} + \alpha_1 E_{02}] = \frac{1}{\alpha_1 + \alpha_2 - \alpha_1\alpha_2}[\alpha_1(1-\alpha_2)E_{01} + \alpha_1 E_{02}]$$

气体发射和吸收能量之差即为气体与固体表面间的换热值 q，故 $q = E_{01} - q'$。将 q' 值代入 q 式，取 $E_{01} = \varepsilon_1 \sigma_b T_1^4$，$E_{02} = \varepsilon_2 \sigma_b T_2^4$，并且 $\varepsilon_2 = \alpha_2$，整理后得

$$q = \frac{\sigma_b}{\frac{1}{\alpha_1} + \frac{1}{\varepsilon_2} - 1}\left(\frac{\varepsilon_1}{\alpha_1}T_1^4 - T_2^4\right) \quad (\text{W/m}^2) \tag{10-49}$$

或

$$Q = \frac{\sigma_b}{\frac{1}{\alpha_1} + \frac{1}{\varepsilon_2} - 1}\left(\frac{\varepsilon_1}{\alpha_1}T_1^4 - T_2^4\right)F \quad (\text{W}) \tag{10-50}$$

如 T_1 与 T_2 相近，可视气体为灰体，$\alpha_1 \approx \varepsilon_1$，则

$$q = \frac{\sigma_b}{\frac{1}{\varepsilon_1} + \frac{1}{\varepsilon_2} - 1}(T_1^4 - T_2^4) \quad (\text{W/m}^2) \tag{10-51}$$

$$Q = \frac{\sigma_b}{\frac{1}{\varepsilon_1} + \frac{1}{\varepsilon_2} - 1}(T_1^4 - T_2^4)F \quad (\text{W}) \tag{10-52}$$

式(10-51)具有与式(10-33)同样的形式。

例 计算烟气和管壁间辐射换热通量。管道壁的表面温度 $T_2 = 200$ ℃，其黑度 $\varepsilon_2 = 0.8$，烟气黑度 $\varepsilon_1 = 0.91$，其吸收率 $\alpha_1 = 0.237$，温度为 $T_1 = 800$ ℃。

解 用式(10-49)计算换热通量

$$q = \frac{\sigma_b}{\frac{1}{\alpha_1} + \frac{1}{\varepsilon_2} - 1}\left(\frac{\varepsilon_1}{\alpha_1}T_1^4 - T_2^4\right) = \frac{5.67 \times 10^{-8}}{\frac{1}{0.237} + \frac{1}{0.8} - 1}\left(\frac{0.191}{0.237} \times 1\,037^4 - 473^4\right) = 12\,930 \text{ W/m}^2$$

10.10 火焰炉中的辐射换热

金属热态成形产业中常需把物料如铸件、金属件等放入火焰炉中加热，火焰炉中火焰和炉气通过辐射和对流方式把热量传给物料，因此有关技术人员需对火焰炉中辐射换热有所了解。

10.10.1 火焰黑度

火焰中除含有气体分子外，还含有固体微粒，如灰尘、炭黑、焦粒等，它们可使火焰辐射特性向固体靠近，使典型的气体选择性辐射和吸收过渡到近乎连续性辐射和吸收；固体微粒越多，火焰黑度增大，短波辐射(可见光)增强，使本来淡兰色或无色的净气体辐射变成高亮度的发光火焰(称为亮焰或辉焰)。

火焰的黑度应同时包含气体辐射与微粒辐射两部分，因此火焰黑度与火焰中气体的组成、压力、密度和温度、固体微粒的组成、不同组成微粒的含量、气体有效平均射线行程

等因素有关。而这些因素又决定于所采用的燃料(不同种类的煤、天然气、煤气或重油等)和它们的燃烧条件(如不同的喷嘴燃烧、预热与否等)有关。一般微粒越小,其含量越多,气体温度越低,三原子气体(RO_2)含量越多,炭黑含量越大,气体压力越大,气体有效平均辐射行程越大,都会使火焰的黑度增大。

暗焰的黑度一般在 0.2 以下,辉焰的黑度在 0.4~0.8 间。如重油火焰,当其温度为 1 700℃左右、气层厚度为 1 m 时,其黑度可达 0.8;天然气采用扩散燃烧时黑度可达 0.6~0.7;煤粉火焰黑度约为 0.5;低发热值水煤气火焰的黑度为 0.18。

为强化火焰炉的辐射换热,欲提高火焰黑度时,可向含碳较低(如高炉煤气、发生炉煤气)的火焰中掺入重油、焦油、煤粉等,此法称"火焰掺碳"。对含碳不算低的冷天然气、煤气可在燃烧前先预加热,使之裂解,形成部分碳黑,再行燃烧,以提高火焰黑度。此法称"火焰自增碳"。

10.10.2 火焰炉中的单纯辐射换热

如果火焰炉中炉气运动速度较小,对流传热作用和炉墙导热损失都不大,此时只需考虑辐射传热的情况,炉墙就成为净换热流量为零的中间物体,即 $Q_{净3} = 0$。

如用下角标 1、2、3 分别表示炉气、被加热物料和炉墙,并假设炉气的温度、浓度和黑度分布均一,可视为灰体;炉墙和物料的温度和黑度分布也均一,也是灰体;炉气、物料和炉墙组成辐射传热的封闭体系;物料为不可自见物体,即 $\phi_{2,2}=0$。热平衡时 $\alpha_2 = \varepsilon_2$。

物料吸收的净热流量 $Q_{净2}$ 为它能吸收的投入能 $\varepsilon_2 Q_{投2}$ 减去它辐射出去的能 $\varepsilon_2 Q_{射2}$,即 $Q_{净2} = (Q_{投2} - Q_{射2})\varepsilon_2$,而 $Q_{射2} = \varepsilon_2 \sigma_b T_2^4 F_2$,$Q_{投2}$ 应为炉气和炉墙透过炉气对物料辐射能的能被吸入的部分,即

$$Q_{投2} = \varepsilon_2(\varepsilon_1 \sigma_b T_1^4 F_2 + \sigma_b T_3^4 F_3 (1-\varepsilon_1) \phi_{3,2})$$

式中 $\sigma_b T_3^4 F_3$ 为炉墙的有效辐射能,$(1-\varepsilon_1)$ 为炉气透过率,$\phi_{3,2}$ 为角系数,由图 10-15 之 b)或 c)可知 $\phi_{3,2} = \dfrac{F_2}{F_3}$。所以,经运算后可得

$$Q_{净2} = \varepsilon_2 \sigma_b [\varepsilon_1 T_1^4 + (1-\varepsilon_1) T_3^4 - T_2^4] F_2$$

为在上式中消去 T_3,分析炉墙的换热情况。炉墙的净换热流量 $Q_{净3}$ 应为投入炉墙的热流量 $Q_{投3}$ 减去炉墙射出的热流量 $Q_{射3}$,考虑到炉墙净换热流量为零的假设,得 $Q_{净3} = Q_{投3} - Q_{射3}$ 或 $Q_{投3} = Q_{射3} = Q_{投1,3} + Q_{投2,3} + Q_{投3,3}$。式中 $Q_{投1,3}$、$Q_{投2,3}$、$Q_{投3,3}$ 各为炉气、物料和炉墙本身对炉墙的投入热流量。而 $Q_{投1,3} = \varepsilon_1 \sigma_b T_1^4 F_3$,$Q_{投2,3} = J_2 \phi_{2,3}(1-\varepsilon_1)$,$Q_{投3,3} = J_3 \phi_{3,3}(1-\varepsilon_1)$,式中 J_2 和 J_3 为物料和炉墙的有效辐射能。J_2 应为物料自身辐射 $\varepsilon_2 \sigma_b T_2^4 F_2$ 加上其反射辐射 $(1-\varepsilon_2) Q_{投2}$ 之和,所以

$$J_2 = \varepsilon_2 \sigma_b T_2^4 F_2 + (1-\varepsilon_2) Q_{投2} = \varepsilon_2 \sigma_b T_2^4 F_2 + (1-\varepsilon_2)[\varepsilon_1 \sigma_b T_1^4 F + J_3 \phi_{3,2}(1-\varepsilon_1)]$$

而

$$J_3 = \sigma_b T_3^4 F_3, \qquad \phi_{2,3} = 1, \qquad \phi_{3,3} = 1 - \phi_{3,2}$$

将上述各式代入 $Q_{投3} = Q_{投1,3} + Q_{投2,3} + Q_{投3,3}$ 的式中,整理后,得炉墙温度的表达式

$$T_3^4 = T_2^4 + \frac{\varepsilon_1[1 + \phi_{3,2}(1-\varepsilon_1)(1-\varepsilon_2)]}{\varepsilon_1 + \phi_{3,2}(1-\varepsilon_1)[\varepsilon_2 + \varepsilon_1(1-\varepsilon_2)]}(T_1^4 - T_2^4) \tag{10-53}$$

最后得到用 T_1 和 T_2 表示的物料获得的净辐射热流量表达式

$$Q_{净2} = \sigma_b \frac{\varepsilon_1 \varepsilon_2 [1 + \phi_{3,2}(1-\varepsilon_1)]}{\varepsilon_1 + \phi_{3,2}(1-\varepsilon_1)[\varepsilon_2 + \varepsilon_1(1-\varepsilon_2)]} (T_1^4 - T_2^4) F_2 (\text{W}) \quad (10-54)$$

分析此式,可见强化炉内辐射传热,加快物料升温速度的措施可为:(1) 提高炉气温度。如利用高发热值燃料;保证完全燃烧前提下降低空气鼓入量;预热燃料和空气;防止炉气泄漏或吸入冷空气;加强炉体绝热等。但炉气温度太高会使物料过烧,炉子寿命缩短,燃料消耗增加。(2) 提高炉气黑度。如当 ε_1 较小时可用火焰掺碳法。(3) 增大物料受热面积。

例 一长、宽、高为 $7.5 \times 3 \times 1.5$ m 的煤粉炉炉膛,充满含 CO_2 和 H_2O 的炉气,其平均温度为 $T_1 = 1\,300$ ℃,黑度 $\varepsilon_1 = 0.26$,物料布满炉底,其温度为 $1\,000$ ℃,黑度 $\varepsilon_2 = 0.8$。请计算炉料获得的辐射热 Q,炉墙内表面温度 T_3。如炉膛升高到 2.3 m,由于有效平均辐射行程的增大,ε_1 变为 0.3 时,Q 值又为多大?

解 用式(10-54)计算 Q,而

$$\phi_{3,2} = \frac{F_2}{F_3} = \frac{7.5 \times 3}{2 \times (7.5+3) \times 15 + 3 \times 7.5} = 0.42$$

将有关数据代入式(10-54),可得 $Q = 2.36 \times 10^6$ W;用式(10-53)计算 T_3,可得 $T_3 = 1\,181$ ℃。

炉膛升高到 2.3 m 时,$\phi_{3,2} = \frac{22.5}{70.8} = 0.32$,将相关数字代入式(10-54)可得 $Q = 2.67 \times 10^6$ W。由此结果可见升高炉膛可增大 Q 值 13.1%,但为保证火焰充满炉膛,如炉气运动速度不变,炉气流量应增加到原来的 $\frac{2.3}{1.5} = 1.53$ 倍,即炉子的供热量要增加 53%,显然用提高炉膛高度强化炉内换热的方法是不可取的。

10.10.3 火焰炉中辐射结合对流的综合换热

如果火焰炉中炉气运动速度较大,就不能忽略伴随辐射换热的同时所出现的炉气对物料的对流换热了。同样在输送热气流的管道中也有热气流对管壁的辐射与对流的综合换热,此时总换热热阻为辐射热阻和对流热阻的并联,总热量 Q 为辐射换热量 $Q_{辐}$ 与对流换热量 $Q_{流}$ 之和,即

$$Q = Q_{辐} + Q_{流} \quad (10-55)$$

火焰炉中,炉气对炉料的辐射换热流量可由式(10-54)计算;如在管道中,热气流对管壁的辐射换热量可用式(10-50)计算。而对流换热量可用牛顿冷却公式计算,对流换热系数的确定则应根据热气流流动性质、管道表面状况等因素按第九章中的相关公式计算。

10.10.4 火焰炉中辐射结合对流和传导的综合换热

如果炉壁或管道壁的换热不可忽略,则在炉壁或管道壁中出现传导换热过程,而在炉壁或管道壁两侧表面上出现辐射和对流的综合换热。可把这种综合换热的热流量计算式按一般换热公式,即式(7-11)的形式建立

$$Q = KF\Delta T \tag{10-56}$$

式中字母的意义同式(7-11)的字母相似,但 Q 系指炉壁或管壁(两者都简称为间壁)两侧气流间的稳定换热热流量;ΔT 指两侧气流主流中的温度差,K 为两侧气流间的综合换热系数,F 为换热面积。

主要的问题是确定 K 的计算公式,为此建立如图 10-31 所示的通过间壁综合换热的示意图。可见此一换热过程是通过表面 F_1 面上的辐射、对流换热、通过间壁的传导换热和通过 F_2 表面的辐射、对流换热的串联。

在 F_1 面上的热流量应为

$$Q_1 = k_1(T_{f1} - T_1)F_1$$

式中 k_1 为 F_1 面上的换热系数,它应是辐射和对流综合的换热系数。

在间壁中的热流量 Q_2 应为

$$Q_2 = \frac{\lambda}{\delta}(T_1 - T_2)F_{壁}$$

式中 λ 和 δ 是间壁的导热系数和厚度,$F_{壁}$ 为间壁的导热面积。

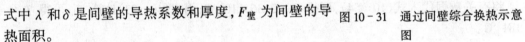

图 10-31 通过间壁综合换热示意图

在 F_2 面上的热流量为

$$Q_3 = k_2(T_2 - T_{f2})F_2$$

与 Q_1 式相似,k_2 为 F_2 面上的综合换热系数。

稳定换热时,$Q_1 = Q_2 = Q_3 = Q$,所以

$$Q = \frac{T_{f1} - T_{f2}}{\frac{1}{k_1 F_1} + \frac{\delta}{\lambda F_{壁}} + \frac{1}{k_2 F_2}} \tag{10-57}$$

如间壁呈平板状,则 $F_1 = F_{壁} = F_2 = F$,则

$$Q = \frac{1}{\frac{1}{k_1} + \frac{\delta}{\lambda} + \frac{1}{k_2}}(T_{f1} - T_{f2})F = K(T_{f1} - T_{f2})F \tag{10-58}$$

总换热系数

$$K = \frac{1}{\frac{1}{k_1} + \frac{\delta}{\lambda} + \frac{1}{k_2}} \tag{10-59}$$

一般固体表面综合换热系数可按实验和本书有关公式确定。当间壁对大气散热时,设大气温度为 20 ℃,间壁表面呈灰色时,壁面综合换热系数值示于表 10-4。

表 10-4 间壁向大气散热时的综合换热系数 k 值(大气温度 20 ℃)

间壁温度(℃)	25	30	40	60	80	100	150	200	250	300
k (W/(m²K))	8.84	9.30	10.4	11.9	13.4	14.5	17.2	20.1	23.3	26.6

例 一用普通粘土砖砌造厚度 $\delta = 345$ mm 的平壁炉墙,其导热系数 $\lambda = 0.84 + 0.58$

$\times 10^{-3} T$ W/(m²·K),炉墙内表面温度 $T_{W_1} = 1378.2$ ℃,而外表面温度 $T_{W_2} = 223$ ℃。炉气温度 $T_{f1} = 1400$ ℃,炉外空气温度 $T_{f2} = 20$ ℃。炉气与炉墙间综合换热系数 $k_1 = 200$ W/(m²·K)。求炉墙散热通量。

解 先求炉墙导热系数,炉墙平均温度 $T = \dfrac{T_{W_1} + T_{W_2}}{2}$,所以

$$\lambda = 0.84 + 0.58 \times 10^{-3} \times \frac{1378.2 + 223}{2} = 1.304 \text{ W/(m·K)}$$

炉墙对空气散热系数可根据 T_{W_2} 在表 10-4 中查到,$k_2 = 21.5$ W/(m²·K)。故由式(10-58),可得

$$q = \frac{T_{f1} - T_{f2}}{\dfrac{1}{k_1} + \dfrac{\delta}{\lambda} + \dfrac{1}{k_2}} = \frac{1400 - 20}{\dfrac{1}{200} + \dfrac{0.345}{1.304} + \dfrac{1}{21.5}} = 4366 \text{ W/m}^2$$

习 题

10.1 把一黑体表面置于 27 ℃的房间中。求平衡辐射条件下黑体表面的辐射能力。如果黑体表面温度为 627 ℃,辐射能力又为多少? (答:459 W/m²、37 200 W/m²)

10.2 试计算温度处于 1 000 ℃的耐火砖的辐射力。已知耐火砖的黑度 $\varepsilon = 0.9$。

(答:134 kW/m²)

10.3 将一温度为 980 ℃的金属球突然置于壁温为 82 ℃的真空空间。球的直径为 50 mm,其表面可假定为完全黑体。试计算将该球冷却至 150 ℃所需的时间。已知此金属球的密度 ρ 为 7 000 kg/m³,比热 $c_p = 1255.23$ J/(kg·K),假定在任何瞬间球内温度始终是均匀的。

(答:2.30 h)

10.4 有一大型加热炉,炉膛内壁表面温度为 816 ℃,炉墙壁厚为 30 cm,有一个 15 cm × 15 cm 的小孔贯穿炉墙使炉膛与室温为 27 ℃的外界相连通。试计算通过此开孔的辐射热损失。如果用一块 15 cm × 15 cm 的薄镍板在外表面将孔封住,这时热损失为多少? 已知耐火材料的发射率为 0.9,镍板的发射率为 0.4,且把炉子耐火材料近似地看作完全隔热体。 (答:146.7 W,61.1 W)

10.5 试计算从 538 ℃的炉底辐射到 260 ℃的炉壁的净热流量。设两个表面可看作黑体。

(答:5.15 kW)

10.6 用一发射率为 0.7 的热电偶测量在一内壁温度为 260 ℃的长管中流动的气体温度,该热电偶指示的温度为 538 ℃,气体和热电偶表面间的对流换热系数为 27.78 W/(m²·K)。试确定该气体的真实温度。 (答:661 ℃)

10.7 从温度为 816 ℃的加热炉中取出一块厚 12.5 mm 的 1 500 mm × 1 500 mm 的方形钢板,在热处理过程中,因其表面发生氧化,故其发射率为 0.8。如将此钢板用铁丝自由地悬挂在温度为 27 ℃的房间里,忽略所有对流传热,即只考虑辐射传热,试计算其初始冷却速率;如果将此钢板垂直放到温度也为 27 ℃,发射率为 0.2 的水平面上,如图 10-32 所示,依然只考虑辐射传热,计算其初始冷却速率。已知钢板的物性参数为:$\lambda_1 = 17.4$ W/

(m·K)，$\rho_1 = 8\,640$ kg/m³，$c_{p_1} = 0.837$ kJ/(kg·K)，支撑面的物性参数为：$\lambda_2 = 174$ W/(m·K)，$\rho_2 = 8\,000$ kg/m³，$c_{p_2} = 4.18$ kJ/(kg·K))。 (答：-274.47 K/s, -273.16 K/s)

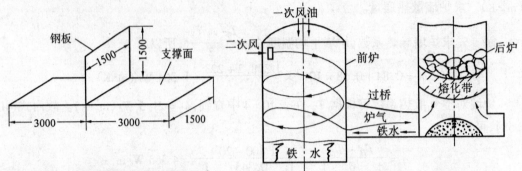

图 10-32　垂直旋转钢板及支撑面尺寸示意图

图 10-33　燃油冲天炉前、后炉示意图

10.8　图 10-33 所示为燃油冲天炉的前炉和后炉示意图。喷入前炉的燃料油燃烧后产生了高温炉气，高温炉气在前炉及过桥中过热铁水以后进入后炉，使炉料预热并熔化铁料。后炉中熔化的铁水通过过桥流入前炉。已知前炉的内径为 1 000 mm，渣表面(渣层以下是铁水)至炉顶的距离为 1 500 mm，前炉中炉气的平均温度为 1 719 ℃，液态渣表面的黑度 $\varepsilon_M = 0.8$，炉气黑度 $\varepsilon_g = 0.35$，前炉下部液态渣表面温度为 1 480 ℃。试求前炉中由炉气传给液态渣和金属液的净辐射换热量 Q。 (答：1.99×10^5 W)

第三篇 质量传输

物质从体系的某一部分迁移到另一部分的现象称为质量传输,简称传质。在金属热态成形过程中,常可遇到质量传输的现象,如金属熔炼时,不同原材料在熔融金属中化学成分的均匀化;造渣、吹气、加除气剂对金属液的精炼;对铁液的球墨化处理;砂型、砂芯的烘干;金属凝固时晶间成分的再分配,金属件退火时的成分均匀化;金属件化学热处理时的一些元素在金属表层中的渗透;锻造坯料在加热过程中的表层脱碳和氧化;扩散焊等过程中都有质量传输的进展。

质量传输出现的原因很多,可以是均一状态相体系中不同空间上或不同状态相间的组分浓度或化学位差别引起的;也可以是流体的宏观流动将物质从一处迁移到另一处。

质量传输主要研究的是物质的分子、原子的迁移,不研究物质微团、颗料甚至更大体积物质在空间的移动。与此同时,质量传输研究着眼点是传质过程中浓度场特征的变化及与此相关的问题,不研究分子、原子的运动形式。

质量传输过程常受动量传输和热量传输的影响,如前述的砂型、砂芯加热干燥时,水分子的迁移就受型、芯表面传热,炉气运动因素的影响。因此研究质量传输问题时必须掌握热量传输、动量传输的知识,进行综合性的运用。

质量传输、热量传输、与动量传输都与分子的转移和运动有关,故它们的传输规律也具有相似性,可以归纳为形式相似的数学关系式和相对应的物理量,这将给学习者在理解和思考方面提供方便。同时它们又有各自的特点,如动量传输只能在流体中实现,而其它两种传输在流体和固体中都能出现;又如导热时,只有热能的传递,具有热能的物质本身并不参与传递,而其它两种传输中都有物质本身分子或原子的参与。

与前面两种传输一样,本篇只叙述与金属热态成形工程有关的质量传输的基本知识,介绍研究质量传输的一些基本思路和方法。

第十一章 质量传输的一些基本概念与扩散系数

在开始研究具体情况下的质量传输规律之前,应先把一些传质研究中的基本概念、使用的重要术语和基础定律了解清楚,在本章中将对上述问题作必要的叙述。

11.1 质量传输方式、浓度、物质流

11.1.1 质量传输方式

物质的分子或原子在空间的迁移形式基本有三种,即扩散传质、对流传质和相间传

质。

一、扩散传质

在绝对零度以上,物质的分子或原子总处于不规则的热运动状态,此时不仅发生能量交换,物质的分子或原子也可能迁移,一般这种迁移在各方向的概率基本相同,即如果所研究的体系中某一组分的浓度到处均等,则该组分的分子或原子向某方向迁移一定数目时,必然有相同数目的分子或原子沿相反方向迁移,最后体系中各处浓度没有变化,即被认为没发生质量传输。但当体系中某一组元的浓度分布不均时,由高浓度区迁出的该组元分子或原子数目将比由低浓度区迁进的分子或原子数目多,使两区的浓度差减弱,出现了质量的传输。这种由于体系中某组分存在分布不均的浓度差而引起的质量传输称为扩散传质。因此浓度差是扩散传质的驱动力。更一般的情况下,扩散传质的真正驱动力应是物质的化学位差,因为分子、原子的迁移速度还与它们的活度有关,但往往化学位高的区域,物质的浓度也高,而化学位低的区域中浓度也低,所以人们常称浓度是扩散的驱动力。扩散传质不单能在固体和静止的流体中出现,还能在流动的流体中存在,如在层流中垂直于流动方向上的物质迁移。扩散传质的机理与传导换热类似,故又称传导传质。

扩散对金属热态成形件质量的影响很大,如金属件热处理时内部成分均匀化和表面层合金化或某些元素的外逸程度都与扩散传质情况有关;铸件金属在型中的凝固速度较快,溶质原子不可能在已凝固层和未凝固液态金属中扩散均匀,铸件和铸锭中总有偏析,这种成分偏析会使金属件冲击韧性和塑性下降,提高铸件的热裂倾向性等;焊缝或焊接接头处的强度和塑性性能,常会受到该处金属元素扩散而出现的偏析和组织不均匀的影响。因此掌握扩散传质的机理和规律,对寻求提高热态成形金属件工作性能的工艺措施有很大意义。

二、对流传质

在流体中,由于流体宏观流动引起物质从一处迁移到另一处的现象称为对流传质。对流传质过程中,既存在流体主运动引起的传质,也会出现流体中某组元浓度场引起的扩散传质。对流传质与流体的流动状态、流体动量传输密切相关,其机理与对流换热相似。

三、相间传质

前两种传质都是在均一相的内部进行的,而相间传质则是通过不同相的相界面进行的,如钢液真空脱气时,气体分子是通过液气界面迁移的;钢件渗氮热处理时则是通过气、固界面进行的;而盐浴碳氮共渗时碳、氮的迁移却是经由固、液界面实现的。相间传质既有分子或原子的扩散,又有流体中的对流传质。在相界面上有时发生集聚状态的变化或化学反应,相界面两边介质的性质和运动状态等都对相间传质有影响。因此相间传质是多种传质过程的综合。

本篇将对上述三种传质方式分章地予以详尽阐述。

11.1.2 浓度

由前可知,传质的结果是浓度场发生变化,因此研究质量传输时必须对各种浓度表示法和定义了解清楚。

浓度系指单位体积内某组分所占有的物质质量,有不同表示方式。

一、质量浓度

单位体积混合物中含 i 组分的质量称 i 的质量浓度,或称 i 的密度,即

$$\rho_i = \frac{m_i}{V} \quad (\text{kg/m}^3) \tag{11-1}$$

式中　m_i——i 组分的质量(kg);
　　　V——混合物的体积(m^3)。

含有 n 个组分混合物的总质量密度为

$$\rho = \frac{1}{V} \sum_{i=1}^{n} m_i = \sum_{i=1}^{n} \rho_i$$

二、质量分数浓度(质量分率) ω_i

单位质量混合物中所含的 i 组分的质量,即

$$\omega_i = \frac{m_i}{\sum_{i=1}^{n} m_i} = \frac{\rho_i}{\rho} \tag{11-2}$$

体系中各组分的质量分数浓度之和为 1,即

$$\sum_{i=1}^{n} \omega_i = 1 \tag{11-3}$$

三、摩尔浓度

单位体积混合物中含 i 组分的摩尔数称 i 的摩尔浓度,即

$$c_i = \frac{\rho_i}{10^{-3} M_i} \quad (\text{mol/m}^3) \tag{11-4}$$

式中　M_i——i 组分的分子量。

含有 n 个组分混合物总摩尔浓度则为

$$c = \sum_{i=1}^{n} c_i \tag{11-5}$$

四、摩尔分数浓度(摩尔分率)

单位摩尔混合物中所含的 i 组分的摩尔数即

$$x_i = \frac{c_i}{\sum_{i=1}^{n} c_i} = \frac{c_i}{c} \tag{11-6}$$

体系中各组分的摩尔分数浓度之和为 1,即

$$\sum_{i=1}^{n} x_i = 1 \tag{11-7}$$

五、分压

气体混合物中 i 组分气体形成的压力 p_i 称 i 气体的分压,对理想气体言,p_i 与 i 气体摩尔浓度 c_i 的关系为

$$p_i = c_i RT \quad (\text{Pa}) \tag{11-8}$$

式中　R——气体常数，$R = 8.3143$ J/(K·mol)；
　　　T——热力学温度(K)。

i 组分气体分压 p_i 与其摩尔分数浓度 x_i 的关系为

$$x_i = \frac{p_i}{P} \qquad (11-9)$$

式中　P——混合气体的总压力，$P = \sum_{i=1}^{n} p_i$。

质量分数浓度 ω_i 与摩尔分数浓度 x_i 之间的关系为

$$x_i = \frac{\omega_i / M_i}{\sum_{i=1}^{n} \omega_i / M_i} \qquad (11-10)$$

或

$$\omega_i = \frac{x_i M_i}{\sum_{i=1}^{n} x_i M_i} \qquad (11-11)$$

例　求 1 大气压 p 下，25 ℃的空气与饱和水蒸汽的混合物中的水蒸汽浓度。已知 25 ℃下饱和水蒸汽压力 $p_A = 0.031\,68 \times 10^5$ Pa，水的分子量 $M_A = 18$，空气分子量 $M_B = 28.9$。

解　1 大气压混合气体中空气的分压

$$p_B = p - p_A = 1.013\,25 \times 10^5 - 0.031\,68 \times 10^5 = 0.981\,6 \times 10^5 \text{ Pa}$$

水蒸汽的各种浓度为：

(1) 摩尔分数浓度　由式(11-9)：$x_A = \dfrac{p_A}{p} = \dfrac{0.316\,8 \times 10^5}{1.013\,25 \times 10^5} = 0.031\,3$

(2) 质量分数浓度　由式(11-11)和式(11-7)

$$\omega_A = \frac{x_A M_A}{x_A M_A + x_B M_B} = \frac{x_A M_A}{x_A M_A + (1-x_A)M_B} = \frac{0.031\,3 \times 18}{0.031\,3 \times 18 + (1-0.031\,3) \times 28.9} = 0.019\,7$$

(3) 摩尔浓度　由式(11-8)

$$c_A = \frac{p_A}{RT} = \frac{0.031\,68 \times 10^5}{8.314\,3 \times (273+25)} = 1.28 \text{ mol/m}^3$$

(4) 质量浓度　由式(11-4)

$$\rho_A = c_A M_A \times 10^{-3} = 1.28 \times 18 \times 10^{-3} = 0.023 \text{ kg/m}^3$$

11.1.3　物质流传质通量和流速

宏观上言，质量传输过程就是物质从某一空间向另一空间的定向流动，因此就可以用相应的传质通量和流速来表示通过某一截面的单位面积的物质流率。

单位时间内通过某单位截面的物质 i 组分摩尔数称为 i 组分的摩尔传质通量 J_i，如果单位时间通过单位截面的 i 组元量以质量计量，则可得 i 组元的质量传质通量 j_i。

$$J_j = cx_i v_i = c_i v_i \quad (\text{mol/(m}^2 \cdot \text{s})) \qquad (11-12)$$

或

$$j_i = \rho \omega_i v_i = \rho_i v_i \quad (\text{kg/(m}^2 \cdot \text{s})) \qquad (11-13)$$

式中　v_i——i 组分的流速，所以

$$v_i = \frac{J_i}{cx_i} = \frac{J_i}{c_i} = \frac{j_i}{\rho \omega_i} = \frac{j_i}{\rho_i} \quad (\text{m/s}) \qquad (11-14)$$

多组元混合物物质流的平均流速为

$$v = \frac{1}{c}\sum_{i=1}^{n} c_i v_i = \frac{1}{\rho}\sum_{i=1}^{n} \rho_i v_i \quad (\text{m/s}) \tag{11-15}$$

或

$$v = \sum_{i=1}^{n} x_i v_i = \sum_{i=1}^{n} \omega_i v_i \quad (\text{m/s}) \tag{11-16}$$

11.2 菲克(Fick)第一定律

1855年,菲克在研究傅立叶导热定律的基础上认为在各向同性的物体中,若无体系总体(主体)的运动,由于浓度梯度引起的物质扩散通量 J_{ix} 或 j_{ix} 与其浓度梯度成正比,扩散方向与浓度梯度方向相反,即

$$J_{ix} = -cD_i\left(\frac{\partial x_i}{\partial x}\right) = -D_i\frac{\partial c_i}{\partial x} \quad (\text{mol}/(\text{m}^2\cdot\text{s})) \tag{11-17}$$

或

$$j_{ix} = -\rho D_i\left(\frac{\partial \omega_i}{\partial x}\right) = -D_i\frac{\partial \rho_i}{\partial x} \quad (\text{kg}/(\text{m}^2\cdot\text{s})) \tag{11-18}$$

式中 J_{ix} 和 j_{ix} ——物体中 i 组分在 x 方向的摩尔通量和质量通量;

D_i ——组分 i 的扩散系数(m^2/s)。

其余符号意义同11.1节。

式(11-17)和式(11-18)是以浓度梯度作为扩散传质推动力得到的,从热力学观点化学位梯度也是扩散传质的推动力,此时菲克第一定律应为

$$J_{ix} = -D'_i\frac{\partial \mu_i}{\partial x} \tag{11-19}$$

式中 D'_i ——相当于扩散系数的比例常数;

μ_i ——组分 i 的化学位(J/kmol)。

对实际溶体言,组分 i 的化学位可写为

$$\mu_i = \mu_i^0 + RT\ln a_i = \mu_i^0 + RT\ln\gamma_i c_i \tag{11-20}$$

式中 μ_i^0 ——组分 i 的标准化学位;

R ——气体常数(J/kmol·K);

a_i —— i 组分的活度, $a_i = \gamma_i c_i$;

γ_i —— i 组分的活度系数。

用化学位差为扩散动力的观点就可解释有时用浓度差无法说明的物质由低浓度区向高浓度区扩散现象,如由 Fe-Si(3.8%)-C(0.48%) 和 Fe-C(0.44%) 组成的扩散偶,在1 050 ℃经13天的扩散退火后,发现 Fe-Si-C 中的 C 向 Fe-C 中迁移,在扩散偶的接触面两边的 Fe-Si-C 表面层中的含碳量(0.3%)比 Fe-C 表面层中的含碳量(0.58%)低,这可用 Fe-Si-C 中 Si 增大了 C 的活度,使 C 在 Fe-Si-C 中的活度比 Fe-C 中的 C 大的理由进行解释。

菲克第一定律是描述表观现象的宏观经验公式,并不反映扩散传质过程的微观特征;不同物质扩散在机理上的差别都体现在扩散系数中。

11.3 菲克第二定律

上节叙述的菲克第一定律只说明扩散通量与浓度梯度成正比的关系,但有时传质的过程会引起体系内浓度梯度随时间发生变化,即出现了浓度场除了是空间坐标的函数外,还是时间的函数,即

$$c_i = f(x, y, z, t)$$

这种浓度场随时间发生变化的扩散传质状态称为不稳定(或非稳态)扩散传质。

如果观察固体或宏观上处于静止的流体的不稳定扩散传质,并且扩散过程无化学反应,可根据质量守恒定律,通过对体系中微元体列出质量平衡式,就可获得浓度场的微分方程。为简化问题的研究,这里只讨论在 x 方向上的一维扩散问题。如图 11-1 所示的微元体($\Delta x \Delta y \Delta z$)在单位时间内经过扩散传质累积起来的 i 组分的摩尔流率,即单位时间内扩散输入和输出该微元体的摩尔浓度的差值为

$$(J_{i|x} - J_{i|x+\Delta x})\Delta y \Delta z = \Delta x \Delta y \Delta z \frac{\partial c_i}{\partial t}$$

将此式两边除以 $\Delta x \Delta y \Delta z$,令 $\Delta x \to 0$,得

$$\frac{\partial c_i}{\partial t} = -\frac{\partial J_i}{\partial x}$$

把菲克第一定律即式(11-17)代入此式,得

$$\frac{\partial c_i}{\partial t} = D_i \frac{\partial^2 c_i}{\partial x} \tag{11-21}$$

此式即为不稳定扩散传质的基本方程,称菲克第二定律。

如按质量浓度考虑扩散传质,则菲克第二定律可写成

$$\frac{\partial \rho_i}{\partial t} = D_i \frac{\partial^2 \rho_i}{\partial x^2} \tag{11-22}$$

或

$$\frac{\partial \omega_i}{\partial t} = D_i \frac{\partial^2 \omega_i}{\partial x^2} \tag{11-23}$$

如果考虑三维传质过程,则菲克第二定律应写成

$$\frac{\partial c_i}{\partial t} = D_i \left(\frac{\partial^2 c_i}{\partial x^2} + \frac{\partial^2 c_i}{\partial y^2} + \frac{\partial^2 c_i}{\partial z^2} \right) \tag{11-24}$$

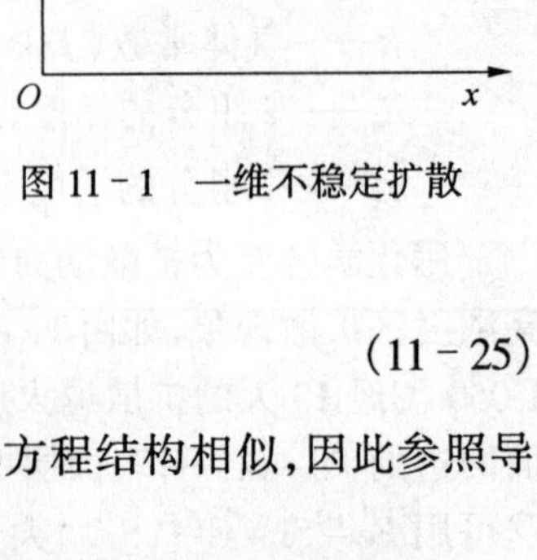

在稳定扩散传质时,$\frac{\partial c_i}{\partial t} = 0$,上式便变为

$$\frac{\partial^2 c_i}{\partial x^2} + \frac{\partial^2 c_i}{\partial y^2} + \frac{\partial^2 c_i}{\partial z^2} = 0 \tag{11-25}$$

图 11-1 一维不稳定扩散

式(11-24)和式(11-25)与不稳定导热方程和稳定导热方程结构相似,因此参照导热方程的解,可得许多情况下 i 组分的浓度场。

当传质伴有化学反应时,如扩散系数 D_i 仍保持为常数,则菲克第二定律可为

$$\frac{\partial c_i}{\partial t} = D_i \frac{\partial^2 c_i}{\partial x^2} + u_i \tag{11-26}$$

式中 u_i——体系单位体积内的化学反应速度。

当扩散稳定时,$\frac{\partial c_i}{\partial t}=0$,由式(11-21)$D_i\frac{\partial c_i}{\partial x}=\mathrm{const}$,得到菲克第一定律的表示形式,故可把菲克第一定律视为菲克第二定律的特解。

菲克第一定律用于求体系中某组分物质的扩散通量,一般用于稳定扩散,但也可用于不稳定扩散,这时物质扩散通量与时间有关,故所求的值称为瞬时物质通量。在规定时间内的平均物质通量是对瞬时物质通量积分的平均值。用菲克第一定律时,须知道物质的浓度场情况,而物质浓度场在一定初始条件和边界条件情况下可由菲克第二定律求解得到。

11.4 固体中的扩散和扩散系数

扩散系数与流体的粘度系数、物体的导热系数相似,是表示物质扩散能力的参数。固体中分子、原子或离子排列紧密,相互作用强烈,只有在较高温度时才可观测到明显的扩散现象。前已述及,固体中的扩散现象是金属热态成形过程中常见的现象,故需给予较多的注意。

11.4.1 固体中扩散的机理

对于金属和非金属晶体言,有三种扩散机理。

一、空位扩散机理

由热力学知,绝对零度以上的晶体中总有空位,空位的数量与温度和激活能有关。晶格节点上的原子在热振动中,可能从一个晶格节点跳到相邻的空位上而留下一个新的空位(图11-2a)),其它相邻的原子就跳到这个新空位上,如此出现连续的原子迁移,实现了物质的移动。在面心立方晶体的合金、金属和离子型化合物中,扩散主要按此机理进行。体心立方和六方点阵的金属、离子晶体和氧化物也常以这种机理扩散。

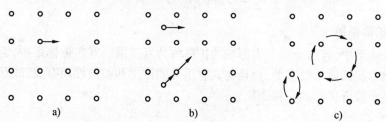

图11-2 三种基本扩散机理
a)空位扩散 b)间隙扩散 c)环圈扩散

二、间隙扩散机理

当直径比较小的原子(离子)进入晶体时,它的扩散可在点阵间隙之间跃进进行(图11-2b))。如直径较小的原子(离子)为溶质,就可形成间隙式固溶体。如间隙中的原子比晶格节点上的原子小得多,间隙中原子的迁移不会引起大的点阵畸变。有时间隙原子会把它领近晶格节点上的原子推到晶格间隙中去,而它自己占据这个节点位置(图 11-2b))。溴化银晶体中的银、钢中的碳和氮在奥氏体或铁素体中就是按间隙扩散机理进行扩散的。

三、环圈扩散机理

有种假说认为,在某些体心、面心立方晶体的金属中,原子的扩散是通过相邻两原子直接对调位置或几个原子同时沿某一方向转动互相对调位置进行的(图 11-2c))。多个原子环圈转动所需的扩散激活能比两个原子对换位置时要小得多。遗憾的是此种假说尚未得到直接证据。

11.4.2 固体扩散系数

物质的扩散系数随物质的种类和结构状态不同而异,故在本节中先叙述固体扩散系数。固体扩散系数又与传质体系本身结构特点有关,本节主要叙述三种固体扩散系数。

一、自扩散系数

在没有化学成分梯度的均质合金或纯金属中,虽然没有浓度差,但由于原子本身的热运动,通过空位、间隙或环圈扩散的机理,由点阵一处移动至另一处,这种不依赖于浓度梯度的扩散称为自扩散。自扩散的净扩散流率为零,但这种扩散可用放射性同位素测知,如在金属试样的一端涂上放射性同位素,在一定温度下经一定时间后,就可根据放射性同位素原子的示踪浓度分布情况确定自扩散系数。自扩散系数不服从菲克第一定律的规律,但对以浓度差为动力的扩散过程有影响,故需研究自扩散系数。

二、本征扩散系数

体系中 i 组分是以自身的浓度梯度为动力而进行的扩散,称为本征扩散,其扩散系数与其它组元的浓度场和扩散无关,间隙扩散时由于较小原子在点阵间隙中移动,不会引起大的点阵畸变,故常把间隙扩散视为本征扩散。本征扩散系数的数学表达式为

$$D_i = J_{ix}/(\frac{-\partial c_i}{\partial x}) \quad (m^2/s) \tag{11-27}$$

三、互扩散系数

多组分体系中,各组分相互有影响的扩散称为互扩散。互扩散体系中,组分 i 的扩散系数不仅与本征扩散系数有关,而且与其它组分的浓度和扩散性质有关,故互扩散系数是多组分体系中综合扩散的一种表征。

11.4.3 柯肯达尔(Kirkendall)效应

通过对柯肯达尔效应的分析,可得到二元体系中互扩散系数与本征扩散系数的关系。

柯肯达尔发现:当把一段金棒和一段镍棒焊在一起组成扩散偶,在焊接面上用小的氧化物或高熔点惰性金属丝如钨丝、钼丝作为焊接面的标记,将扩散偶置于 900 ℃炉中长期保温,最后发现焊接面向纯金一侧移动了一段距离。这种现象称柯肯达尔效应。这是由于金通过焊接面扩散到镍棒中,它在数量上要比镍向金棒中扩散的镍多,故使金棒变短,镍棒变长。

达肯(Darken)对此效应推导了数学方程。取扩散偶棒的长度方向为 x，如此棒在静坐标中不动，则标记(焊接)面在出现柯肯达尔效应时以速度 v_x 发生位移。今在初始标记面上取厚度为 Δx 的单位截面微元体，先考察金在微元体中的质量守恒。

由于标记移动引起的金原子通量为 $v_x c_{Au}$，在标记面上看到的金原子通量为 $J_{Aux} = -D_{Au}\dfrac{\partial c_{Au}}{\partial x}$，故通过初始标记面的总金原子通量为

$$N_{Au} = -D_{Au}\frac{\partial c_{Au}}{\partial x} + v_x c_{Au} \qquad (11-28)$$

同理对镍原子有

$$N_{Ni} = -D_{Ni}\frac{\partial c_{Ni}}{\partial x} + v_x c_{Ni} \qquad (11-29)$$

对所取微元体的质量平衡关系式为

$$\Delta x \frac{\partial c_{Au}}{\partial t} = N_{Au}|_x - N_{Au}|_{x+\Delta x}$$

对此式两边除以 Δx，使 $\Delta x \to 0$，则

$$\frac{\partial c_{Au}}{\partial t} = -\frac{\partial N_{Au}}{\partial x}$$

将式(11-28)代入此式，得

$$\frac{\partial c_{Au}}{\partial t} = \frac{\partial}{\partial x}\left(D_{Au}\frac{\partial c_{Au}}{\partial x} - v_x c_{Au}\right) \qquad (11-30)$$

同理有

$$\frac{\partial c_{Ni}}{\partial t} = \frac{\partial}{\partial x}\left(D_{Ni}\frac{\partial c_{Ni}}{\partial x} - v_x c_{Ni}\right) \qquad (11-31)$$

因扩散偶棒的总密度在扩散过程中是不变的，故其总浓度 c 不随时间变化，即 $\dfrac{\partial c}{\partial t}=0$，而 $c = c_{Au} + c_{Ni} = \text{const}$，即 $\dfrac{\partial c}{\partial t} = \dfrac{\partial c_{Au}}{\partial t} + \dfrac{\partial c_{Ni}}{\partial t} = 0$，将式(11-30)和式(11-31)代入此式，得

$$\frac{\partial}{\partial x}\left[D_{Au}\frac{\partial c_{Au}}{\partial x} + D_{Ni}\frac{\partial c_{Ni}}{\partial x} - v_x(c_{Au}+c_{Ni})\right] = 0$$

对此式积分，并考虑到扩散区域比扩散偶长度尺寸小得多，故在离标记面较远的地方，如扩散偶棒的两个端面处有

$$v_x = 0 \qquad \frac{\partial c_{Au}}{\partial x} = 0 \qquad \frac{\partial c_{Ni}}{\partial x} = 0$$

可得

$$v_x = \frac{1}{c_{Au}+c_{Ni}}\left(D_{Au}\frac{\partial c_{Au}}{\partial x} + D_{Ni}\frac{\partial c_{Ni}}{\partial x}\right) \qquad (11-32)$$

因 $c_{Ni} = c - c_{Au}$，即 $\dfrac{\partial c_{Ni}}{\partial x} = -\dfrac{\partial c_{Au}}{\partial x}$，则式(11-32)为

$$v_x = \frac{1}{c}(D_{Au}-D_{Ni})\frac{\partial c_{Au}}{\partial x} = \frac{1}{c}(D_{Ni}-D_{Au})\frac{\partial c_{Ni}}{\partial x} \qquad (11-33)$$

将此式代入式(11-30)和式(11-31),并注意到 $x_{Au} = \frac{c_{Au}}{c}$, $x_{Ni} = 1 - \frac{c_{Au}}{c}$,则得

$$\frac{\partial c_{Au}}{\partial t} = \frac{\partial}{\partial x}\left[(x_{Ni}D_{Au} + x_{Au}D_{Ni})\frac{\partial c_{Au}}{\partial x}\right] \tag{11-34}$$

$$\frac{\partial c_{Ni}}{\partial t} = \frac{\partial}{\partial x}\left[(x_{Ni}D_{Au} + x_{Au}D_{Ni})\frac{\partial c_{Ni}}{\partial x}\right] \tag{11-35}$$

如取 $D = x_{Ni}D_{Au} + x_{Au}D_{Ni}$,则式(11-34)和式(11-35)有

$$\frac{\partial c_{Au}}{\partial t} = \frac{\partial}{\partial x}\left(D\frac{\partial c_{Au}}{\partial x}\right) \tag{11-36}$$

$$\frac{\partial c_{Ni}}{\partial t} = \frac{\partial}{\partial x}\left(D\frac{\partial c_{Ni}}{\partial x}\right) \tag{11-37}$$

如 D 为常数,则式(11-36)和式(11-37)都具有菲克第二定律的形式,即

$$\frac{\partial c_{Au}}{\partial t} = D\frac{\partial^2 c_{Au}}{\partial x^2} \tag{11-38}$$

$$\frac{\partial c_{Ni}}{\partial t} = D\frac{\partial^2 c_{Ni}}{\partial x^2} \tag{11-39}$$

D 称为互扩散系数,D_{Au}和D_{Ni}各为金和镍的本征扩散系数。式 $D = x_{Ni}D_{Au} + x_{Au}D_{Ni}$ 和式(11-33)合称达肯方程。可见二元理想固溶体的互扩散系数 D 不仅与两组分的浓度有关,而且受它们的本征扩散系数的影响,并且互扩散时金向镍的互扩散系数 D_{Au-Ni} 与镍向金的互扩散系数 D_{Ni-Au}相等。如果本征扩散系数 $D_{Au} = D_{Ni}$,则 $D = D_{Au} = D_{Ni}$,$v_x = 0$,标记面不会移动,所以扩散偶标记面的移动正是由两个组元的本征扩散系数不相等所引起。

由互扩散系数 D 的表达式还可见,当镍或金的分数浓度较小时,即 x_{Ni}或 x_{Au} 趋近于零时,相应地 x_{Au} 或 x_{Ni}趋近于1,因此 D 就等于D_{Ni}或D_{Au},这说明互扩散系数接近于二组分中浓度较低组分的本征扩散系数。

由上面的讨论中还可发现,严格地说,菲克第一定律中的扩散系数在二元体系中应为互扩散系数,只有在两组分的本征扩散系数相等时,才能用其中某一组元的本征扩散系数计算扩散通量。在考虑 C 等原子在铁中按间隙扩散机理传质时,由于碳的本征扩散系数比 γ-Fe 或 α-Fe 的本征扩散系数大得多,故可不考虑铁的扩散,直接采用碳的本征扩散系数进行计算。

本节的叙述内容适用于扩散温度下形成无限固溶体的合金。

11.4.4 化学位梯度下的扩散系数

前已提及,物质扩散的真正驱动力是化学位梯度。设有组分 1 和 2 组成的单相固溶体,其摩尔原子浓度分别为 c_1 和 c_2,当温度和压力一定时,如两组分的浓度各有微小变化 dc_1 和 dc_2,则一摩尔固溶体自由能的变化为

$$dF = \frac{\partial F}{\partial c_1}dc_1 + \frac{\partial F}{\partial c_2}dc_2 = \mu_1 dc_1 + \mu_2 dc_2 \tag{11-40}$$

式中 F——摩尔原子固溶体的自由能;

μ_1 和 μ_2——组分 1 和 2 的化学位。

F 和 μ_1、μ_2 都是成分、温度和压力的函数。

现考虑组分 1 的一摩尔原子由化学位较高的 A 点(μ_{1A})向化学位较低的 B 点(μ_{1B})扩散，A、B 两点的距离为 dx，则两点间的化学位差可近似地表示为

$$\mu_{1A} - \mu_{1B} = \frac{\partial \mu_1}{\partial x} dx \tag{11-41}$$

所以作用在组分 1 一摩尔原子上的力

$$F_1 = -\frac{\partial \mu_1}{\partial x}$$

作用在 1 个原子上的力应为

$$f_1 = -\frac{1}{N}\frac{\partial \mu_1}{\partial x} \tag{11-42}$$

式中　N——阿佛加德罗常数。

若以单位力作用下原子的平均移动速度 B_1 为原子的迁移速度，则在 f_1 作用下，组分 1 的原子平均扩散速度为

$$v_1 = -\frac{B_1}{N}\frac{\partial \mu_1}{\partial x} \tag{11-43}$$

如单位体积内原子数为 n_1 个，则组元 1 在 f_1 作用下，单位时间内通过垂直于 x 轴的平面上单位面积的原子数为 $n_1 v_1$，即 $n_1\left(-\frac{B_1}{N}\right)\frac{\partial \mu_1}{\partial x}$，此即为扩散通量，即

$$J_1 = -n_1 \frac{B_1}{N}\frac{\partial \mu_1}{\partial x} \tag{11-44}$$

对照以化学位梯度为扩散传质推动力的菲克第一定律，即式(11-19)，可知

$$D'_1 = \frac{n_1 B_1}{N} \tag{11-45}$$

又由式(11-20)，得

$$\mu_1 = \mu_1^0 + RT\ln a_1 = \mu_1^0 + RT\ln(\gamma_1 c_1) = \mu_1^0 + RT\ln\gamma_1 + RT\ln c_1$$

$$\frac{\partial \mu_1}{\partial x} = 0 + RT\frac{\partial \ln\gamma_1}{\partial x} + RT\frac{\partial \ln c_1}{\partial x} = RT\frac{\partial \ln\gamma_1}{\partial c_1}\cdot\frac{\partial c_1}{\partial x} + RT\frac{\partial \ln c_1}{\partial c_1}\frac{\partial c_1}{\partial x} =$$

$$RT\left(\frac{\partial \ln\gamma_1}{\partial c_1} + \frac{1}{c_1}\right)\frac{\partial c_1}{\partial x} \tag{11-46}$$

将此式代入式(11-44)，得

$$J_1 = -n_1\frac{B_1}{N}\cdot RT\left(\frac{\partial \ln\gamma_1}{\partial c_1} + \frac{1}{c_1}\right)\frac{\partial c_1}{\partial x} \tag{11-47}$$

与菲克第一定律，即式(11-17)比较，得

$$D_1 = n_1\frac{B_1}{N}\cdot RT\left(\frac{\partial \ln\gamma_1}{\partial c_1} + \frac{1}{c_1}\right) = n_1 B_1 KT\left(\frac{\partial \ln\gamma_1}{\partial c_1} + \frac{1}{c_1}\right) \tag{11-48}$$

式中　K——玻尔兹常数，$K = 1.38 \times 10^{-23}$ J/K。

推导式(11-45)和式(11-48)时,没有同时考虑第2组分的扩散影响,故 D'_1 和 D_1 都是组分1的本征扩散系数。

如所研究的二元体系中的不同组分的原子尺寸相等,则 $n_1 = c_1$,故

$$D'_1 = \frac{c_1 B_1}{N} \tag{11-49}$$

$$D_1 = B_1 KT \left(\frac{\partial \ln \gamma_1}{\partial \ln c_1} + 1 \right) \tag{11-50}$$

同理

$$D_2 = B_2 KT \left(\frac{\partial \ln \gamma_2}{\partial \ln c_2} + 1 \right) \tag{11-51}$$

式(11-50)和式(11-51)中括号内因子可写成普遍形式,即 $\frac{\partial \ln \gamma_i}{\partial \ln c_i} + 1$,此因子称为热力学因子。

当 $D > 0$,或热力学因子大于0时,扩散由浓度高处向低处进行,称为顺扩散,使合金成分趋向均匀;当 $D < 0$ 或热力学因子 < 0 时,扩散由浓度低处向高处进行,称为逆扩散或爬坡扩散,使合金组织分为两相,如过饱和溶体的分解。

利用热力学因子,可把组分的本征扩散系数与自扩散系数联系起来,因为组分 i 的自扩散系数即为 $B_i KT$。

对不同组分的原子,由吉卜斯-杜亥姆(Gibbs - Duhem)公式 $c_i d\mu_i + c_j d\mu_j = 0$ 和 $dc_i = -dc_j$ 可以推得

$$\frac{\partial \ln \gamma_i}{\partial \ln c_i} = \frac{\partial \ln \gamma_j}{\partial \ln c_j} \tag{11-52}$$

由此可见,同一二元体系中不同组分的本征扩散系数的差异与它们的热力学因子无关,而取决于各自的原子迁移速度。

11.4.5 温度对扩散系数的影响

金属材料某组分的扩散系数受晶体结构、原子尺寸、合金成分、温度等因素的影响。其中有的因素影响在前面的讨论中已经提到,此节仅就温度

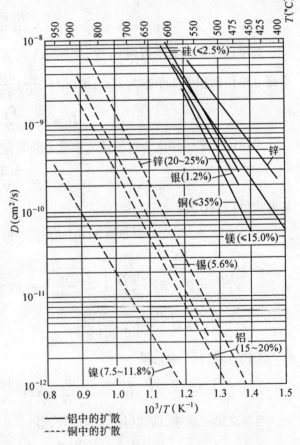

图11-3 一些金属在铝和铜中的扩散系数与温度的关系
—— 在铝中的扩散   ---- 在铜中的扩散

对扩散系数的影响作必要的叙述。

固态金属与合金中的原子总是以晶格结点为平衡位置不断地进行热运动,当原子的能量超过跃迁活化能时,就会从一个结点跃迁到另一个结点。理论研究表明,原子扩散系数与原子跃迁频率成正比:温度愈高,原子跃迁频率也高,扩散系数就愈大。温度与扩散系数的关系可由阿累尼乌斯(Arrhenius)公式描述

$$D = D_0 \exp(-Q/RT) \tag{11-53}$$

式中　Q——扩散活化能(J/mol);

D_0——频率因子。

在很宽温度范围内,Q 和 D_0 是常数,对大部分金属言,$D_0 \approx 1 \times 10^{-4}$ m²/s,Q 的估算式为

$$Q = RT_M(K_0 + V) \tag{11-54}$$

式中　T_M——热力学熔点,对合金取液相线温度和固相线温度的算术平均值(K);

K_0——与晶体结构有关的系数,体心立方体时,$K_0 = 14$;面心立方体时,$K_0 = 17$;金刚石,$K_0 = 21$;

V——金属的正常原子价。

图 11-3 示出了一些金属在铝和铜中的扩散系数;图 11-4 示出了一些间隙元素 C、B 和 Ni 在铁和铁合金中的互扩散系数;图 11-5 示出了一些铁合金的互扩散系数。

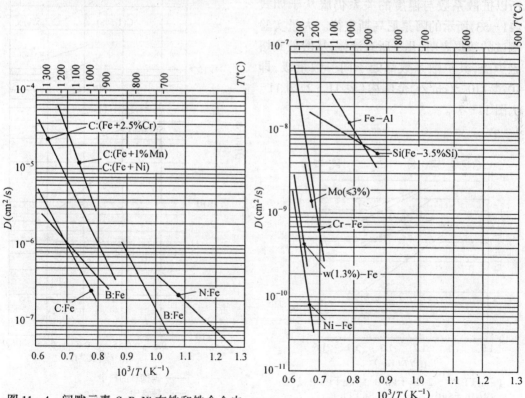

图 11-4　间隙元素 C、B、Ni 在铁和铁合金中的互扩散系数与温度的关系

图 11-5　一些铁合金的互扩散系数与温度的关系

表11-1示出了不同温度时一些元素在铁中的扩散系数值。

表11-1 不同温度时,一些元素在铁中的扩散系数值

扩散元素	C			Al		Si	Ni		Cr		Mo	W		Mn
扩散温度(℃)	925	1 000	1 100	900	1 150	960	1 150	1 200	1 150	1 200	1 300	1 200	1 280	1 330 960	1 400
$D\times 10^5 (cm^2/24h)$	1 205	3 100	8 640	33	170	65	125	0.8	5.9	15~70	190~460	20~130	3.2	21 2.6	830

11.5 流体和多孔介质中的扩散和扩散系数

11.5.1 液体中的扩散系数

与固体比较,液体的结构比松散,但由于其结构比固体和气体要复杂得多,所以还设有建立起较全面的液体中的扩散机理学说,只是在个别问题上,有人提出了一些理论。较多的观点认为,由于液态金属和普通液体中原子(或离子)均有近程有序排列的情况,所以扩散系数与温度的关系仍服从于如式(11-53)所示的阿累尼乌斯定律。大量实验测试的数据表明,几乎所有液体,从溶液到熔融炉渣,其扩散系数都处于同一数量级,即 $10^{-4} \sim 10^{-5}(cm^2/s)$ 范围内(表11-2、图11-6、图11-7)。

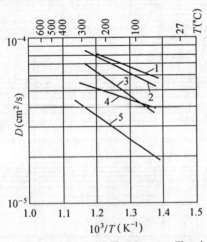

1—Sn于Bi中　2—Bi于Pb中　3—Cd于Pb中
4—Bi于Sn中　　5—Sn于Pb中

图11-6 液态非铁合金中的互扩散系数

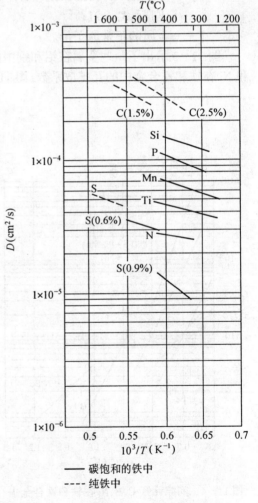

—— 碳饱和的铁中
---- 纯铁中

图11-7 液态铁合金中的互扩散系数

表 11-2 25 ℃下一些组分在水溶液中的扩散系数

溶质	HCl	NaCl	CaCl$_2$	H$_2$	CO$_2$	O$_2$	SO$_2$	NH$_3$	Cl$_2$	H$_2$SO$_4$	Na$_2$SO$_4$	K$_4$Fe(CN)$_6$	乙醇
溶剂	水	水	水	水	水	水	水	水	水	水	水	水	水
浓度	0.1M	0.1M	0.1M	稀	稀	稀	稀	稀	稀	稀	0.1M	0.01M	$x=0.05$
$D(\text{cm}^2/\text{s}) \times 10^5$	3.05	1.48	1.10	5.0	1.5	2.5	1.7	2.0	1.44	1.97	1.12	1.18	1.13

近年来,人们对气体在液态金属中的扩散作了大量的研究工作。实验表明,在液态金属中存在着有序和无序的微区,在各微区内,不同组分原子团的位向和成分都不同;发现在液相线上方稍过热时,气体在金属中的扩散会发生明显变化。

除了温度外,合金液的成分会对扩散系数有影响。图 11-8 示出了 Al-Si 合金液中温度和 Si 含量对氢扩散系数的影响。对氢扩散系数随 Si 含量增加而变化的解释为:液相线附近金属液中有有序的原子集团和无序区两种结构,氢在金属液中的扩散系数是它在原子团和无序区中的扩散系数之和,即

$$D = \psi_2 D_1 + \psi_2 D_2 \tag{11-55}$$

$$\psi_1 + \psi_2 = 1$$

式中 ψ_1、ψ_2——金属液原子团的分数和无序区的分数;

D_1、D_2——氢在原子团和无序区中的本征扩散系数,$D_2 > D_1$。

当硅含量增大至 6% 时,会使原子团显著增大,故使氢在金属液中迁移速度降低。当含硅量 >8.5% 时,由于原子团生长条件发生变化,原子团中孔隙使氢易于扩散,增大了氢的扩散系数。因此含 Si5%~8% 的金属液中氢的扩散系数较小,致使除气效果不佳,铸件易出现气孔。

图 11-9 所示为 Al-Cu 合金液中氢的扩散系数随含铜量和温度变化的曲线。由图可见,氢扩散系数随含铜量从 4.5% 增到加 10% 而降低;铜含量增至 35% 时,扩散系数降到最低值。当合金为过共晶成分后,含铜量的增加反使氢扩散系数变大。这可能与金属液结构的变化有关。

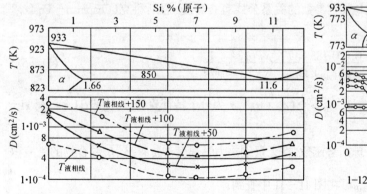
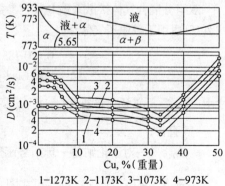

1—1273K 2—1173K 3—1073K 4—973K

图 11-8 Al-Si 合金中温度、Si 含量对氢扩散系数的影响   图 11-9 Al-Cu 合金液中氢扩散系数的变化

11.5.2 气体中的扩散系数

气体中的扩散不同于固体和液体中的扩散,气体分子的扩散性远强于固体和液体,气体的扩散系数取决于扩散物质和扩散介质的温度和压力,它与浓度的关系较小。气体互扩散时,不会出现柯肯德尔效应,如 A、B 两组分的混合气体中,一经出现向某方向移动的 A 分子比反方向移动的 B 分子多时,则立即会被建立起来的 A 组分的压力梯度所抑制,使 $D_{AB} = D_{BA} = D$,其中 D_{AB}、D_{BA} 为气体 A 向 B、气体 B 向 A 的扩散系数,而 D 为互扩散系数。这说明气体互扩散时,互扩散系数等于任一气体在另一气体中的相对扩散系数。表 11-3 示出了标准状态下一些气体(物质)在空气中的扩散系数。图 11-10 示出一些混合气体中的扩散系数。

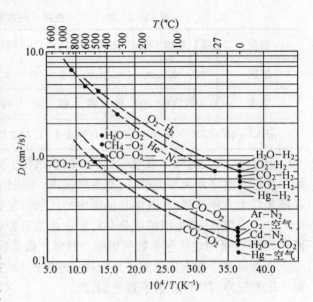

图 11-10 一些混合气体中的扩散系数

表 11-3 一些气体(物质)标准状态下在空气中的扩散系数

气体(物质)	H_2	N_2	O_2	CO_2	HCl	SO_2	SO_3	NH_3	H_2O	CS_2	C_6H_6	甲苯	甲醇	乙醇	乙醚
$D \times 10^4 (m^2/s)$	0.611	0.132	0.178	0.138	0.130	0.103	0.095	0.17	0.22	0.089	0.077	0.076	0.132	0.102	0.078

气体扩散系数与热力学温度的 1.75 次方成正比,与压力成反比,因此如已知一种气体在热力学温度 T_0 和压力 p_0 时的扩散系数 D_0,则可用下式计算在 T 和 p 时的 D,即

$$D = D_0 \frac{p_0}{p} \left(\frac{T}{T_0}\right)^{1.75} \tag{11-56}$$

此式适用的温度范围较小。

双组分混合气体扩散系数与其它参数的关系公式有查普曼-恩斯科克(Chapman-Enskog)式,它只适用于单原子气体,即

$$D_{AB} = \frac{0.00018583 T^{3/2}}{p(\sigma_{AB})^2 \Omega_{DAB}} \sqrt{\frac{1}{M_A} + \frac{1}{M_B}} \quad (cm^2/s) \tag{11-57}$$

式中 σ_{AB}——平均碰撞直径(nm),$\sigma_{AB} = \frac{1}{2}(\sigma_A + \sigma_B)$,$\sigma$ 为分子特征直径,可由表 11-4、表 11-5 查得;

Ω_{DAB}——对于伦纳德—琼斯势函数,在无量纲热力学温度 T^*_{AB} 下,A、B 混合物的磁撞积分,$T^*_{AB} = \left(\frac{K_B}{\varepsilon}\right)_{AB} \cdot T$,$\Omega_{DAB}$ 可在图 11-11 中查到;

$\left(\left[\frac{\varepsilon}{K_B}\right]\right)_{AB} = \left[\left(\frac{\varepsilon}{K_B}\right)_A \cdot \left(\frac{\varepsilon}{K_B}\right)_B\right]^{\frac{1}{2}}$——分子间作用力参数的平均值,(K);金属蒸汽的

$\left(\dfrac{\varepsilon}{K_B}\right)$ 与金属的沸点 T_b、熔点 T_M 有关,$\varepsilon/K_B = 1.15 T_b$,$\varepsilon/K_B = 1.92\ T_M$;

ε——物质特征势能参数,(J);

K_B——玻尔兹曼常数,$K_B = 1.38 \times 10^{-23}$(J/K);

M_A、M_B——物质 A 和物质 B 的分子量;

T——温度(K);

p——压力,(atm≈0.1 MPa)。

表 11-4 一些气体分子的分子量、伦纳德-琼斯参数

气体		H_2	He	Ar	N_2	O_2	CO	CO_2	SO_2	Cl_2	CH_4	空气
分子量 M		2.016	4.003	39.544	28.02	32	28.01	44.01	64.07	70.91	16.04	28.97
伦纳德—琼斯参数	σ(nm)	0.2915	0.2576	0.3418	0.3681	0.3433	0.359	0.3996	0.429	0.4115	0.3822	0.3617
	ε/K_B(K)	38.0	10.2	124	91.5	113	110	190	252	357	137	97

表 11-5 一些金属蒸汽的熔点、沸点和磁撞直径和摩尔体积

金属	熔点 T_M(℃)	沸点 T_b(℃)	摩尔体积 V(cm³/mol)	碰撞直径 σ(nm)
Ag	960.8	2 163	11.02~13.06	0.272~0.274
Al	660	2 057	10.49~13.26	0.267~0.276
Bi	271	1 477	24.07	0.337
Co	1 493	2 877	7.14~8.98	0.236~0.243
Cu	1 083	2 570	7.58~9.15	0.239~0.244
Fe	1 535	2 833	7.6~9.55	0.24~0.247
K	63.7	760	46~59.36	0.437~0.454
Li	186	1 317	13.27~16.76	0.289~0.298
Mg	651	1 103	14.66~20.30	0.3~0.318
Na	97.9	883	24.04~31.07	0.352~0.366
Ni	1 453	2 816	7.11~9.02	0.234~0.243
Pb	327.4	1 717	18.35~22.47	0.322~0.329
Sn	231.9	2 770	16.51~21.63	0.311~0.325
Zn	419.5	906	9.56~10.19	0.251~0.259

例 计算 1 600℃下通过氩气扩散的铁蒸汽的扩散系数,气源为纯铁。

解 利用查普曼-恩斯科克式

$$T = 1\ 600 + 273 = 1\ 873\ \text{K}$$
$$M_{\text{Fe}} = 55.85, M_{\text{Ar}} = 39.54$$

据表 11-4、表 11-5 有

$$\sigma_{\text{Fe-Ar}} = \dfrac{\sigma_{\text{Fe}} + \sigma_{\text{Ar}}}{2} = \dfrac{0.243 + 0.342}{2} = 0.292\ \text{nm}$$

为计算 D_{Fe-Ar}，先计算 $\left(\dfrac{\varepsilon}{K_B}\right)_{Fe-Ar}$，同时利用表 11-4、表 11-5，有

$$\left(\dfrac{\varepsilon}{K_B}\right)_{Fe-Ar} = \sqrt{\left(\dfrac{\varepsilon}{K_B}\right)_{Fe} \cdot \left(\dfrac{\varepsilon}{K_B}\right)_{Ar}} = \sqrt{3\,571 \times 124} = 655 \text{ K}$$

因为 $\left(\dfrac{\varepsilon}{K_B}\right)_{Fe} = 1.15 T_b = 1.15 \times (2\,833 + 273) = 3\,571 \text{ K}$

$$T^* = \left(\dfrac{K_B}{\varepsilon}\right) \cdot T = \dfrac{1\,873}{655} = 2.86$$

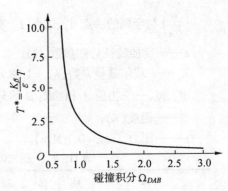

图 11-11 碰撞积分 Ω_{DAB} 随折算温度 T^* 的变化

由图 11-11，查得 $\Omega_{D_{Fe-Ar}} = 0.92$，所以

$$D_{Fe-Ar} = \dfrac{0.000\,185\,8\,(T)^{3/2}}{p \cdot \sigma^2_{Fe-Ar} \cdot \Omega_{D_{Fe-Ar}}} \cdot \sqrt{\dfrac{1}{M_{Fe}} + \dfrac{1}{M_{Ar}}} = \dfrac{0.000\,185\,8 \times (1\,873)^{3/2}}{1 \times (0.292)^2 \times 0.92} \times \sqrt{\dfrac{1}{55.85} + \dfrac{1}{39.54}} = 4.00 \text{ cm}^2/\text{s}$$

对于两组分混合物中的非金属气体组分，可用富勒(Fuller)等人提出的半经验式计算扩散系数

$$D_{AB} = \dfrac{10^{-3} T^{1.75}}{p (V_A^{1/3} + V_B^{1/3})^2} \sqrt{\dfrac{1}{M_A} + \dfrac{1}{M_B}} \text{ (cm}^2/\text{s)} \tag{11-58}$$

式中 V_A、V_B——扩散体积(cm³/mol)，其余符号意义同式(11-57)。

表 11-6 列出了一些原子、简单分子和空气的扩散体积值。

表 11-6 一些原子、简单分子和空气的扩散体积 V(cm³/mol)

原(分)子	C	H	O	(N)	(Cl)	(S)	H_2	N_2	O_2	空气	CO	CO_2	NH_3	H_2O	Cl_2	SO_2
V	16.5	1.98	5.48	5.69	19.5	17	7.07	17.9	16.6	20.1	18.9	26.9	14.9	12.7	37.7	41.1

例 计算 CO_2 在 $p = 1 \text{ atm} \approx 0.1 \text{ MPa}$ 温度 $T = 293 \text{ K}$ 的空气中的扩散系数。

解 1. 利用富勒公式计算

查表 11-6，得 $V_{CO_2} = 26.9 \text{ cm}^3/\text{mol}$，$V_{空气} = 20.1 \text{ cm}^3/\text{mol}$，又 $M_{CO_2} = 44$，$M_{空气} = 29$，所以

$$D_{CO_2-空气} = \dfrac{10^{-3} T^{1.75}}{p(V_{CO_2}^{1/3} + V_{空气}^{1/3})^2} \sqrt{\dfrac{1}{M_{CO_2}} + \dfrac{1}{M_{空气}}} = \dfrac{10^{-3}(293)^{1.75}}{1(26.9^{1/3} + 20.1^{1/3})^2} \times \sqrt{\dfrac{1}{44} + \dfrac{1}{29}} = 0.152 \text{ cm}^2/\text{s} = 1.52 \times 10^{-5} \text{ m}^2/\text{s}$$

2. 利用式(11-56)计算 $D_{CO_2-空气}$

由表 11-3 查得 $T_0 = 273 \text{ K}$、$p_0 = 1 \text{ atm} = 1 \times 10^5 \text{ Pa}$ 时的 $D_{0CO_2-空气} = 0.138 \times 10^{-4} \text{ m}^2/\text{s}$。所以 $p = 1 \text{ atm} = 1 \times 10^5 \text{ Pa}$、$T = 293 \text{ K}$ 时的 CO_2 在空气中的扩散系数为

$$D_{CO_2-空气} = D_{0CO_2-空气} \dfrac{p_0}{p} \left(\dfrac{T}{T_0}\right)^{1.75} = 1.38 \times 10^{-5} \times \left(\dfrac{293}{273}\right)^{1.75} = 1.56 \times 10^{-5} \text{ m}^2/\text{s}$$

可见两种方法计算结果相似。

对于某一组分 A 在静止多组分混合气体中的有效扩散系数可用下式计算

$$D_{Aeff} = \frac{1}{(x_B/D_{AB} + x_C/D_{AC} + \cdots\cdots)} \qquad (11-59)$$

式中　$x_B 、x_C \cdots\cdots$——静止混合气体中 $B 、C 、\cdots\cdots$ 等组分的摩尔分数浓度；

　　　$D_{AB} 、D_{AC} \cdots\cdots$——组分 A 在组分 $B 、C 、\cdots\cdots$ 中的互扩散系数。

例　计算氧在静止甲烷和氢的混合气体($x_{CH_4} = 0.667, x_{H_2} = 0.333$)中的有效扩散系数。已知 $D_{O_2-CH_4} = 1.84 \times 10^{-5} m^2/s, D_{O_2-H_2} = 6.9 \times 10^{-5} m^2/s$。

解　$D_{O_2 eff} = \dfrac{1}{x_{CH_4}/D_{O_2-CH_4} + x_{H_2}/D_{O_2-H_2}} = \dfrac{1}{0.667/1.84 \times 10^{-5} + 0.333/6.9 \times 10^{-5}} = 2.44 \times 10^{-5} m^2/s$

11.5.3　气体在多孔介质中的扩散系数

在金属热态成型时也常会遇到气体在多种介质中的移动问题，如砂型浇注时型腔内气体、水蒸汽经由砂粒间缝隙的外逸，冲天炉中焦炭孔隙中氧气的渗入。此外粉末冶金压坯的放气也有气体在多孔介质中的扩散问题。气体在多孔介质中的扩散类型有三种：即服从于一般扩散规律的分子扩散、克努森(Knudsen)扩散和表面扩散。表面扩散是指扩散气体被固体表面吸收时的扩散，经表面吸收层的扩散，在低温时可能比较重要，高温时可忽略不计，故在本节中不予叙述。

一、分子扩散

这是在多孔介质的孔道直径 d 比气体分子的平均自由程 λ 大很多($\frac{d}{\lambda} > 100$)情况下的气体扩散，因此时分子热运动时碰撞孔道壁的机会很小，气体分子的迁移可按一般扩散定律计算。如多孔介质的孔道分布均匀，且各向同性，可把它的孔隙率(n——其意义与式(3-88)同)作为介质每单位面积上的气体迁移的有效面积，又考虑到介质孔道是曲折延伸的，设单位介质传质方向长度上的孔道长度为 τ，故当介质内 A 点至 B 点的距离为 l 时，气体分子在孔道内的实际迁移距离应为 τl，故经多孔介质单位面积的气体扩散速度（即扩散通量）按菲克第一定律可作如下表达

$$J_i = -nD_i \frac{\partial c_i}{\partial(x\tau)} = -\frac{n}{\tau} D_i \frac{\partial c_i}{\partial x} = -D_{ieff} \frac{\partial c_i}{\partial x} \qquad (11-60)$$

式中　D_{ieff}——有效扩散系数，$D_{ieff} = \frac{n}{\tau} D_i$。

对由粒状物松散组成的多孔介质言，$\tau = 1.5 \sim 2.0$；对压实的多孔介质，$\tau = 7 \sim 8$。

二、克努森(Knudsen)扩散

压力很低，多孔介质孔道直径很小，气体分子平均自由程 λ 大于孔道直径 $d(\frac{\lambda}{d} > 10)$ 时的多孔介质气体扩散称克努森扩散。此时，气体在热运动时碰撞孔壁的机会很多，克努森扩散时的扩散系数表达式为

$$D_K = 97r\sqrt{\frac{T}{M}} \tag{11-61}$$

式中 r——孔道半径,(m)。

由于 D_K 值只考虑了气体分子碰撞孔壁的影响,故 D_K 与气体组成和总压力都无关,但对多孔介质言,应考虑孔隙率 n 和曲折度 λ(即 τ)的影响,故多孔介质克努森扩散时的有效扩散系数为

$$D_{Keff} = \frac{D_K n}{\tau} \tag{11-62}$$

如何判别多孔介质中气体扩散时以那一种类型为主呢?有两种方法:

1. 比较 D_{AB} 和 D_K 值的大小,如 $D_{AB} \ll D_K$,则以分子扩散为主,反之亦然。
2. 比较 r 与 λ 值的大小,λ 可按下式计算

$$\lambda = (\sqrt{2}\pi d'^2 N)^{-1} \tag{11-63}$$

式中 d'——分子碰撞直径(nm);

N——分子浓度(原子个数/nm³)。

如 $\lambda \ll r$,则克努森扩散为主。

例 在氩气保护下向砂型浇注铸钢件时,试计算 1 600 ℃下铁蒸汽通过硅石砂的扩散系数。已知砂粒为近似球状。其直径约为 0.5 mm,砂型中孔道半径 $r = 0.05$ mm,曲折度 $\tau = 4$,砂型孔隙率 $n = 0.45$。

解 由上节例可知 1 600 ℃时铁蒸汽在氩中扩散系数 $D_{Fe-Ar} = 4\ cm^2/s$,今先判别砂型中铁蒸汽的扩散类型,由式(11-61)

$$D_K = 97r\sqrt{\frac{T}{M_{Fe}}} = 97 \times 5 \times 10^{-5} \times \sqrt{\frac{1\ 873}{55.85}} = 2.81 \times 10^{-2}\ m^2/s$$

比较 D_{Fe-Ar} 和 D_K,得

$$\frac{D_{Fe-Ar}}{D_K} = \frac{4 \times 10^{-4}}{2.81 \times 10^{-2}} = 1.42 \times 10^{-2}$$

此值很小,说明本题的扩散以分子扩散为主。因此可按分子扩散计算砂型中 Fe 在氩气中的有效扩散系数

$$D_{Fe-Ar,eff} = \frac{D_{Fe-Ar} n}{\tau} = \frac{4 \times 10^{-4} \times 0.45}{4} = 4.5 \times 10^{-5}\ m^2/s$$

当分子扩散和克努森扩散机理在多孔介质中的气体扩散时都起作用时,可用下式计算有效扩散系数

$$D_{eff} = \left(\frac{1}{D_{ABeff}} + \frac{1}{D_{Keff}}\right)^{-1} \tag{11-64}$$

通过本章学习,可知:一般气体的扩散系数比液体大约 5 个数量级;金属液中物质扩散系数值的变化不大于一个数量级;熔渣中的物质扩散系数比在金属液中小很多;固体中的扩散系数一般在 $10^{-7}\ m^2/s$ 以下,室温状态下只有 $10^{-19} \sim 10^{-34}\ m^2/s$。

11.5.4 气体在金属液中扩散系数的测定

对铸造专业者言,常需了解一些气体在金属液中的扩散系数,本节介绍几种相对较好的液

态金属气体扩散系数的测定方法。

一、毛细管法

图 11-12 所示为测定氢在不同金属液中扩散系数的装置。盛装金属液的直径为 15 mm,高为 120 mm 的刚玉坩埚。按放在直径为 40 mm、高为 1 000 mm 的垂直刚玉管中,然后放在电阻炉炉膛中加热,熔化金属。测定氢在金属液中扩散系数时,将细刚玉管浸入金属液面下 60～75 mm,通过细管向金属液通入氢气。可假设细管中金属液柱是半无限大的介质,金属液表面层中氢的浓度可与测定时所采用的初始条件相对应,取 $P_{H_2}=100$ kPa,氢在细管底部的浓度接近于零。根据菲克第二定律,可求得氢在金属液中的分布,结合菲克第一定律可得被吸收氢气的体积为

$$V_{H_2} = \frac{d^2 \rho_M c_{H_2} \sqrt{60\pi D\theta}}{200 \rho_g} \quad (\text{cm}^3) \qquad (11-65)$$

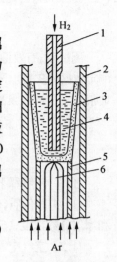

图 11-12 毛细管法测量金属液中氢扩散系数的扩散元
1—刚玉毛细管;
2—刚玉套管;
3—坩埚;
4—金属液;
5—支撑管;
6—热电偶

式中 d——毛细管直径(cm);
ρ_M 和 ρ_g——实验温度下金属液和氢的密度,(g/cm³);
c_{H_2}——氢在金属液中的溶解度,(%)(质量);
D——氢的扩散系数,(cm²/s);
θ——吸收时间,(min)。

因氢在金属液中的溶解是氢扩散的限制环节,故 V_{H_2} 与 $\sqrt{\theta}$ 呈线性关系,可根据 V_{H_2}-$\sqrt{\theta}$ 直线的斜率求得扩散系数 D。人们用这种方法测定了氢在液态铁、镍、铜、银、铝、镁等金属中的扩散系数。测试前调试仪器时气体被毛细管内壁的吸附会造成一定的误差。

二、金属液膜法

这种方法的测定原理是在稳定传质条件下测定氢通过金属液的流率,由菲克第二定律确定氢的扩散系数。金属液处于刚玉陶瓷管中的滤片上(图 11-13),金属液面上总保持恒定的氢压力,使金属液中氢含量达溶解度极限。金属液底部析出的氢通过多孔滤片被抽走,送往测定传质流率的系统。由于金属上、下表面上的氢的浓度不一样,当氢沿金属液高度有恒定的浓度梯度时,氢在金属液中的传质流率可由菲克第一定律求得

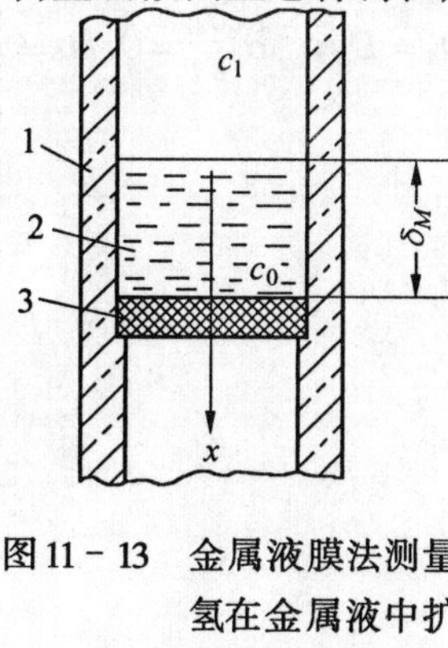

$$J = -DF \frac{dc}{dx} \qquad (11-66)$$

式中 F 为毛细管截面积。非稳定扩散时,氢的扩散系数可由菲克第二定律求得

$$\frac{\partial c}{\partial t} = D \frac{\partial^2 c}{\partial x^2} \qquad (11-67)$$

初始时,即 $t=0$ 时,$c=0$;$x=0$(即金属液上液面上)时 $c=c_1$;$x=\delta$ 时,在下液面下,由于抽真空,$c=0$。利用以上条件,根据测得的吸附气体的体积和达到稳定传质过程所需时间 t_0,结合式

图 11-13 金属液膜法测量氢在金属液中扩散系数的扩散元
1—毛细管;2—金属液膜;
3——多孔滤片

(11-67)的解,可确定氢的扩散系数

$$D = \frac{\delta_M^2}{6t_0}$$

测试时,有效抑制金属液膜中因存在温度差(金属液密度不同)而引起的对流是获得正确测定数据的关键。采用 1~2 mm 直径的毛细管,外加套管,并在其周围用金属液池保温能有效地消除沿金属液膜高度上的温度梯度,抑制对流。

习 题

11.1 请解释下列概念:
(1) 扩散传质,(2) 对流传质,(3) 相间传质,(4) 质量浓度和质量分数浓度,(5) 摩尔浓度和摩尔分数浓度,(6) 分压,(7) 传质通量,传质流速。

11.2 空气中氧的摩尔分数浓度为 21%,氮的摩尔分数浓度为 79%。试计算氧和氮在温度为 25 ℃、压力为 1 大气压(1.013×10^5 Pa)时氧和氮的质量分数浓度、摩尔浓度。已知氧的摩尔分子量为 0.032 kg/mol,氮的摩尔分子量为 0.028 kg/mol。(提示:计算 1 摩尔混合气体的体积时,可利用理想气体定律 $PV = NRT$。$R = 8.314$ J/mol·K)。

(答:$\omega_{O_2} = 0.23$,$\omega_{N_2} = 0.77$,$c_{O_2} = 8.59$ mol/m³,$c_{N_2} = 32.3$ mol/m³)

11.3 请利用富勒等人提出的半径验式计算 1 大气压和 700 K 下 $CO_2 - O_2$ 混合气体中的扩散系数,并将求得结果与图 11-10 中的数据比较。 (答:$D_{CO_2-O_2} = 0.719$ cm²/s)

11.4 在氩气保护下,向砂型浇注含锰合金钢,请确定 1 600 ℃ 锰蒸汽通过砂缝隙的扩散系数。已知 1 600 ℃ 下锰蒸汽在氩中的扩散系数为 3.4 cm²/s,砂型孔道半径 $r = 0.005$ cm,锰蒸汽的碰撞直径 $d' = 2.4 \times 10^{-8}$ cm,分子浓度 $N = 4.48 \times 10^{23}$ 原子个数/nm³,砂型的孔隙率 $n = 0.45$,孔道曲折度 $\tau = 4$。 (答:$D_{Mn-Areff} = 0.385$ cm²/s)

11.5 请总结下列四种情况下 A、B 两物质扩散偶中焊接面的相对位置的变化:a) $\frac{\partial c}{\partial t} = 0$,$D_A = D_B$; b) $\frac{\partial c}{\partial t} = 0$,$D_A \neq D_B$; c) $\frac{\partial c}{\partial t} \neq 0$,$D_A = D_B$; d) $\frac{\partial c}{\partial t} \neq 0$,$D_A \neq D_B$。

第十二章 扩散传质

如前已述,金属热态成形时常会遇到扩散传质的问题,前章在扩散系数的叙述中也已述及不少扩散传质的情况,本章将进一步地就稳定扩散、不稳定扩散和金属件热处理时的扩散传质问题进行分析。

12.1 稳定扩散

传质体系内组分浓度不随时间变化(即 $\frac{\partial c_i}{\partial t} = 0$)的扩散称为稳定扩散。常可用菲克第一定律,根据边界条件求解稳定扩散过程中扩散组分的浓度分布和通过扩散面的扩散通量。

12.1.1 气-气稳定扩散

二元气体混合物中,A、B 两组分以大小相等、方向相反的通量进行扩散,即 $J_A = -J_B$,在这种稳定态的等摩尔逆向扩散中,系统内各处的总压力 p 或总摩尔浓度 c 保持不变,即

$$p_A + p_B = p = \text{const}$$

或

$$c_A + c_B = c = \text{const}$$

故

$$\frac{\partial p_A}{\partial x} = -\frac{\partial p_B}{\partial x}, \quad \frac{\partial c_A}{\partial x} = -\frac{\partial c_B}{\partial x} \tag{12-1}$$

式中 p_A、p_B——A、B 组分的分压;

c_A、c_B——A、B 组分的摩尔浓度。

此式说明 A、B 两组分在扩散方向(x)上的浓度梯度大小相等,方向相反。又由菲克第一定律

$$J_A = -D_{AB}\frac{\partial c_A}{\partial x}, \quad J_B = -D_{BA}\frac{\partial c_B}{\partial x} \tag{12-2}$$

因 $J_A = -J_B$,故由式(12-1)和式(12-2)得

$$D_{AB} = D_{BA} = D \tag{12-3}$$

在实用中,为便于计算,常将式(12-2)写成一个方向扩散的积分形式,即

$$J_A \int_{x_1}^{x_2} \mathrm{d}x = -D \int_{c_{A_1}}^{c_{A_2}} \mathrm{d}c_A$$

将此式积分,得

$$J_A = \frac{D}{(x_2 - x_1)}(c_{A_1} - c_{A_2}) = \frac{D}{S}\Delta c \quad (\text{kmol}/(\text{m}^2 \cdot \text{h})) \tag{12-4}$$

式中 $S = x_2 - x_1$，$\Delta c = c_{A1} - c_{A2}$。

因 $p_A = c_A RT$，$p_B = c_B RT$，故可导得

$$J_A = \frac{D}{RT} \cdot \frac{p_{A_1} - p_{A_2}}{(x_2 - x_1)} \quad (\text{kmol}/(\text{m}^2 \cdot \text{h})) \tag{12-5}$$

式(12-4)与稳定传热、导热系数为常数时通过平壁的导热速率公式结构相似。

12.1.2 液-气稳定扩散

金属液保温时，常有活性大的金属元素向液面上大气扩散烧损的现象，如假设金属液和大气内组分的扩散速度都大于通过液面向大气的扩散速度，则可把此种扩散视为稳定态扩散。现以水面水蒸汽向大气的扩散为例，进行液-气单向扩散的讨论。

如水的温度保持一定时产生的蒸汽（组分 A），通过空气（组分 B）向大气（x-方向）扩散，液面上压力为恒定，按菲克第一定律，组分 A 向空气的摩尔扩散通量为

$$J_A = -\frac{D}{RT} \cdot \frac{\partial p_A}{\partial x}$$

因液面上 $p = p_A + p_B = \text{const}$，故

$$\frac{\partial p_A}{\partial x} = -\frac{\partial p_B}{\partial x}$$

空气 B 向水面的扩散通量应为

$$J_B = -\frac{D}{RT} \cdot \frac{\partial p_B}{\partial x} = \frac{D}{RT} \cdot \frac{\partial p_A}{\partial x}$$

但水并不吸收空气分子，即 B 的净传输量为零，为保持水面上 B 的浓度不变，水面上应有一 B 组分向水面的总体流动，如总体流速为 v_x，则由组分 B 总摩尔迁移量为零的条件可得

$$N_B = v_x \cdot c_B + J_B = v_x c x_B + J_B = 0$$

所以

$$v_x = -\frac{J_B}{c x_B}$$

同样在水面上水蒸汽的摩尔迁移率应为

$$N_A = J_A + v_x c_A = J_A + v_x c x_A$$

因 $v_x = -\dfrac{J_B}{c x_B}$，所以

$$N_A = J_A - \frac{x_A}{x_B} J_B = \frac{D}{RT}\left(\frac{x_A}{x_B}\frac{\partial p_B}{\partial x} - \frac{\partial p_A}{\partial x}\right) = \frac{D}{RT}\left[\frac{x_A}{x_B}\frac{\partial p_B}{\partial x} - \frac{\partial (p - p_B)}{\partial x}\right] =$$

$$\frac{D}{RT}\left(\frac{x_A + x_B}{x_B}\right)\frac{\partial p_B}{\partial x} = \frac{D}{RT}\frac{1}{x_B}\frac{\partial p_B}{\partial x}$$

由式(11-9) $x_B = \dfrac{p_B}{p}$，故上式为

$$N_A = \frac{D}{RT} \frac{p}{p_B} \frac{\partial p_B}{\partial x} \quad (\text{kmol}/(\text{m}^2 \cdot \text{h})) \tag{12-6}$$

此式称斯蒂芬(Stiven)定律的微分式。如水面上水蒸汽（A 组分）的浓度很小，则 $p \approx$

p_B,式(12-6)中 $N_A \approx -J_B$,即水蒸汽通过静止气层的传质速度便与等分子逆向扩散速度相等。

实际应用时,可将式(12-6)积分,同时将 p 视为常数,可得

$$N_A = \frac{Dp}{RT(x_2 - x_1)} \ln \frac{p_{B_2}}{p_{B_1}} \quad (\text{kmol}/(\text{m}^2 \cdot \text{h})) \tag{12-7}$$

式(12-7)称斯蒂芬公式。

例 试估算 1 atm = 1.01325×10^5 Pa 下,25 ℃水从直径 d = 10 mm、长 $x_2 - x_1$ = 150 mm 的试管底部向 25 ℃干空气中扩散迁移的速度。已知 25 ℃时饱和蒸汽压 $p_{A_1} = 0.03168 \times 10^5$ Pa,$D_{H_2O-空气} = 0.256$ cm^2/s。

解 水面(x_1)水蒸汽的分压为 25 ℃饱和蒸汽压 $p_{A_1} = 0.03168 \times 10^5$ Pa,在试管口(x_2) $p_{A_2} = 0$,总压 $p = 1.01325 \times 10^5$ Pa,故

$$p_{B_1} = p - p_{A_1} = (1.01325 - 0.03168) \times 10^5 = 0.9816 \times 10^5 \text{ Pa}$$

$$p_{B_2} = p - p_{A_2} = p = 1.01325 \text{ Pa}$$

又

$$D_{H_2O-空气} = 0.256 \text{ cm}^2/\text{s} = 0.09216 \text{ m}^2/\text{h}$$

利用式(12-7),得

$$N_A = \frac{0.09216 \times 1.01325 \times 10^5}{8314 \times (273 + 25) \times 0.15} \ln \frac{1.01325 \times 10^5}{0.9816 \times 10^5} = 7.974 \times 10^{-4} (\text{kmol}/(\text{m}^2 \cdot \text{h}))$$

对试管底面积言,水蒸发速度为

$$Q = N_A \cdot M_{H_2O} \times \frac{\pi}{4} d^2 = 7.974 \times 10^{-4} \times 18 \times \frac{\pi}{4} (0.01)^2 = 1.13 \times 10^{-6} (\text{kg/h})$$

12.1.3 气体通过固体层的扩散——气体渗透

一、气体通过平板金属箔的扩散

气体通过金属薄板的渗透是稳定扩散的例子,如在薄壁两侧表面上的平衡浓度为 c_1 和 c_2,且 $c_1 > c_2$,气体通过金属板的互扩散系数 D 为与浓度无关的常数,即在稳定扩散时气体组分在平板厚度上呈线性分布。由菲克第一定律,通过平板中薄层微元 $\mathrm{d}x$ 的扩散传质通量应为

$$J = -D \frac{\mathrm{d}c}{\mathrm{d}x}$$

对上式由平板的一面 x_1 向平板的另一面 x_2 积分,得

$$J \int_{x_1}^{x_2} \mathrm{d}x = -D \int_{c_1}^{c_2} \mathrm{d}c$$

$$J = \frac{D}{\delta}(c_1 - c_2) \tag{12-8}$$

式中 δ——平板厚度,$\delta = x_2 - x_1$。

如果平板面积为 A,则通过气体平板渗透的总流量为

$$N = JA = -D\frac{dc}{dx}A$$

或

$$D = \frac{-N}{A\frac{dc}{dx}} \quad (12-9)$$

由此式可知：如通过实验测得 N 和取样分析平板不同厚度上气体浓度值，得到 $\frac{dc}{dx}$ 值，则可由式(12-9)计算扩散系数 D。

当气体分子为双原子时，在渗透金属板时，它需先离解为原子。同时气体在平板两侧由于浓度不同会出现不同的分压力 p_1 和 p_2，一般情况下气体溶解于金属中的速率远大于它在金属中扩散的速率，故可认为气体在金属两侧面上的浓度 c_1 和 c_2 为其平衡状态的溶解度 S_1 和 S_2，根据西弗尔特(Sievert)定律

$$S_1 = Kp_1^{0.5}, \quad S_2 = Kp_2^{0.5}$$

式中 K 为气体溶入金属时由分子变成原子的平衡常数。

将 $c_1 = S_1, c_2 = S_2$ 代入式(12-8)，得

$$J = \frac{DK}{\delta}(p_1^{\frac{1}{2}} - p_2^{\frac{1}{2}}) = \frac{P^*}{\delta}(p_1^{\frac{1}{2}} - p_2^{\frac{1}{2}}) \text{ cm}^3/(\text{cm}^2 \cdot \text{s}) \quad (12-10)$$

式中 $P^* = DK$，称为渗透率，有关手册中可查到不同温度时的 P^* 值

$$P^* = P_0^* \exp\left(-\frac{Q}{RT}\right) \quad (12-11)$$

式中　P_0^*——单位厚度在压力差为 1 atm 下测得的渗透标准体积流量 $\text{cm}^3(标态)/(\text{cm}\cdot\text{s}\cdot\text{atm}^{\frac{1}{2}})$；

Q——渗透活化能(J/mol)。

表 12-1 列出一些气体渗透某些金属时的 P_0^* 和 Q 值。

表 12-1　一些气体渗透某些金属时的 P_0^* 和 Q 值

气体	H_2				N_2	O_2
金属	Ni	Cu	α-Fe	Al	Fe	Ag
P_0^* [cm^3(标态)/($\text{cm}\cdot\text{s}\cdot\text{atm}^{\frac{1}{2}}$)]	1.2×10^{-3}	$(1.5\sim2.3)\times10^{-4}$	2.9×10^{-3}	$(3.3\sim4.2)\times10^{-1}$	4.5×10^{-3}	2.9×10^{-3}
Q (J/mol)	57 987	66 989~78 293	35 169	128 953	99 646	94 203

例　估算 350 ℃和 82 atm(表压)下氢通过储气瓶壁的漏损量。已知储气瓶直径 d = 200 mm，高 h = 1.8 m；瓶壁厚 δ = 25 mm。

解　先算 P^* 值，由表 12-1 得 $P_0^* = 2.9\times10^{-3}$ cm^3(标态)/($\text{cm}\cdot\text{s}\cdot\text{atm}^{\frac{1}{2}}$)，$Q$ = 35 169 J/mol，故由式(12-11)得

$$P^* = P_0^* \exp\left(-\frac{Q}{RT}\right) = 2.9\times10^{-3}\exp\frac{-36\ 169}{8.320\ 2\times(273+350)} =$$

$$3.28\times10^{-6}\ \text{cm}^3(标态)/(\text{cm}\cdot\text{s}\cdot\text{atm}^{\frac{1}{2}})$$

设储气筒壁为平板,由式(12-10)求氢的渗漏通量

$$J = -\frac{P^*}{\delta}(p_1^{\frac{1}{2}} - p_2^{\frac{1}{2}}) = \frac{3.28 \times 10^{-6}}{2.5}(\sqrt{82} - 0) =$$
$$1.19 \times 10^{-5} \text{ cm}^3(\text{标态})/(\text{cm}^2 \cdot \text{s}) = 4.28 \times 10^{-4} \text{ m}^3(\text{标态})/\text{m}^2 \cdot \text{h}$$

储气筒壁表面积

$$F = \pi d h + \frac{\pi}{4} d^2 \times 2 = \pi \times 0.2 \times 1.8 + \frac{\pi}{4} \times (0.2)^2 \times 2 = 1.194 \text{ m}^2$$

所以每小时透过储气筒壁的漏损量

$$V = JF = 4.28 \times 10^4 \times 1.194 = 5.11 \times 10^{-4} \text{ m}^3(\text{标态})/\text{h} = 4.56 \text{ kg/h}$$

二、气体通过圆筒壁的扩散

如图 12-1 所示圆筒内壁表面和外表面层上的气体平衡浓度为 c_1 和 c_2,且 $c_1 > c_2$,按上节平板扩散相同的条件进行渗透扩散,则通过半径为 r,厚度为 dr 的圆筒微元的稳定态气体扩散速率可按菲克第一定律计算,即

$$N = JA_r = -D\frac{dc}{dr}A_r$$

式中 A_r——圆筒微元传质面积,$A_r = 2\pi L r$。

或
$$dc = -\frac{Ndr}{DA_r} = -\frac{N}{2\pi LD} \cdot \frac{dr}{r}$$

按图 12-1 的条件对此式进行积分,同时应注意 N 和 D 都为常数,则可得圆筒壁厚度上的浓度分布为

$$\frac{c - c_1}{c_1 - c_2} = \frac{\ln(r_1/r)}{\ln(r_2/r_1)} \tag{12-12}$$

或
$$\frac{c - c_2}{c_1 - c_2} = \frac{\ln(r_2/r)}{\ln(r_2/r_1)} \tag{12-13}$$

通过圆筒壁的扩散传质速率为

$$N = \frac{2\pi LD}{\ln(r_2/r_1)}(c_1 - c_2) \tag{12-14}$$

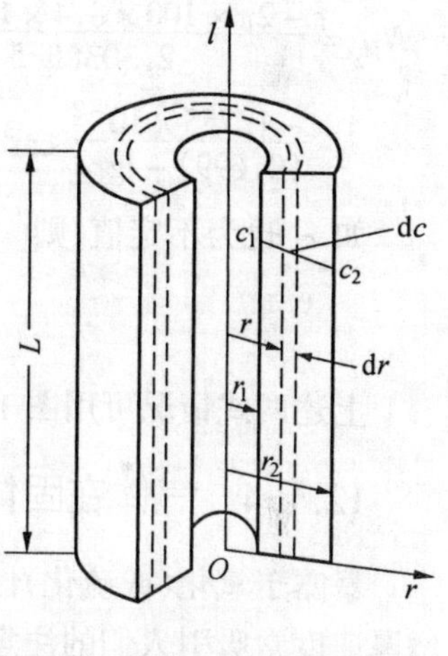

图 12-1 气体通过圆筒壁扩散

与上节讨论平板气体扩散系数值情况相似,由式(12-14)可用实验法确定气体在金属筒中的扩散系数。如可用渗碳性气体通过纯铁圆筒内壁,并置于脱碳性介质的高温炉内加热,以测定 C 在 Fe 内的扩散系数 D。圆筒的尺寸如图 12-1 所示,则

$$N_c = J_c A_r = -\frac{2\pi LD}{dr} r dc_c = -2\pi LD\frac{dc_c}{d(\ln r)}$$

故
$$D = \frac{N_c}{2\pi L \frac{dc_c}{d(\ln r)}}$$

式中 N_c 可由加热炉流出脱碳气体的含碳量确定,按筒壁不同 r 处的含碳量确定 $\frac{dc_c}{d(\ln r)}$

在已知 D 情况下,可与上节一样,根据西弗尔特定律,用 S_1、S_2 替代式(12-14)中 c_1 和 c_2 来计算透过圆筒壁的气体扩散速率,即

$$N = \frac{2\pi L P^*}{\ln(r_2/r_1)}(p_1^{\frac{1}{2}} - p_2^{\frac{1}{2}}) \qquad (12-15)$$

式中符号意义同式(12-10)。

例 一输送氢气的低合金钢导管,其内半径 $r_1 = 5$ cm,长度 $L = 100$ cm,输送氢气压力为 75 atm,温度 $T = 45$ ℃,透过管壁的氢气在 1 atm 下引出收集,试确定氢气损失速率 N_{H_2} 与管壁厚度(即外半径 r_2)间的关系。

解 由式(12-15)可得

$$N_{H_2} = \frac{-2\pi L P^*}{\ln(r_1/r_2)}(p_1^{\frac{1}{2}} - p_2^{\frac{1}{2}})$$

由表 12-1 和式(12-11)计算后得 $P^* = 8.4 \times 10^{-6}$ cm³(标态)/(cm·s·atm$^{\frac{1}{2}}$),所以

$$N_{H_2} = \frac{-2\pi \times 100 \times 8.4 \times 10^{-6}(\sqrt{75} - \sqrt{1})}{2.303(\lg 5 - \lg r_2)} =$$

$$\frac{-1.755 \times 10^{-2}}{(0.699) - \lg r_2} \text{ cm}^3(\text{标态})/\text{s}$$

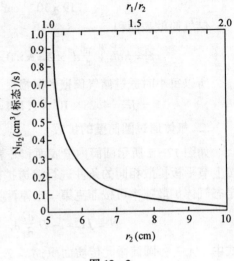

图 12-2

如 r_1 也为不定值,则

$$N_{H_2} = \frac{-1.755 \times 10^{-2}}{\lg(r_1/r_2)} \text{ cm}^3(\text{标态})/\text{s}$$

上述两式情况可用图 12-2 曲线示出。

12.1.4 气体在固体中的扩散(金属表面氧化、硫化)

暴露于氧化(或硫化)性气氛中的金属表面常生成氧化(或硫化)物,氧化(硫化)层的增厚速度常吸引人们的注意。在氧(硫)化物粘附金属基体情况下,扩散流最终会降至比界面化学反应慢得多,成为控制氧(硫)化物层增厚速度的因素。

现以二价金属为例来推导氧化层厚度 M 的增长速度,由于氧离子半径大,穿过氧化物层的扩散速率很小,可忽略不计,故氧化物层的增厚可认为是由于金属正离子 A^{2+} 穿过氧化物层扩散,使氧化反应得以进行的结果。一般在氧化层与金属接触的界面($x = 0$)上,可假定正离子的浓度为 c_0 和氧化层外表面($x = M$)上的正离子浓度为 c_M,都不随时间和 M 值的增大变化,并考虑氧化层很薄,且正离子浓度在厚度(x)上成线性分布,这样在考虑任意厚度 M 上的瞬时正离子扩散流时,可把这种扩散视为稳定扩散。根据菲克第一定律

$$J_{A^{2+}} = D\left(\frac{dc}{dx}\right)$$

$$J_{A^{2+}}\int_0^M dx = -\int_{c_0}^{c_M} D dc$$

即

$$J_{A^{2+}} = \frac{D}{M}\int_{c_M}^{c_0} dc = \frac{D}{M}(c_0 - c_M) = \frac{k}{M} \tag{12-16}$$

式中 $k = D(c_0 - c_M)$，常数，其量纲为 $mol/(cm \cdot s)$。

从另方面看，$J_{A^{2+}}$ 应与氧化层增长速度 $\frac{dM}{dt}$ 成正比，即

$$J_{A^{2+}} \propto \frac{dM}{dt}$$

即 $\quad \frac{k'}{M} \propto \frac{dM}{dt} \quad$ 或 $\quad MdM = k'dt$

对此式积分，$\int_0^M MdM = k'\int_0^t dt$，得

$$M^2 = 2k't = k^*t \tag{12-17}$$

式中 $k^* = 2k'$，称实用抛物线氧化常数，因此式说明氧化层厚度与氧化时间成抛物线关系。

也可用氧化层单位面积的增加的质量 $\frac{\Delta m}{A}$ 来描述氧化层增厚速度，即

$$\frac{\Delta m}{A} = M\rho_0$$

式中 Δm——增加的质量；
$\quad A$——氧化层表面积；
$\quad \rho_0$——氧化层中氧的密度。

将式(12-17)代入上式，得

$$\frac{\Delta m}{A} = \rho_0\sqrt{k^*t} = (K_0 t)^{\frac{1}{2}} \tag{12-18}$$

式中 K_0——氧化增重常数，$K_0 = \rho_0^2 k^*$。K_0 越大，氧化越快，此值与温度有关，即

$$K_0 = K\exp\left(-\frac{\Delta E_0}{RT}\right) \tag{12-19}$$

式中 K——频率因子 $[(kgO_2)^2/(m^4 \cdot h)]$；
$\quad \Delta E_0$——氧化活化能(kJ/mol)；
$\quad R$——气体常数，$R = 8.219\ 218 \times 10^{-3} (kJ/(mol \cdot K))$。

一些金属的氧化增重常数有关数据示于表12-2中。

表12-2 一些金属增重常数的有关数据

金属	Ti	V	Cr	Mn	Fe	Co	Ni	Cu	Al-29%Mg	Si
氧化气氛	空气	O_2(0.1 atm)	空气	空气	空气	空气	空气	空气	O_2(0.1 atm)	空气
温度范围(℃)	550~850	400~600	700~1100	400~1200	500~1100	700~1200	700~1240	550~900	200~550	1200~1350
$K[(kgO_2)^2/(m^4 \cdot h)]$	5.76×10^4	4.68×10^3	2.21×10^7	7.02×10^2	1.33×10^5	2.30×10^{10}	1.15×10^4	9.58×10^4	7.7	40.7
ΔE_0(kJ/mol)	188.4	128.5	270.5	118.5	138.2	271.1	188.4	157.8	138.2	180

例 试估算截面为 $0.1 \times 0.1\ m^2$，长 $1.2\ m$ 铜锭在 900 ℃加热炉中停留 1.5 h 的烧损率。已知铜原子量为 63.54，密度为 8 900 kg/m^3。

解 由式(12-19)和表12-2的数据计算 K_0 值

$$K_0 = K\exp\left(-\frac{\Delta E_0}{RT}\right) = 9.58 \times 10^4 \exp\left[-\frac{157.8}{8.219\,218 \times 10^{-3} \times (273+900)}\right] = 9.07 \times 10^{-3} (kgO_2)^2/(m^4 \cdot h)$$

铜锭单位面积增重量按式(12-18)计算

$$\frac{\Delta m}{A} = (K_0 t)^{\frac{1}{2}} = (9.07 \times 10^{-3} \times 1.5)^{\frac{1}{2}} = 0.117 \text{ kgO}_2/m^2$$

如氧化物全为 Cu_2O,则每 16 kg 氧会使 $2 \times 63.54 = 127.1$ kg 铜氧化,则 0.117 kg 氧化的铜量应为 $\frac{127.1}{16} \times 0.117 = 0.93$ kg/m²。

铜锭表面积为 $2 \times (0.1+0.1) \times 1.2 + 2 \times 0.01 = 0.5$ m²,故每小时被氧化的铜为 $0.93 \times 0.5 = 0.47$ kg。

铜锭重 $0.1 \times 0.1 \times 1.2 \times 8\,900 = 106.8$ kg,故烧损率为 $\frac{0.47}{106.8} = 0.44\%$。

12.2 不稳定扩散

传质体系内组分浓度随时间发生变化(即 $\frac{\partial c_i}{\partial t} \neq 0$)的扩散称为不稳定扩散,研究它时的基本概念、基本定律、微分方程、边界条件和求解方法都与不稳定导热类似。

如表明不稳定扩散时的浓度场随时间变化特征的数学方程式 $c_i = f(x、y、z、t)$,$\frac{\partial c_i}{\partial t} \neq 0$,就与不稳定导热时表明温度场特征的方程式类似。

菲克第二定律的表达式(式11-24)就与傅里叶不稳定导热微分方程相类似。

不稳定扩散研究中经常处理的物体表面以外介质(一般指气体)浓度为常数的边界条件,就可与不稳定导热中的外部传热条件相对应。

不稳定扩散研究中有关物质扩散深度的"无限厚"(物质扩散深度小于物体厚度)和"有限厚"(物质扩散深度大于物体厚度,物体内部各点浓度都随时间变化)的概念就可与不稳定导热中的"有限厚"、"无限厚"概念相对应。

对应于不稳定导热中的傅里叶准则数 $F'o = \frac{at}{L^2}$ 在不稳定扩散研究中有传质傅里叶准则数 $F'o = \frac{D \cdot t}{L^2}$ 或 $F'o = \frac{t \cdot D/L}{L}$,它表示一定时间 t 内,受扩散引起浓度变化影响的深度 $t \cdot D/L$ 与整个物体特征长度 L 之比。$F'o$ 越大,受浓度变化影响的深度也越大。

与导热研究中的毕欧准则数 $Bi = \frac{\alpha L}{\lambda}$ 相对应,扩散传质研究中应用传质毕欧准则数 $Bi' = \frac{kL}{D} = \frac{L/D}{1/k}$,式中 k 为外部介质与物体表面间的传质系数(与导热系数 α 相对应)。Bi' 的物理意义为扩散传质阻力与界面上传质阻力之比。当 Bi' 值很小时,即扩散传质阻力 L/D 远远小于界面上传质阻力 $1/k$ 时,可认为物体中的浓度分布只与时间有关,而与空间位置无关。

12.2.1 表面浓度恒定无限大平板内的扩散

设有厚度为 $2L$ 的无限大平板,置于气体介质中进行扩散处理,处理前板内组分 i 具有均匀浓度 c_i,扩散处理开始,板表面组分 i 的浓度突然升高至 c_s(图 12-3),并在随后保持恒定。平板内组分 i 的扩散系数 D 值不随浓度变化而改变,在 y 和 z 方向上平板无限大,无物质流动,故此为一维不稳定扩散问题,由菲克第二定律

$$\frac{\partial c}{\partial t} = D \frac{\partial^2 c}{\partial x^2}$$

初始条件: $t = 0$,　　$-L \leqslant x \leqslant L$,　　$c = c_i$;

边界条件: $t > 0$,　　$x = 0$,　　$\frac{\partial c}{\partial x} = 0$;

　　　　　$T > 0$,　　$x = \pm L$,　　$c = c_s$。

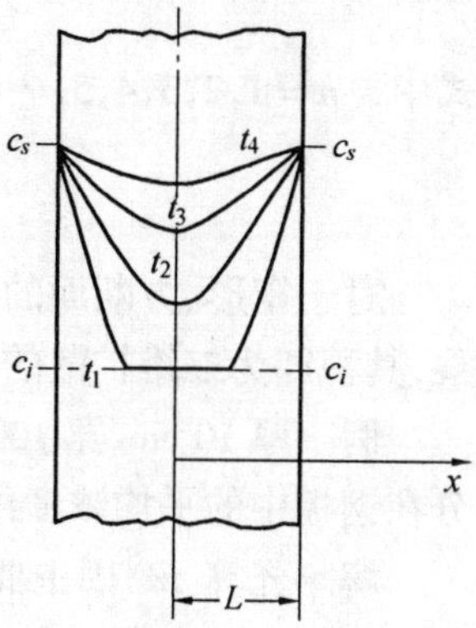

利用无限大平板非稳定导热的类似求解方法——分离变量法,可得平板厚度上组分 i 的浓度分布表达式

$$\frac{c - c_s}{c_i - c_s} = \frac{4}{\pi} \sum_{n=0}^{\infty} \frac{(-1)^n}{2n+1} \exp\left[\frac{-(2n+1)^2 \pi^2}{4} \cdot \frac{Dt}{L^2}\right] \times \cos\left[\frac{(n+1)\pi}{2} \cdot \frac{x}{L}\right] \quad (12-20)$$

可用无量纲参数描述此式

$$\frac{c - c_s}{c_i - c_s} = f(Fo', \frac{x}{S}) \quad (12-21)$$

经时间 t 后,平板厚度上的平均浓度表达式应为

$$\bar{c} = \frac{1}{L} \int_0^L c \, dx$$

将此式代入式(12-20),进行积分,可得

$$\frac{\bar{c} - c_s}{c_i - c_s} = \frac{8}{\pi^2} \sum_{n=0}^{\infty} \frac{(-1)^n}{(2n+1)^2} \exp\left[\frac{-(2n+1)^2 \pi^2}{4} \cdot \frac{Dt}{L^2}\right] = f'(Fo') \quad (12-22)$$

在实验时,只能测得扩散进入(或输出)平板的物质总量,也只需知道浓度平均值 $\bar{c}$,长时间($Fo' > 0.05$)扩散时,只取式(12-22)级数的第一项已够精确,即为 $n = 0$ 时,有

$$\frac{\bar{c} - c_s}{c_i - c_s} = \frac{8}{\pi^2} \exp\left(-\frac{\pi^2}{4} Fo'\right) \quad (12-23)$$

图 12-4 示出由上式得到的 $\frac{\bar{c} - c_s}{c_i - c_s}$-$Fo'$ 坐标曲线图。纵坐标为自然对数分度,故曲线 1 变

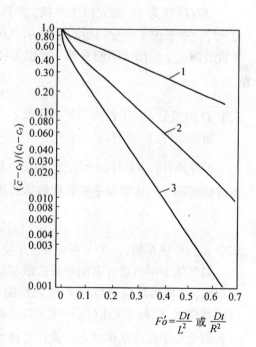

图 12-3　表面浓度恒定无限大平板内的扩散

$t_1 < t_2 < t_3 < t_4$

图 12-4　一些表面浓度恒定物体内扩散时的浓度与时间的关系

$Fo' = \frac{Dt}{L^2}$ 或 $\frac{Dt}{R^2}$

为直线。直线 2、3 分别为圆柱体、球体浓度的径向(R)分布曲线。由这些线的斜率可确定扩散系数 D 值。由图可见,达到相同平均浓度所需时间以球体为最短,平板为最长。

半径为 R 的圆柱体和球体在相同初始条件、边界条件下的浓度分布表达式分别为

$$\frac{\bar{c} - c_s}{c_i - c_s} = \sum_{n=1}^{\infty} \frac{4}{\xi_n^2} \exp\left[-\frac{\xi_n^2 Dt}{R^2}\right] \tag{12-24}$$

式中 $n = 1,2,3,4,5,\cdots$ 时, ξ_n 相应为 $2.405, 5.520, 8.645, 11.792, 14.931, \cdots$。

$$\frac{\bar{c} - c_s}{c_i - c_s} = \frac{6}{\pi^2} \sum_{n=1}^{\infty} \frac{1}{n^2} \exp\left(\frac{-n^2 \pi^2 Dt}{R^2}\right) \tag{12-25}$$

对于矩形、方断面的柱体,可按两个方向的扩散分别计算,然后将它们的计算结果相乘,其积即为二维扩散的结果。

例 厚 10 cm、宽 100 cm、长 300 cm 钢板在一定温度下真空脱气处理 40 h 后,气体组分在钢板中的平均浓度可为多少? 已知气体在钢板中的扩散系数 $D = 1.0 \times 10^{-5}$ cm^2/s。

解 先算 F_0,因主要由钢板两面扩散,故 $L = 5$ cm,

$$F_0 = \frac{Dt}{L^2} = \frac{(1.0 \times 10^{-5})(40 \times 3\,600)}{5^2} = 0.0576$$

由图 12-4 中的曲线 1 查得 $(\bar{c} - c_s)/(c_i - c_s) = 0.8$。真空脱气时,可认为 $c_s = 0$,则 $\bar{c} = 0.8 c_i$,即可脱去 20% 原来的含气量。

12.2.2 表面浓度变化无限大平板内的扩散

设有厚度为 $2L$ 的无限大平板,置于含有组分 i 的气体中,组分 i 向平板内扩散(图 12-5)。平板内 i 组分初始浓度为 c_i,气体中 i 组分浓度为 c_∞,总保持不变,$c_\infty > c_i$,但在平板表面上 i 的浓度不断升高。此也为一维扩散问题,由菲克第二定律

$$\frac{\partial c}{\partial t} = D \frac{\partial^2 c}{\partial x^2}$$

式中 D 为组分 i 在平板内的扩散系数。

初始条件:$t = 0$ 时, $c = c_i$

边界条件:$t > 0$ 时,$x = 0$, $\frac{\partial c}{\partial x} = 0$, $t > 0$ 时, $x = \pm L$ 处,通过表面向固体内部的扩散传质通量应等于气体中向平板表面传质的通量,即

$$D \frac{\partial c}{\partial x}\bigg|_{x = \pm L} = k(c_\infty - c_s) \tag{12-26}$$

式中 k 为传质系数,c_s 为平板表面上 i 物质的浓度。

如气体中不直接含有向平板扩散的物质,需要在平板表面发生反应才能生成要扩散的物质,c_∞ 便为反应产物中扩散物质的平衡浓度。如钢板用天然气(主要组成为甲烷 CH_4)渗碳时,气相中 $CH_4(气) \rightleftharpoons C + 2H_2$,碳通过钢板表面向其内部扩散,碳的扩散量与钢板表面上化学反应平衡状态有关。瓦格纳(Wagner)提出的表面反应速度表达式为

$$\frac{1}{A} \frac{dn}{dt} = r_1 \frac{P_{CH_4}}{P_{H_2}^{\nu}} - r_2 P_{H_2}^{2-\nu} c_s \tag{12-27}$$

式中 $\dfrac{\mathrm{d}n}{\mathrm{d}t}$——单位时间内面积为 A 的表面吸收的碳量；

r_1、r_2——反应速度常数；

ν——由反应机理决定的反应级数，$\nu = 0 \sim 2$；

c_s——钢板表面上的碳浓度；

P_{CH_4}、P_{H_2}——气相中甲烷和氢的分压。

当反应平衡时，$\dfrac{\mathrm{d}n}{\mathrm{d}t} = 0$，$c_s$ 即为上述反应的碳平衡浓度 c_∞，故由此式可得

$$c_\infty = \frac{r_1}{r_2} \frac{P_{CH_4}}{P_{H_2}^2} \qquad (12-28)$$

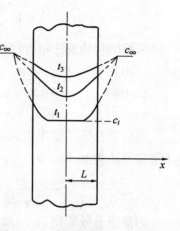

图 12-5　表面浓度变化无限大平板内的扩散

$t_1 < t_2 < t_3$

因碳向平板内部扩散，则 $c_s < c_\infty$，将式(12-28)代入式(12-27)，由化学反应引起的碳的通量应为

$$\frac{1}{A}\frac{\mathrm{d}n}{\mathrm{d}t} = r_2 P_{H_2}^{2-\nu}(c_\infty - c_s) = r(c_\infty - c_s) \qquad (12-29)$$

由此式即可确定平板表面发生化学反应才能生成要扩散物质时的边界条件。

利用初始条件和边界条件，对菲克第二定律表达式以分离变量法求解，与平板表面温度变化的不稳定导热求解过程一样，可得该式的解为

$$\frac{c - c_\infty}{c_i - c_\infty} = 2\sum_{n=1}^{\infty} \frac{\sin\lambda_n L \cos\lambda_n x}{\lambda_n L + \sin(\lambda_n L)\cdot\cos(\lambda_n L)} \exp(-\lambda_n^2 D t) \qquad (12-30)$$

式中 λ_n 可由下式得到

$$\cot\lambda_n L = \frac{\lambda_n L}{(k/D)L} = \frac{\lambda_n L}{Bi'}$$

所以与不稳定导热相类似，由式(12-30)可得

$$\frac{c - c_\infty}{c_i - c_\infty} = f\left(Bi', F'o, \frac{x}{L}\right) \qquad (12-31)$$

12.2.3　表面浓度恒定无限厚物体的不稳定扩散

前面叙述的是有限厚物体的扩散传质问题，这里所叙述的无限厚物体在许多文献和本书第二篇中又称为半无限大物体，其扩散传质的情况为：在进行扩散之前，所研究的组分 i 在物体内均匀分布，其浓度为 c_i；扩散时，其表面与另一相接触，表面上 i 组分浓度突然升高(或降低)至 c_s，并保持不变，随着扩散时间的延长，物体内一定深度范围内的浓度分布总随时间变化，但总有一定更深层次的物体内部不受扩散过程的影响，保持原始浓度 c_i 不变(图 12-6)。此为一维不稳定扩散传质问题。其数学求解法与半无限大物体不稳定导热时解析一维傅里叶固体导热微分方程类似，即引入菲克第二定律表达式，并取扩散系数 D 为与浓度无关的常数

$$\frac{\partial c}{\partial t} = D \frac{\partial^2 c}{\partial x^2}$$

采用的初始条件和边界条件为

$t = 0$ 时，　　$0 \leq x < \infty$，$c = c_i$；

$t > 0$ 时，　　$x = 0$，　$c = c_s$；

$t > 0$ 时，　　$x \to \infty$，$c = c_i$。

最后菲克第二定律表达式的解与半无限大固体不稳定导热类似，即

$$\frac{c - c_s}{c_i - c_s} = \mathrm{erf} \frac{x}{2\sqrt{Dt}} = \mathrm{erf} \frac{1}{2\sqrt{F'o}} \quad (12-32)$$

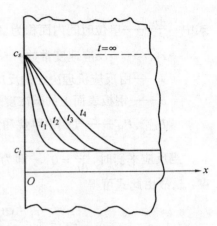

图 12-6　表面浓度恒等无限厚物体的不稳定扩散

$t_1 < t_2 < t_3 < t_4$

因质量分数浓度 ω_A 与摩尔浓度 c_A、物质 A 的克分子数 M_A 和混合物的密度 ρ 的关系为 $\omega_A = \dfrac{c_A M_A}{\rho}$，故式(12-32)中的摩尔浓度 c 可用质量分数浓度 ω 表示，即

$$\frac{\omega - \omega_s}{\omega_i - \omega_s} = \mathrm{erf} \frac{x}{2\sqrt{Dt}} = \mathrm{erf} \frac{1}{2\sqrt{F'o}} \quad (12-33)$$

式中　　ω、ω_s ——$t > 0$ 时被扩散区中某层和表面处的质量分数浓度；

　　　　ω_i ——$t = 0$ 时，物体内各处的质量分数浓度。

由上两式得知浓度场后，便可用菲克第一定律求物体表面处的瞬时扩散通量

$$J_i = -D\left(\frac{\partial c}{\partial x}\right)_{x=0} = \sqrt{\frac{D}{\pi t}}(c_s - c_i) \; (\mathrm{mol/(m^2 \cdot s)}) = \rho\sqrt{\frac{D}{\pi t}}(\omega_s - \omega_i) \quad (\mathrm{kg/(m^2 \cdot s)})$$

(12-34)

在时间 t_c 内通过单位表面的扩散通量

$$N = \int_0^{t_c} J_i \mathrm{d}t = 2\sqrt{\frac{Dt_c}{\pi}}(c_s - c_i) \; (\mathrm{mol/m^2}) = 2\rho\sqrt{\frac{Dt_c}{\pi}}(\omega_s - \omega_i) \quad (\mathrm{kg/m^2})$$

(12-35)

由式(12-34)可见，不稳定扩散传质与稳定扩散传质的速度不同，前者与 $\sqrt{D}$ 成正比，而后者却与 D 成正比，并且前者随着扩散时间 t 的延长还逐渐变小。

例　在 650 ℃ 锌液中有一块纯铜，其表面含锌 25% 保持不变，求表面以下 $x = 1.5$ mm 处达到含锌 0.01% 所需时间 t。

解　由图 11-3 查得锌在铜中的扩散系数 $D = 2.3 \times 10^{-10}$ cm²/s，由于 D 极小，故可把铜块视为无限厚(半无限大)物体。利用式(12-33)，其中

$$\omega = 0.0001 = 1 \times 10^{-4}, \quad \omega_s = 0.25, \quad \omega_i = 0$$

即

$$\frac{\omega - \omega_s}{\omega_i - \omega_s} = \frac{1 \times 10^{-4} - 0.25}{-0.25} = \mathrm{erf}\left(\frac{x}{2\sqrt{Dt}}\right) = \mathrm{erf}\left(\frac{0.15}{2\sqrt{2.3 \times 10^{-10}\,t}}\right)$$

$$\mathrm{erf}\left(\frac{0.15}{2\sqrt{2.3 \times 10^{-10}\,t}}\right) = 0.9996$$

由误差函数表可查得对应函数值 0.999 6 的变量值为 2.5,即

$$\frac{0.15}{2\sqrt{2.3\times 10^{-10}t}} = 2.5, \quad t = 3.9\times 10^6 \text{s} = 1\ 087\ \text{h}$$

12.2.4 扩散偶中的扩散

两块基体组分相同的金属长棒,含有不同浓度的另一组分,将它们对焊后进行扩散退火,金属块中浓度较高(c_2)的另一组分将向浓度较低(c_1)的金属块中扩散(图 12-7)。

可把此种扩散视为两块表面浓度 c_i 恒等的无限厚物体的不稳定扩散,即 $x>0$,浓度较高金属棒中组分向焊接面的扩散和焊接面上组分向 $x<0$ 的金属棒中的扩散,则可直接应用式(12-32)。对 $x>0$ 的金属棒言

$$\frac{c(x,t)-c_i}{c_2-c_i} = \text{erf}\left(\frac{x}{2\sqrt{Dt}}\right)$$

对 $x<0$ 的金属棒言

$$\frac{c(-x,t)-c_i}{c_1-c_i} = \text{erf}\left(\frac{-x}{2\sqrt{Dt}}\right)$$

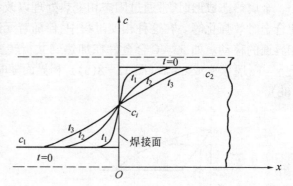

图 12-7 对称的无限厚物体中的扩散
$t_0 < t_1 < t_2 < t_3$

为确定 c_i 值,先观察 $x>0$ 金属棒中组分进入焊接面的扩散

$$J_{i|x=+0} = -D\left(\frac{\partial c}{\partial x}\right)_{x=+0}$$

由 $x>0$ 金属棒中扩散组分分布式,求 $\left(\frac{\partial c}{\partial x}\right)_{x=+0}$ 的表达式,运算中需对误差函数求导,可得

$$\left(\frac{\partial c}{\partial x}\right)_{x=+0} = (c_2-c_i)\frac{1}{2\sqrt{Dt}}$$

故

$$J_{i|x=+0} = \sqrt{\frac{D}{\pi t}}(c_i-c_2)$$

同理观察组分由焊接面向 $x<0$ 金属棒中的扩散,可得

$$J_{i|x=-0} = \sqrt{\frac{D}{\pi t}}(c_1-c_i)$$

在焊接面上,$J_{i|x=+0} = J_{i|x=-0}$,故

$$c_i = \frac{1}{2}(c_2+c_1) \tag{12-36}$$

由此式可知,当扩散偶两金属棒内某组分的扩散系数相等并与浓度无关时,界面上该组分浓度为常数,其值为两金属棒中初始组分浓度的算术平均值。

将 c_i 值代入 $x>0$ 和 $x<0$ 金属棒中扩散组分分布式中,可得 $x>0$ 和 $x<0$ 金属棒中该组分的最终浓度场表达式,即

$$\frac{c(x,t)-c_2}{c_1-c_2} = \frac{1}{2}\left[1-\text{erf}\left(\frac{x}{2\sqrt{Dt}}\right)\right] = \frac{1}{2}\text{erfc}\left(\frac{x}{2\sqrt{Dt}}\right) \qquad (12-37)$$

$$\frac{c(-x,t)-c_1}{c_2-c_1} = \frac{1}{2}\left[1-\text{erf}\left(\frac{-x}{2\sqrt{Dt}}\right)\right] = \frac{1}{2}\text{erfc}\left(\frac{-x}{2\sqrt{Dt}}\right) \qquad (12-38)$$

故此扩散偶的两块金属棒中浓度场相互对称。

12.2.5 固态相变扩散

金属热态成形时,常通过固态相变热处理以改善金属件的性能,如过饱和固溶体分解使合金时效强化等。在这种相变过程中,伴随着元素原子的扩散、成分变化,还出现相变,相界面的移动。如 Fe-C 合金件在加热到共析转变温度(723℃)以上奥氏体区时,表面上 γ-Fe 脱碳变成 α-Fe(图12-8(a)),相界面随时间延长不断向 γ-Fe 相中移动(图12-8b)。

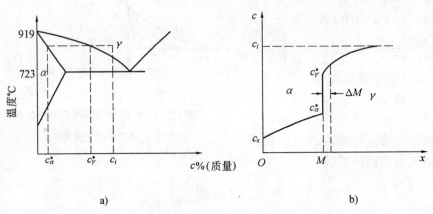

图 12-8 γ-Fe 脱碳相变扩散
a)部分 Fe-C 相图 b)脱碳相变时两相内 C 浓度分布

设相变时金属件材料表面与热处理炉中气氛所建立的碳平衡浓度为 c_s,并保持不变;c_γ^* 和 c_α^* 表示所设温度下在 $x=M$ 界面处 γ 和 α 一侧的碳平衡浓度;碳在 α 和 γ 相中的扩散均符合菲克第二定律,即

$$\frac{\partial c_\alpha}{\partial t} = D_\alpha \frac{\partial^2 c_\alpha}{\partial^2 x} \qquad x > M \qquad (12-39)$$

$$\frac{\partial c_\gamma}{\partial t} = D_\gamma \frac{\partial^2 c_\gamma}{\partial^2 x} \qquad x > M \qquad (12-40)$$

式中 D_α 和 D_γ——碳在 α 相和 γ 相中的扩散系数,与浓度无关。

相界面上 $c_\gamma^* = kc_\alpha^*$,k 为平衡分配常数。相变速度完全由扩散过程控制。初始条件和边界条件为:

$t=0$ 时,$c_\gamma = c_i$;

$t>0$ 时,$x=0$,$c_\alpha = c_s$;$x=M$ 时 $c_\alpha = c_\alpha^*$,$c_\gamma = c_\gamma^*$。

此外,在经 dt 时间后,相界面由 $x=M$ 处移到 $x=M+dM$ 处,在单位面积微元体 $1\times dM$ 内的质量积累速度,应等于扩散进入和扩散流出此微元体的摩尔原子流率之差,即

$$(c_\alpha^* - c_\gamma^*) \frac{dM}{dt} = D_\gamma \left(\frac{\partial c_\gamma}{\partial x}\right)_{x=M} - D_\alpha \left(\frac{\partial c_\alpha}{\partial x}\right)_{x=M} \tag{12-41}$$

先由式(12-39)、式(12-40)和初始边界条件分析 γ 和 α 相中碳浓度的分布。对 α 相言,可认为它为无限厚物体,其初始浓度为 c'_i(常数),则式(12-32)的解为

$$\frac{c_\alpha - c_s}{c'_i - c_s} = \mathrm{erf}\frac{x}{2\sqrt{D_\alpha t}} \qquad 0 < x < M$$

或

$$c_\alpha = c_s - B_2 \mathrm{erf}\frac{x}{2\sqrt{D_\alpha t}} \qquad 0 < x < M \tag{12-42}$$

式中 $B_2 = c_s - c'_i$。

同理,对 γ 相言,可得

$$c_\gamma = c_i + B_1\left(1 - \mathrm{erf}\frac{x}{2\sqrt{D_\gamma t}}\right) \qquad x > M \tag{12-43}$$

式中,$B_1 = c'_s - c_i$,c'_s 为 γ 相表面的碳浓度,为常数。

前述 B_2 和 B_1 可用边界条件确定。在 $x = M$ 处,$c_\alpha = c_\alpha^* = \mathrm{const}$,$c_\gamma = c_\gamma^* = \mathrm{const}$,故式(12-42)和式(12-43)中误差函数的变量也应为常数。对式(12-42)言,$x = M$ 时,可得

$$\frac{M}{2\sqrt{D_\alpha t}} = \beta \tag{12-44}$$

由此式可得界面移动速度

$$\frac{dM}{dt} = \beta\sqrt{\frac{D_\alpha}{t}} \tag{12-45}$$

对于式(12-43)言,$x = M$ 时,有

$$\frac{M}{2\sqrt{D_\gamma t}} = \frac{M}{2\sqrt{D_\alpha t}} \cdot \frac{\sqrt{D_\alpha}}{\sqrt{D_\gamma}} = \beta \phi^{1/2} \tag{12-46}$$

式中 $\phi = D_\alpha/D_\gamma$。

将式(12-45)和式(12-46)分别代入 $x = M$ 时的式(12-42)和式(12-43),得

$$c_\alpha^* = c_s - B_2 \mathrm{erf}\beta$$

$$c_\gamma^* = c_i - B_1[1 - \mathrm{erf}(\beta\phi^{1/2})]$$

由此两式,即可求得 B_2 和 B_1。由式(12-42)和式(12-43)可推导得到 $\left(\frac{\partial c_\alpha}{\partial x}\right)_{x=M}$ 和 $\left(\frac{\partial c_\gamma}{\partial x}\right)_{x=M}$,将它们和式(12-45)代入式(12-41)最后得求 β 的表达式

$$c_\alpha^* - c_\gamma^* = \frac{c_s - c_\alpha^*}{\sqrt{\pi}\beta e^{\beta^2}\mathrm{erf}\beta} - \frac{c_\gamma^* - c_i}{\sqrt{\pi}\beta\sqrt{\phi}e^{\beta^2\phi}\mathrm{erfc}(\beta\phi^{1/2})} \tag{12-47}$$

可用尝试法由上式找到 β 值,即先设一个 β 值,求出式中右边项值,当右边项值等于左边项值时,所设 β 值即为所求的值。否则,重设 β 值,重复上述计算。

β、B_1 和 B_2 值确定后,由式(12-42)和式(12-43)便可确定碳浓度在 α 相和 γ 相中的分布。用此法也可求解初始为混合物,加热时因脱碳或渗碳生成单相时,碳浓度在单相中的分布。

例 一含 C 0.40% 的合金钢薄壳在 800 ℃ 温度下,置于与 0.01% C 相平衡的 CO 和 CO_2 气氛中进行奥氏体化处理,表面生成薄层 α – Fe,问经 30 min,生成的 α – Fe 有多厚? 已知 $D_\alpha = 2 \times 10^{-6}$ cm²/s, $D_\gamma = 3 \times 10^{-8}$ cm²/s。

解 由 Fe – C 相图可知 $c_\gamma^* = 0.24\%$ C, $c_\alpha^* = 0.02\%$ C;由题意 $c_i = 0.40\%$ C, $c_s = 0.01\%$ C,先由式(12 – 47)计算 β 值,即

$$(0.02 - 0.24) = \frac{0.01 - 0.02}{\sqrt{\pi}\beta e^{\beta^2}\mathrm{erf}\beta} - \frac{0.24 - 0.40}{\sqrt{\pi}\beta\phi^{\frac{1}{2}}e^{\beta^2\phi}\mathrm{erfc}(\beta\phi^{\frac{1}{2}})}$$

用尝试法对该式求解 β 值,先设 $\beta = 0.2$ 又设 $\beta = 0.1$ 计算,最后得到 $\beta = 0.144$ 为最合适。将 β 值代入式(12 – 44)可得

$$M = 2\beta\sqrt{D_\alpha t} = 2 \times 0.144 \times (2 \times 10^{-6} \times 1\,800)^{1/2} = 0.0173 \text{ cm}$$

12.2.6 枝晶偏析均匀化

合金凝固时,常出现晶内偏析,这在热力学上是不稳定的。把具有铸态枝晶组织的金属件加热到固相线温度以下,长期保温,使溶质原子充分扩散,则可减轻或消除偏析。

图 12 – 9 示出了单相合金的枝晶模型,中间为枝干,两旁长出分枝,分枝中某一元素的浓度与分枝间金属基体中的浓度不同,设这种枝晶偏析可用余弦函数描述,即

$$c(x, 0) = c_0 + \frac{1}{2}(c_{\max}^0 - c_{\min}^0)\cos\left(\frac{\pi x}{L}\right) \quad (12 - 48)$$

式中 c_0 为合金平衡浓度;$c_{\max}^0$ 和 $c_{\min}^0$ 为初始时分枝间基体中最大浓度和最小浓度。

均匀化时适用菲克第二定律

$$\frac{\partial c}{\partial t} = D\frac{\partial^2 c}{\partial x^2}$$

其初始条件、边界条件为

$t = 0$ 时, $c = c(x, 0)$;

$t > 0$ 时, $x = 0$,

$\frac{\partial c}{\partial x} = 0$; $x = L$, $\frac{\partial c}{\partial x} = 0$。

用分量变离法,根据上述条件求解菲克第二定律式,得

$$c(x, t) = c_0 + \frac{1}{2}(c_{\max}^0 - c_{\min}^0)\cos\frac{\pi x}{L}$$
$$\exp\left(-\frac{\pi^2 Dt}{L^2}\right) \quad (12 - 49)$$

对枝晶偏析均匀化的效果可用残余偏析指数 δ 评价

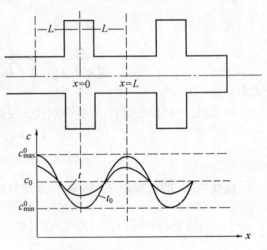

图 12 – 9 枝晶成分浓度偏析模型
$t > t_0$

$$\delta = \frac{c_{\max} - c_{\min}}{c_{\max}^0 - c_{\min}^0} \quad (12 - 50)$$

式中,$c_{\max}$ 和 $c_{\min}$ 为经时间 t 扩散退火后枝晶组织中的溶质最大和最小浓度。均匀化之

前,$\delta = 1$;如完全均匀化了,$\delta = 0$。

由式(12-49),将 $x = 0$ 和 $x = L$ 代入,则可得

$$c_{\max} = c(0,t) = c_0 + \frac{1}{2}(c_{\max}^0 - c_{\min}^0)\exp\left(-\frac{\pi^2 Dt}{L^2}\right) \tag{12-51}$$

$$c_{\min} = c(L,t) = c_0 - \frac{1}{2}(c_{\max}^0 - c_{\min}^0)\exp\left(-\frac{\pi^2 Dt}{L^2}\right) \tag{12-52}$$

将此两式代入式(12-50),得

$$\delta = \exp\left(-\frac{\pi^2 Dt}{L^2}\right) \tag{12-53}$$

由此式可见,分枝间距离 L 越大,扩散系数 D 和扩散时间 t 越大,则残余偏析指数越大,均匀化效果越不好。置换元素原子在分枝间距大于 $200~\mu m$ 时均匀化效果就很不好了;只有在快速凝固后,分枝间距小于 $5~\mu m$ 时,均匀化才能有好的效果。而间隙元素的原子,如钢中的碳,由于扩散系数很大,故在奥氏体温度下很快均匀化。

习 题

12.1 请叙述本章中推导得到的扩散传质公式的表达形式与导热公式相似的原因,并举 1~2 例说明。

12.2 在温度为 1 600 ℃ 的炉膛中,坩埚内装锰液液面处于坩埚边下 2.0 cm,平行于坩埚边有纯氩连续流过,在失重速度稳定后,锰的失重速度为 $2.65 \times 10^{-7}~mol/cm^2 \cdot s$,请计算 D_{Mn-Ar}。已知 1 600 ℃ 时锰的蒸气压 $p_{Mn} = 0.03 \times 10^5~Pa$。 (答:$D_{Mn-Ar} \approx 2.72~cm^2/s$)

12.3 请把 12.1.3 中的例题按气体通过圆筒壁的扩散进行计算,例题计算结果的误差值为多少?

12.4 一块原先不含氢的大块铜置于 1 000 ℃、2 atm 的氢气中,试确定使在 0.1 mm 深处,氢浓度达到 1 ppm 所需的时间。已知 1 000 ℃、1 atm 下氢气在固态铜中的溶解度 K 为 1.4 ppm(按质量计算),1 000 ℃ 时扩散系数 $D_{H-Cu} = 10^{-6}~cm^2/s$,$erf(z) = 0.5$ 时,$z = 0.47$。 (答:113 s)

12.5 厚度为 0.01 cm 的薄铁板一面与 925 ℃ 的渗碳气氛接触,保持该表面碳的浓度为 1.2%,其另一面保持为 0.1% C 浓度。试计算稳定扩散下穿过该薄铁板的碳扩散流($mol/(cm^2 \cdot s)$)。已知扩散系数 $D = 2 \times 10^{-7}~cm^2/s$,且与浓度无关。

(答:$J_c = 1.44 \times 10^{-7}~mol/(cm^2 \cdot s)$)

12.6 对一钢件于一定温度下进行渗碳处理,处理前钢件内平均含碳量为 0.2%,处理时钢件表面碳平衡浓度为 1.0%,碳在钢中互扩散系数 $D = 2.0 \times 10^{-7}~cm^2/s$,请求出渗碳处理一小时后钢件内碳的浓度分布表达式。 (答:$c(x, 3600) = 1 - 0.8erf\frac{x}{5.37 \times 10^{-2}}$)

12.7 初始含碳量为 0.2% 的钢件置于温度为 920 ℃ 的渗碳气氛中 2 h,渗碳中钢件表面含碳量保持为 0.9%,已知碳在钢中扩散系数 $D = 1.0 \times 10^{-11}~m^2/s$,最后钢件表面下 0.1 mm 处的含碳量应为多少?($erf(0.186) = 0.207$) (答:0.86%)

12.8 为何轧制后钢材比厚度相同的原始钢锭容易进行均匀化处理?

第十三章 对流传质

对流传质是指流体流动情况下的质量传输,也可以是流动流体中某组分向与固相或其它流体相的相界面上的传质。与扩散传质不同的是,它除了有扩散传质过程外,还有流体微团因紊流而发生的物质迁移。如金属熔炼时吹气、熔剂精炼中氢、氧的迁移,固体燃料燃烧时的鼓风送氧等,比扩散传质复杂多了,很难都用理论分析方法求解,其求解过程与对流传热类似,在学习这两种传输过程的参数间对应关系时,可直接引用对流传热的结果。

13.1 传质系数和传质系数模型

在前面由菲克第一定律引出扩散系数的概念时,考虑了某一距离间由于物质浓度差引起的物质迁移的问题。本节的传质系数则是在考虑到对流传质经常出现在相界面上的特点而提出的,它是界面上物质 A 的传质通量 $J_A(\mathrm{mol}/(\mathrm{m}^2\cdot\mathrm{s}))$ 与物质 A 在界面上的浓度 $c_{AO}(\mathrm{mol}/\mathrm{m}^3)$ 与流体主体中物质 A 的浓度 $c_{A\infty}$ 的差成正比的比例常数 $k(\mathrm{m/s})$。即

$$J_A = k(c_{AO} - c_{A\infty}) \qquad (13-1)$$

如在界面处流体中只有扩散传质,则

$$k = -D\left(\frac{\partial c_A}{\partial x}\right)_{x=0} \bigg/ (c_{AO} - c_{A\infty}) \qquad (13-2)$$

式中 $\left(\dfrac{\partial c_A}{\partial x}\right)_{x=0}$ 指界面处垂直于 x 方向上流体中组分 A 的浓度梯度。

13.1.1 传质系数的薄膜模型

早在 1924 年刘易斯(Lewis)和惠特曼(Whitman)认为:与动量传输中的边界层相似,在流体和相界面间传质时,也存在一紧贴界面的"有效边界层"(薄膜),其特征为:

(1) 薄膜流体只能层流流动,不与浓度均匀的流体主体紊流混合,故在膜内传质属扩散传质;

(2) 薄膜层内浓度分布是稳定的。

这样就把流体对流传质简化成界面处"有效边界层"内的稳定扩散传质,只是有效边界层的厚度 δ(图 13-1)受流体流动情况的影响。边界层内的浓度分布可按线性分布处理。故由此薄膜理论,可得通过薄膜的扩散摩尔通量为

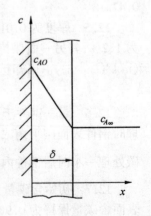

图 13-1 传质系数薄膜模型

$$J_A = -D\frac{dc_A}{dx} = D\frac{c_{AO} - c_{A\infty}}{\delta}$$

又由式(13-1) $J_A = k(c_{AO} - c_{A\infty})$,故

$$k = \frac{D}{\delta} \tag{13-3}$$

由此式可见,传质系数与扩散系数成正比,与有效边界层厚度成反比。实际中 δ 不易确定,k 与 D 也不总是成线性关系,流体薄膜与界面间的传质也很难稳定,故薄膜模型只是对粘性较大流体,在不受强烈扰动情况下的与固体表面间的传质比较适用。

13.1.2 传质系数的渗透模型(表面更新理论)

渗透模型是 1935 年希格比(Higbie)在研究 CO_2 气泡在水中上升,被水吸收溶解时提出来的。他认为:与界面接触的是许多流体微元体,微元体积的流体在与界面接触时接受界面的传质,而后又很快离开回到流体主体,带走从界面上获得的物质,与此同时新的流体微元体积又与界面接触,重复上述过程,故界面上流体是不断更新的(图 13-2)。

可将与界面接触的流体微元体视为半无限大物体,由式(12-32)可得

$$\frac{c_A - c_{AO}}{c_{A\infty} - c_{AO}} = \mathrm{erf}\left(\frac{x}{2\sqrt{Dt}}\right) \tag{13-4}$$

又由菲克第一定律,在 $x=0$ 的界面处组元 A 的扩散通量为

$$J_A|_{x=0} = -D\left.\frac{\partial c_A}{\partial x}\right|_{x=0}$$

由式(13-4)可得

$$\left.\frac{\partial c_A}{\partial x}\right|_{x=0} = \frac{1}{\sqrt{\pi Dt}}(c_{A\infty} - c_{AO})$$

故

$$J_A|_{x=0} = \sqrt{\frac{D}{\pi t}}(c_{AO} - c_{A\infty})$$

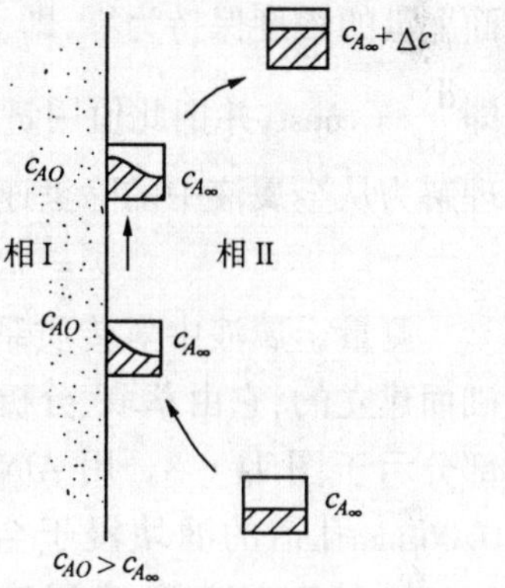

图 13-2 传质系统渗透模型

在接触传质时间 t 内,平均传质通量为

$$J_A = \frac{1}{t}\int_0^t \sqrt{\frac{D}{\pi t}}(c_{AO} - c_{A\infty})dt = 2\sqrt{\frac{D}{\pi t}}(c_{AO} - c_{A\infty}) \tag{13-5}$$

将此式与式(13-1)比较

$$k = 2\sqrt{\frac{D}{\pi t}} \tag{13-6}$$

由此式可知,渗透模型与薄膜模型不同,传质系数与扩散系数的 0.5 次方成正比,实际上,大多数对流传质中传质系数与扩散系数的关系为

$$k = D^n \quad (n = 0.5 \sim 1.0) \tag{13-7}$$

薄膜模型和渗透模型所得的传质系数与扩散系数间的关系只是实际中两种极端情况。

渗透模型提供的传质参数表达式中的 t 很难确定,一般渗透模型适用于接触传质时间短,如传质两个相中有一相呈滴状或雾状分散在另一相中,或流体通过固体细颗粒层的情况。

13.1.3 气体原子在金属液中传质系数的测定

金属液常用惰性气体或高温时能分解出惰性气体的熔剂进行除气(如氢)精炼,由于在金属液中新生成的惰性气体气泡中,氢的分压为零,溶在金属液中的氢原子就会析出,以分子形式进入气泡。氢在进入气泡前,其原子必需预先借助于扩散由金属液中迁移至液-气泡相界面处。设附在气泡表面有一厚度为 δ 的液相有效边界层,氢原子在金属液主体中的浓度为 $c_{[H]\infty}$,在相界面上的浓度为 $c_{[H]0}$,单位时间扩散通过面积为 S 进入气泡的氢气流量 Q 可用下式表示

$$\frac{dQ}{dt} = DS(c_{[H]\infty} - c_{[H]0})/\delta \tag{13-8}$$

按薄膜模型,氢的传质系数 $k = D/\delta$;如果在相界面上氢的浓度保持为零,即 $c_{[H]0}=0$,并且为稳定传质,即 $\frac{dQ}{dt} = \text{const}$,并把此值用量纲 cm^3/s 表示,此值又可被理解为从金属液中的除氢速度 v,故式(13-8)变成

$$v = kSc_{[H]\infty} \tag{13-9}$$

测量金属液中氢传质系数的装置就是以此式为基础而建立的,它由萃取、分析和计量三部分组成,其萃取部分示于图 11-3。用 AlN 制成,内有直径为 0.02~0.06 mm 孔道的滤块浸于金属液中,其背面与压力为 1.10 Pa 的真空接通,金属液中氢通过滤块工作表面上的液膜扩散到滤块表面析出,被真空系统抽走。此时可认为在滤块表面与金属液接触处,氢的浓度为零。

表 13-1 示出了测得的不同温度下铝液中氢的传质系数和计算边界层厚度。可见传质系数随铝液温度的升高而增大。

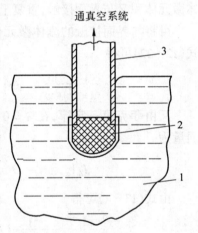

图 13-3 测定氢在金属中传质系数装置的萃取头
1—金属液 2—多孔滤块 3—真空管

表 13-1 氢在纯铝(A995)液中的传质系数

温度(K)	943	953	973	993	1 013	1 033	1 073	1 113
计算边界层厚度($\times 10^3$ cm)	5.16	5.17	5.78	6.36	6.55	6.58	7.20	7.74
传质系数(cm/s)	0.147	0.150	0.159	0.170	0.197	0.228	0.271	0.334

表 13-2 所示为氢在 Al-Cu 合金液中的传质系数,它也随温度升高而增大,但却随含铜含量增加而变小。其有效边界层厚度为(当含铜量在 4% 以下时)$(5\sim 8)\times 10^{-3}$ cm;当含铜量为 $(6\sim 9)\%$ 时,有效边界层厚度为 $(3\sim 4)\times 10^{-3}$ cm。

表 13-2 氢在 Al-Cu 合金液中的传质系数 k

含铜量(%质量)		1.15	2.16	3.34	4.00	6.00	8.00
温度(K)	973	0.153	0.160	0.152	0.135	0.108	0.080
	993	0.190	0.195	0.160	0.160	0.125	0.101
	1 033	0.240	0.215	0.213	0.213	0.191	0.163
	1 073	0.275	0.270	0.251	0.251	0.240	0.216
	1 113	0.323	0.333	0.300	0.300	0.289	0.252

氢在 Al-Si、Al-Mg、Al-Mn 合金液中传质系数也随温度升高而增大。Al-Si 合金中,当含硅量 <9% 时,传质系数随含硅量增高而变小,但含硅量为 9%~13% 时,传质系数又稍增大;Al-Mg 合金液中,当含镁量小于 5% 时,氢的传质系数随含镁量增多而变大;Al-Mn 含金液中,Mn 含量小于 0.9% 时,氢的传质系数不变;Al-Ti 合金液中,氢的传质系数随钛量增加而变小。各元素含量对合金液中氢传质系数的不同影响主要与合金液结构的变化有关。

13.2 对流传质微分方程

如同对流传热过程的研究相似,研究对流传质时,首先应考虑流体的流动情况,应用动量平衡方程、连续性方程等。与此同时,还应列出与传质有关的方程式,并列求解。下面列出一些与传质有关的基本方程,以解决求解流体中物质浓度分布等问题。

13.2.1 对流传质通量

对流传质通量与扩散传质通量不同,它除了含有由某组分在流体分布中的浓度梯度引起的扩散通量外,还应含有由流体流动引起的传质通量。如观察一维方向(x 方向)A 组分的对流传质通量,则应有

$$N_{Ax} = -CD\frac{\partial x_A}{\partial x} + cx_A v_x = -D\frac{\partial c_A}{\partial x} + c_A v_x \tag{13-10}$$

式中 x_A——组分 A 的摩尔分数浓度;
v_x——流体主流在 x 方向上流动速度的分量。

所以上式右边第一项为浓度梯度引起的摩尔通量,第二项为流体主体流动引起的摩尔通量。

13.2.2 组分守恒方程(对流传质微分方程)

与动量传输研究中推导纳维埃-斯托克斯动量平衡方程相似,对流传质方程的推导主要利用质量守恒原理和连续性方程。即先在流动的流体中按静止三维坐标取一微元体 $\Delta x \Delta y \Delta z$,根据质量守恒原理,考虑组分 A 在单位时间内由扩散和流体流动输入和输出该微元体的组分 A 摩尔数关系应为:

A 在微元体中的累积率 = 输入微元体的 A 摩尔流率 − 输出微元体的 A 摩尔流率
A 在微元体中的累积率

$$\Delta x \Delta y \Delta z \frac{\partial c_A}{\partial t}$$

x、y、z 三方向输入微元体的 A 摩尔流率

$$\Delta y \Delta z N_{Ax}|_x + \Delta x \Delta z N_{Ay}|_y + \Delta x \Delta y N_{Az}|_z$$

x、y、z 三方向输出微元体的 A 摩尔流率

$$\Delta y \Delta z N_{Ax}|_{x+\Delta x} + \Delta x \Delta z N_{Ay}|_{y+\Delta y} + \Delta x \Delta y N_{Az}|_{z+\Delta z}$$

将它们代入上述质量守恒式中,得

$$\frac{\partial c_A}{\partial t} + \frac{\partial N_{Ax}}{\partial x} + \frac{\partial N_{Ay}}{\partial y} + \frac{\partial N_{Az}}{\partial z} = 0 \tag{13-11}$$

此式中的 N_{Ax}、N_{Ay} 和 N_{Az} 都应包含扩散和主体流动引起的传质通量,故根据式(13-10),可得

$$N_{Ax} = -D_A \frac{\partial c_A}{\partial x} + c_A v_x, \quad N_{Ay} = -D_A \frac{\partial c_A}{\partial y} + c_A v_y, \quad N_{Az} = -D_A \frac{\partial c_A}{\partial z} + c_A v_z$$

把此三式代入式(13-11),运算中注意流体为不可压缩体、总的浓度和扩散系数 D 为常数,再利用连续性方程 $\frac{\partial v_x}{\partial x} + \frac{\partial v_y}{\partial y} + \frac{\partial v_z}{\partial z} = 0$,则可得

$$\frac{\partial c_A}{\partial t} + v_x \frac{\partial c_A}{\partial x} + v_y \frac{\partial c_A}{\partial y} + v_z \frac{\partial c_A}{\partial z} = D_A \left(\frac{\partial^2 c_A}{\partial x^2} + \frac{\partial^2 c_A}{\partial y^2} + \frac{\partial^2 c_A}{\partial z^2} \right) \tag{13-12}$$

或

$$\frac{\partial x_A}{\partial t} + v_x \frac{\partial x_A}{\partial x} + v_y \frac{\partial x_A}{\partial y} + v_z \frac{\partial x_A}{\partial z} = D_A \left(\frac{\partial^2 x_A}{\partial x^2} + \frac{\partial^2 x_A}{\partial y^2} + \frac{\partial^2 x_A}{\partial z^2} \right) \tag{13-13}$$

上两式的形式完全与对流传热方程(傅立叶-克希荷夫导热方程)相同,只是以浓度替代了温度。

稳定传质时,$\frac{\partial c_A}{\partial t}$ 或 $\frac{\partial x_A}{\partial t}$ 为零,则上两式变为

$$v_x \frac{\partial c_A}{\partial x} + v_y \frac{\partial c_A}{\partial y} + v_z \frac{\partial c_A}{\partial z} = D_A \left(\frac{\partial^2 c_A}{\partial x^2} + \frac{\partial^2 c_A}{\partial y^2} + \frac{\partial^2 c_A}{\partial z^2} \right) \tag{13-14}$$

或

$$v_x \frac{\partial x_A}{\partial x} + v_y \frac{\partial x_A}{\partial y} + v_z \frac{\partial x_A}{\partial z} = D_A \left(\frac{\partial^2 x_A}{\partial x^2} + \frac{\partial^2 x_A}{\partial y^2} + \frac{\partial^2 x_A}{\partial z^2} \right) \tag{13-15}$$

如在固体中传质,$v_x = v_y = v_z = 0$,则式(13-12)和式(13-13)具有菲克第二定律的表达形式。

如为固相中稳定传质,则由式(13-12)和式(13-13)可得

$$D_A \left(\frac{\partial^2 c_A}{\partial x^2} + \frac{\partial^2 c_A}{\partial y^2} + \frac{\partial^2 c_A}{\partial z^2} \right) = 0 \tag{13-16}$$

$$D_A \left(\frac{\partial^2 x_A}{\partial x^2} + \frac{\partial^2 x_A}{\partial y^2} + \frac{\partial^2 x_A}{\partial z^2} \right) = 0 \tag{13-17}$$

如 D_A 为常数,式(13-16)、式(13-17)可变为菲克第一定律的表达式。

综上所述,可见式(13-12)和式(13-13)是广义的传质方程式。

如考虑的是一维对流传质问题,则式(13-12)和式(13-13)的形式变为

$$\frac{\partial c_A}{\partial t} + v_x \frac{\partial c_A}{\partial x} = D_A \frac{\partial^2 c_A}{\partial x^2} \tag{13-18}$$

或
$$\frac{\partial x_A}{\partial t} + v_x \frac{\partial x_A}{\partial x} = D_A \frac{\partial^2 x_A}{\partial x^2} \tag{13-19}$$

13.3 气体与下降液膜间的传质

使金属液在真空中沿斜面连续往下流动是对金属液进行除气处理的一种方法,此时溶入金属液的气体 A 的浓度在界面上与所接触的气相中 A 的分压处于不平衡状态,金属液中气体便会转移到真空中,被抽走。工业中也有气体中组分进入下降液膜的传质现象,如有害气体净化系统中的液膜吸收塔中吸收过程。所以了解气体与下降液膜间的传质特点具有现实的意义。

图 13-4 示出了沿斜面下降的层流液膜,液膜外侧为静止的气相 A,液体内原来含有组分 A 的浓度为 c_{Ai},气-液界面处 A 组分的平衡浓度为 c_{AO},并总能在传质过程中保持不变,组分进入液膜不影响液膜的流动状态。

在 3.3.2 中已对此种液膜下降的流动情况进行过分析,最大流速的液层是液膜的自由表面,即相界面,其流速可由式(3-13)得知,即

$$v_{\max} = \frac{\rho g \delta^2}{2 \eta} \cos \theta \tag{3-13}$$

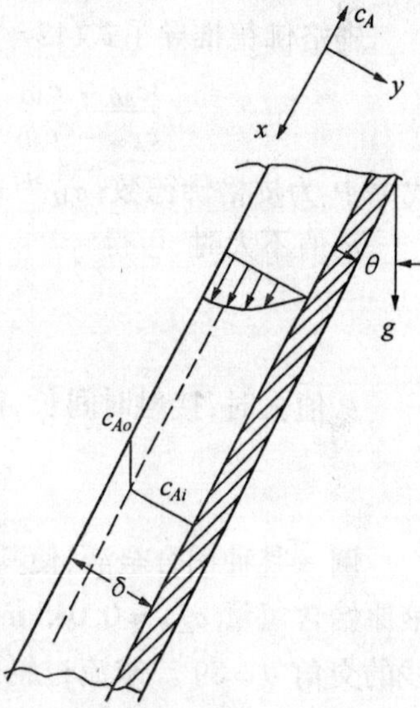

此种传质情况为稳态 ($\frac{\partial c_A}{\partial t} = 0$)、一维流动 ($v_y = 0$、$v_z = 0$) 流体中的 A 物质的一维传质,即不考虑 x 方向、z 方向上的扩散传质 $\frac{\partial^2 c_A}{\partial x^2} = \frac{\partial^2 c_A}{\partial y^2} = 0$,因 x 方向上的摩尔通量只由液膜下降流动引起。

将这些条件代入式(13-12),即得

$$v_x \frac{\partial c_A}{\partial x} = D_A \frac{\partial^2 c_A}{\partial y^2} \tag{13-20}$$

由于 A 渗入液膜的深度很小,即只有液膜自由表面层受扩散传质的影响,故可把式(13-20)中的 v_x 采用液膜自由表面的流速,即 $v_{\max}$,得

$$v_{\max} \frac{\partial c_A}{\partial x} = D_A \frac{\partial^2 c_A}{\partial y^2} \tag{13-21}$$

图 13-4 气体与下降膜间的传质

当 $x = 0$, $c_A = c_{A\infty}$; $x > 0, y = 0$, $c_A = c_{AO}$; $x > 0, y = \delta$, $c_A = c_{A\infty}$。

此为一半无限大物体扩散问题的求解,故由式(13-21)得

$$\frac{c_A - c_{A\infty}}{c_{AO} - c_{A\infty}} = \mathrm{erf} \frac{y}{2 \sqrt{Dx/v_{\max}}} \tag{13-22}$$

由此可推导得到气体 A 通过液膜自由表面的摩尔通量为

$$J_A = -D_A \left(\frac{\partial c_A}{\partial y} \right)_{y=0} = (c_{AO} - c_{A\infty}) \sqrt{\frac{D_A v_{\max}}{\pi x}} \tag{13-23}$$

在整个流动液膜与气相接触的长度上 ($x = 0 \sim L$) 平均传质摩尔通量应为

$$J_A = \frac{1}{L}\int_0^L N_A \mathrm{d}x = 2(c_{AO} - c_{A\infty})\sqrt{\frac{D_A v_{\max}}{\pi L}} \tag{13-24}$$

与式(13-1)比较,可得气体与下降液膜时的传质系数。

考虑局部长度(x)上传质时

$$k_x = \sqrt{\frac{D_A v_{\max}}{\pi x}} \tag{13-25}$$

考虑整个传质长度 L 上的平均传质系数应为

$$\bar{k}_{0\sim L} = 2\sqrt{\frac{D_A v_{\max}}{\pi L}} \tag{13-26}$$

皮格佛德(Pigford)研究证实,当 $P = \frac{DL}{\delta^2 v_{\max}} < 0.01$ 时,式(13-26)计算值与实际较吻合,P 称为皮格佛德准数。当 P 值较大,即接触时间 $\left(\frac{L}{v_{\max}}\right)$ 较长,液膜厚度(δ)较小时,因气相渗透深度相对较大,已不能用 $v_{\max}$ 代替 v_x 简化式(13-20)。故式(13-26)的值已与实际相差较大。

皮格佛德推导了式(13-20)的完全解,形式如下

$$\frac{\bar{c}_{AL} - c_{AO}}{c_{A\infty} - c_{AO}} = 0.785\,7\mathrm{e}^{-5.121\,3P} + 0.100\,1\mathrm{e}^{-39.318P} + \cdots \tag{13-27}$$

式中 P 为皮格佛德数;$\bar{c}_{AL}$ 为 L 处液体本体平均浓度。

P 值不大时,可得

$$\frac{\bar{c}_{AL} - c_{AO}}{c_{A\infty} - c_{AO}} = \sqrt{\frac{6}{\pi}}\sqrt{\frac{DL}{\delta^2 v}} \tag{13-28}$$

P 值大时,接触时间长,得

$$\frac{\bar{c}_{AL} - c_{AO}}{c_{A\infty} - c_{AO}} = 0.785\,7\mathrm{e}^{-5.121\,3P} \tag{13-29}$$

例 某种铜合金液,使其以厚度 $\delta = 2$ mm 的薄膜沿一斜面在真空中流动除氢。金属液原始含氢量 $c_{A\infty} = 0.045$ mol(H_2)/cm^3(合金),与真空接触的液膜长 $L = 100$ cm,斜面与垂线的交角 $\theta = 89°$。求流过斜面后合金中 H_2 的浓度。已知合金液密度 $\rho = 8.32$ g/cm^3,粘度 $\eta = 0.06$ g/(cm·s),氢在合金中的扩散系数 $D = 1.3 \times 10^{-4}$ cm^2/s。

解 先检验 P 值,为此需计算 $v_{\max}$ 值,由式(3-13)得

$$v_{\max} = \frac{\rho g \delta^2}{2\eta}\cos\theta = \frac{8.32 \times 981 \times 0.2^2 \times 0.017\,5}{2 \times 0.06} = 47.44 \text{ cm/s}$$

$$P = \frac{DL}{\delta^2 v_{\max}} = \frac{1.3 \times 10^{-4} \times 100}{(0.2)^2 \times 47.44} = 0.007 < 0.01$$

故式(13-26)适用此题

$$\bar{k}_{0-L} = 2\sqrt{\frac{D v_{\max}}{\pi L}} = 2\sqrt{\frac{1.3 \times 10^{-4} \times 47.44}{3.14 \times 100}} = 0.008\,86 \text{ cm/s}$$

因此合金液流经斜面时的平均传质速率为

$$\bar{N} = \bar{k}_{0-L}(c_{AO} - c_{A\infty}) = 0.008\,86 \times (0 - 0.045) = -3.99 \times 10^{-4} \text{ (mol/(cm}^2\cdot\text{s))}$$

负号说明氢的传质方向是由金属液向真空传质。

原合金液在斜面的单位面积上含 H_2 为

$$c'_{A\infty} = 1 \times \delta \times c_{Ai} = 0.2 \times 0.045 = 0.009 \text{ mol}(H_2)/\text{cm}^2_{液膜}$$

处理后单位面积液膜上可除去的氢量为

$$\Delta W = \overline{N} \cdot t = \overline{N} \cdot \frac{L}{\overline{v}_x} = \overline{N} \cdot \frac{L}{\frac{2}{3} \times v_{max}} = 3.99 \times 10^{-4} \times \frac{100}{\frac{2}{3} \times 47.44} = 0.001\ 26 \text{ mol/cm}^2$$

上式中 $\overline{v}_x = \frac{2}{3} v_{max}$ 系由式(3-14)得到。

因此处理后每单位面积液膜含氢量为

$$c''_{A\infty} = c'_{A\infty} - \Delta W = 0.009 - 0.001\ 26 = 0.007\ 7 \text{ mol/cm}^2$$

处理后合金液中含氢量

$$c_{H_2} = \frac{c''_{A\infty}}{1 \times \delta} = \frac{0.007\ 7}{1 \times 0.2} = 0.038\ 5 \text{ mol/cm}^3$$

13.4 浓度边界层的传质

浓度边界层的传质系指流体平行流过固体平板时,与平板表面间出现的传质过程,由第一篇的 3.11 节已知流体流过固体表面时会出现紧贴表面的动量边界层,在此流层中存在速度梯度。传质系数薄膜模型还叙述过固体表面上还存在一层浓度边界层,一般情况下浓度边界层小于动量边界层。本节将叙述采用类似动量边界层的解析法对边界层中的传质问题进行求解。

13.4.1 平板层流边界层中的对流传质

今用近似积分法来分析平板层流边界层的对流传质。如图 13-5,一平板面上有层流的动量边界层 δ 和比 δ 小的浓度边界层 δ_C,在浓度边界层内垂直画面取一单位厚度的微元体 $l \cdot \Delta x$。稳定传质时,微元体的质量平衡应为

$$J_A|_{y=0} \cdot \Delta x + N_A|_x - N_A|_{x+\Delta x} - N_A|_{y=l} = 0 \tag{13-30}$$

式中 $J_A|_{y=0}$——在 $y=0$ 处(平面表面)扩散传质进入微元体的通量 $\text{mol}/(\text{m}^2 \cdot \text{s})$;

$N_A|_x$——在 $x=x$ 处经微元体表面流动输入微元体的摩尔流量 mol/s;

$N_A|_{x+\Delta x}$——在 $x=x+\Delta x$ 处经微元体表面流动输出微元体的摩尔流量 mol/s;

$N_A|_{y=l}$——在 $y=l$ 处经微元体表面流动输出微元体的摩尔流量 mol/s。

通过微元体的 $x=x$ 和 $x=x+\Delta x$ 表面流进和流出微元体的流体体积流量应为

$$V_x = \int_0^l v_x \mathrm{d}y, \qquad V_{x+\Delta x} = \int_0^l v_x \mathrm{d}y + \frac{\mathrm{d}}{\mathrm{d}x}\left[\int_0^l v_x \mathrm{d}y\right]\Delta x$$

对不可压缩流体而言,根据流动连续性特点,通过微元体 $y=l$ 表面流入微元体的流体体积流量为

$$V_l = \frac{\mathrm{d}}{\mathrm{d}x}\left(\int_0^l v_x \mathrm{d}y\right)\Delta x$$

而式(13-30)中

$$N_A|_x = \int_0^l c_A v_x \mathrm{d}y$$

$$N_A|_x = \int_0^l c_A \mathrm{d}y + \frac{\mathrm{d}}{\mathrm{d}x}\left(\int_0^l c_A v_x \mathrm{d}y\right)\Delta x$$

$$N_A|_{y=l} = \frac{\mathrm{d}}{\mathrm{d}x}\left(\int_0^l c_{A\infty} v_x \mathrm{d}y\right)\Delta x$$

$$J_A|_{y=0} \cdot \Delta x = -D_A\left(\frac{\partial c_A}{\partial y}\right)_{y=0} \cdot \Delta x$$

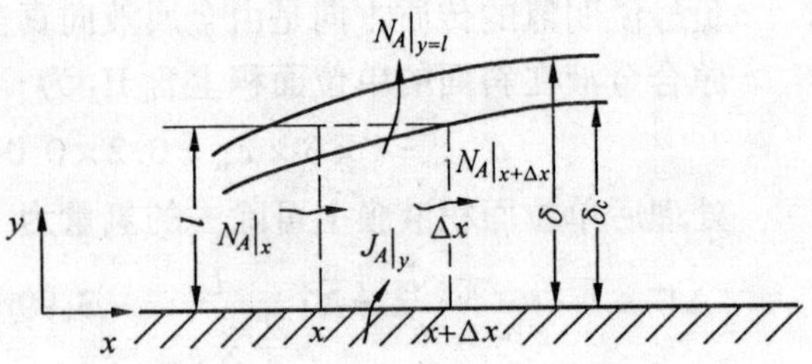

图 13-5 平板层流边界层中的对流传质

将此四个值代入式(13-30)，经整理后得

$$D_A\left(\frac{\partial c_A}{\partial y}\right)_{y=0} = \frac{\mathrm{d}}{\mathrm{d}x}\left[\int_0^l (c_A - c_{A\infty}) v_x \mathrm{d}y\right] \tag{13-31}$$

将上式中括号内积分限分成两段，即 $\int_0^l = \int_0^{\delta_c} + \int_{\delta_c}^l$，并注意到在 $\delta_c \sim \delta$ 间流体中 A 的浓度均匀，为 c_{Ai}，则式(13-31)中中括号内的表达式为

$$\int_0^l (c_a - c_{A\infty}) v_x \mathrm{d}y = \int_0^{\delta_c} c_A v_x \mathrm{d}y + \int_{\delta_c}^l c_A v_x \mathrm{d}y - c_{A\infty}\int_0^{\delta_c} v_x \mathrm{d}y - c_{A\infty}\int_{\delta_c}^l v_x \mathrm{d}y$$

因此式中 $\int_{\delta_c}^l c_A v_x \mathrm{d}y = \int_{\delta_c}^l c_{A\infty} v_x \mathrm{d}y$，故式(13-31)为

$$D_A\left(\frac{\partial c_A}{\partial y}\right)_{y=0} = \frac{\mathrm{d}}{\mathrm{d}x}\left[\int_0^{\delta_c} (c_A - c_{A\infty}) v_x \mathrm{d}y\right] \tag{13-32}$$

此式为层流浓度边界层积分方程，与动量传输中平面层流边界积分方程(式3-96)和热量传输中对流传热的热量积分方程形式类似。

为求解式(13-32)，需确定界面上的浓度梯度 $D_A\left(\frac{\partial c_A}{\partial y}\right)_{y=0}$。

在第三章求解式(3-96)时，曾设在边界层中流体速度的分布为 $v_x = ay + by^3$，最后得解为

$$\frac{v_x}{v_0} = \frac{3}{2}\left(\frac{y}{\delta}\right) - \frac{1}{2}\left(\frac{y}{\delta}\right)^3 \tag{3-97}$$

同样可设层流浓度边界层中的浓度分布为 $c_A = ay + by^3$，取边界条件为

当 $y = 0$，$c_A = c_{AO}$；   当 $y = \delta_c$，$c_A = c_{Ai}$。

经推导后，得式(13-32)的解为

$$\frac{c_A - c_{AO}}{c_{A\infty} - c_{AO}} = \frac{3}{2}\frac{y}{\delta_c} - \frac{1}{2}\left(\frac{y}{\delta_c}\right)^3 \tag{13-33}$$

将上式对 y 求导，则平板表面上流体中的浓度梯度

$$\left(\frac{\mathrm{d}c_A}{\mathrm{d}y}\right)_{y=0} = \frac{3}{2}\frac{c_{A\infty} - c_{AO}}{\delta_c} \tag{13-34}$$

又由式(13-2)，结合上式可得平板表面上 x 处的局部传质系数为

$$k_x = \frac{-D_A(\mathrm{d}c_A/\mathrm{d}y)_{y=0}}{c_{A0} - c_{A\infty}} = \frac{3}{2}\frac{D_A}{\delta_c} \qquad (13-35)$$

将式(13-33)、(13-34)和式(13-35)代入式(13-32),同时考虑到动量边界层中式(3-97)和 $\delta \cdot \mathrm{d}\delta = \frac{140}{13}\frac{\nu}{v_0}\mathrm{d}x$ 的情况,经运算后得浓度边界层 δ_c 对动量边界层之比为

$$\frac{\delta_c}{\delta} = \frac{1}{1.026}\left(\frac{\nu}{D_A}\right)^{-\frac{1}{3}} = \frac{1}{1.026}Sc^{-\frac{1}{3}} \qquad (13-36)$$

式中 $Sc = \frac{\nu}{D_A}$,称施密特(Schmidt)数,它表示流体中动量扩散能力与质量扩散能力之比,与对流传热中普朗特数($Pr = \frac{\nu}{a}$)对应。ν 为流体运动粘度系数。

又由式(3-98) $\frac{\delta}{x} = 4.64/\sqrt{Re_x}$,将其代入式(13-36),得

$$\delta_c = 4.52 Sc^{-\frac{1}{3}} \cdot Re_x^{-\frac{1}{2}} \cdot x \qquad (13-37)$$

由式(13-35)和式(13-37)得

$$Sh_x = 0.332 Sc^{\frac{1}{3}} Re_x^{\frac{1}{2}} \qquad (13-38)$$

式中 $Sh_x = \frac{k_x x}{D_A}$,称舍伍德(Sherwood)数,表示流体边界层的扩散传质阻力与对流传质阻力之比,与对流传热中努塞尔特数($Nu = hl/\lambda$)对应。

对于长度为 L 的平板言,平均传质系数为

$$\overline{k_L} = \frac{1}{L}\int_0^L k_x \mathrm{d}x = 0.664\frac{D_A}{L}Sc^{1/3}Re_L^{1/2}$$

所以平均舍伍德数为

$$\overline{Sh_L} = 0.664 Sc^{1/3} Re^{1/2} = 2 Sh_x|_{x=L} \qquad (13-39)$$

上面的几个计算结果对大多数流体,包括金属液都是合适的,因为金属液的层流浓度边界层 δ_c 也比动量边界层 δ 小得很多。表13-3示出了不同流体的 Pr 和 Sc 值。

表13-3 不同流体层流边界层 Pr 和 Sc 值

流体	气体	一般液体	金属液
Pr	0.6~1.0	1~10	$10^{-3} \sim 2\times 10^{-1}$
Sc	0.1~2.0	$10^2 \sim 10^3$	10^3

流体流过平板时,可能同时出现动量边界层 δ、温度边界层 δ_T 和浓度边界层 δ_c,它们的厚度对不同流体而言都不一样,并且相互间也不一样,与 Pr 和 Sc 值有关。δ 对比 δ_T 的关系由 Pr 值决定,当 $Pr<1$ 时,如金属液,$\delta < \delta_T$;当 $Pr \approx 1$ 时,如气体,$\delta = \delta_T$;当 $Pr>1$ 时,如一般液体,$\delta > \delta_T$。而 δ 与 δ_c 的大小对比关系由 Sc 值决定,当 $Sc<1$ 时,$\delta<\delta_c$;当 $Sc \approx 1$ 时,如气体,$\delta = \delta_c$;当 $Sc>1$ 时,如一般液体和金属液,$\delta > \delta_c$。所以由图13-6可直觉地看出动量、温度和浓度边界层厚度相互间关系。

由于金属液的 $\delta_T \gg \delta$,$\delta \gg \delta_c$,故不能如气体边界层那样,得知 δ,就可近似地确定 δ_T

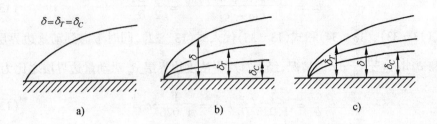

图 13-6 三种流体流过平面时三种层流边界层的关系
a)气体 b)一般液体 c)金属液

和 δ_c。

13.4.2 平板紊流边界层中的对流传质

与紊流对流传热一样,在研究紊流对流传质时,由于数学处理上的局限性,很难用分析解的方法求解,但由于对流传质与对流传热的类似性,就可用对应参数相互对换的方法(D 与 λ 对应,Sc 与 Pr 对应,Sh 与 Nu 对应),直接借用对流传热系数 h 和努塞尔特数 Nu 的表达式写出对流传质系数 k 和舍伍德数 Sh 的表达式。

平板上紊流边界层传热系数可由下式给出

$$Nu_x = \frac{h_x \cdot x}{\lambda} = 0.0296 Re_x^{0.8} Pr^{1/3}$$

$$\overline{Nu_L} = \frac{\overline{h} \cdot L}{\lambda} = 0.037 Re_L^{0.8} Pr^{1/3}$$

所以平板上紊流浓度边界层传质系数可相应地由下式计算

$$Sh_x = \frac{k_x \cdot x}{D} = 0.0296 Re_x^{0.8} Sc^{1/3} \tag{13-40}$$

$$\overline{Sh_L} = \frac{\overline{k_L} \cdot L}{D} = 0.037 Re_x^{0.8} Sc^{1/3} \tag{13-41}$$

实际计算时,当平板足够长,会出现层流边界层段和紊流边界层段,应按层流段与紊流段分段计算对流传质系数。可用式(13-38)和式(13-40)相应地计算层流和紊流段局部传质系数 k_x,而流入深度 x 都可自板端算起;用式(13-39)和式(13-41)计算层流段和紊流段平均传质系数时,流入深度 x 应分段考虑,即层流段内的 L 起点为板端,紊流段内的 L 起点应是紊流段开始点。

例 一薄层酒精覆盖在光滑台面上,空气以 $v = 6$ m/s 的速度平行流过台面,台面宽 $L = 1$ m,空气的温度和压力分别为 16 ℃和 1.013×10^5 Pa,16 ℃时酒精的蒸汽压 $P = 4000$ Pa,试求每秒钟从 1 m^2 台面上蒸发的酒精量为多少 mol。已知边界层层流向紊流过渡的临界雷诺数 $Re = 3 \times 10^5$,16 ℃时酒精的 $\nu = 1.48 \times 10^{-5}$ m^2/s,其扩散系数 $D = 1.26 \times 10^{-5}$ m^2/s。

解 先验算 Re_L 值

$$Re_L = \frac{vL}{\nu} = \frac{6 \times 1}{1.48 \times 10^{-5}} = 4.05 \times 10^5$$

因 Re_L 值大于 3×10^5,故在台面上的 $x = L' < 1$ m 处有层流向紊流的过渡点

$$L' = \frac{Re\nu}{v} = \frac{3 \times 10^5 \times 1.48 \times 10^{-5}}{6} = 0.74 \text{ m}$$

推导 L 长度内的平均传质系数 $\bar{k}$ 的表达式

$$\bar{k} = \frac{\int_0^L k \, \mathrm{d}x}{\int_0^L \mathrm{d}x} = \frac{\int_0^{L'} k_x^{层} \, \mathrm{d}x + \int_{L'}^L k_x^{紊} \, \mathrm{d}x}{L}$$

由式(13-38)和式(13-40)可推导得到

$$k_x^{层} = 0.332 \frac{D}{x} Re^{\frac{1}{2}} Sc^{\frac{1}{3}}$$

$$k_x^{紊} = 0.029\,6 \frac{D}{x} Re_x^{0.8} Sc^{1/3}$$

将此两式代入 $\bar{k}$ 式,运算后得

$$\bar{k} = \frac{0.664 D Re_{L'}^{\frac{1}{2}} Sc^{1/3} + 0.361 D Sc^{1/3} (Re_L^{0.8} - Re_{L'}^{0.8})}{L}$$

计算需代入此式尚未知的 Sc 值。而 $Re_{L'} = Re$,有

$$Sc = \frac{\nu}{D} = \frac{1.48 \times 10^{-5}}{1.26 \times 10^{-5}} = 1.17$$

将有关数据代入 $\bar{k}$ 式,得

$$\bar{k} = \frac{0.664 \times (1.26 \times 10^{-5}) \times (3 \times 10^5)^{1/2} \times 1.17^{1/3}}{1} +$$
$$\frac{0.0361 \times (1.26 \times 10^{-5}) \times 1.17^{1/3} \times [(4.05 \times 10^5)^{0.8} - (3 \times 10^5)^{0.8}]}{1} = 0.007\,96 \text{ m/s}$$

紧靠液面酒精在蒸汽中的浓度为

$$c_0 = \frac{P}{RT} = \frac{4\,000}{8.314 \times (273 + 16)} = 1.66 \text{ mol/m}^3$$

所以每秒从 1 m² 台面上蒸发的酒精量为

$$W = \bar{k}(c_0 - c_\infty) F = 0.079\,6 \times (1.66 - 0) \times 1 = 1.32 \times 10^{-2} \text{ mol/s}$$

13.5 一些对流传质的实验公式

大多数实际情况下的对流传质问题很难用理论分析求解,主要用相似理论通过实验建立相似准数方程解决,很多对流传质实验公式与相同条件下的对流传热准数方程形式相似,下面将列举一些对流传质的准数方程。

13.5.1 自然对流与强制对流传质时的准数方程

凡由体系内温度分布不均匀和浓度分布不均匀引起的流体密度分布不均匀所造成的流体流动称为自然对流,如热空气上升和冷空气下降引起的对流,铅青铜合金液中铅的下沉和铜的上浮。由于密度分布不均匀而出现的自然对流有时还可能形成紊流。而强制对

流指由外力引起的流体流动,如浇注铸件时的动量对流,加热炉鼓风时引起的炉气对流,对金属熔体的电磁或机械搅拌等。

自然对流传质时需考虑浮力的影响,所以传质系数的实验公式为

$$Sh = f(Gr_m, Sc) \tag{13-42}$$

式中,$Gr_m = \dfrac{gL^3}{\nu^2}\dfrac{1}{\rho}\left(\dfrac{\partial \rho}{\partial T}\Delta T + \dfrac{\partial \rho}{\partial c}\Delta c\right)$,称传质葛拉晓夫(Grashof)数或传质阿基米得数(Ar),其物理意义为$\dfrac{浮力}{粘性力}$。

如自然对流情况下碳在铁液中的溶解和钢在铁碳合金液中的溶解都可用下述准数方程

$$Sh_L = 0.11(Gr_{mL}Sc)^{1/3} \tag{13-43}$$

强制对流传质时可忽略自然对流的影响,故其由实验得到的准数方程为

$$Sh = f(Re, Sc) = kRe^n Sc^m \tag{13-44}$$

式中,k、n、m 都是由实验确定的常数,它们也可借用相似条件下对流传热实验中获得的数据。

13.5.2 颗粒表面与流体间的传质准数方程

一、单个颗粒表面对流传质准数方程

当微粒在流体中缓慢下降,微粒表面出现层流边界层时,可视传质以扩散为主,实验准数式的形式可为

$$Sh = \frac{k \cdot d}{D} = 2.0 \tag{13-45}$$

式中 d 为微粒直径;D 为流体中的扩散系数,k 为传质系数。

在强制流体流动中,直径约 1 mm 的颗粒表面的对流传质准数方程系由弗罗斯林(Frossling)测得,其形式为

$$Sh = 2.0 + 0.60 Re^{1/2} Sc^{1/3} \tag{13-46}$$

罗(Rowe)等综合前人资料,把上式变成

$$Sh = \alpha + \beta Re^{1/2} Sc^{1/3} \tag{13-47}$$

当 $Ar \to 0$ 时,$\alpha = 2.0$;在空气中,$\beta = 0.68$;在水中,$\beta = 0.79$。

二、流体与由粗颗粒组成的多孔介质间的对流传质准数方程

当 $Re > 80$ 时,兰茨(Ranz)由实验获得的流体通过由粗颗粒组成的多孔介质间的对流传质准数方程为

$$Sh = 2.0 + 1.8 Re^{1/2} Sc^{1/3} \tag{13-48}$$

三、流化床内颗粒表面对流传质准数方程

目前只有范(Fan)等人提出的液体流化床中的对流传质准数方程。当 $Re = \dfrac{v \cdot d}{\nu} = 5 \sim 120$(式中 d 指颗粒的特征尺寸),流化床孔隙率 $n \leq 0.84$ 时,流化床对流传质准数方程的形式为

$$Sh = 2.0 + 1.5[(1-n)Re]^{1/2}Sc^{1/3} \qquad (13-49)$$

四、气泡——液体界面上对流传质准数方程

前三段中所提颗粒都为固体,在本段中所提颗粒为气泡,气泡与液体间的传质在金属液熔化中常会遇到,如果只考虑气泡表面上与液体的对流传质,休马克(Hughmark)提出了下述的准数方程

$$Sh = 2.0 + a[Re^{0.48}Sc^{0.291}Gr_m^{0.024}]^b \qquad (13-50)$$

式中,$Sh = \dfrac{kd}{D}$,$Re = \dfrac{vd}{\nu}$,$Gr_m = \dfrac{gd^3}{\nu^2}$,其中 d 是气泡的直径,而 v 为气泡在液中上升的最大速度;a 和 b 是与气泡单个地上浮还是成群地上浮有关的常数,当气泡单个地上浮传质时,$a = 0.061$,$b = 1.61$。在用 CO 气泡去除铜液中氧时,式(13-50)能满意地描述铜中氧迁移到气泡界面上的速率。

例 在感应炉中利用废钢熔炼铸铁液时,常向熔融金属液中加入石墨颗粒给金属液增碳,石墨颗粒常会漂浮在熔池表面,如石墨颗粒表面只有 3/8 的面积与金属液接触,并且金属液受电磁搅拌的流动速度为 0.25 m/s。石墨颗粒的形状系数 $K_\varphi = 0.5$,特征尺寸 $D_g = 0.014$ m,由于石墨颗粒暴露在气氛中那部分的烧损,其在金属液中的回收率只有 50%,试确定一个石墨颗粒溶解完所需的时间表达式。图(13-7)示出了碳在铁-碳合金液中溶解时的传质系数值 k。

解 每个石墨颗粒溶于金属液中的质量(石墨密度为 ρ_s)为

$$m = \dfrac{1}{2}\left(\dfrac{\pi}{6}D_g^3 \rho_s\right)$$

石墨颗粒与金属液的接触传质表面积为

$$A = \dfrac{3}{8}\pi D_g^2 n$$

式中 n 为孔隙率。

石墨颗粒溶解时单位时间的对流传质质量(g)数为

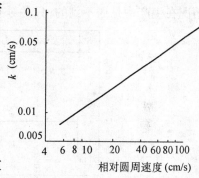

图 13-7 石墨在铁碳合金中的传质系数

$$\dfrac{dm}{dt} = -kA\rho_L(\omega_0 - \omega_\infty) = -\dfrac{3\pi}{8}kD_g^2 n\rho_L(\omega_0 - \omega_\infty)$$

式中 ρ_L——金属液密度(g/cm³);

ω_0、ω_∞——石墨颗粒-金属液界面处和金属液内部碳的百分数浓度。

由图 13-7 上可查出相对速度为 0.25 m/s 时的 k 值为 0.02 cm/s。又由 m 的计算式可得

$$\dfrac{dm}{dt} = -\dfrac{1}{4}\pi D_g^2 \rho_s \dfrac{dD}{dt}$$

将前面得到的 $\dfrac{dm}{dt}$ 表达式代入此式,得石墨颗粒溶解时间表达式

$$\int_{D_g}^{0} dD_g = \dfrac{3}{2}kn\dfrac{\rho_L}{\rho_s}(\omega_0 - \omega_\infty)\int_0^t dt$$

$$t = \frac{2\rho_s D_g}{3\rho_L nk(\omega_0 - \omega_\infty)}(\text{s})$$

13.6 金属凝固过程中的传质

金属液凝固时出现的固相成分常与液相成分不同,引起了固相、液相内成分分布的不均匀,于是在金属凝固固相层增厚的同时出现了组分的迁移过程——传质。所以需要研究金属凝固过程中的传质问题。

13.6.1 完全平衡凝固条件下的溶质再分布

完全平衡凝固系指凝固时由于溶质平衡分配形成的固、液相中成分分布的不均匀,由于扩散速度足够大而即时消失情况下进行的凝固。如合金液成分为 c_0(图13-8),在温度 T_L 时形成固体的成分为 $K_0 c_0$($K_0 < 1$)(图13-8a)),多余溶质立刻从界面向液相处传走。合金温度下降继续凝固时,固相和液相中溶质含量都继续增加,在温度 T^* 时($T^* < T_L$),c_s^* 与 c_L^* 平衡。在完全平衡凝固前提下 $c_s^* = \bar{c}_s$,$c_L^* = \bar{c}_L$($\bar{c}_s$、$\bar{c}_L$ 为固、液相内溶质浓度平均值)(见图13-8b))。如 ω_s 和 ω_L 各为固、液相的质量分数浓度,$\omega_s + \omega_L = 1$,则 $\bar{c}_s \omega_s + \bar{c}_L \omega_L = c_0$。当合金温度下降至 T_s 时,固相中成分分布都为 c_0(图13-8c))。这种理想情况在生产中是遇不到的,只是对 C、N、O 这些扩散系数较大的间隙原子言,可近似地认

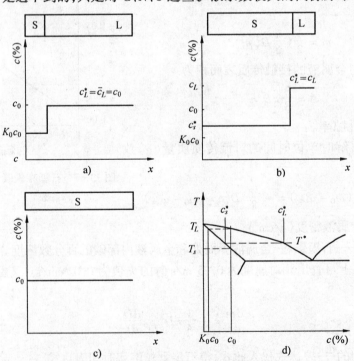

图13-8 完全平衡凝固时的溶质再分布
a)开始凝固 b)温度 T^* 时的凝固 c)凝固终了 d)合金相图

为适用此种情况。这些元素在固相中的含量与固相量的关系为

$$c_s \omega_s + \frac{c_s}{K_0}(1-\omega_s) = c_0$$

故

$$c_s = \frac{K_0 c_0}{1-(K_0-1)\omega_s} \tag{13-51}$$

13.6.2 凝固时液相成分总是均匀情况下的溶质再分布

与上节情况比较,凝固时液相成分总是均匀分布情况示于图 13-9。温度 T_L 时析出的固相中溶质浓度为 $K_0 c_0$;随着温度下降至 T^*,液相中溶质浓度不断增大,而分配系数 K_0 不变,故随着固相层的增厚,由于固相中无扩散,其中溶质浓度也不断增大。而溶质在液相中可充分扩散,溶质分布总保持均匀 $c_L^* = \bar{c}_L$,$c_s^* = K_0 c_L^*$,此时形成微量固相排出的溶质数量应使液相中溶质浓度出现相应的提高,即

$$(\bar{c}_L - c_s^*)\mathrm{d}\omega_s = (1-\omega_s)\mathrm{d}\bar{c}_L$$

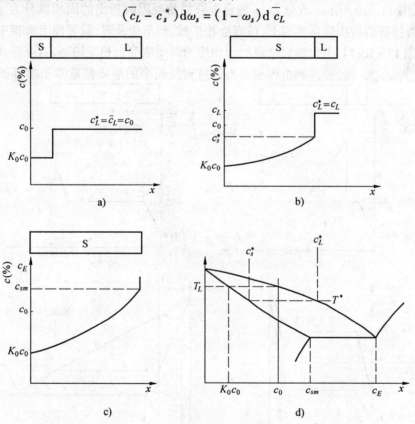

图 13-9 凝固时液相成分总是均匀情况下的溶质再分布
a)开始凝固 b)温度 T^* 时的凝固 c)凝固终了 d)合金相图

因 $c_L^* = \bar{c}_L = \dfrac{c_s^*}{K_0}$,故上式变为

$$\left(\frac{c_s^*}{K_0} - c_s^*\right)\mathrm{d}\omega_s = (1-\omega_s)\mathrm{d}\left(\frac{c_s^*}{K_0}\right)$$

将上式移项、积分后经运算得

$$c_s^* = K_0 c_0 (1 - \omega_s)^{(K_0 - 1)} \quad (13-52)$$

同样因 $c_s^* = K_0 c_L^*$，$\omega_s = 1 - \omega_L$，可得

$$c_L^* = c_0 \omega_L^{(K_0 - 1)} \quad (13-53)$$

由式(13-52)和式(13-53)可知：随固相百分量 ω_s 的增大（ω_L 变小），即凝固层的增厚、固液量界面上析出的固相和全部残留的液相中溶质含量都会增多，剩下液相中溶质含量向共晶成分靠近。

式(13-52)和式(13-53)称沙伊尔(Scheil)式或"非平衡准则"，其适用范围较宽。

13.6.3 凝固时液相中只有扩散情况下的溶质再分布

这种凝固时固相中无扩散传质，只在液相中有扩散传质。如为稳定传质，溶质再分布过程可见图 13-10 所示。成分为 c_0 的合金液初始凝固时析出的固相成分为 $K_0 c_0$（$K_0 < 1$），故有被排挤溶质积聚在界面上，虽有液相扩散，但不能及时，故面上液相中溶质浓度大于 c_0（图 13-10c)），因此随后增厚的固相层的溶质浓度也相应增高，直至界面处液相中溶质浓度为 c_0/K_0 后，即达到由固相析出排挤到液相中的溶质数量等于由界面液相扩散

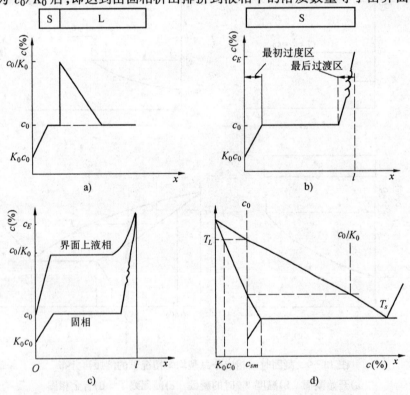

图 13-10 凝固时只是液相中有扩散传质时的溶质再分布
a)由开始凝固进入稳定传质 b)凝固结束 c)凝固过程界面上固、液相成分的变化 d)合金相图

离去的溶质数量(稳定态)后,再增厚的固相层中溶质浓度总保持为 c_0,界面上液相中溶质浓度保持为 c_0/K_0。直至凝固将终前,由于剩下液相已很少,界面上过多的溶质无处扩散,液相中溶质含量迅速增多,在最后过渡区中(图 13-10b))凝固固相中溶质含量再度升高。

杰克逊(Jackson)和查尔默斯(Chalmers)对此种凝固时稳定传质情况下的溶质在液相中分布方程式进行了推导,设溶质在液相中的扩散系数为 D,固-液相界面的推进速度为 R(图 13-11),以界面为选取距离坐标 x' 的原点,即界面处 $x'=0$,界面附面液相中溶质浓度梯度为 dc/dx'。因稳定凝固时从固相中析出在界面上的溶质数量等于溶质从界面处液相中扩散走的数量,故相应于 x' 轴任一点的溶质浓度不随时间变化,即 $\dfrac{dc_L}{dt}=0$,随时间变化的溶质浓度由两部分组成,即(1)由扩散(按菲克第二定律)引起的浓度变化 $D\dfrac{d^2 c_L}{dx'^2}$,(2)由界面推进引起的浓度变化 $R\dfrac{dc_L}{dx'}$。根据 $\dfrac{dc_L}{dt}=0$ 的前提,此两项浓度变化值之和应为零,即

$$D\frac{d^2 c_L}{dx'^2} + R\frac{dc_L}{dx'} = 0$$

其边界条件为 $c_L|_{x'=0} = \dfrac{c_0}{K_0}$

解此二阶齐次微分方程,得液相内溶质分布方程式

$$c_L = c_0\left(1 + \frac{1-K_0}{K_0}e^{-\frac{R}{D}x'}\right) \tag{13-54}$$

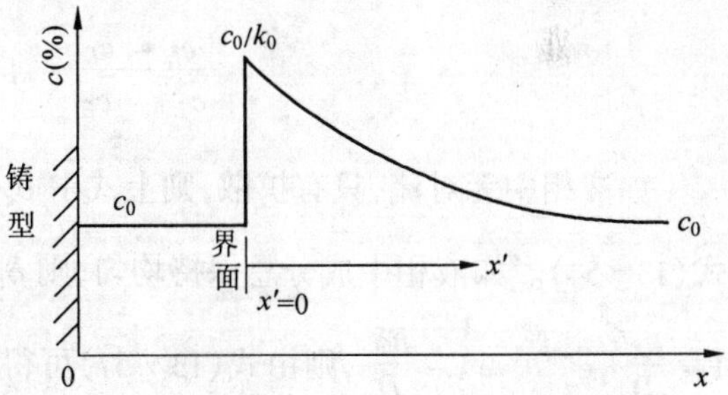

图 13-11 金属稳定传质凝固时固、液相中溶质分布

图 13-10b)中最初过渡区内溶质浓度分布可由下式求得

$$\frac{\partial c_L}{\partial t} = D_L\frac{\partial^2 c_L}{\partial x'^2} + R\frac{\partial c_L}{\partial x'}$$

边界条件为 $t=0, x'>0$ 时,$c_L=c_0$;$t>0, x'=\infty$ 时,$c_L=c_0$。此式的精确解为

$$c_s = \frac{c_0}{2}\{1 + \mathrm{erf}\sqrt{(R/2D)x} + (2K_0-1)\exp[-K_0(1-K_0)(R/D)x]$$
$$\mathrm{erf}\left[\frac{(2K_0-1)\sqrt{(R/D)x}}{2}\right]\} \tag{13-55}$$

分析此式可得的结论为 K_0 和 $\dfrac{R}{D}x$ 的值越大,最初过渡区的厚度就越小。

13.6.4 凝固时液相中有对流情况下的溶质再分布

大多数金属凝固时液相中都存在对流,而在固-液界面前沿液相中会有一浓度边界层,设其厚度为 δ_c,边界层外的液相内成分均匀,其溶质浓度可设为 c_0。如固相内无扩散,则溶质分布可如图(13-12)所示。界面处固相内溶质浓度为 c_s^*($c_s^* < c_0$),界面处液

相内溶质浓度为 c_L^*,$c_L^* < c_0/K_0$,这由液相对流所引起。

边界层内只有扩散传质,在稳定传质情况下,可得如下方程式

$$D\frac{d^2 c_L}{dx'^2} + R\frac{dc_L}{dx'} = 0$$

边界条件为:$x' = 0$ 时,$c_L = c_L^*$;$x' = \delta_c$ 时 $c_L = c_0$。

利用边界条件解此二阶齐次微分方程,可得

$$\frac{c_L - c_0}{c_L^* - c_0} = 1 - \frac{1 - e^{\frac{-Rx'}{D}}}{1 - e^{\frac{-R\delta_c}{D}}} \quad (13-56)$$

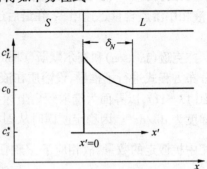

图 13-12 凝固中液相有对流时溶质再分布

如铸件厚度较小,或在凝固后期液相体积有限,则边界层 δ_c 以外的液相中溶质含量会高于 c_0,并随凝固的进行而提高,如以 $\bar{c}_L$ 表示它,则式(13-56)可写成

$$\frac{c_L - \bar{c}_L}{c_L^* - \bar{c}_L} = 1 - \frac{1 - e^{\frac{-Rx'}{D}}}{1 - e^{\frac{-R\delta_c}{D}}} \quad (13-57)$$

如液相中无对流,只有扩散,则上式中 $\delta_c = \infty$,$\bar{c}_L = c_0$,$c_L^* = c_0/K_0$,式(13-57)便变成式(13-54)。如液相中成分总保持均匀,则 $\delta_c \to 0$,因 $x' \leq \delta_c$,$x' \to 0$,式(13-57)中 $e^{-\frac{Rx'}{D}} \approx 1 - \frac{Rx'}{D}$,$e^{-\frac{R\delta_c}{D}} \approx 1 - \frac{R\delta_c}{D}$,则由式(13-57)可得 $c_L = \bar{c}_L$ 的结论。故式(13-57)为金属平面凝固时液相内溶质分布表达式的通式。

习 题

13.1 请叙述传质系数与扩散系数在物理意义上的异同点,为何在对流传质的研究中要提出传质系数的概念?

13.2 请比较传质系数薄膜模型和渗透模型的异同点。

13.3 原始含氢量为 1 cm³(H₂)(标态)/cm³ 的合金钢液流过长 $L = 100$ cm、宽 $b = 15$ cm、与水平面夹角为 1°的倾斜平板,利用真空除氢。设与钢液表面接触处真空中的氢浓度可视为零,液膜厚度为 1 mm。试计算脱氢后每单位钢液膜表面面积下的钢液中的含氢量[cm³(H₂)(标态)/cm²液膜]。已知钢液密度 $\rho = 8.32$ g/cm³,粘度 $\eta = 6 \times 10^{-2}$ g/cm·s,扩散系数 $D_H = 1.3 \times 10^{-4}$ cm²/s。 (答:0.044 cm³(H₂)(标态)/cm² 液膜)

13.4 图 13-13 所示是一种从由 50% Ar + 50% H₂ 气体中吸收氢气的装置。吸收液是 760 ℃的铝液,它以 2.5×10^{-3} m/s 的平均速度沿管壁下流,原铝液不含氢,它接触的气体压力为 1 atm,已知 760 ℃、1 atm 氢气压力下的氢溶解度为 1 cm³/100g 铝,铝液粘度 $\eta =$

11×10^{-4} Pa·s,其密度为 2.5g/cm³,氢原子在铝液中的扩散系数 $D = 1 \times 10^{-5}$ cm²/s。问铝液离开此管时的含氢量是多少?(提示:氢分子变成氢原子溶入金属液中时,溶解度与氢气压力的平方根成正比。)

(答:0.707 cm³/100g 铝)

13.5 20 ℃的空气以 3.1 m/s 的速度平行于水面流动,水的温度为 15 ℃,水面长 0.1 m,求水的蒸发速率。已知空气中水汽分压 $p_{A\infty} = 777$ Pa,总压为 98 070 Pa(提示:传质边界层温度可取水温和空气温的平均值 17.5 ℃,17.5 ℃时空气的运动粘度系数 $\nu = 15.5 \times 10^{-6}$ m²/s)。 (答:7.77×10^{-3} mol/(m²·s))

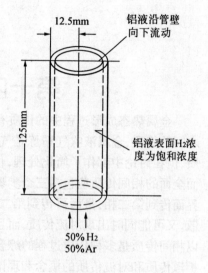

图 13-13

第十四章 相间传质

金属热态成形过程中的传质有很多都是在不同相间进行的,如钢件的渗碳是气、固相之间的传质,金属液吹气精炼是气、液相间的传质。前几章中也讨论过两不同相间的传质,但在讨论中都作了简化处理,仅把另一相作为边界条件,讨论的仍是单相中的传质。而全面的相间传质应包括三个步骤,首先是物质在某一相内从主体传到界面,然后是跨过界面传到第二相,最后再传到第二相的主体。这种传质过程很复杂,既有原子或分子扩散,又可能同时出现对流传质,而且在界面上还有时发生集聚状态的变化或化学反应,所以相间传质是多种传质过程的综合,有人称此种传质过程为贯通传质过程。本章将应用扩散传质和对流传质的概念和理论导出相间总传质系数(或称贯通传质系数),来分析和计算实际相间传质的问题。

14.1 双重阻力传质理论(双膜理论)

两相接触时,如它们不能混合或互溶,则在界面上某一组分在两相中的分配量总处于一平衡状态,如该组分在某一相内迁移,界面上组分含量的平衡遭破坏。为保持平衡,另一相内的同一组分也会迁移,这样便形成了某组分在两相间的连续传质过程,在相界面上保持动态平衡。不同相界面上 A 组分的平衡分配系数引起的组分 A 浓度分布情况示于图 14-1 中。

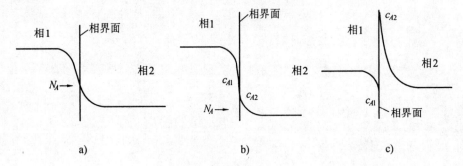

图 14-1 不同界面分配系数 K 时,组分 A 的分布情况

a) $K = \dfrac{c_{A1}}{c_{A2}} = 1$ b) $K = \dfrac{c_{A1}}{c_{A2}} > 1$ c) $K = \dfrac{c_{A1}}{c_{A2}} < 1$

今观察气、液相间组分 A 的传质(图 14-2),气相、液相间有相对流动,故在界面两侧的气相和液相中都有浓度边界层,每一相内的浓度差只存在于边界层中,如分别单独观察物质 A 在气相和液相中的传质速率 N_{Ag} 和 N_{Al},可得

$$N_{Ag} = k_g(Y_{A\infty} - Y_A^*) \tag{14-1}$$

$$N_{Al} = k_L(X_A^* - X_{A\infty}) \tag{14-2}$$

因界面上总保持物质 A 分配的平衡，所以
$$N_{Ag} = N_{Al} = N_A \qquad (14-3)$$
此外，当温度和压力一定时，在稳定相间传质时，一个相中的 A 物质的浓度必定可在另一相中找到与之相对应的平衡浓度，其平衡分配曲线示于图 14-3，即对应于气相中的 $Y_{A\infty}$，在液相中有 X_{AY}；对应于液相中的 $X_{A\infty}$，在气相中有 Y_{AX}；在界面上 Y_A^* 与 X_A^* 相对应。这样就创造了把两相间的传质归结到一个相中进行讨论的可能性。如原来两相中的传质是由气相中的 $Y_{A\infty}$ 和液相中的 $X_{A\infty}$ 之间的浓度差所引

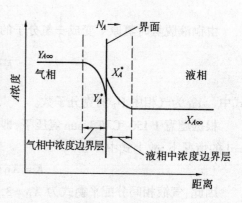

图 14-2 双重阻力传质

起，但因传质系数在两相中是不一样的，故很难建立合适的传质速率数学式，今知有气相中的 Y_{AX} 可与 $X_{A\infty}$ 相对应，这样就可把由 $Y_{A\infty}$ 和 $X_{A\infty}$ 引起的传质归结为气相中 $Y_{A\infty}$ 与 Y_{AX} 引起的传质，即

$$N_A = k_g(Y_{A\infty} - Y_{AX}) = k_g[(Y_{A\infty} - Y_A^*) + m'(X_A^* - X_{A\infty})] \qquad (14-4)$$

上式中 k_g 为从气相出发设定的总体相间传质系数，而由图 14-3 可知：$Y_A^* = m'X_A^*$，$Y_{AX} = m'X_{A\infty}$。

将式(14-1)、式(14-2)和式(14-3)代入式(14-4)，经运算后得

$$\frac{1}{k_g} = \frac{1}{k_g} + m'\frac{1}{k_L} \qquad (14-5)$$

同样从液相观察总体相间传质，可得相应的总体传质系数 K_L 的表示式

$$\frac{1}{K_L} = m''\frac{1}{k_g} + \frac{1}{k_L} \qquad (14-6)$$

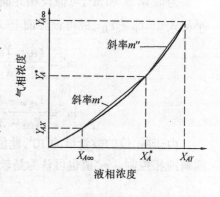

图 14-3 物质 A 在气、液相间的平衡分配曲线

传质系数的倒数为传质阻力，固此可把式(14-5)和式(14-6)视为相间传质时的双重阻力传质的表达式。由此两式可知，相间传质的阻力由两相的阻力组成，如两相的传质系数 k_g 和 k_L 相差不大，当传质组分在液相中的平衡浓度较大，即 m' 较小时，相间传质阻力主要来自气相；当传质组分在液相中难溶解而平衡浓度较小，即 m'' 较大时，相间传质阻力主要来自液相。

例 使 1 150 ℃的铜液表面与 1 atm 纯氩接触进行除氢，铜中氢扩散至氩气中时出现 $H = \frac{1}{2}H_2$ 的反应。1 150 ℃和 1 atm 氢气压力下氢在铜液中的溶解度为 7 cm³(H₂)(标态)/100gCu，如氢在氩气和铜液中的传质系数 k 都大致相等，试确定氢由铜液移至气相中的传质速率决定于气相传质还是液相传质？

解 由于 1 150 ℃时铜的蒸汽压很低，可假定气相中不含铜，故只需考虑气、液相中氢平衡。先把氢在铜中溶解度用摩尔分数浓度 X_H 表示

$$X_H = \frac{7/1\,000 \times 22.4 \times 0.5(\text{克原子氢})}{100/63.5(\text{克原子铜})} = 3.96 \times 10^{-4}$$

由铜液脱氢时氢原子变成 $\frac{1}{2}$ 氢分子的关系可知界面上的平衡常数

$$K = \frac{X_H}{\sqrt{Y_{H_2}}}$$

式中 Y_{H_2} 为气相中 H_2 的克分子数。

根据题意 1 150 ℃和 1 atm 氢压下,即为 1 150 ℃气相中全为氢的情况下,也就是 $Y_{H_2} = 1$ 的情况下,故上式中

$$K = X_H = 3.96 \times 10^{-4}$$

因此,气液相间分配平衡式为 $X_H = 3.96 \times 10^{-4} \sqrt{Y_{H_2}}$。

参照图 14-3 中曲线和分配平衡式,可知对应于 $Y_{H_2\infty} = 0$ 的 $X_{HY} = 0$;对应于 $X_{H\infty} = 3.96 \times 10^{-4}$ 的 $Y_{H_2}x = 1$。又因气、液相的 k 值相近,故由式(14-1)、(14-2)和式(14-3)可得

$$Y_{H_2\infty} - Y_{H_2}^* \approx X_H^* - X_{H\infty}$$

即

$$Y_{H_2}^* + X_H^* = 3.96 \times 10^{-4}$$

为估算 m' 和 m'',可假设界面上换气很快,气相中 H_2 含量很低,即 $Y_{H_2}^*$ 很小,由分配平衡式知 $X_H \ll Y_{H_2}$,故可设界面上 $X_H^* \approx 0$,相应地 $Y_H^* \approx 3.96 \times 10^{-4}$,因此

$$m' = \frac{Y_{H_2}^* - Y_{H_2}x}{X_H^* - X_{H\infty}} \approx \frac{3.96 \times 10^{-4} - 1}{0 - 3.96 \times 10^{-4}} \approx 3.96 \times 10^4$$

$$m'' = \frac{Y_{H_2\infty} - Y_{H_2}^*}{X_{HY} - X_H^*} = \frac{0 - Y_{H_2}^*}{0 - X_H^*} = \frac{\sqrt{Y_{H_2}^*}}{K} \approx \frac{2 \times 10^{-2}}{3.94 \times 10^{-4}} \approx 50$$

由于 m' 值的数量级为 10^4,此值很大,故可认为传质阻力主要来自液相,此种相间传质属液相控制。m'' 值也可认为是较大的值,故可得出同样结论。

14.2 气-固相间综合传质

双重阻力传质理论不仅对两流体相间的传质适用,同样可推广于气-固相间以及在界面上有化学反应的相间传质过程,如焦炭的燃烧、高炉中铁矿石的还原、石灰石的分解、热处理炉中钢件的气体渗碳等。本节将就传质时固相中有或无扩散的气-固相间传质作一分析。

14.2.1 固相中无扩散的气-固相间综合传质

固相中无扩散的气-固相间传质的具体例子如炭粒燃烧,其传质步骤为:
(1) 某组分由流体主体向界面传输;
(2) 在界面上被吸附、发生化学反应;
(3) 反应生成物解吸,并反向流体主体传输。

某组分由流体主体(浓度为 c_∞)向界面(浓度为 c_0)的传输速率为

$$N_1 = k_D(c_\infty - c_0) = \frac{c_\infty - c_0}{1/k_D}$$

可取对流传质系数 $k_D = D/\delta_c$。

在界面上化学反应速度与反应物浓度 c_0 和化学反应级数 ν 有关。如化学反应为一级,则生成反应产物的速率与 c_0 成正比,即

$$N_2 = k_r c_0 = \frac{c_0}{1/k_r}$$

式中 k_r 为化学反应速率常数(cm/s)。

在稳定传质时,$N_1 = N_2 = N$,可得

$$N = \frac{c_\infty}{\frac{1}{k_D} + \frac{1}{k_r}} = Kc_\infty \tag{14-7}$$

式中 K 为界面上有化学反应时相间传质的总传质系数

$$K = \frac{1}{\frac{1}{k_D} + \frac{1}{k_r}} = \frac{1}{\frac{\delta_c}{D} + \frac{1}{k_r}} \tag{14-8}$$

或

$$\frac{1}{K} = \frac{1}{k_D} + \frac{1}{k_r} \tag{14-9}$$

此式说明界面上有化学反应时的气-固相间传质的总阻力由气相传质阻力和化学反应阻力组成,当 $k_D \ll k_r$ 时,则整个传质过程由气相传质速率所控制,这种过程称传质控制型过程;当 $k_r \ll k_D$ 时,整个过程速率由化学反应速率所控制,称为化学动力学控制型过程。

k_r 值与温度等因素有关

$$k_r = Z\exp\left(-\frac{\Delta E}{RT}\right) \quad (\text{cm/s}) \tag{14-10}$$

式中 Z——频率因子,(cm/s);

ΔE——活化能,(J/mol);

R——通用气体常数,(J/(mol·K));

T——绝对温度,(K)。

温度低时,k_r 值很小,可能呈现 $k_r \ll k_D$。若温度很高,k_r 值呈指数规律增大,而气体的扩散系数 D 约只随 $T^{1.5}$ 增大,可能出现 $k_r \gg k_D$。

下面就炭粒燃烧时间式的推导,讨论上述理论的应用。

炭粒燃烧时在炭粒表面的化学反应可设为 $C + O_2 = CO_2$,此时气相中氧向炭表面扩散,而反应产物 CO_2 则反向扩散到气相主体中去,属于等分子逆向传质。每一摩尔氧的扩散传质等于一摩尔碳的燃烧,故炭的消耗速率为

$$N_C = N_{O_2}$$

设炭粒为纯碳,烧后不产生灰分,则燃烧速率与炭粒半径 R 变化的关系为

$$N_C = \frac{dR}{dt} \cdot \frac{\rho_C}{M_C} \quad (\text{mol C}/(\text{cm}^2 \cdot \text{s}))$$

式中　ρ_C、M_C——碳的密度和克分子重。

又由式(14-7)可知氧向炭粒表面的扩散速率为

$$N_{O_2} = \frac{c_\infty}{\frac{1}{k_D} + \frac{1}{k_r}}$$

由式(13-45)知,氧对炭粒的传质系数

$$k_D = Sh\frac{D}{d} = Sh\frac{D}{2R}$$

故由上面四个式子可得

$$\frac{c_\infty}{\frac{2R}{Sh \cdot D} + \frac{1}{k_r}} = -\frac{\rho_C}{M_C}\frac{dR}{dt}$$

式中等号右边负号系因炭粒燃烧时半径变小而设。

将此式移项积分,可得炭粒燃烧时间表达式

$$t = \frac{\rho_C}{M_C \cdot c_\infty}\left(\frac{R_0^2}{Sh \cdot D} + \frac{R_0}{k_r}\right) \quad (s) \tag{14-11}$$

式中　R_0——炭粒初始半径。

如炭燃烧时生成 CO,即 $2C + O_2 = 2CO$,此时由气相主体传质至炭粒表面 1 摩尔氧,可消耗 2 摩尔炭,即炭的燃烧速率增加一倍,因此应得 $-N_C = 2N_{O_2}$,把前述 N_C、N_{O_2} 等式代入此式,经相似运算后可得

$$t = \frac{\rho_C}{2M_C c_\infty}\left(\frac{R_0^2}{Sh \cdot D} + \frac{R_0}{k_r}\right) \tag{14-12}$$

例　煤粉燃料炉中半径 $R_0 = 10\ \mu m$ 的炭粒完全燃烧时间为多少?已知气流温度 $T_1 = 1\,200\ ℃$,气体总压力 $P = 100\,000\ Pa \approx 1\ atm$,炭粒表面温度 $T_2 = 1\,600\ ℃$,鼓入空气中含氧摩尔分数浓度 $x_{O_2} = 0.02$,炭燃烧反应速率常数 $k_r = 1.8 \times 10^7 \exp\left(-\frac{138 \times 10^3}{RT}\right)$,炭粒密度 $\rho_C = 2\,000\ kg/m^3$。

解　先计算 D、Sh 和 k_r。利用式(11-58)计算 D 值,由表 11-6 查得

$$V_{O_2} = 16.6\ cm^3/mol, \quad V_{空气} = 20.1\ cm^3/mol,$$

而

$$M_{O_2} = 32\ g/mol, \quad M_{空气} = 28.9\ g/mol$$

边界层温度　$T = \frac{1}{2}(T_1 + T_2) = \frac{1}{2}(1\,200 + 1\,600) = 1\,400\ ℃ = 1\,673\ K$

所以

$$D = \frac{1 \times 10^{-3}(T)^{1.75}}{P(V_{O_2}^{1/3} + V_{空气}^{1/3})^2}\sqrt{\frac{1}{M_{O_2}} + \frac{1}{M_{空气}}} =$$

$$\frac{10^{-3}(1\,673)^{1.75}}{1(16.6^{1/3} + 20.1^{1/3})^2}\sqrt{\frac{1}{32} + \frac{1}{28.9}} = 4.07\ cm^2/s$$

由于炭粒很小,且悬浮在气流中与气流一起流动,气流相对炭粒流速很小,故由式(13-45) $Sh = 2$。而 k_r 由题意取 $R = 8.314$,$T = T_2 + 273 = 1\,873$,计算得 $k_r = 0.253 \times 10^4$ (cm/s)。

计算炭粒燃料时间 t 之前,先设炭粒燃烧生成物中 $CO_2:CO = 1:2$,即 $-N_C = 1.5N_{O_2}$,故由式(14-11)和式(14-12)推导过程可知

$$t = \frac{\rho_C}{1.5M_C \cdot c_\infty}\left(\frac{R_0^2}{Sh \cdot D} + \frac{R_0}{k_r}\right)$$

而 $M_C = 12$ kg/kmol, $R_0 = \mu m = 10 \times 10^{-4}$ cm。

$$c_\infty = \frac{Px_{O_2}}{RT_1} = \frac{100\,000 \times 0.02}{8.314 \times 10^3 \times (1\,200 + 273)} = 1.63 \times 10^{-4} \text{ kmol/m}^3$$

所以

$$t = \frac{2\,000}{1.5 \times 12 \times 1.63 \times 10^{-4}}\left[\frac{(10 \times 10^{-4})^2}{2 \times 4.07} + \frac{10 \times 10^{-4}}{0.253 \times 10^4}\right] = 0.365 \text{ s}$$

14.2.2 固相中有扩散的气-固相间综合传质

固相中有扩散的气-固相传质的具体实例如氧化铁颗粒的气相还原,其传质、化学反应过程为:

(1) 气体还原剂通过颗粒表面的气膜(边界层)迁移至颗粒表面;
(2) 气体还原剂渗入颗粒内部与固相颗粒产生化学反应;
(3) 反应生成的气相产物自固相颗粒内部向外迁移。

这种传质的具体模型示于图 14-4。

单位时间通过气膜的颗粒表面传输的气体还原剂摩尔数为

$$N_g = 4\pi r_0^2 k_g (c_\infty - c_0) \text{ mol/s}$$

式中 r_0——球形颗粒外半径,(cm²);

k_g——气相传质系数,(cm/s);

c_∞、c_0——气相原始浓度和在界面上的浓度,(mol/cm³)。

气体还原剂通过反应固相产物层扩散传输的摩尔数

$$N_s = D_{eff} 4\pi r^2 \frac{dc}{dr}$$

式中 D_{eff}——气体还原剂在固相反应生成物中的扩散系数,此值中还考虑了固相层中的孔隙度;

r——固相中所观察球壳状微元体的半径。

稳定传质时,N_s 为常数,可对此式移项积分,最后得

$$N_s = 4\pi \frac{r_i r_0}{r_0 - r_i}(c_i - c_0)$$

如不考虑气相与固相的化学反应,在稳定传质时,则 $N_g = N_s = N$,所以

$$N = \frac{4\pi(c_\infty - c_i)}{\dfrac{1}{r_0^2 k_g} + \dfrac{r_0 - r_i}{r_i r_0 D_{eff}}} \quad (14-13)$$

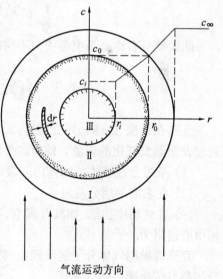

图 14-4 固相中有扩散的气-固传质模型
Ⅰ—气膜区(边界层)
Ⅱ—固相化学反应生成物区
Ⅲ—未反应区

但气体还原剂在颗粒的 r_i 球面上与固相发生了化学反应,故可视 c_i 为化学反应时气体还原剂的平衡浓度 $c_平$,计算时近似地取 $c_i = c_平$。

如在固相中 r_i 处有等分子数可逆反应,且反应平衡常数为

$$K = \frac{c'_平}{c_平} = \frac{k_+}{k_-}$$

式中 $c'_平$——反应平衡时气相反应产物的浓度;

k_+、k_-——正、逆反应速度常数;

等分子反应中,总浓度是不变的,即

$$c_i + c'_i = c_平 + c'_平, \qquad c'_i = c_平(1 + K) - c_i$$

式中 c'_i——化学反应产物的浓度。

而等分子反应时的传质速率为

$$N_0 = 4\pi r_i^2 (k_+ c_i - k_- c'_i)$$

此式经利用上述关系式运算后,得

$$N_0 = \frac{4\pi(c_i - c_平)}{\dfrac{K}{r_i^2 k_+ (1 + K)}} \quad \text{mol/s} \tag{14-14}$$

因此对在固相内部有化学反应的气-固相间稳定传质言,$N_0 = N_g = N_s = N$,由式(14-13)和式(14-14)得

$$N = \frac{4\pi r_0 (c_\infty - c_平)}{\dfrac{1}{k_g} + \dfrac{r_0(r_0 - r_i)}{r_i D_{\text{eff}}} + \left(\dfrac{r_0}{r_i}\right)^2 \dfrac{K}{k_+ (1 + K)}} \tag{14-15}$$

此式等号右边分母中各项为不同传质阻力。

14.3 有元素蒸发时的综合传质

金属在焊接、熔炼和热处理时,尤其在真空熔炼和真空焊接、热处理时,常有金属组分通过表面蒸发气化的现象。此时的传质步骤有:

(1) 某组分在液体或固体内向表面扩散;

(2) 在表面上组分蒸发;

(3) 在气相中扩散,如具有真空,则组分在气相中的浓度会很小,故可忽略传质在气相中所遇阻力。

克努森根据气体分子运动理论,得到了真空条件下表面无化学反应时分子(或原子)流的蒸发传质速率的计算式

$$J_A = \frac{\gamma_A P_{A0} c_{A0}}{c \sqrt{2\pi M_A RT}} \tag{14-16}$$

式中 γ_A——蒸发组分 A 的活度系数;

P_{A0}——纯蒸发组分 A 在一定温度下的蒸气压;

c_{A0}——蒸发组分 A 在金属表面上的浓度;

c——合金的克分子密度,$(\mathrm{mol}_{合金}/\mathrm{cm}^3)$;
M_A——组分 A 的克分子量;
R——气体常数;
T——绝对温度。

此外,真空条件下的液(固)、气相间蒸发传质速率还可用下式表示,即

$$J_A = k_{蒸} c_{AO} \tag{14-17}$$

式中 $k_{蒸}$——蒸发传质系数。

比较式(14-16)和式(14-17),得

$$k_{蒸} = \frac{\gamma_A P_{AO}}{c\sqrt{2\pi M_A RT}} \tag{14-18}$$

组分 A 在表面上蒸发的同时,合金内部也有传质过程,在稳定传质情况下,传质摩尔通量可写成

$$J_A = k_{金}(c_\infty - c_{AO}) \tag{14-19}$$

式中 $c_{A\infty}$——合金整体中 A 的浓度;
$k_{金}$——合金中 A 的传质系数。

如合金为液态,$k_{金}$ 可按式 $Sh = f(Re, Sc)$ 计算,可是在感应熔化下合适的 $Sh = f(Re, Sc)$ 尚未求得,故只能假设合金液流过表面的流层内无剪应力梯度,组分 A 在表面层内部靠扩散进行传输,表面液体更新时间 t 等于液体从中心到坩埚壁的距离除以表面流速,可按对流传质渗透模型中式(13-6)计算 $k_{金}$,即

$$k_{金} = 2\sqrt{\frac{D}{\pi t}} \tag{13-6}$$

在蒸发条件下 $t \approx 1$。

因式(14-17)表示的 J_A 等于式(14-19)表示的 J_A,所以

$$c_{AO} = \frac{k_{金}}{k_{蒸} + k_{金}} c_{A\infty}$$

将此式代入式(14-17),得

$$J_A = \frac{k_{金} k_{蒸}}{k_{蒸} + k_{金}} c_{A\infty} = \frac{1}{\frac{1}{k_{蒸}} + \frac{1}{k_{金}}} c_{A\infty} = K c_{A\infty} \tag{14-20}$$

所以具有蒸发的综合传质阻力为

$$\frac{1}{K} = \frac{1}{k_{蒸}} + \frac{1}{k_{金}} \quad (\mathrm{m/s}) \tag{14-21}$$

由此式可知,如 $\frac{1}{k_{蒸}} \gg \frac{1}{k_{金}}$,则整个传质过程由蒸发传质过程控制;反之,则金属为扩散过程成为控制过程。

蒸发扩散过程中,金属中 A 组分浓度不断降低,此时金属中单位时间失去的 A 物质数量应等于蒸发传质的 A 物质数量,即

$$-V \frac{\mathrm{d} c_{A\infty}}{\mathrm{d} t} = A K c_{A\infty}$$

式中　V——金属体积；
　　　A——金属蒸发表面积。

将上式移项、积分，得

$$\ln \frac{c_{A\infty}}{c_{AO}} = \frac{A}{V}Kt \tag{14-22}$$

由于 $k_\text{金}$ 与 $k_\text{蒸}$ 都与外部压力无关，当金属表面上真空度足够高时，也即气相中传质很快时，K 应与外界压力无关。但如金属表面上有一定的气压，如惰性气体保护下的金属焊接、熔炼或热处理，气相中的传质系数便会变小，如金属表面上的气相浓度边界层厚度保持不变，K 值会随气体压力的升高而变小，所以惰性气体保护下的金属焊接、熔炼或热处理时，金属中元素的损失可减少或消失。

例　锰铁合金在真空感应炉中熔化。已知锰在金属液内扩散系数 $D = 9 \times 10^{-5}$ cm²/s，锰分子量 $M = 54.9$ g/mol，纯锰在温度 $T = 1\,600$ ℃时的蒸气压 $P_0 = 46.65 \times 10^3$ g/(cm²·s)，锰活度系数 $\gamma_\text{Mn} = 1.0$，合金中锰的浓度 $c = 0.128$ mol/cm³。试确定锰烧损速度的控制环节。

解　计算在液相中锰的传质系数，取熔炉表面停留时间 $t = 1$ s。则由式(13-6)有

$$k_\text{金} = 2\sqrt{\frac{D}{\pi t}} = 2\sqrt{\frac{9 \times 10^{-5}}{\pi \times 1}} = 1.08 \times 10^{-2} \text{ cm/s}$$

用式(14-18)计算金属液表面蒸发传质系数

$$k_\text{蒸} = \frac{P_0 \gamma_\text{Mn}}{c\sqrt{2\pi MRT}} = \frac{46.65 \times 10^3 \times 1.0}{0.128\sqrt{2 \times 3.14 \times 54.9 \times (8.31 \times 10^7) \times (1\,600 + 273)}} = 4.98 \times 10^{-2} \text{ cm/s}$$

故综合传质阻力为

$$\frac{1}{K} = \frac{1}{k_\text{金}} + \frac{1}{k_\text{蒸}} = \frac{1}{1.08 \times 10^{-2}} + \frac{1}{4.98 \times 10^{-2}} = 113.9 \text{ s/cm}$$

传质系数为

$$K = 8.8 \times 10^{-3} \text{ cm/s}$$

可见 $\frac{1}{k_\text{金}} > \frac{1}{k_\text{蒸}}$，故金属液内传质是控制环节。

如果加强对金属液搅拌，可便 t 值变小，$k_\text{金}$ 值变大，金属液内传质控制作用会减弱，同时提高 K 值，锰的烧损速度将会增大。

14.4　金属液中通气泡除气精炼时的传质

铝合金、铜合金熔炼时常会吸收较多的氢，因此需要精炼除氢，除氢的方法之一就是在金属液中加入除气剂形成不溶于金属液的气泡，使溶入金属液内的氢原子以分子形式析出进入氢分压接近于零的气泡中，随气泡浮出液面。也可用导管将对金属液惰性的气体(如氯、氮等)通入金属液中形成上浮气泡除氢。气泡表面状态对除氢效果的影响很大，如气泡表面直接接触金属液或气泡表面有氧化膜，两者除氢效果会相差很多，不同的气泡

表面对氢在表面上的活度也有影响,下面分两种气泡表面情况对气泡除氢综合传质进行分析。

14.4.1 气泡表面直接与金属液接触下的除氢综合传质

此种情况下,氢迁移的步骤(见图 14-5)为:

(1) 氢原子由金属液内部向界面迁移;

(2) 氢原子在界面上形成氢分子;

(3) 氢分子从相界面向气泡中心迁移。

图 14-5 中 r_0 为气泡半径,$r_1 - r_0 = \delta_L$ 为液相中浓度边界层厚度,$r_0 - r_2 = \delta_g$ 为气相中浓度边界层厚度,c 指氢的浓度。

如不考虑液相边界层内可能出现的由氢迁移和气泡上浮等因素引起的液相在 r 方向上的流动,在此边界层内只存在扩散传质。并假设气泡尺寸较小,上浮过程中气泡尺寸不变,边界层也不变化。由菲克第二定律的球坐标表现形式,可推导稳定传质时氢浓度在边界层内的分布式为

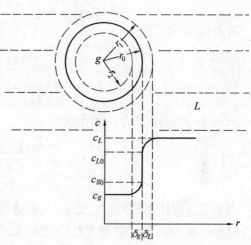

图 14-5 气泡直接与金属液接触时氢传质示意

$$\frac{d}{dr}\left(r^2 \frac{dc}{dr}\right) = 0$$

此式的边界条件为

$$r = r_0 \text{ 时}, \quad c = c_{L0}; \quad r = r_1 \text{ 时}, \quad c = c_L$$

利用边界条件对上式积分,可得

$$\frac{c - c_{L0}}{c_L - c_{L0}} = \frac{r_0(r_0 + \delta_L)}{\delta_L}\left(\frac{1}{r_0} - \frac{1}{r}\right) \tag{14-23}$$

根据菲克第一定律,可求得通过液相边界层在 r 方向上氢扩散摩尔原子流率

$$J_{[H]} = -4\pi r^2 D_L \frac{dc}{dr} = \frac{4\pi D_L r_0}{\delta_L}(c_L - c_{L0})(r_0 + \delta_L) \tag{14-24}$$

式中 D_L 为氢原子在金属液中的扩散系数。

同样,可推导得到通过气相边界层扩散入气泡的氢摩尔流率

$$J_{[H]} = \frac{4\pi D_g r_0(r_0 - \delta_g)}{\delta_g}(\sqrt{P_{H_20}} - \sqrt{P_{H_2}}) \tag{14-25}$$

式中 D_g——氢在气相中扩散系数;

$\sqrt{P_{H_20}}$——用氢分压表示界面上气相中的氢浓度;

$\sqrt{P_{H_2}}$——用氢分压表示气泡内部的氢平均浓度。

界面上无氢原子积聚,故式(14-24)和式(14-25)中 $J_{[H]}$ 相等,又考虑氢在两相中平衡时,$c_{LO} = K_0\sqrt{P_{H_2O}}$,$K_0$ 为平衡常数,经运算后可得

$$\frac{J_{[H]}\delta_L}{4\pi D_L r_0(r_0+\delta_L)} = c_L - K_0\sqrt{P_{H_2O}}$$

和

$$\frac{J_{[H]}\delta_g K_0}{4\pi D_g r_0(r_0-\delta_g)} = K_0\sqrt{P_{H_2O}} - K\sqrt{P_{H_2}}$$

两式相加,得

$$J_{[H]} = \frac{4\pi(c_L - K_0\sqrt{P_{H_2}})}{\dfrac{1}{r_0(r_0+\delta_g)}\cdot\dfrac{\delta_L}{D_L} + \dfrac{K_0}{r_0(r_0-\delta_g)}\cdot\dfrac{\delta_g}{D_g}} \quad (14-26)$$

如 $\delta_L \ll r_0$ 和 $\delta_g \ll r_0$,则上式简化成

$$J_{[H]} = \frac{4\pi r_0^2(c_L - K_0\sqrt{P_{H_2}})}{\dfrac{\delta_L}{D_L} + \dfrac{K_0\delta_g}{D_g}} \quad (14-27)$$

当金属液搅拌强烈时,δ_L 变小,气泡表面积增大,D_L 和 D_g 增大,则除氢效果越好。此外温度越高,K_0 越小,扩散系数也变大,故适当提高金属液温度,除气效果可较好。

14.4.2 表面有氧化膜气泡除氢综合传质

当用 CO、CO_2 或能生成 CO 和 CO_2 的除气剂对铝液进行气泡除氢时,气泡表面上会形成 Al_2O_3 氧化膜,则除氢时氢迁移步骤为:

(1) 氢原子由铝液内部迁移到氧化膜表面;

(2) 氢原子吸附在氧化膜表面;

(3) 氢原子在氧化膜中扩散到与气相接触的表面;

(4) 氢原子在此表面上反应生成氢分子;

(5) 氢分子向气泡内部扩散。

此种传质时的氢浓度变化示于图 14-6。

氧化膜两侧有浓度边界层 δ_g 和 δ_L,氧化膜厚度为 δ_s,各有关处的氢浓度可由曲线知。如为稳定传质,则氢在 δ_L、δ_s 和 δ_g 中的浓度分布可由球坐标表示的菲克第二定律求得

$$\frac{c_1 - c_{LO}}{c_L - c_{LO}} = \frac{r_3(r_3+\delta_L)}{\delta_L}\left(\frac{1}{r_3} - \frac{1}{r}\right),$$

$$r_3 \leqslant r \leqslant r_4$$

(14-28)

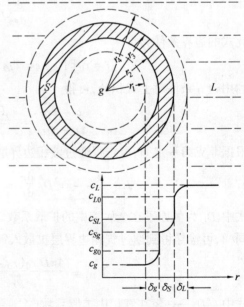

图 14-6 表面有氧化膜气泡除氢时氢浓度的分布

$$\frac{c_2 - c_{sg}}{c_{sL} - c_{sg}} = \frac{r_2(r_2 + \delta_s)}{\delta_s}\left(\frac{1}{r_2} - \frac{1}{r}\right), \qquad r_2 \leqslant r < r_3 \tag{14-29}$$

$$\frac{c_3 - c_g}{c_{go} - c_g} = \frac{r_1(r_1 + \delta_g)}{\delta_g}\left(\frac{1}{r_1} - \frac{1}{r}\right), \qquad r_1 \leqslant r < r_2 \tag{14-30}$$

式中,c_1、c_2、c_3——在 δ_L、δ_s 和 δ_g 中的氢原子浓度和拟氢原子浓度(实际上在气相中为氢分子,其浓度用分压 $\sqrt{P_{H_2}}$ 表示);

c_g——气相内拟氢原子平均浓度,$c_g = \sqrt{\overline{P_{H_2}}}$,$\overline{P_{H_2}}$ 为氢平均分压。

稳定传质时,单位时间通过 δ_L、δ_s 和 δ_g 层的氢质量应相等,即

$$J_{[H]} = -4\pi r^2 D_L \frac{dc_1}{dr} = -4\pi r^2 D_s \frac{dc_2}{dr} = -4\pi r^2 D_g \frac{dc_3}{dr}$$

式中,D_L、D_s 和 D_g——氢在液、固和气相中的扩散系数。

由式(14-28)、式(14-29)和式(14-30)可求得 $\frac{dc_1}{dr}$、$\frac{dc_2}{dr}$ 和 $\frac{dc_3}{dr}$ 的表达式,将它们代入上式,得

$$J_{[H]} = \frac{4\pi D_L r_3 (r_3 + \delta_L)(c_L - c_{L0})}{\delta_L} = \frac{4\pi D_s r_2 (r_2 + \delta_s)(c_{sL} - c_{sg})}{\delta_s} =$$

$$\frac{4\pi D_g r_1 (r_1 + \delta_g)(\sqrt{P_{H_2 0}} - \sqrt{\overline{P_{H_2}}})}{\delta_g} \tag{14-31}$$

很难测得 c_{sL} 和 c_{sg},但可用氢在固、液相界面和固、气相界面上的平衡分配系数 K_1 和 K_2 表示,即 $c_{sL} = K_1 c_{L0}$,$c_{sg} = K_2 \sqrt{P_{H_2 0}}$。

将式(14-31)分成三个 $J_{[H]}$ 表达式,并将上两式代入,运算后可得

$$J_{[H]} = \frac{(K_1 c_L - K_2 \sqrt{\overline{P_{H_2}}})}{\frac{\delta_L K_1}{4\pi D_L r_3 (r_3 + \delta_L)} + \frac{\delta_s}{4\pi D_s r_2 (r_2 + \delta_s)} + \frac{\delta_g K_2}{4\pi D_g r_1 (r_1 + \delta_g)}} \tag{14-32}$$

若 δ_L、δ_s 和 δ_g 都比 r_2 小得很多,上式可简化为

$$J_{[H]} = \frac{4\pi r_2^2 (K_1 c_L - K_2 \sqrt{\overline{P_{H_2}}})}{\frac{K_1 \delta_L}{D_L} + \frac{\delta_s}{D_s} + \frac{K_2 \delta_g}{D_g}} \tag{14-33}$$

由式(14-33)可见,与气泡直接接触金属液相比较,有氧化膜气泡除氢时氢的迁移遇到了附加的氧化膜中传质阻力 δ_s/D_s,D_s 比 D_L 或 D_g 都小得多,故气泡上的氧化膜表面会大大降低除氢效果。氢原子透过氧化膜的时间 $t = 0.0319 \delta_s^2/D_s$,故 δ_s 越厚,除氢效果越差。

实际生产中,气泡尺寸在上浮时会不断变大,c_L 和 c_g 也不能保持常数值,氢的迁移不是稳定传质过程。此外氢向气泡中的迁移还受气泡群体的相互影响,故气泡去除金属液中氢是复杂的传质过程。

习 题

14.1 请对比在本篇中所推导出来的公式与第二篇热量传输中所推导出来的公式,有那些在公式结构形式上是相似的?请列表示出。能说出一些道理来吗?

14.2 直径为 $6~\mu m$ 的炭粒在 $1~200~℃$ 气流中燃烧。已知:炭粒表面温度 $T=1~400~℃$,化学反应速率常数 $k_r = 1.8 \times 10^7 \times \exp\left[-\dfrac{138 \times 10^3}{(8.314)T}\right]$ cm/s。问这种燃烧属何种控制?

(答:$k_D = 1.45 \times 10^4$ cm/s, $k_r = 0.81 \times 10^3$ cm/s)

14.3 里查尔达逊在研究炼钢时渣液钢液界面两侧液流速度分布时,得出如下关系:$\dfrac{k_2}{k_1} = \left(\dfrac{\nu_1}{\nu_2}\right)^{0.5}\left(\dfrac{D_2}{D_1}\right)^{0.7}$,式中 k_1、k_2 为元素在渣液和钢液中的传质系数;ν_1、ν_2 为渣液和钢液的运动粘度系数;D_1 和 D_2 为元素在渣液和钢液中的扩散系数。已知渣液的动力粘度系数 $\eta_1 = 0.02$ Pa·s,密度 $\rho_1 = 3.5 \times 10^3$ kg/m³,$D_1 = 10^{-9} \sim 10^{-11}$ m²/s;钢液的动力粘度系数 $\eta_2 = 0.0025$ Pa·s,$\rho_2 = 7.2 \times 10^3$ kg/m³,$D_2 = 10^{-8} \sim 10^{-9}$ m²/s。如不考虑界面上传质的阻力,问此种情况下元素的传质控制环节是什么,可采取什么样的措施加速传质?

(答:渣液控制……)

14.4 根据前述炭粒燃烧传质所学的知识,试分析讨论冲天炉风口区附近焦炭燃烧时的传质特点和增强燃烧的措施。

第四篇 传输现象的相似理论和数值模拟

在前面三篇有关动量传输、热量传输和质量传输的叙述中,可以发现传输现象规律的数学表达式虽已建立,但对它们的解析求解往往很难,对大多数的工程问题,常常只能很粗糙地近似求解,或靠经验数据解决问题。有时为了得到精确些的数据,就只有采用实验的方法了。大多数实验只能在与实际现象相似的模型上进行。通过在模型上建立与实际现象相似的实验,获得能反映实际现象的传输规律就成为传输现象研究工作者的一项工作内容。

在与实际条件相似的模型上进行模拟实际现象的实验称为"模拟实验"。按什么样的原则建立模型,如何将实验数据转换成实际工程中的数据,它们的指导理论基础就是相似理论。

用模拟实验的方法固然可以解决很多工程中传输现象的求解问题,但进行实验总免不了要化费一定的资金和时间,如何尽可能少地减少这类消耗,不用实验,只用数学运算近似地弄清一些传输现象和获得一些必要的数据,也是传输现象研究工作中经常采用的方法,前面结合具体问题已介绍过一些获得近似数学解的实例。近年来数学计算方法和计算机技术的发展为物理现象的数值模拟的实施创造了良好的条件。所谓数值模拟就是对某一物理现象建立一个与它近似的数学模型,利用计算机对空间中随时间变化的物理参数以及边界条件进行离散化处理,并进行数值分析,得到物理现象的运行规律以指导实际工程的实施。金属热态成形工作者对铸造、焊接等工程方面传输现象的数值模拟已做过大量工作。

本篇将结合金属热态成形传输现象,叙述相似理论和数值模拟的基本原理,并介绍一些应用的实例。

第十五章 传输现象的相似理论

15.1 相似现象的基础

在几何学的学习中,人们已建立起几何图形的相似概念。工程中的很多物理现象也有相似的特点,如在第三篇中辐射传热的电路网络计算就是利用了辐射传热系统与直流电路系统网络的相似特点,主要就是因为表达这两种物理现象特性的数学式具有同样的结构形式。人们把可用同样形式数学式表达的物理现象群称为同类现象。但属于同类现象的不同物理现象不一定都相似,只有当同类不同物理现象中,它们的各自空间中相对应的各点上的表征现象特性的同类物理量的比例,在时间上相对应的瞬间为常数时,两个同类的不同物理现象才相似。如两个相似三角形三个相应边边长的比例都为同样的常数;两个相似温度场中,在某一时刻,其任意相应点上的温度比例应都一样。

由于物理现象都是在一定的空间中进行的,相似的物理现象应在相似的空间中进行。所以完整的物理现象相似应包含两个相似概念,即几何相似和物理现象本身的相似,其中包括初始条件和边界条件的相似。人们习惯于把后者统称为物理现象相似。

15.1.1 几何相似

几何相似即为几何图形相似,如前述两个相似三角形的对应边长度成比例,其比例常数可称为相似常数。边长长度的量度单位即为其量纲"米"。但也可采用相似的线段作为量度单位。如三角形 ABC 与三角形 $A'B'C'$ 相似,对三角形 ABC 的边长量度单位为线段 l,对三角形 $A'B'C'$ 边长的量度单位为 l',则两三角形的边长可用下述无量纲数字表达

$$\left.\begin{array}{ll} 边长\ AB: & L_1 = \dfrac{l_1}{l}, \quad 边长\ A'B': \ L'_1 = \dfrac{l'_1}{l'} \\ 边长\ BC: & L_2 = \dfrac{l_2}{l}, \quad 边长\ B'C': \ L'_2 = \dfrac{l'_2}{l'} \\ 边长\ CA: & L_3 = \dfrac{l_3}{l}, \quad 边长\ C'A': \ L'_3 = \dfrac{l'_3}{l'} \end{array}\right\} \quad (15\text{-}1)$$

式中 $L_1、L_2、L_3、L'_1、L'_2、L'_3$ ——表达三角形各边 $AB、BC、CA、A'B'、B'C'、C'A'$ 长度的无量纲数字;

$l_1、l_2、l_3、l'_1、l'_2、l'_3$ —— $AB、BC、CA、A'B'、B'C'、C'A'$ 的实际长度。

由于 l 和 l' 是对应于相似三角形 ABC 和 $A'B'C'$ 的线段,所以 $\dfrac{l_1}{l'_1} = \dfrac{l_2}{l'_2} = \dfrac{l_3}{l'_3} = \dfrac{l}{l'}$,将它们相应地代入式(15-1)中各式,可得 $L_1 = L'_1、L_2 = L'_2、L_3 = L'_3$。由此可得相似几何图形对应线段的无量纲长度相等。把此结论的意义推广可得:"若按比例采用相似的参数作为量度单位,则描述相似几何图形的方程式或函数在将其转变成无量纲形式后,它们应完全相同"。其逆向结论也成立,即"两个几何图形的无量纲方程或函数一样,则它们相似"。

以两个相似的椭圆形(图15-1)为例作进一步说明,它们的数学表达式各为

$$\dfrac{x^2}{a^2} + \dfrac{y^2}{b^2} = 1 \qquad \dfrac{x_1^2}{a_1^2} + \dfrac{y_1^2}{b_1^2} = 1$$

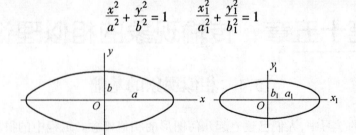

图 15-1 相似椭圆形

如对此两图形的量度单位各取相似的长度 a 和 a_1,则

$$x = aX, \quad y = aY, \quad a = aA, \quad b = aB, \quad x_1 = a_1 X_1, \quad y_1 = a_1 Y_1, \quad a_1 = a_1 A_1, \quad b_1 = a_1 B_1$$

上面各式中 X、Y、A、B、X_1、Y_1、A_1 和 B_1 各为相应点的座标或线段的无量纲数字,将上面各式代入椭圆形的表达式中,由于 $A = A_1 = 1$,则可得无量纲方程

$$X^2 + \frac{Y^2}{B^2} = 1 \qquad X_1^2 + \frac{Y_1^2}{B_1^2} = 1 \tag{15-2}$$

因两椭圆形相似,则相应参数(相似点的座标或线段)应成比例,即

$$\frac{x}{x_1} = \frac{y}{y_1} = \frac{a}{a_1} = \frac{b}{b_1}$$

因而可得 $X = X_1, Y = Y_1, B = B_1$,即式(15-2)中两方程都一样,为

$$X^2 + \frac{Y^2}{B^2} = 1$$

这一无量纲方程式对所有(不只两个)相似的椭圆形都合适。

15.1.2 物理现象相似

由前面的叙述,可以推论:

(1)如果物理现象相似,则在相应的时刻,它们空间任意相应点上的任意同名物理量应该成比例关系;

(2)如果物理现象相似,在选取相似的物理量作为量度单位后,将描述物理现象的数学方程式转换成的无量纲方程式应该一样。

为满足上述两结论,首要的条件是描写物理现象本身和初始条件、边界条件的方程式结构应相同。

需要注意的是,在几何相似时,相似常数只有一个,而物理相似时,由于方程式中的物理量有很多种,不同名的物理量都有各自的相似常数,如空间相似常数 $C_l = \frac{l}{l'}$,时间相似常数 $C_t = \frac{t}{t'}$,速度相似常数 $C_v = \frac{v}{v'}$ 等。前述 l、l'、t、t' 和 v、v' 为两相似物理现象中的对应空间尺寸、对应时间和对应点上质点的运动速度。各相似常数又有一定的约束关系,如对两相似质点 A 和 B 运动的物理现象言,$v = \frac{\mathrm{d}l}{\mathrm{d}t}$ 和 $v' = \frac{\mathrm{d}l'}{\mathrm{d}t'}$,则 $\frac{v}{v'} = \frac{\mathrm{d}l}{\mathrm{d}l'} \cdot \frac{\mathrm{d}t'}{\mathrm{d}t}$,即 $C_v = \frac{C_l}{C_t}$ 或 $C = \frac{C_v C_t}{C_l} = 1$。此为相似物理现象中相似常数关系的附加条件,$C$ 称为相似指示数或相似指标,用它来控制相似常数的关系。如 A 质点的 v 为 B 质点 v' 的几倍,如两质点的时间相似常数为1,则空间距离的对应值 l 也应为 l' 的几倍。

15.1.3 相似准数

由上节的 $\frac{C_v C_t}{C_l} = 1$ 式,可换算得

$$\frac{vt}{l} = \frac{v't'}{l'}$$

此式等号左右由物理参数组成的项为无量纲的不变量,或称定数,可取定数的统一符

号表示,即

$$\frac{vt}{l} = Ho \tag{15-3}$$

此式说明,像质点运动那样的物理现象相似时,则对应点上由各相关参数组成的无量纲数在对应的时间上具有相同的数值,如 Ho。相似理论把此数值称为相似准数。相似准数是性质相同物理量的对比,是反映事物本质特征的量,不是任意相同性质物理量的对比就可组成相似准数的。不同的相似物理现象有不同的相似准数,同样的物理现象相似时,常需多个相似准数共同反映现象的本质。大多数相似准数可通过将反映现象规律的数学方程式转换成无量纲方程式,即相似转换时获得。

既然相似准数是反映物理现象特征的量,所以很多物理现象就可由一些相似准数组成的关系式,即准数方程予以描述。采用准数方程描述物理现象可以减少数学式中的变量数,在模拟实验时也易于确定各相似准数间的关系。在前三篇的叙述中,已有较多准数方程的实例,这里已不需详细叙述。

式(15-3)是相似常数约束关系的另一种表达形式,它说明"当同类物理现象相似时,由各相关物理参数组成的相似准数应相等"。

15.2 物理现象方程的相似转换和相似准数的推导

由于相似物理现象的无量纲方程都相同,通过方程式的相似转换又能推导得到相似准数,而相似准数的确定又是相似理论应用的重要环节,故本节以动量和热量传输的实例,叙述物理现象方程式的相似转换和相似准数的推导。

15.2.1 动量传输方程的相似转换和动量传输相似准数

以一维非稳定的粘性流体的流动为例,由纳维埃-斯托克斯公式推导的动量平衡方程应为

$$\frac{\partial v_x}{\partial t} + v_x \frac{\partial v_x}{\partial x} = \nu \frac{\partial^2 v_x}{\partial x^2} - \frac{1}{\rho}\frac{\partial p}{\partial x} + g_x$$

如取速度、时间、运动粘度系数、长度、压力、密度和重力加速度的量度单位各为 v_0、t_0、ν_0、l_0、p_0、ρ_0 和 g_0,则上式中

$$\left.\begin{array}{l} v_x = v_0 V_x, \quad t = t_0 T, \quad x = l_0 X, \quad \nu = \nu_0 N, \\ p = p_0 P, \quad \rho = \rho_0 R, \quad g_x = g_0 G_x \end{array}\right\} \tag{15-4}$$

诸式中 V_x、T、X、N、P、R 和 G_x 各为速度、时间、长度(x 坐标)、运动粘度系数、压力、密度和重力加速度 x 分量的无量纲数。

将它们代入动量平衡方程,得

$$\frac{v_0}{t_0}\frac{\partial V_x}{\partial T} + \frac{v_0^2}{l_0} V_x \frac{\partial V_x}{\partial X} = \frac{\nu_0 v_0}{l_0^2} N \frac{\partial^2 V_x}{\partial X^2} - \frac{p_0}{\rho_0 l_0}\frac{1}{R}\frac{\partial P}{\partial X} + g_0 G_x$$

欲使此式转换成适用于各个相互相似的粘性流体流动现象的无量纲形式,须

$$\frac{v_0}{t_0} = \frac{v_0^2}{l_0} = \frac{\nu_0 v_0}{l_0^2} = \frac{p_0}{\rho_0 l_0} = g_0 \qquad (15-5)$$

由此式可列四个方程式，但其中有 7 个未知数，故可选择其中三个量度单位进行合理的设置。选择时应注意所选取的量度单位应都各自独立、不相互依靠。现取

$$l_0 = l, \quad \rho_0 = \rho, \quad \nu_0 = \nu$$

式中 l 为某一线段为尺寸。把它们代入式(15-5)，可得

$$v_0 = \frac{\nu}{l}, \quad p_0 = \rho v_0^2 = \rho \frac{\nu^2}{l^2}, \quad g_0 = \frac{v_0^2}{l} = \frac{\nu^2}{l^3}, \quad t_0 = \frac{l}{v_0}$$

将它们对应地代入式(15-4)中各式，可得

$$V_x = \frac{v_x l}{\nu} = Re$$

$$P = \frac{pl^2}{\rho\nu^2}, \quad \frac{P}{V_x^2} = \frac{pl^2}{\rho\nu^2} \cdot \frac{\nu^2}{v_x^2 l^2} = \frac{p}{\rho v_x^2} = Eu$$

$$G_x = \frac{g_x l^3}{\nu^2}, \quad \frac{G_x}{V_x^2} = \frac{g_x l^3}{\nu^2} \cdot \frac{\nu^2}{v_x^2 l^2} = \frac{g_x l}{v_x^2} = \frac{1}{Fr}$$

$$N = 1, \quad R = 1, \quad X = \frac{x}{l}, \cdots\cdots$$

由于这些无量纲数对相似的一维非稳定粘性流体的流动都一样，所以对相似的一维非稳定粘性流体的流动言，上述诸无量纲数都应得到满足，即相似准数 Re、Eu、Fr、N……等都应一样。

同理，还应根据连续性方程和初始条件、边界条件方程的相似转换，获得无量纲数相同的满足条件。

由上述的无量纲相似准数还可推导派生的相似准数，如

$$Ga = \frac{1}{Fr}Re^2 = \frac{gl^3}{\nu^2}, \quad Ar = Ga\frac{\rho - \rho_0}{\rho} = \frac{gl^3}{\nu^2} \cdot \frac{\rho - \rho_0}{\rho}$$

$$Gr = Ga\beta\Delta t = \frac{gl^3}{\nu^2}\beta\Delta t$$

不同的相似动量传输情况，适用的相似准数也不一样。

15.2.2 热量传输方程的相似转换和热量传输相似准数

以无限大平板的传导传热为例(图 15-2)，由傅立叶方程可得

$$\frac{\partial T}{\partial t} = a\frac{\partial^2 T}{\partial x^2}$$

初始条件　　$t = 0, \quad T = T'$
边界条件　　$x = \pm\delta, \quad q_1 = h(T_\infty - T)$
板内传热　　$q_2 = \mp\lambda\frac{\partial T}{\partial x}$

$x = \pm\delta$ 时，　$h(T_\infty - T) = \mp\lambda\frac{\partial T}{\partial x}$

如用过余温度的符号 θ 表示温度 $\theta = T - T_\infty$，则上述诸式的形

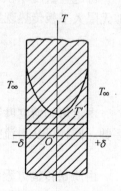

图 15-2　无限大平板传热

式为

$$\begin{aligned}
\frac{\partial \theta}{\partial t} &= a \frac{\partial^2 \theta}{\partial x^2} \\
t = 0, \quad \theta &= \theta' \\
x = \pm \delta, \quad h\theta &= \pm \lambda \frac{\partial \theta}{\partial x}
\end{aligned} \right\} \quad (15-6)$$

相应地取 θ_0、l_0、a_0、λ_0、h_0 和 t_0 为温度、长度、热扩散系数、导热系数、换热系数和时间的量度单位，则

$$\left. \begin{aligned}
\theta = \theta_0 \Theta, \quad \theta' = \theta_0 \Theta', \quad x = l_0 X, \quad \delta = l_0 \Delta, \\
a = a_0 A, \quad \lambda = \lambda_0 \Lambda, \quad h = h_0 H, \quad t = t_0 T
\end{aligned} \right\} \quad (15-7)$$

将它们代入式(15-6)诸式中，可得

$$\frac{\theta_0}{t_0} \cdot \frac{\partial \Theta}{\partial T} = \frac{a_0 \theta_0}{l_0^2} A \frac{\partial^2 \Theta}{\partial X^2};$$

$$T = 0, \quad \Theta = \Theta';$$

$$X = \pm \Delta, \quad h_0 \theta_0 H\Theta = \pm \frac{\lambda_0 \theta_0}{l_0} \Lambda \frac{\partial \Theta}{\partial X}$$

式中 Θ、Θ'、X、Δ、A、Λ、H、T 分别为温度、初始温度、坐标、$\frac{1}{2}$厚度、热扩散系数、导热系数、换热系数和时间的无量纲数。

将这些式子转换成无量纲式，需

$$\frac{1}{t_0} = \frac{a_0}{l_0^2} \quad 和 \quad h_0 = \frac{\lambda_0}{l_0}$$

用此两联立式，需求六个量度单位，故需选四个量度单位设置合理的物理量。取

$$a_0 = a, \quad \lambda_0 = \lambda, \quad l_0 = \delta, \quad \theta_0 = \theta'$$

将它们代入联立式中，可得

$$t_0 = \frac{\delta^2}{a}, \quad h_0 = \frac{\lambda}{\delta}$$

将这些量度单位代入式(15-7)中诸式，并通过运算，可得适用于本节所设条件诸相似无限大平板传热现象的无量纲数

$$\Theta = \frac{\theta}{\theta'}, \quad \Theta' = 1, \quad X = \frac{x}{\delta}, \quad \Delta = 1$$

$$A = 1, \quad \Lambda = 1, \quad H = \frac{h\delta}{\lambda} = Nu, \quad T = \frac{at}{\delta^2} = Fo$$

由上可知傅立叶数 Fo 为相似传热现象的无量纲温度，努塞尔特数 Nu 为无量纲换热系数。同样可从对流换热、辐射换热等方程式的相似转换中获得其它相似准则如 Pe、Pr 等。

由质量传输方程的相似转换也可获得相应的相似准数，如舍伍德数 Sh、施密特数 Sc 等，学生可自行推导。

15.3 模拟实验

模拟实验又称相似模型法或实验模拟,是一种在与实际条件相似的模型上进行模拟实际现象的实验方法,指导理论就是相似理论。实际工程中有很多动量传输、热量传输和质量传输的问题,如管道中流体流速、压力的分布;加热炉换热器中的传热;大型铸件凝固时的温度场变化,其中组成成分的再分布等常需进行测定,以便进行工程设计和工艺设计,预测可能出现的问题和结果,为问题分析提供资料等。可是这种测定如果在实际工程中进行,要耗费大量资金、物资、人力和时间。如果工程是新实施的,则根本不可能在尚未完成的实际工程上进行实验。模拟实验便可在耗费很小情况下及时地提供所需的信息,所以模拟实验一直受到传输现象研究工作者和从业人员的重视。

15.3.1 近似模拟实验的基础

在与实际装置完全相似的模型上进行与实际现象完全相似的实验在现实中往往是不能实现的。如在动量传输的精确模拟实验时,必须创造下述条件:

(1) 模型的几何形状必需与实际装置相似;

(2) 模型和实际装置的相应断面上要经常保证影响流体流动的密度与粘度间的对应关系;

(3) 在模型和实际装置的入口断面上,速度分布应相似;

(4) 模型和实际装置入口处按平均速度计算的雷诺数值应相等。当然,在流体与固体壁的界面处,模型和实际装置都需确保流动速度为零。

同时满足这些条件是几乎不可能的。只能从其中选择起主要决定性作用的条件给予满足,而对次要的、不起决定性作用的条件就只能不予满足了,这样便出现了近似模拟实验的概念,所得实验结果偏差也不会大。

如对流体流动进行近似模拟实验时,可只考虑模型的出、入口及主要流动空间与实际装置几何相似,又如影响流体流动的相似准数有 Eu、Re 和 Fr 等,当流体是在压力驱动下强制流动时,流体的重力作用和由密度不均引起的浮力作用就不显著了,只有惯性力和粘性力起主要作用,因此只考虑 Re 相同即可;而流体在自然流动时,可只取 Fr 为主要相似条件。

此外流体具有粘度的特性还为流体流动近似模拟实验的实施创造了条件,即粘性流体在近似模拟实验方面具有两种特性:

(1) 稳定性 稳定性系指粘性流动时,其在空间的流速分布可不受流体在装置或模型入口处流动状态的影响,而在进入容器流经一段距离后,自动地根据 Re 数形成稳定的分布状态。这就为模拟实验时允许模型入口处的几何相似出现一定偏差创造了条件,简化模拟实验的准备和操作。

(2) 自动成模性 自动成模性的实质系指流体在层流或紊流时,它能在与流速绝对值大小无关情况下,自动实现断面上速度分布的相似。如管内粘性液体层流时,不管流动速度如何变化,在各液流断面上的流动速度分布曲线总保持有抛物线的特点。

在紊流中,当 Re 大于一定值后,不管速度如何变化,流速在断面上的分布情况就不再变化,而且各断面上流速分布彼此相似。

人们把层流状态称为第一自动成模区,把紊流状态称为第二自动成模区,至于第一自动成模区的 Re 的上限值,第二自动成模区的 Re 上、下限值常需专门测定。

曾经证明过,层流区的流动阻力具有双曲线的特性,即

$$Eu \cdot Re = \text{const}$$

在紊流区,Re 已对阻力不起作用,即

$$Eu = \text{const}$$

因此这种自动成模性就使紊流的模拟实验在任何 Re 值,即任何流量情况下都能实现,流速在断面上分布的相似总能保证,模型和实际装置中的 Re 数也不必一定相等。

在金属热态成形使用的装置中,不仅会遇到没有传热过程的流体流动,也常需面对既有传热,又有流体流动的装置,如加热炉、正在浇注中的铸型等。此时的模拟实验必须考虑流动流体中温度场的相似。温度场相似的准数为 Pr。欲使模型和实际装置中 Pr 相等也是很困难的。如铸造浇注系统研究中,模型中常用水模拟金属液,根本无法考虑 Pr 准数的相似,主要因为金属液在浇注系统中通过的时间很短,就近似地假设金属液流经浇注系统时散热过程来不及进行,把浇注系统中金属液流动过程视为等温过程。

15.3.2 近似模拟实验的实施

当需要对一具体工程中的传输现象进行模拟实验时,在对现场装置,装置的工作特点或工艺过程作充分了解后,即可实施近似模拟实验。

设计和制造模型,按合适的与实际装置的比例确定模型各部尺寸和结构,选择实验时所使用的工作介质(液体或气体)以及它的流量、流速,决定所需测定的数据测点和测量方法是模拟实验实施的重要准备工作。

模型形状应与实际装置相似,在对熔化炉和加热炉中炉气的运动、传热、传质进行模拟实验时,熔池表面或被加热件的外形可直接由模型壁形成。尽可能使模型出入口、模型的主要部位尺寸保证正确的几何相似。

推敲模型的缩小比例时,应考虑实验场地的面积、高度,实验室中装备,如电气、通风机、空气压缩机、供水系统等的容量。模型尺寸应便于观察、采集数据,建立相似的条件,当然也应注意节约的原则。

常用水或空气作为模型的工作介质。当为定性模拟实验时,用水有较多优点,其运动粘度较小,在取 Re 作为相似准数时,模型中工作介质的运动速度也可较小,易于观察,水也易于着色。水中加些水溶性的物质,如甘油等,可在较大范围中调整工作介质的粘度。

当进行定量实验时,采用空气作为工作介质是最合适的了,因测量气流的压力和速度的仪器可提供较可靠的数据。利用空气还可创建工作介质较高速度的运动,相应地可降低测量的误差值。

在铸型充型情况和铸造浇注系统研究中常用水模拟金属液。

常温下工作的模型常用有机玻璃制作。

在选择好模型的主要部位后,应选择好能表示该部位几何形状特征的线性尺寸,它称

为定型尺寸,如圆管的直径、通道的水力半径、流体流过空间的距离等,把它作为计算相似准数时需要的线性尺寸参数。

很多物性都与温度有关,所以必须根据实际装置的工作情况确定一个有代表性的温度来确定物理量,这个温度称为定性温度,常取平均温度为定性温度。

相似准数的选择在不同传输现象中也不一样,应尽可能利用前面提到过的粘性流体的稳定性和自动成模性以及等温近似模拟的可能性,以便减少对相似准数数目的需求。

模型上实验时所采纳的参数常需根据实际装置上的工作参数、相似准数转换过来,它们与模型的比例有关。如一般流体流动时所需遵循的相似准数为 Re 和 Eu,即取

$$\frac{vd}{\nu} = \frac{v'd'}{\nu'} \text{ 和 } \frac{p}{v^2\rho} = \frac{p'}{v'^2\rho}$$

式中带"′"的字母指模型实验时的参数,而正常字母为实际装置上的参数。因此模型中流体的流速应为

$$v' = v\frac{d\nu'}{d'\nu} = v\frac{\nu'}{M\nu} \tag{15-8}$$

式中 M——模型的比例,$M = \frac{d'}{d}$。

模型中工作液体的流量 Q' 计算式的推导如下

因 $$Q' = v'F', Q = vF$$

式中 F'、F——模型和实际装置上相对应断面的面积。

上式中的 v' 虽为工作液体的流速,但工作液所模拟的对象——实际装置中的工作介质可为液体或气体,故 v 可为液体或气体的流速。

将式(15-8)代上述 Q' 式中,可得模型中工作液流量的计算式为

$$Q' = vM\frac{\nu'}{\nu} \tag{15-9}$$

同样通过相似准数 Eu,可得模型中压力差的计算式

$$p' = p\frac{v'^2\rho'}{v^2\rho} \tag{15-10}$$

在自动成模区中,模型和实际装置中的雷诺数不一定相等,即 $Re' \neq Re$,相应地模型中实验参数流速、流量和压力差的计算式为

$$v' = v\frac{Re'\nu'}{ReM} \tag{15-11}$$

$$Q' = QM\frac{Re'}{Re}\frac{\nu'}{\nu} \tag{15-12}$$

$$p' = p\left(\frac{\nu'Re'}{M\nu Re}\right)^2\frac{\rho'}{\rho} \tag{15-13}$$

由上述式子也可以进行相反的转换计算,即把模型上测得的参数值转换成实际装置上的参数,或进行式中具有的其它参数的转换。

需要注意的是,当把模型上测得的压力值转换为如加热炉一类内腔与空气相通的实际装置上的压力值时,应考虑由于装置内空间中的气体密度 ρ_1 比大气的密度 ρ_2 小,如同烟囱那样会产生附加压力 $p_{附} = H(\rho_2 - \rho_1)g$,式中 H 为压力模拟点至炉底的高度。在换

算得到的实际装置压力值 P 上应加上 $p_{附}$ 值。

按上述提示的内容设计和制造模型的同时，还需设计模拟实验的方法，如工作介质是否要着色；如何能使模型内流体中速度场的分布能直观地显示出来；把模型内随时间变化的工作介质流动形态的及时锁定并转载下来，以及其它各种根据具体实验目标所需设想和采取的方法都应详细考虑。很多具体实验方法可参考有关资料获得。

实验结果的整理和分析也是近似模拟实验的重要工作步骤，此时把实验数据转换成实际装置上的数据，把所得结果进行去伪存真地整理，并进行理论分析，写出实验报告。

15.4 铸件凝固过程的水力模拟实验和电模拟实验

前节所述的模拟实验是在模型中进行与实际装置中同类物理现象的实验，这种实验过程还是很复杂的。在解决实际工程问题时，人们利用不同物理现象的数学表达式结构相似。相似结构的数学式可表示不同事物相似规律的特点，进行了大量与实际不同的物理现象的模拟实验，以寻求设定的实际现象的运行规律，取得了很好的成效。第二篇中系统地学过辐射传热电网络解法便是典型的例子。

在铸件凝固传热过程的研究方面，水力模拟实验和电模拟实验也是应用相似原理进行传输现象研究的较好实例。

15.4.1 铸件凝固水力模拟实验

进行平板传热过程水力模拟实验时用的模型是相互连通的容器(图 15-3)，内盛水，通过一系列的数学推导，可得下述水力学表达式

$$\frac{\partial h}{\partial t} = \frac{1}{r_2 W} \frac{\partial^2 h}{\partial n^2} \tag{15-14}$$

式中　h——直立容器中液柱高；

　　　t——时间；

　　　r_2——下面联结小管的水力学阻力；

　　　W——直立容器断面积；

　　　n——直立容器的序号(个数)。

此式结构与一维固体导热微分方程 $\frac{\partial T}{\partial t} = a \frac{\partial^2 T}{\partial x^2}$ 的结构相似。将此两式的对应项比较，可得 $\frac{1}{r_2 W}$ 与热扩散系数 a 相对应，由于 $a = \frac{\lambda}{c_p \rho g}$，则可认为 $\frac{1}{r_2}$ 相当于导热系数 λ，W 相当于体积比热容 $c_p \rho g$。同理，h 相当于温度 T，而毛细管中水柱高 h 可认为是模拟物体表面的温度；n 为模拟物体的厚度，t 在物体和模型中都为时间。

与此同时，可用大水罐与模型间连接细管的水力阻力的倒数 $\frac{1}{r_1}$ 模拟物体外表面与周围介质间的换热系数 a(在第二篇中用 h 表示)。

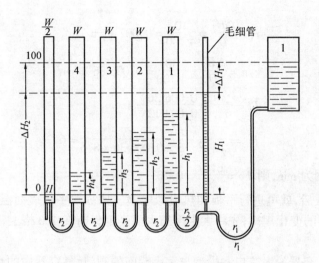

图 15-3 导热物体的水力学模型
1、2、3、4——断面积 W 相同的直立容器　Ⅰ—大水罐　Ⅱ—流水溢口

因此，模型与导热物体间对应的传热相似准数为：

$$\text{相似准数 } Fo \begin{cases} \text{对于物体 } Fo = \dfrac{at}{x^2} \\ \text{对于模型 } Fo = \dfrac{t}{r_2 W n^2} \end{cases} \quad (15\text{-}15)$$

$$\text{相似准数 } Bi \begin{cases} \text{对于物体 } Bi = \dfrac{\alpha x}{\lambda} \\ \text{对于模型 } Bi = \dfrac{r_2 n}{r_1} \end{cases} \quad (15\text{-}16)$$

可在模型中水流处于稳定状态时测定相似准数。实验时，把大水罐举至一定高度，如图中所示，使罐中水表面所处高度的格数为 100，而后全部打开连接管上的开关，水从大水罐流向各容器。当达到稳定流时，即 $\dfrac{dh}{dt} = 0$ 时，测量水的流量 Q，各容器中水柱高之差，如 ΔH_1、ΔH_2 和 Δh_1、Δh_2 等。单位时间通过物体单位表面面积的热流通量为

$$q = \lambda \dfrac{\Delta T}{x}$$

式中 ΔT 为物体表面层中的温度差，在模型上为 Δh，q 在模型上的模拟量应为 Q，所以对模型言

$$Q = \dfrac{1}{r_2} \dfrac{\Delta H_2}{n} \quad (15\text{-}17)$$

由表面换热热流通量计算式 $q = \alpha \Delta T$，可得模型上 $Q = \dfrac{1}{r_1} \Delta H_1$，按此式计算 r_1。

例　模拟在温度为 T_0 的气氛中被加热平板传热情况的模型实验数据为：$n = 8.5$，$W = 3 \text{ cm}^2$，在 Ⅱ 处测得的 $Q = 4\,700 \text{ cm}^3/\text{h}$，$\Delta H_1 = 10 \text{ cm}$，$\Delta H_2 = 30 \text{ cm}$。

解　由上面诸数据和计算式可得

$$r_1 = \frac{\Delta H_1}{Q} = \frac{10}{4\,700} = 0.002\,12 \text{ h/cm}^2$$

$$r_2 n = \frac{\Delta H_2}{Q} = \frac{30}{4\,700} = 0.006\,36 \text{ h/cm}^2$$

$$Bi = \frac{r_2 n}{r_1} = \frac{0.006\,36}{0.002\,12} = 3$$

$$Fo = \frac{t}{r_2 W n^2} = \frac{t}{3 \times 0.006\,36 \times 8.5} = 6.2t$$

如取 t 的量纲为 min，则 $Fo = \frac{6.2t}{60} = 0.103t$。

得到模型参数后，就可进行平板加热模拟实验。如欲知平板表面温度 $T_\text{表}$ 和平板中心温度 $T_\text{心}$ 随时间的变化规律，先将大水罐的水面高度保持在 100 格上，随后的模拟实验操作步骤为：

(1) 关闭最左容器的溢流口和模型与大小罐间的阀门，各容器中的水柱高或为零，或保持相应高度；

(2) 打开模型与大小罐间的阀门，同时启动秒表，水流进模型；

(3) 每经一段时间，把毛细管和最左容器中水柱高度记录制表如下：

$t_{(\min)}$	0.5	1	2	3	10
$T_\text{表}$	41	50	60	67	88
$T_\text{心}$	1	3	12	23	70
Fo	0.051 5	0.103	0.206	0.309	1.03

根据此表数据就可建立已知 Bi 数情况下，表面相对温度和中心相对温度随 Fo 数的变化曲线，即 $\frac{T_\text{表}}{T_0} - Fo$ 和 $\frac{T_\text{心}}{T_0} - Fo$ 曲线。

如用此模型模拟物体的冷却过程，实验操作步骤为：

(1) 将溢流口阀关闭，使各垂直容器中都充满水，水柱高度都为 100 格；

(2) 关闭大水罐与模型的连接管道，从大水罐上取下水管，并把其出水口安置在 0 格的水平高度上；

(3) 打开大水罐与模型的连接管道，同时启动秒表，每隔一段时间记录最大容器和毛细管中水柱高，制成如上的记录表，进行相应计算和制出 $\frac{T_\text{表}}{T_0} - Fo$ 和 $\frac{T_\text{心}}{T_0} - Fo$ 曲线。

用来模拟金属液在铸型中凝固的水力模型结构需作变化。先观察无结晶温度区间金属液(即纯金属液和共晶成分合金液)在铸型中凝固的水力模拟模型(图15-4)；在模拟凝固金属的直立容器上补充放置小容器，在此种容器中所盛水的体积是用来模拟凝固潜热的。在模拟实际金属凝固冷却时，当模拟温度的容器中水柱高度降到相应的凝固温度(熔点)时，应从补置的小容器中下放相当于凝固潜热的水量，其下放的速度应保持直立容器中水柱总保持为相当于凝固温度的高度。从小容器应该补加的水的体积 $V_\text{凝}$ 可从下式计算

$$\frac{V_\text{凝}}{V_{h0}} = \frac{L}{CT_\text{凝}} \tag{15-18}$$

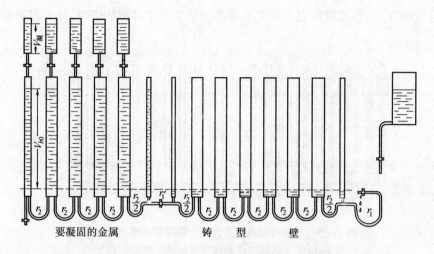

图 15-4 模拟无结晶温度区间金属液在铸型中凝固的水力学模型

式中　V_{h0}——直立容器中水柱高度相当于凝固温度($T_凝$)时水的体积；

　　　L——比凝固潜热；

　　　C——将铸件金属从 0 ℃加热到 $T_凝$ 时的平均比热容。

如进行钢液凝固模拟实验时，$V_凝 = \dfrac{65 V_{h0}}{0.168 \times 1\,500} = 0.26 V_{h0}$。

在模拟金属凝固的水力学模型中还加装了一组模拟铸型被加热部分的模型(见图 15-4)。在金属模型和铸型模型之间有两毛细管，它们模拟铸件和铸型间的缝隙，如金属能与铸型接触紧密，则只用一个公共的毛细管，其中水柱高模拟接触面上的温度。两毛细管间连接管的阻力 r'_1 模拟铸件—铸型缝中的热阻。模型中最右边的毛细管中水柱用来模拟铸型外表面的温度。

在此种模型上模拟实验的操作：

(1) 测定 r_1、r_2、r'_1 和 Bi、Fo，如铸型为砂型，则铸型与铸件的 r_2 应不同；

(2) 将模拟金属的模型部分中直立容器都充水，使水柱高都为 100 格，对没过热的金属言，此高度对应于凝固温度；

(3) 将小容器中按计算值 $V_凝$ 充水，如是钢液凝固，则 $V_凝 = 0.26 V_{h0}$；

(4) 在模拟铸型的模型的直立容器调节水柱高度，使水面处于 0 格或稍高，相当于铸型初温；

(5) 从大水罐上拔下连接管，将此管出水口放在零格高度或相当于环境温度的高度；

(6) 打开 r_1 和 r'_1 的通道，同时启动秒表；

(7) 铸件模型最右容器上的小容器中的水，在保持下面主容器中水柱高度为 100 格情况下，它流完的时刻就是铸件第一层开始凝固的时刻。同样地测定其次各层开始凝固的时刻。上面小容器中的水依次都流完的时间，就是铸件凝固完成的时间。

(8) 记录每个小容器中水流完时毛细管中水柱的高度。

下面的步骤便是按实验目的制作凝固曲线了。

模拟有结晶温度区间合金凝固的水力学模型示于图 15-5，用它可模拟平板形铸件的

凝固。在此模型上,模拟凝固温度的装水容器处于主直立容器的旁边,补充容器中水柱高

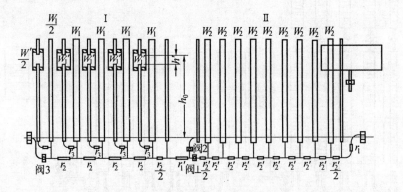

图 15-5 模拟有结晶温度区间金属凝固的水力学模型
Ⅰ—由 N 个容器组成的模拟平板半个厚度的模型
Ⅱ—由 N_1 个容器组成的铸型壁厚

度 h' 可由下式求得

$$\frac{h'}{h_0} = \frac{T_{液} - T_{固}}{T_{液}} \quad (15-19)$$

式中 $T_{液}$、$T_{固}$——金属的液相线温度和固相线温度。

补充容器的断面积 W' 由下面式子计算

$$\frac{W'_1 h'}{W_1 h_0} = \frac{L \rho g}{C \rho g T_{液}} \quad (15-20)$$

或

$$\frac{W'_1}{W_1} = \frac{L}{C(T_{液} - T_{固})} \quad (15-21)$$

与补充容器连接的 r_3 主要考虑在凝固潜热传走的同时,金属液中出现固相所引起的热阻增大,一般可不设置。

实物与模型上各对应参数的对照可见表 15-1。

表 15-1 平板铸件凝固水力模拟实验时实物参数与模型对应参数对照表

1. 铸件一半厚度 x_1	1. 铸件模型中直立容器个数 N
2. 铸型厚度 $\delta_{型}$	2. 铸型模型中直立容器个数 N_1
3. 各层铸件热阻 $\frac{\Delta x}{\lambda_1}$,$\Delta x = \frac{x_1}{N}$	3. 铸件模型中各直立容器间水流阻力 $r_2(s/cm^2)$
4. 各层铸型热阻 $\frac{\delta_{型}}{\lambda_{型}}$	4. 铸型模型中各直立容器间水流阻力 r'_2
5. 温度 T ℃	5. 容器中水柱高 h
6. 铸件中相对温度 $\frac{T - T_{始}}{T_{液} - T_{始}}$	6. 铸件模型中容器内水柱相对高度 h/h_0
7. 铸件厚度的相对坐标 $\frac{x}{x_1}$	7. 容器的相对个数 $\frac{n}{N}$
8. 半厚平板热阻 $\frac{x_1}{\lambda_1}$	8. 全部铸件模型水流阻力 $\sum r_2 = r_2 N$

续表 15-1

9. 通过半板厚的热流通量 $q = \frac{\lambda_1}{x_1}\Delta T(kJ/(m^2 \cdot h))$	9. 单位时间流经模型的水量 $Q = \frac{\Delta h}{r_2 N}(cm^3/s)$
10. 体积比热容 $c\rho g(kJ/m^3 \cdot K)$	10. 容器断面积 W_1
11. 热扩散系数 $a = \frac{\lambda}{c\rho g}(m^2/h)$	11. 模型的 $a' = \frac{N}{\sum r_2 \sum W_1} = \frac{1}{r_2 W_1}(s^{-1})$
12. $Bi = \frac{\alpha x_1}{\lambda_1}$	12. 模型的 $Bi' = \frac{r_2 N}{r'}$
13. $Fo = \frac{at}{x_1^2}$	13. 模型的 $Fo = \frac{1}{r_2 W_1 N^2}(s)$

15.4.2 铸件凝固电模拟实验

一根单向导热的棒,其左端温度如总保持为 100 ℃,右端温度总为 0 ℃(图 15-6a)),初期不稳定传热时的传热微分式为

$$\frac{\partial T}{\partial t} = a \frac{\partial^2 T}{\partial x^2}$$

模拟此种传热的电路如图 15-6b)所示,其微分方程式为

$$\frac{\partial E}{\partial t} = \frac{1}{RC} \cdot \frac{\partial^2 E}{\partial x^2} \tag{15-22}$$

式中 E——电位差(电压);
R——电阻;
C——电容。

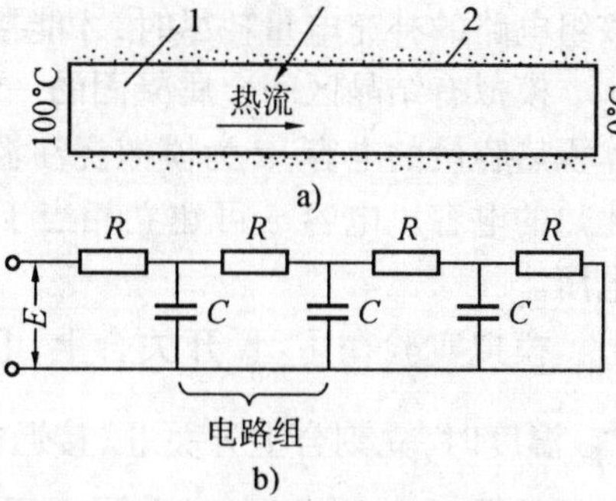

此两式结构相似,电压 E 与温度 T 对应; $\frac{1}{RC}$ 与 a 对应。相应地电路参数与传热参数的对应情况为:电压(V)—温度(℃);电流(A)—热流量(W);电阻(Ω)—热阻(K/W);比电容(F/m²)—比热容(J/m³·K);电量(C)—热量(J)。

图 15-6 单向导热与其模拟电路
a)单向导热棒 b)模拟电路
1—金属棒 2—绝热层

上述棒料的模拟实验过程为,先在电路端部建立不变的电压,随后每隔一段时间测量电阻和电容节点处的电压升高值,就可建立各节点处电压随时间的变化曲线,继而可把它们转换为棒料中温度随时间的变化曲线。此时需知电模型的时间比例 m_t 和温度比例 m_T

$$m_t = \frac{t_{电}}{t_{热}} = aRc, \quad m_T = \frac{E_0}{T_0}$$

式中 $t_{电}$、$t_{热}$——通电时间和传热时间;
E_0、T_0——电路端部电压和棒部端部温度。

模拟在一定温度下进行金属凝固(即无结晶区间)的电路就稍为复杂了(图 15-7),当电路节点上电压开始下降时(相当于该处金属温度降到凝固温度以下,凝固开始),就马上把电源中电压补充进去(相当于附加析出的结晶潜热),保持该节点电压相当于凝固温度的数值,一直到相当于结晶潜热量的电量 $q_{潜}$ 耗尽为止。$q_{潜}$ 可由下式计算

$$\frac{q_{潜}}{q_{总}} = \frac{L_{潜}}{Q_{总}} = \frac{L_x V \rho g}{CT_0 V \rho g} = \frac{L_x}{CT_0} \tag{15-23}$$

式中　$q_{总}$——所观察电路组中电容中的电量；
　　　$L_{潜}$、L_x——电路组所模拟金属区段中的结晶潜热量和比结晶潜热；
　　　$Q_{总}$——所模拟金属区段中的热含量；
　　　C——比热容；
　　　T_0——金属初温(浇注温度)；
　　　V——所模拟金属区段的体积；
　　　ρ——金属密度；
　　　g——重力加速度。

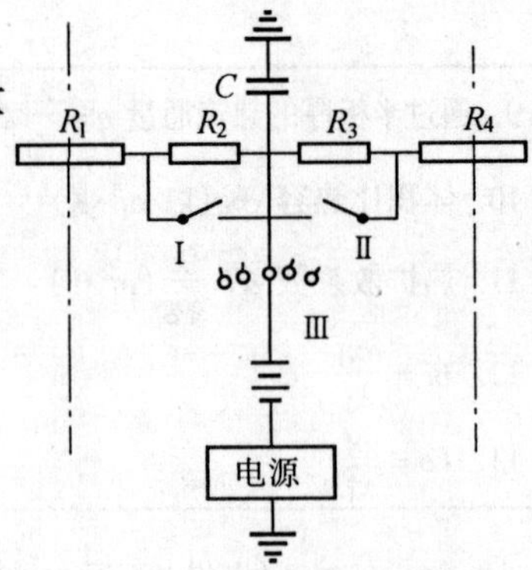

此电模型的特点是：可以在凝固过程中变化电阻值(通过开关Ⅰ和Ⅱ)，以模拟所观察区段中由于固体含量增加所引起的金属导热性的变化。根据凝固次序的特点，只有在该组电路的补充电量耗尽时，才能接入下一电路组。

图 15-7　在一定温度下进行金属凝固的电路
Ⅰ、Ⅱ、Ⅲ—开关

模拟有结晶区间金属凝固的一组电路示于图 15-8，该电路组中 c 为模拟 $T_{固}$ 时金属体积热容量的电容；d 为模拟浇注温度时固、液态金属体积热容差值的电容；e 为模拟熔化热的电容。电容 e 可建立相当于 $T_{液}$ 的电压，而电容 c 和 d 可建立相当于浇注温度的电压。

模拟实验在Ⅰ、Ⅳ开关合上，Ⅱ、Ⅲ开关打开情况下开始。当电路组电压降到相当 $T_{液}$ 温度时，立刻合上开关Ⅱ，接通电容 e；当电压继续降低到相当于 $\dfrac{T_{液}+T_{固}}{2}$ 温度时，合上开关Ⅲ，这相当于由于金属中固相增加而使导电性提高。同时切断开关Ⅳ，以模拟比热容的降低。最后当电压降到相当于 $T_{固}$ 的数值时，打开开关Ⅱ，同时记下该组电路所模拟的金属层凝固终了的时间。对间隙影响铸件凝固的模拟实验可用打开开关Ⅰ，在电路中接通电阻 R_4 的操作实施。

需要注意的是，此组电路工作时，其旁边的电路组也可能同时工作，所以实验时常有两个或更多的电路组同时工作。

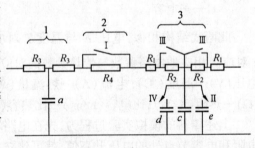

图 15-8　有结晶区间金属凝固的模拟电路组
R_1——模拟固态金属热阻的电阻
R_2——模拟固、液态金属热阻差的电阻
1—模拟铸型的电路；2—模拟间隙的电路；
3—模拟铸件的电路
Ⅰ、Ⅱ、Ⅲ、Ⅳ—电开关

习　题

15.1　如何评定两物理现象相似？
15.2　何谓相似准数？如何确定某一物理现象的相似准数？
15.3　模型和实际现象相似的条件是什么？根据什么原则简化模型与实际现象的相似条件？
15.4　为什么传热现象可进行水力模拟实验和电模拟实验？

第十六章 传输现象的数值模拟

前已述及,数值模拟是利用计算机技术对物理现象进行数值分析的研究方法。对具体传输现象进行数值模拟的一般步骤是:结合实际建立描述动量传输、能量传输或质量传输的数学模型(数学方程);将传输问题所涉及的区域在空间和时间上进行离散化处理后,再将数学模型进行离散,建立离散化方程;给出问题的初始条件、边界条件,选用适当的计算方法求解离散方程;编写计算机程序,进行计算并给出计算结果,如流场(速度场)、温度场或浓度场等。其中最核心的部分是离散方程的建立。有时为检验数值模拟的正确性,常做些辅助实验。

数值模拟时离散化方法有多种,包括有限差分法、有限单元法、边界单元法等。其中有限差分法由于网格剖分及离散方程建立简便,计算程序容易编制,计算时间短,因而目前广泛应用于流场数值模拟,金属热态成形过程温度场尤其是铸造过程温度场数值模拟以及热处理过程浓度场的数值模拟。有限单元法中,对单元作了积分计算,充分考虑了单元对节点参数的"贡献",同时有限单元法节点配置方式比较任意,可以根据实际需要确定节点的配置密集程度,能够在不过分增加节点总数的情况下提高计算精度,因此有限单元法更适合于求解复杂问题。但是由于计算方法方面的原因,目前有限单元法在流场数值模拟中应用的较少,主要用于焊接及塑性变形过程温度场的数值模拟。

由于数值模拟基础的内容较丰富,所牵涉的数学知识对大学生来说又较深,受教学计划课时的限制;本章将只能结合金属液充型时的流场和铸件凝固温度场数值模拟,简要地叙述数值模拟的基础知识,为学习者在以后工作中的继续提高作好铺垫。

16.1 空间区域的离散化方法

在对流动问题、传热问题及传质问题进行数值计算时,首先要采用一系列与坐标轴相应的直线(平面)或曲线(曲面)簇把所计算的区域划分成许多互不重叠的小区域,称为子区域,或网格单元。用有限个点上的信息代表各自周围一定区域的信息,这些点称为节点,然后确定节点在子区域中的位置及其所代表的容积(称控制容积),上述过程称为区域离散化。图16-1是二维直角坐标系及四边形网格条件下的区域离散化示意图。

区域离散化以后,可以得到以下三种几何要素:
(1) 节点:需要求解的未知量的几何位置;
(2) 控制容积:用来控制方程的最小几何单位;
(3) 界面:它规定了与各节点相对应的控制容积的分界面位置。

从图16-1中可以看到,区域离散化方法分为外节点法和内节点法两类。对于外节点法,节点位于子区域的角顶上,划分子区域的曲线(面)簇就是网格线(面),但子区域不是控制容积。为了确定各节点的控制容积,需在相邻两节点的中间位置上作界面线(界

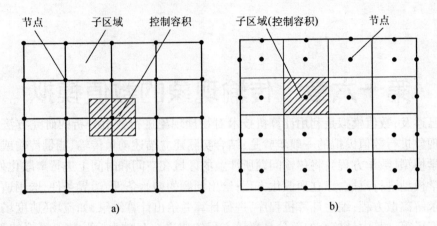

图 16-1 区域离散化示意图
a) 外节点法 b) 内节点法

面),由这些界面线(界面)构成各节点的控制容积。对于内节点法,节点位于子区域的中心,这时子区域就是控制容积。

本节叙述的模拟中均采用内节点法进行区域离散。对于三维情况,节点的位置用 i、j、k 表示,与该节点相邻的界面分别为 $i-\frac{1}{2}$、$i+\frac{1}{2}$、$j-\frac{1}{2}$、$j+\frac{1}{2}$、$k-\frac{1}{2}$、$k+\frac{1}{2}$,有时采用 P、E、W、N、S、B、T 表示所研究的节点及相邻的六个节点,用 e、w、n、s、b、t 表示相应的界面。相邻节点间的距离用 δx、δy、δz 表示,而相邻两界面间的距离则分别用 Δx、Δy、Δz 表示。

16.2 动量传输过程离散方程的建立

考察动量平衡方程(式(3-47、48、49))、能量平衡方程(式(9-4))以及对流传质微分方程(式(13-12))可以发现,我们所感兴趣的所有变量(v_x、v_y、v_z、T、c)似乎都服从一个通用的守恒原理,而且三个方程的形式相同,相应的离散方程建立方法及形式也必然相同。因此为了使离散方程的建立具有普遍意义,采用一个通用的微分方程,其表达式为

$$\frac{\partial}{\partial t}(\rho\phi) + \frac{\partial}{\partial x}(\rho v_x \phi) + \frac{\partial}{\partial y}(\rho v_y \phi) + \frac{\partial}{\partial z}(\rho v_z \phi) = \frac{\partial}{\partial x}\left(\Gamma \frac{\partial \phi}{\partial x}\right) + \frac{\partial}{\partial y}\left(\Gamma \frac{\partial \phi}{\partial y}\right) + \frac{\partial}{\partial z}\left(\Gamma \frac{\partial \phi}{\partial z}\right) + S$$

(16-1)

式中 ϕ 是通用变量,可以是速度 v_x、v_y、v_z,温度 T 或浓度 c;Γ 是广义扩散系数,S 是源项。当 ϕ 分别为速度 v_x、v_y、v_z 时,Γ 为流体粘度 η,相应的源项 S 分别为 $(\rho g_x - \frac{\partial P}{\partial x})$、$(\rho g_y - \frac{\partial P}{\partial y})$、$(\rho g_z - \frac{\partial P}{\partial z})$,此时式(16-1)转化为动量平衡方程(3-50)。如果 $\phi = T$,则 $\Gamma = \lambda/c_P$,$S = H/c_P$,其中 H 为内热源项,如凝固潜热和反应热等,此时式(16-1)转化为具有内热源的能量平衡方程,如果是无内热源的流动传热,$S=0$,式(16-1)即转化为能量平衡方程式(9-4)。如果 $\phi = c$,则 $\Gamma = D/\rho$,$S = 0$,式(16-1)转化为对流传质微分方程式(13-12)。

为了使离散方程结构更加紧凑,定义两个新符号 f 与 d,其表达式分别为 $f = \rho v$, $d = \Gamma/\delta x$。

式(16-1)的离散方案(格式)有五种,即上风方案、中心差分方案、混合方案、幂函数方案和指数方案(精确解)。在直角坐标系及六面体网格条件下,设 ϕ_P 为当前研究节点的变量,ϕ_E、ϕ_W、ϕ_N、ϕ_S、ϕ_B、ϕ_T 为相邻六个节点的变量,如图16-2所示。

对于任意节点 P,其 $n+1$ 时刻的变量 ϕ^{n+1} 可以用已知的 n 时刻的 P 点变量 ϕ^n 与 n 或 $n+1$ 时刻的周围六个节点的变量的加权之和来表示,经过推导,可以得到一个通用格式的离散化方程,把上述五种离散方案都包括进去。其中,节点 P 周围的六个节点可以采用 n 时刻的变量,也可以采用 $n+1$ 时刻的变量,相应的通用格式离散化方程分为显式和隐式两种。

显式格式离散化方程:

$$a_P \phi_P^{n+1} = a_E \phi_E^n + a_W \phi_W^n + a_N \phi_N^n + a_S \phi_S^n + a_B \phi_B^n + a_T \phi_T^n + b \tag{16-2}$$

式中
$$a_E = d_e A[|(Pe)_e|] + \max\{-f_e, 0\}$$
$$a_W = d_w A[|(Pe)_w|] + \max\{-f_w, 0\}$$
$$a_N = d_n A[|(Pe)_n|] + \max\{-f_n, 0\}$$
$$a_S = d_s A[|(Pe)_s|] + \max\{-f_s, 0\}$$
$$a_B = d_b A[|(Pe)_b|] + \max\{-f_b, 0\}$$
$$a_T = d_t A[|(Pe)_t|] + \max\{-f_t, 0\}$$
$$a_P = \frac{\rho_P^{n+1} \Delta x \Delta y \Delta z}{\Delta t}$$
$$b = S_c \Delta x \Delta y \Delta z + (a_P - a_E - a_W - a_N - a_S - a_B - a_T + S_P \Delta x \Delta y \Delta z) \phi_P^n$$

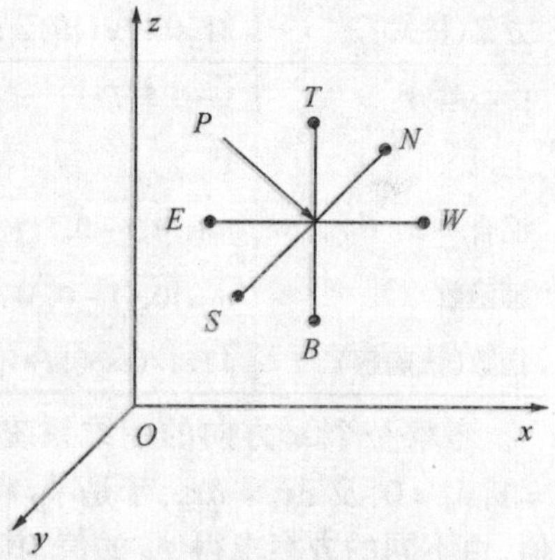

$$f_e = (\rho v_x)_e^n \Delta y \Delta z \qquad d_e = \frac{\Gamma_e \Delta y \Delta z}{\delta x_e}$$
$$(Pe)_e = f_e / d_e$$

$$f_w = (\rho v_x)_w^n \Delta y \Delta z \qquad d_w = \frac{\Gamma_w \Delta y \Delta z}{\delta x_w} \qquad (Pe)_w = f_w / d_w$$

$$f_n = (\rho v_y)_n^n \Delta z \Delta x \qquad d_n = \frac{\Gamma_n \Delta z \Delta x}{\delta y_n} \qquad (Pe)_n = f_n / d_n$$

$$f_s = (\rho v_y)_s^n \Delta z \Delta x \qquad d_s = \frac{\Gamma_s \Delta z \Delta x}{\delta y_s} \qquad (Pe)_s = f_s / d_s$$

$$f_b = (\rho v_z)_b^n \Delta x \Delta y \qquad d_b = \frac{\Gamma_b \Delta x \Delta y}{\delta z_b} \qquad (Pe)_b = f_b / d_b$$

$$f_t = (\rho v_z)_t^n \Delta x \Delta y \qquad d_t = \frac{\Gamma_t \Delta x \Delta y}{\delta z_t} \qquad (Pe)_t = f_t / d_t$$

图16-2 三维节点及六个相邻点

这里考虑源项 S 是所求解未知量的函数,将 S 作局部线性化处理,$S = S_c + S_P \phi_P$,其中,S_c 为常数部分,S_P 是 S 随 ϕ 而变化的曲线在 P 点的斜率。Pe 为贝克列数。

隐式格式离散化方程为:

$$a_P \phi_P^{n+1} = a_E \phi_E^{n+1} + a_W \phi_W^{n+1} + a_N \phi_N^{n+1} + a_S \phi_S^{n+1} + a_B \phi_B^{n+1} + a_T \phi_T^{n+1} + b \tag{16-3}$$

式中
$$a_P^n = \frac{\rho_P^n \Delta x \Delta y \Delta z}{\Delta t}$$
$$b = S_c \Delta x \Delta y \Delta z + a_P^n \phi_P^n$$
$$a_P = a_E + a_W + a_N + a_S + a_B + a_T + a_P^n - S_P \Delta x \Delta y \Delta z$$
$$f_e = (\rho v_x)_e^{n+1} \Delta y \Delta z \qquad f_w = (\rho v_x)_w^{n+1} \Delta y \Delta z$$
$$f_n = (\rho v_y)_n^{n+1} \Delta z \Delta x \qquad f_s = (\rho v_y)_s^{n+1} \Delta z \Delta x$$
$$f_b = (\rho v_z)_b^{n+1} \Delta x \Delta y \qquad f_t = (\rho v_z)_t^{n+1} \Delta x \Delta y$$

其余各系数 a、d 及贝克列数 Pe 的表达式与显式离散方程中的相同。

采用不同的离散方案,其差别在于对 $A(|Pe|)$ 选取不同的函数。各种方案的 $A(|Pe|)$ 表达式列于表 16-1 中。

表 16-1 各种不同方案的函数 $A(|Pe|)$

方案(格式)	对 $A(|Pe|)$ 的公式
中心差分	$1-0.5|Pe|$
上风	1
混合	$\max\{0, 1-0.5|Pe|\}$
幂函数	$\max\{0, (1-0.5|Pe|)^5\}$
指数(精确解)	$|Pe|/(\exp(|Pe|)-1)$

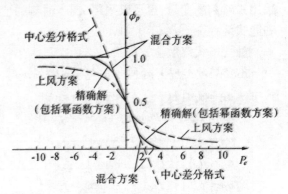

图 16-3 在一定的贝克列数范围内应用各种方案所计算的 ϕ_P 值

考察一个 x 方向的一维系统,令 $\phi_E = 1, \phi_n = 0$, 及 $\delta x_e = \delta x_w$, 于是 ϕ_P 将是贝克列数 $Pe(=\rho v_x \delta x/\Gamma)$ 的一个函数。对不同的 Pe 值,由不同的方案求得 ϕ_P 的值,其结果如图 16-3 所示。除了中心差分格式之外,所有方案都可给出某种物理上真实的解,尤其是幂函数方案所得到的结果与指数方案(精确解)非常接近。

采用指数方案可以得到问题的精确解,但是指数方案有两个缺点:(1) 指数运算时间长;(2) 对于二维或三维问题以及源项不为零的情况,指数方案不准确。

目前应用较多的是幂函数方案。

16.3 金属液充型过程流场数值模拟

金属液在铸型中流动时其自由表面以及体积在不断变化,是一个非定域的流动问题。同时金属液在充型流动过程中,其温度在不断发生变化,温度的变化反过来又影响金属液的物性参数,并最终影响金属液的充型流动,是一个典型的流动与传热耦合作用的传输过程。本节以铸造中金属液的充型流动为例,叙述采用有限差分法对流场进行数值模拟的步骤。其中所用的网格单元为直角六面体。

16.3.1 金属液充型流动及传热数学模型

描述金属液充型流动与传热的数学模型包括连续性方程、动量平衡方程、能量平衡方程以及体积函数方程。

(1) 连续性方程——质量守恒方程

对于不可压缩液态金属,连续性方程为

$$\frac{\partial v_x}{\partial x} + \frac{\partial v_y}{\partial y} + \frac{\partial v_z}{\partial z} = 0 \quad (3-44)$$

(2) 动量平衡方程

$$\rho\left(\frac{\partial v_x}{\partial t} + v_x\frac{\partial v_x}{\partial x} + v_y\frac{\partial v_x}{\partial y} + v_z\frac{\partial v_x}{\partial z}\right) = -\frac{\partial P}{\partial x} + \rho g_x + \eta\left(\frac{\partial^2 v_x}{\partial x^2} + \frac{\partial^2 v_x}{\partial y^2} + \frac{\partial^2 v_x}{\partial z^2}\right) \quad (3-47)$$

$$\rho\left(\frac{\partial v_y}{\partial t} + v_x\frac{\partial v_y}{\partial x} + v_y\frac{\partial v_y}{\partial y} + v_z\frac{\partial v_y}{\partial z}\right) = -\frac{\partial P}{\partial y} + \rho g_y + \eta\left(\frac{\partial^2 v_y}{\partial x^2} + \frac{\partial^2 v_y}{\partial y^2} + \frac{\partial^2 v_y}{\partial z^2}\right) \quad (3-48)$$

$$\rho\left(\frac{\partial v_z}{\partial t} + v_x\frac{\partial v_z}{\partial x} + v_y\frac{\partial v_z}{\partial y} + v_z\frac{\partial v_z}{\partial z}\right) = -\frac{\partial P}{\partial z} + \rho g_z + \eta\left(\frac{\partial^2 v_z}{\partial x^2} + \frac{\partial^2 v_z}{\partial y^2} + \frac{\partial^2 v_z}{\partial z^2}\right) \quad (3-49)$$

(3) 能量平衡方程

$$\frac{\partial T}{\partial t} + v_x\frac{\partial T}{\partial x} + v_y\frac{\partial T}{\partial y} + v_z\frac{\partial T}{\partial z} = a\left(\frac{\partial^2 T}{\partial x^2} + \frac{\partial^2 T}{\partial y^2} + \frac{\partial^2 T}{\partial z^2}\right) \quad (9-4)$$

(4) 体积函数方程

对于金属液流动自由表面网格单元,由通过网格各表面净流出的质量流量与网格单元内质量增量的平衡关系,可以得到体积函数方程表达式

$$\frac{\partial F}{\partial t} + v_x\frac{\partial F}{\partial x} + v_y\frac{\partial F}{\partial y} + v_z\frac{\partial F}{\partial z} = 0 \quad (16-4)$$

式中,F 为体积分数函数。$F=0$,表示该网格单元中没有金属液,为空腔状态;$F=1$,表示该网格单元完全被金属液充满,为内部网格单元;$0<F<1$,表示网格单元中有一部分充有金属液,为自由表面网格单元。

16.3.2 交错网格技术

在流场模拟中,共有六个变量,即 v_x、v_y、v_z、P、F、T。图 16-4 所示为一个三维交错网格单元示意图。将 P、F、T 定义在网格单元(控制容积)的中心位置,而把速度分量 v_x、v_y、v_z 定义在网格单元(控制容积)的表面中心位置上,两者的定义位置相差了半个网格。

采用交错网格技术,可以避免产生一个虽能满足连续性方程,但却高度不均匀的速度场;以及避免这样一个不合理模拟结果,即动量平衡方程对一个高度不均匀的棋盘形压力场的"感受"与对一个均匀合理的压力场的"感受"完全一样。

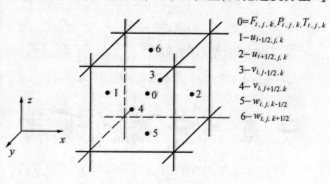

图 16-4 三维交错网格

16.3.3 数学模型的离散

一、连续性方程的离散

将连续性方程中的微分用差分来代替,即可得到连续性方程的离散方程

$$\frac{(v_x)_{i+\frac{1}{2},j,k}^{n+1} - (v_x)_{i-\frac{1}{2},j,k}^{n+1}}{\Delta x_i} + \frac{(v_y)_{i,j+\frac{1}{2},k}^{n+1} - (v_y)_{i,j-\frac{1}{2},k}^{n+1}}{\Delta y_j} + \frac{(v_z)_{i,j,k+\frac{1}{2}}^{n+1} - (v_z)_{i,j,k-\frac{1}{2}}^{n+1}}{\Delta z_k} = 0$$

(16-5)

二、动量平衡方程的离散

动量平衡方程采用显式离散形式,在交错网格条件下,x 方向速度分量的显式离散形式为

$$a_{i+\frac{1}{2},j,k}(v_x)_{i+\frac{1}{2},j,k}^{n+1} = a_{i+\frac{3}{2},j,k}(v_x)_{i+\frac{3}{2},j,k}^n + a_{i-\frac{1}{2},j,k}(v_x)_{i-\frac{1}{2},j,k}^n + a_{i+\frac{1}{2},j+1,k}(v_x)_{i+\frac{1}{2},j+1,k}^n +$$

$$a_{i+\frac{1}{2},j-1,k}(v_x)_{i+\frac{1}{2},j-1,k}^n + a_{i+\frac{1}{2},j,k+1}(v_x)_{i+\frac{1}{2},j,k+1}^n +$$

$$a_{i+\frac{1}{2},j,k-1}(v_x)_{i+\frac{1}{2},j,k-1}^n + b$$

(16-6)

式中

$a_{i+\frac{3}{2},j,k} = d_{i+1,j,k}A(|(Pe)_{i+1,j,k}|) + \max\{-f_{i+1,j,k},0\}$

$a_{i-\frac{1}{2},j,k} = d_{i,j,k}A(|(Pe)_{i,j,k}|) + \max\{f_{i,j,k},0\}$

$a_{i+\frac{1}{2},j+1,k} = d_{i+\frac{1}{2},j+\frac{1}{2},k}A(|(Pe)_{i+\frac{1}{2},j+\frac{1}{2},k}|) + \max\{-f_{i+\frac{1}{2},j+\frac{1}{2},k},0\}$

$a_{i+\frac{1}{2},j-1,k} = d_{i+\frac{1}{2},j-\frac{1}{2},k}A(|(Pe)_{i+\frac{1}{2},j-\frac{1}{2},k}|) + \max\{f_{i+\frac{1}{2},j-\frac{1}{2},k},0\}$

$a_{i+\frac{1}{2},j,k+1} = d_{i+\frac{1}{2},j,k+\frac{1}{2}}A(|(Pe)_{i+\frac{1}{2},j,k+\frac{1}{2}}|) + \max\{-f_{i+\frac{1}{2},j,k+\frac{1}{2}},0\}$

$a_{i+\frac{1}{2},j,k-1} = d_{i+\frac{1}{2},j,k-\frac{1}{2}}A(|(Pe)_{i+\frac{1}{2},j,k-\frac{1}{2}}|) + \max\{f_{i+\frac{1}{2},j,k-\frac{1}{2}},0\}$

$a_{i+\frac{1}{2},j,k} = \rho\delta x_{i+\frac{1}{2}}\Delta y_j \Delta z_k/\Delta t$

$b = (a_{i+\frac{1}{2},j,k} - a_{i+\frac{3}{2},j,k} - a_{i-\frac{1}{2},j,k} - a_{i+\frac{1}{2},j+1,k} - a_{i+\frac{1}{2},j-1,k} - a_{i+\frac{1}{2},j,k+1} -$

$\qquad a_{i+\frac{1}{2},j,k-1})(v_x)_{i+\frac{1}{2},j,k}^n + (P_{i,j,k}^{n+1} - P_{i+1,j,k}^{n+1})\Delta y_j \Delta z_k + \rho g \delta x_{i+\frac{1}{2}} \Delta y_j \Delta z_k$

$f_{i+1,j,k} = \rho(v_x)_{i+1,j,k}^n \Delta y_j \Delta z_k \qquad d_{i+1,j,k} = \eta \Delta y_j \Delta z_k/\delta x_{i+1}$

$f_{i,j,k} = \rho(v_x)_{i,j,k}^n \Delta y_j \Delta z_k \qquad d_{i,j,k} = \eta \Delta y_j \Delta z_k/\delta x_i$

$f_{i+\frac{1}{2},j+\frac{1}{2},k} = \rho(v_y)_{i+\frac{1}{2},j+\frac{1}{2},k}^n \delta x_{i+\frac{1}{2}} \Delta z_k \quad d_{i+\frac{1}{2},j+\frac{1}{2},k} = \eta \delta x_{i+\frac{1}{2}} \Delta z_k/\delta y_{j+\frac{1}{2}}$

$f_{i+\frac{1}{2},j-\frac{1}{2},k} = \rho(v_y)_{i+\frac{1}{2},j-\frac{1}{2},k}^n \delta x_{i+\frac{1}{2}} \Delta z_k \quad d_{i+\frac{1}{2},j-\frac{1}{2},k} = \eta \delta x_{i+\frac{1}{2}} \Delta z_k/\delta y_{j-\frac{1}{2}}$

$f_{i+\frac{1}{2},j,k+\frac{1}{2}} = \rho(v_z)_{i+\frac{1}{2},j,k+\frac{1}{2}}^n \delta x_{i+\frac{1}{2}} \Delta y_j \quad d_{i+\frac{1}{2},j,k+\frac{1}{2}} = \eta \delta x_{i+\frac{1}{2}} \Delta y_j/\delta z_{k+\frac{1}{2}}$

$f_{i+\frac{1}{2},j,k-\frac{1}{2}} = \rho(v_z)_{i+\frac{1}{2},j,k-\frac{1}{2}}^n \delta x_{i+\frac{1}{2}} \Delta y_j \quad d_{i+\frac{1}{2},j,k-\frac{1}{2}} = \eta \delta x_{i+\frac{1}{2}} \Delta y_j/\delta z_{k-\frac{1}{2}}$

同理可以得到 y 方向及 z 方向速度分量的显式离散形式。

三、能量平衡方程的离散

能量平衡方程的离散采用式(16-2)所示的显式格式,表达式如下

$$a_{i,j,k}T_{i,j,k}^{n+1} = a_{i+1,j,k}T_{i+1,j,k}^n + a_{i-1,j,k}T_{i-1,j,k}^n + a_{i,j+1,k}T_{i,j+1,k}^n +$$
$$a_{i,j-1,k}T_{i,j-1,k}^n + a_{i,j,k+1}T_{i,j,k+1}^n + a_{i,j,k-1}T_{i,j,k-1}^n + b \quad (16-7)$$

式中
$a_{i+1,j,k} = d_{i+\frac{1}{2},j,k}A(|(Pe)_{i+\frac{1}{2},j,k}|) + \max\{-f_{i+\frac{1}{2},j,k},0\}$

$a_{i-1,j,k} = d_{i-\frac{1}{2},j,k}A(|(Pe)_{i-\frac{1}{2},j,k}|) + \max\{f_{i-\frac{1}{2},j,k},0\}$

$a_{i,j+1,k} = d_{i,j+\frac{1}{2},k}A(|(Pe)_{i,j+\frac{1}{2},k}|) + \max\{-f_{i,j+\frac{1}{2},k},0\}$

$a_{i,j-1,k} = d_{i,j-\frac{1}{2},k}A(|(Pe)_{i,j-\frac{1}{2},k}|) + \max\{f_{i,j-\frac{1}{2},k},0\}$

$a_{i,j,k+1} = d_{i,j,k+\frac{1}{2}}A(|(Pe)_{i,j,k+\frac{1}{2}}|) + \max\{-f_{i,j,k+\frac{1}{2}},0\}$

$a_{i,j,k-1} = d_{i,j,k-\frac{1}{2}}A(|(Pe)_{i,j,k-\frac{1}{2}}|) + \max\{f_{i,j,k-\frac{1}{2}},0\}$

$a_{i,j,k} = \rho \Delta x_i \Delta y_j \Delta z_k / \Delta t$

$b = (a_{i,j,k} - a_{i+1,j,k} - a_{i-1,j,k} - a_{i,j+1,k} - a_{i,j-1,k} - a_{i,j,k-1} - a_{i,j,k-1})T_{i,j,k}^n$

$f_{i+\frac{1}{2},j,k} = \rho(v_x)_{i+\frac{1}{2},j,k}^{n+1}\Delta y_j \Delta z_k \qquad d_{i+\frac{1}{2},j,k} = \frac{\lambda}{c_p}\frac{\Delta y_j \Delta z_k}{\delta x_{i+\frac{1}{2}}}$

$f_{i-\frac{1}{2},j,k} = \rho(v_x)_{i-\frac{1}{2},j,k}^{n+1}\Delta y_j \Delta z_k \qquad d_{i-\frac{1}{2},j,k} = \frac{\lambda}{c_p}\frac{\Delta y_j \Delta z_k}{\delta x_{i-\frac{1}{2}}}$

$f_{i,j+\frac{1}{2},k} = \rho(v_y)_{i,j+\frac{1}{2},k}^{n+1}\Delta z_k \Delta x_i \qquad d_{i,j+\frac{1}{2}} = \frac{\lambda}{c_p}\frac{\Delta z_k \Delta x_i}{\delta y_{j+\frac{1}{2}}}$

$f_{i,j-\frac{1}{2},k} = \rho(v_y)_{i,j-\frac{1}{2},k}^{n+1}\Delta z_k \Delta x_i \qquad d_{i,j-\frac{1}{2},k} = \frac{\lambda}{c_p}\frac{\Delta z_k \Delta x_i}{\delta y_{j-\frac{1}{2}}}$

$f_{i,j,k+\frac{1}{2}} = \rho(v_z)_{i,j,k+\frac{1}{2}}^{n+1}\Delta x_i \Delta y_j \qquad d_{i,j,k+\frac{1}{2}} = \frac{\lambda}{c_p}\frac{\Delta x_i \Delta y_j}{\delta z_{k+\frac{1}{2}}}$

$f_{i,j,k-\frac{1}{2}} = \rho(v_z)_{i,j,k-\frac{1}{2}}^{n+1}\Delta x_i \Delta y_j \qquad d_{i,j,k-\frac{1}{2}} = \frac{\lambda}{c_p}\frac{\Delta x_i \Delta y_j}{\delta z_{k-\frac{1}{2}}}$

四、体积函数方程的离散

金属液流动过程中,自由表面不断变化,每个时间步长对应的计算域均不相同,需要求解体积函数方程来确定新的计算域。体积函数方程的求解方法有多种,目前应用最多的一种方法称为"施体-受体"(Donor-Acceptor)流率近似法。所谓施体单元是指经过一个时间步长计算以后有流体净流出的单元;而经过一个时间步长后有流体净流入的单元称为受体单元。采用"施体-受体"流率近似法求解体积函数方程时,采用平直形界面近似代替流体自由表面的曲面形界面,并判断自由表面的走向,以确定当前计算单元是施体单元还是受体单元。求出时间步长内单元中流体体积分数函数变化率 dF,将 dF 乘以边界截面积,便得到单元中流体的净流量,这部分流量将从施体单元中减去,并加到受体单元中。当上述计算过程对所有的边界单元都计算完以后,所得到的 F 值不仅满足了体积函数方程,而且还反映了流体自由表面边界的移动情况,同时又确定了下一时刻的新的计算区域。

"施体-受体"流率近似法用于复杂的三维情况时,计算公式非常繁琐,且会产生较大的误差,许多学者对此进行了改进研究,并取得了一定的成果。

16.3.4 压力和速度修正

计算过程中,将 n 时刻计算得到的各单元的压力及速度作为已知值代入到动量平衡方程离散式中,求得 $(n+1)$ 时刻各单元的速度试算值,但是该速度试算值不能保证完全满足连续性方程,因此需要对各网格的压力及试算速度进行迭代修正,其方法简要介绍如下。

首先求出压力修正值,表达式为

$$dP_{i,j,k}^{n+1,m} = -\omega D_{i,j,k}^{n+1,m-1} \bigg/ \frac{\partial D_{i,j,k}}{\partial P_{i,j,k}} \tag{16-8}$$

式中 ω——松驰因子,$1 \leq \omega \leq 2$;

m——迭代次数;

$D_{i,j,k}$——质量源,其计算式如下

$$D_{i,j,k}^{n+1,m-1} = \frac{(v_x)_{i+\frac{1}{2},j,k}^{n+1,m-1} - (v_x)_{i-\frac{1}{2},j,k}^{n+1,m-1}}{\Delta x_i} + \frac{(v_y)_{i,j+\frac{1}{2},k}^{n+1,m-1} - (v_y)_{i,j-\frac{1}{2},k}^{n+1,m-1}}{\Delta y_j} + \frac{(v_z)_{i,j,k+\frac{1}{2}}^{n+1,m-1} - (v_z)_{i,j,k-\frac{1}{2}}^{n+1,m-1}}{\Delta z_k}$$

$$\frac{\partial D_{i,j,k}}{\partial P_{i,j,k}} = \frac{\Delta t}{\rho \Delta x_i}\left(\frac{1}{\delta x_{i+\frac{1}{2}}} + \frac{1}{\delta x_{i-\frac{1}{2}}}\right) + \frac{\Delta t}{\rho \Delta y_j}\left(\frac{1}{\delta y_{j+\frac{1}{2}}} + \frac{1}{\delta y_{j-\frac{1}{2}}}\right) + \frac{\Delta t}{\rho \Delta z_k}\left(\frac{1}{\delta z_{k+\frac{1}{2}}} + \frac{1}{\delta z_{k-\frac{1}{2}}}\right)$$

式中,Δt 为计算时间步长。

压力修正值计算出来以后,就可以对各网格单元压力及速度进行修正,修正公式为

$$p_{i,j,k}^{n+1,m} = p_{i,j,k}^{n+1,m-1} + dp_{i,j,k}^{n+1,m} \tag{16-9}$$

$$\left.\begin{aligned}
(v_x)_{i+\frac{1}{2},j,k}^{n+1,m} &= (v_x)_{i+\frac{1}{2},j,k}^{n+1,m-1} + \Delta t\, dp_{i,j,k}^{n+1,m}/\rho\delta x_{i+\frac{1}{2}} \\
(v_x)_{i-\frac{1}{2},j,k}^{n+1,m} &= (v_x)_{i-\frac{1}{2},j,k}^{n+1,m-1} - \Delta t\, dp_{i,j,k}^{n+1,m}/\rho\delta x_{i-\frac{1}{2}} \\
(v_y)_{i,j+\frac{1}{2},k}^{n+1,m} &= (v_y)_{i,j+\frac{1}{2},k}^{n+1,m-1} + \Delta t\, dp_{i,j,k}^{n+1,m}/\rho\delta y_{j+\frac{1}{2}} \\
(v_y)_{i,j-\frac{1}{2},k}^{n+1,m} &= (v_y)_{i,j-\frac{1}{2},k}^{n+1,m-1} - \Delta t\, dp_{i,j,k}^{n+1,m}/\rho\delta y_{j-\frac{1}{2}} \\
(v_z)_{i,j,k+\frac{1}{2}}^{n+1,m} &= (v_z)_{i,j,k+\frac{1}{2}}^{n+1,m-1} + \Delta t\, dp_{i,j,k}^{n+1,m}/\rho\delta z_{k+\frac{1}{2}} \\
(v_z)_{i,j,k-\frac{1}{2}}^{n+1,m} &= (v_z)_{i,j,k-\frac{1}{2}}^{n+1,m-1} - \Delta t\, dp_{i,j,k}^{n+1,m}/\rho\delta z_{k-\frac{1}{2}}
\end{aligned}\right\} \tag{16-10}$$

根据压力修正值可以求出修正速度,再由修正速度求出新的迭代时刻的质量源项及压力修正值,重复进行,便可以将质量源项 $D_{i,j,k}^{n+1,m-1}$ 逐渐减小,直至趋于零或等于某一设定的极小数,此时所得到的速度场即为 $n+1$ 时刻的速度场,可满足连续性方程。

16.3.5 边界条件及数值稳定性条件

一、自由表面压力边界条件

自由表面压力及边界情况示于图 16-5。金属液自由表面可以用平面来近似,由金属液的体积分数函数 F 值及自由表面的法矢量确定自由表面的位置 d。将金属液自由表面上压力 p_S 和内部单元压力 p_N 之间进行线性插值,即可得到自由表面单元的压力 $p_{i,j,k}$,即

$$p_{i,j,k} = (1 - d/d_c)p_N + (d/d_c)p_S \tag{16-11}$$

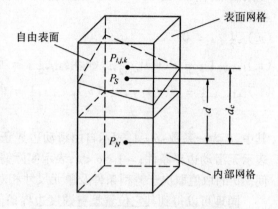

图 16-5 自由表面压力边界条件的定义

对于一般的铸造工艺,有时为了简化模拟计算过程,提高计算速度,可以将自由表面压力 p_S 设置为零。

二、自由表面速度边界条件

三维流体流动的自由表面边界共有 6 种基本形态和 58 种派生形态。图 16-6 表示的是其中的一种基本形态,其中 S 代表自由表面单元,E 代表空单元。对于自由表面单元,不能直接采用动量平衡方程进行速度计算,必须给出相应的速度边界条件。

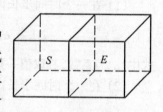

图 16-6 自由表面的一种基本形态

一种最简单的处理方法是对流体自由表面网格单元不进行压力和速度迭代,而是近似地将其处理成能直接满足连续性方程。例如对于图 16-6 所示的自由表面单元,其速度边界条件为

$$(v)_{i+\frac{1}{2},j,k} = (v_x)_{i-\frac{1}{2},j,k} - \frac{\Delta x_i}{\Delta y_i}[(v_y)_{i,j+\frac{1}{2},k} - (v_y)_{i,j-\frac{1}{2},k}] - \frac{\Delta x_i}{\Delta z_k}[(v_z)_{i,j,k+\frac{1}{2}} - (v_z)_{i,j,k-\frac{1}{2}}] \tag{16-12}$$

其它形态自由表面单元的速度边界条件可类似求出。

上述自由表面速度边界处理方法可以用于较简单的情况,对于复杂的自由表面情况,如金属液自由表面与固体型壁相遇或两股(多股)金属液交汇处,采用上述自由表面速度处理方法,会降低计算结果的精度。

一种改进的处理方法是对自由表面单元速度不采用连续性方程,而由其上游单元或相邻单元已知速度通过适当插值得到,待自由表面单元充满之后,其真实速度的大小和方向变化由压力和速度迭代计算自然得到。

三、型壁速度边界条件

对于型壁边界有两种理想情况,即自由滑动和无滑动边界,实际的型壁边界条件往往介于这两种边界条件之间。

图 16-7 给出了型壁边界的一种基本形态。在处理型壁速度边界时,需要将边界处

型壁单元假设为流体单元,然后给出该假设流体单元的速度限制条件。以图16-7所示型壁边界为例,其速度边界条件为

$$(v_x)_{i+\frac{1}{2},j,k} = 0$$
$$(v_y)_{i+1,j-\frac{1}{2},k} = \theta(v_y)_{i,j-\frac{1}{2},k}, (v_y)_{i+1,j+\frac{1}{2},k} = \theta(v_y)_{i,j+\frac{1}{2},k}$$
$$(v_z)_{i+1,j,k-\frac{1}{2}} = \theta(v_z)_{i,j,k-\frac{1}{2}}, (v_z)_{i+1,j,k+\frac{1}{2}} = \theta(v_z)_{i,j,k+\frac{1}{2}}$$

(16-13)

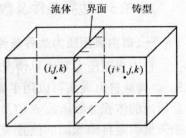

图16-7 型壁边界的一种形态

其中,θ为一系数:$\theta = 1$,表示自由滑动边界条件;$\theta = -1$,表示无滑动边界条件;$-1 < \theta < 1$,表示实际铸型的边界条件乃介于自由滑动与无滑动之间。θ的取值取决于铸型条件及单元尺寸相对于速度边界层厚度的大小等因素。

同理可以得到其它位置型壁速度边界条件。

四、数值稳定性条件

在综合考虑金属液流动和传热计算问题情况下,数值稳定性条件为:

(1) 在一个时间步长内,流体流动不能超过一个网格单元,则有

$$\Delta t \leq \alpha \max \left\{ \frac{\Delta x_i}{|(v_x)_{i,j,k}|}, \frac{\Delta y_j}{|(v_y)_{i,j,k}|}, \frac{\Delta z_k}{|(v_z)_{i,j,k}|} \right\} \quad (16-14)$$

式中,α为系数,其取值一般为1/4或1/3。

(2) 在一个时间步长内,动量扩散不能超过一个网格单元,有

$$\nu \Delta t \leq \frac{1}{2} \frac{\Delta x_i^2 \Delta y_j^2 \Delta z_k^2}{\Delta x_i^2 \Delta y_j^2 + \Delta y_j^2 \Delta z_k^2 + \Delta z_k^2 \Delta x_i^2} \quad (16-15)$$

式中 ν——金属液运动粘度。

(3) 在进行传热计算时,要求离散方程式(16-7)中的离散系数满足正系数法则,其中系数 $a_{i+1,j,k}$、$a_{i-1,j,k}$、$a_{i,j+1,k}$、$a_{i,j-1,k}$、$a_{i,j,k+1}$、$a_{i,j,k-1}$已经自然满足正系数要求,因此只要求 b 项的系数不小于零即可,于是有

$$a_{i,j,k} - (a_{i+1,j,k} + a_{i-1,j,k} + a_{i,j+1,k} + a_{i,j-1,k} + a_{i,j,k+1} - a_{i,j,k-1}) \geq 0$$

(16-16)

16.3.5 程序编制及计算

在上述工作基础上,就可以编制程序进行流场模拟。图16-8是金属液充型过程流场模拟程序框图,求解过程如下:

(1) 将铸件和铸型作为计算域,进行实体造型、剖分和单元标识;

(2) 给出初始条件、边界条件及金属液与铸型的物性参数;

(3) 将初始条件和边界条件或前一时刻的计算值代入动量平衡方程的离散方程中,求出新时刻的速度场估算值;

(4) 由压力校正公式计算各单元的校正压力,由速度校正公式求取新的速度场,并由此新速度场求出新的校正压力,如此迭代速度场和压力场,直至每个网格单元都满足连续性方程;

(5) 求解体积函数方程,得到各单元体积函数分数 F,确定新时刻金属液流动计算域;

(6) 求解能量平衡方程,得到各单元的温度,并对物性值修正,作为下一时间步长计算的物性值;

(7) $t+\Delta t \rightarrow t$,重复(3)~(6)步骤,直至金属液充型完毕或停止流动。

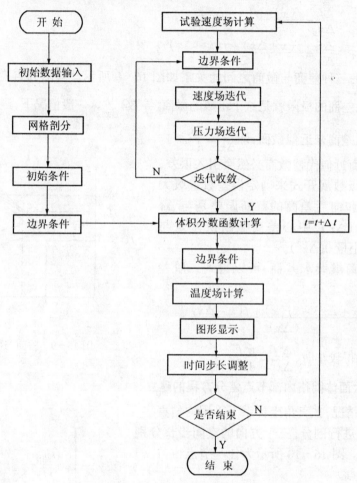

图 16-8 充型过程流场模拟程序框图

16.4 非稳定传热离散方程的建立

16.4.1 有限差分法

在求解区域离散化的基础上,在离散点上用差商代替传热控制方程中的微商(导数),即可得到有限差分离散方程。

一、有限差商

把一个连续函数 $f(x)$ 的增量 Δf 与自变量增量 Δx 的比值定义为有限差商。有限差分法计算中常见的差商形式有以下几种：

向前差商 $\quad \dfrac{\Delta f}{\Delta x} = \dfrac{f(x+\Delta x) - f(x)}{\Delta x}$

向后差商 $\quad \dfrac{\Delta f}{\Delta x} = \dfrac{f(x) - f(x-\Delta x)}{\Delta x}$

中心差商 $\quad \dfrac{\Delta f}{\Delta x} = \dfrac{f(x+\Delta x) - f(x-\Delta x)}{2\Delta x}$

上面定义的三种差商与微商之间的关系如图 16-9 所示。显然当自变量的增量 Δx 趋于零时，有限差商的极限就是这个函数的微商(导数) $\dfrac{\mathrm{d}f}{\mathrm{d}x}$。一般情况下，当 Δx 取得较小时，可以用有限差商来近似微商，即 $\dfrac{\Delta f}{\Delta x} \approx \dfrac{\mathrm{d}f}{\mathrm{d}x}$。

用有限差商近似代替微商必然会引入误差，可以用 Taylor 级数展开式来确定误差数量级大小。向前差商和向后差商的截断误差是与 Δx 同级的小量 $O(\Delta x)$，中心差商截断误差是与 $(\Delta x)^2$ 同级的小量 $O(\Delta x^2)$。

对一阶差商继续求差商，可以得到二阶差商，其形式为

$$\dfrac{\Delta^2 f}{\Delta x^2} = \dfrac{f(x+\Delta x) - 2f(x) + f(x-\Delta x)}{(\Delta x)^2}$$

同样，当 Δx 取得较小时，$\dfrac{\Delta^2 f}{\Delta x^2} \approx \dfrac{\mathrm{d}^2 f}{\mathrm{d}x^2}$。

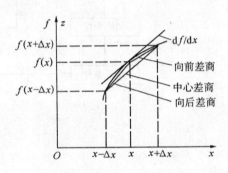

图 16-9　差商与微商

二、直角六面体网格内部节点差分方程的建立

对于三维情况，在直角坐标系下采用均匀直角六面体网格进行剖分，三个方向的空间步长分别为 $\Delta x, \Delta y, \Delta z$。图 16-10 所示为任一节点 (i,j,k) 及周围六个节点。

三维非稳定传热方程为

$$\dfrac{1}{a} \dfrac{\partial T}{\partial t} = \dfrac{\partial^2 T}{\partial x^2} + \dfrac{\partial^2 T}{\partial y^2} + \dfrac{\partial^2 T}{\partial z^2} \qquad (8-11)$$

对上式进行不同的处理，可以得到不同的差分格式，如显式格式、完全隐式格式、Crank-Nicolson 格式(C-N 格式)、及 Du Fort-Frankel 格式(D.F.F 格式)等。本节介绍显示格式及完全隐式格式。

1. 显式格式

将式(8-11)中 $\dfrac{\partial T}{\partial t}$ 项用温度对时间一阶向前差

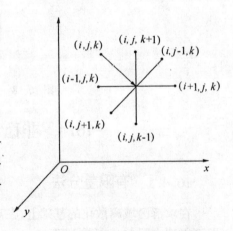

图 16-10　三维节点及相邻节点

商 $\frac{T_{i,j,k}^{n+1} - T_{i,j,k}^n}{\Delta t}$ 代替,右端三项用 n 时刻温度对空间二阶差商代替,整理得

$$T_{i,j,k}^{n+1} = \frac{a\Delta t}{\Delta x^2}(T_{i+1,j,k}^n + T_{i-1,j,k}^n) + \frac{a\Delta t}{\Delta y^2}(T_{i,j+1,k}^n + T_{i,j-1,k}^n) +$$

$$\frac{a\Delta t}{\Delta z^2}(T_{i,j,k+1}^n + T_{i,j,k-1}^n) + (1 - \frac{2a\Delta t}{\Delta x^2} - \frac{2a\Delta t}{\Delta y^2} - \frac{2a\Delta t}{\Delta z^2})T_{i,j,k}^n \quad (16-17)$$

上式就是三维非稳定传热的显式格式差分方程。只要知道节点(i,j,k)及周围六个节点在前一时刻(n时刻)的温度,就可以利用式(16-17)计算节点(i,j,k)在当前时刻($n+1$时刻)的温度及随时间的变化。显式格式的优点是每个节点差分方程都可以独立求解,而无需求解联立方程组,整个计算过程十分简便。但是时间步长 Δt 的选取要受到限制。

2. 完全隐式格式

对于式(8-11),$\frac{\partial T}{\partial t}$ 项仍然用温度对时间一阶向前差商代替,而右端三项用对应于($n+1$)时刻的温度对空间的二阶差商代替,将各差商代入式(8-11)中整理得

$$(1 + \frac{2a\Delta t}{\Delta x^2} + \frac{2a\Delta t}{\Delta y^2} + \frac{2a\Delta t}{\Delta z^2})T_{i,j,k}^{n+1} - \frac{a\Delta t}{\Delta x^2}(T_{i+1,j,k}^{n+1} + T_{i-1,j,k}^{n+1}) -$$

$$\frac{a\Delta t}{\Delta y^2}(T_{i,j+1,k}^{n+1} + T_{i,j-1,k}^{n+1}) - \frac{a\Delta t}{\Delta z^2}(T_{i,j,k+1}^{n+1} + T_{i,j,k-1}^{n+1}) = T_{i,j,k}^n \quad (16-18)$$

隐式差分格式最大优点是绝对稳定,不受边界条件、时间步长及空间步长的影响,可允许选取较大的时间步长。但是对于节点(i,j,k),仅从式(16-18)不能独立求解,要联立求解一个线性方程组,计算过程较复杂。

三、非六面体网格内部节点差分方程的建立

对于非六面体网格,不能采用差商直接代替微商的办法建立差分方程,对此可以采用能量平衡法建立节点差分方程。

图16-11所示为一内节点网格单元示意图。将节点设置在网格单元的外心,而将网格单元作为节点领域。设所讨论的非稳定导热材料为非均质材料,现讨论图中 i 单元的热平衡。从 n 时刻到 $n+1$ 时刻,由相邻单元向 i 单元传入的热量为

$$\sum_{j=1}^{m} \frac{F_{i,j}}{\frac{1}{h_{i,j}} + \frac{\delta_{i,j}}{\lambda_i} + \frac{\delta_{j,i}}{\lambda_j}}(T_j^n - T_i^n)\Delta t$$

在相同时间内,单元 i 的内能增量为

$$\rho_i c_{pi} V_i (T_i^{n+1} - T_i^n)$$

根据能量守恒定律,传入单元 i 的热量等于单元 i 内能的增量,经整理得

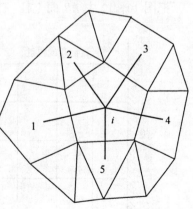

图16-11 内节点法网格剖分

$$T_i^{n+1} = T_i^n + \frac{\Delta t}{\rho_i c_{pi} V_i} \sum_{j=1}^{m} \frac{F_{i,j}}{\frac{1}{h_{i,j}} + \frac{\delta_{i,j}}{\lambda_i} + \frac{\delta_{j,i}}{\lambda_j}} (T_j^n - T_i^n) \qquad (16-19)$$

式中 $F_{i,j}$——单元 i 与单元 j 的传热面面积；

$\delta_{i,j}$、$\delta_{j,i}$——分别为单元 i 及 j 的节点至传热面的距离。

V_i——单元 i 的体积；

$h_{i,j}$——单元 i 及 j 之间的界面换热系数；

λ_i、λ_j——单元 i 及 j 的导热系数；

m——单元 i 周围相邻单元数。

式(16-19)就是非六面体网格剖分时，非均质材料非稳定传热的差分方程一般形式。如果材料为均质材料，且采用直角六面体网格剖分，则式(16-19)就变为式(16-17)。

采用能量平衡法建立差分方程，其优点在于：可以采用多种形式的网格单元，因此更适合于求解复杂形状的问题，另外，对于每个单元，能够指定材料的热物性值，容易求解由多种物质组成的系统的问题。该法的缺点是输入数据量多，程序复杂，计算时间较长。因而对于能进行规则网格剖分的简单形状系统，采用前面讲述的用差商直接代替微商法更有利，但一般而言，能量平衡法更实用些。

四、边界节点差分方程的建立

物体内部的温度场必然受到物体表面条件的影响，反之，物体内部温度场的变化也影响着表面条件。因此为了数值求解，还必须建立边界节点的差分方程。为了简单起见，在此只讨论二维系统一般换热条件及均匀网格剖分的边界节点差分方程的建立。按此方法可以推导出三维系统边界节点的差分方程。

图 16-12 表示了绝热、给定热流密度、对流、定温或辐射换热五种边界表面的二维矩形区域矩形网格。先以绝热边界为例，建立边界节点差分方程。

把图 16-12 中 AB 面上任一节点 (i,j) 及其相邻节点取出分析，如图 16-13 所示。

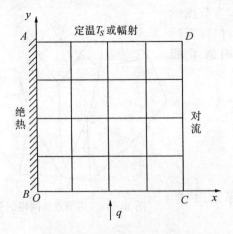

图 16-12 各种换热边界表面

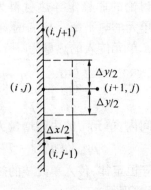

图 16-13 绝热边界单元

根据傅立叶导热定律及能量守恒定律可得

$$\lambda(\Delta y \cdot 1)\frac{T_{i+1,j}^n - T_{i,j}^n}{\Delta x} + \lambda(\frac{\Delta x}{2} \cdot 1)\frac{T_{i,j-1}^n - T_{i,j}^n}{\Delta y} + \lambda(\frac{\Delta x}{2} \cdot 1)\frac{T_{i,j+1}^n - T_{i,j}^n}{\Delta y} + 0 =$$
$$\rho c_p(\frac{\Delta x}{2}\Delta y \cdot 1)\frac{T_{i,j}^{n+1} - T_{i,j}^n}{\Delta t}$$

若 $\Delta x = \Delta y$,整理上式得

$$T_{i,j}^{n+1} = Fo(2T_{i+1,j}^n + T_{i,j-1}^n + T_{i,j+1}^n) + (1 - 4Fo)T_{i,j}^n \qquad (16-20)$$

式中,Fo 为傅立叶数。

式(16-20)就是正方形网格剖分及绝热边界条件边界节点差分方程。

同理可以得到其它边界条件下的边界节点差分方程,表达式如下:

给定热流密度边界

$$T_{i,j}^n = Fo(T_{i-1,j}^n + T_{i+1,j}^n + 2T_{i,j+1}^n) + (1 - 4Fo)T_{i,j}^n + \frac{2q}{\rho c_p}\frac{\Delta t}{\Delta x} \qquad (16-21)$$

对流边界

$$T_{i,j}^n = Fo(T_{i,j-1}^n + T_{i,j+1}^n + 2T_{i-1,j}^n) + (1 - 4Fo - 2\frac{h}{\rho c_p}\frac{\Delta t}{\Delta x})T_{i,j}^n + \frac{2h}{\rho c_p}\frac{\Delta t}{\Delta x}T_f$$
$$(16-22)$$

给定温度边界

$$T_{i,j}^n = T_s$$

辐射边界

$$T_{i,j}^{n+1} = Fo(T_{i-1,j}^n + T_{i+1,j}^n + 2T_{i,j-1}^n) + (1 - 4Fo)T_{i,j}^n + \frac{2\varepsilon\sigma_0}{\rho c_p}\frac{\Delta t}{\Delta x}[T_f^4 - (T_{i,j}^n)^4]$$
$$(16-23)$$

混合边界(图 16-12 中角 C 节点)

$$T_{i,j}^{n+1} = 2Fo(T_{i-1,j}^n + T_{i,j+1}^n) + (1 - 4Fo)T_{i,j}^n + 2q\frac{\Delta t}{\rho c_p\Delta x} + 2h\frac{\Delta t}{\rho c_p\Delta x}(T_f - T_{i,j}^n)$$
$$(16-24)$$

五、差分方程的稳定性

从数学上可以严格地证明,完全隐式差分格式为无条件稳定,显式差分格式为有条件稳定。对于直角六面体均匀网格剖分,显式差分格式的稳定性条件为:

内部节点

$$\frac{2a\Delta t}{\Delta x^2} + \frac{2a\Delta t}{\Delta y^2} + \frac{a\Delta t}{\Delta z^2} \leq 1 \qquad (16-25)$$

x 方向对流换热边界节点

$$\frac{2a\Delta t}{\Delta x^2} + \frac{2a\Delta t}{\Delta y^2} + \frac{a\Delta t}{\Delta z^2} + \frac{2ah\Delta t}{\lambda \Delta x} \leq 1 \qquad (16-26)$$

同理可以推导得到其它边界条件的边界节点差分方程的稳定性条件。

下面给出二维矩形区域矩形网格($\Delta x = \Delta y$)的一些边界条件的边界节点差分方程的稳定性条件。

对绝热边界和给定热流边界言,其边界节点差分方程稳定性条件都为 $\frac{a}{\Delta x^2}\Delta t \leq \frac{1}{4}$;而对混合边界和对流边界言,它们的边界节点差分方程稳定性条件则为 $\frac{a}{\Delta x^2}\Delta t \leq \frac{1}{2(2+\frac{h\Delta x}{\lambda})}$。

差分格式的稳定性可以从物理上得到一定解释。考察显式差分方程(16-17),节点 (i,j,k) 周围六个节点的温度的系数全是正的,如果 $T_{i,j,k}^n$ 的系数为负值的话,则式(16-17)表明,在 n 时刻节点 (i,j,k) 的温度 $T_{i,j,k}^n$ 越低,则该节点在 $(n+1)$ 时刻的温度就越高,但是这样就违背了热力学原理。由此得出结论:为了不违背热力学原理,所必须的条件是对于给定的空间网格划分应适当选择时间步长 Δt,以使得 $T_{i,j,k}^n$ 的系数不为负值,这就是显式有限差分方程稳定性的充分条件。

根据热力学原理,对于一个无内热源区域内的导热过程,若已知初始温度分布及任何时刻边界上的温度分布,则区域内任一点 (i,j,k) 在任一时刻的温度都不应该大于初始温度分布或边界温度分布中的最大值,也不应该小于初始温度或边界温度分布中的最小值。换言之,一个过程的极值温度只能在初始条件和边界条件之中。完全隐式差分格式正符合这一规律。考察式(16-18),假定 $n+1$ 时刻区域内任一点 (i,j,k) 处取得温度最大值,按式(16-18)计算结果可知 $T_{i,j,k}^n > T_{i,j,k}^{n+1}$。即 n 时刻区域内最大温度值大于 $n+1$ 时刻的最大值。依此类推,必将最大温度值或推到初始条件,或推到边界条件。同理可以推得整个过程的温度最小值必然出现在初始条件或边界条件上。总之对于隐式格式,无论空间步长和时间步长如何取值,其运算逻辑都符合热力学原理,即无条件稳定。

16.4.2 有限元法

有限元法求解步骤如下:汇集给定问题的单值性条件;将计算区域在空间和时间上离散;写出单元的泛函① 表达式,构造单元内的插值函数;求得泛函极值条件的代数方程表达式;构造代数方程组;选用适当的计算方法求解线性代数方程组;编写计算程序进行计算。

用有限元法进行数值求解时,涉及到数学几个基本概念,这些可在有关资料中找到。本节仅简要介绍有限元法的二维非稳定导热的计算格式的建立。

一、单元划分和温度场的离散

如图 16-14 所示,对于具有边界 Γ 的区域 D,划分成任意的三角形单元。每一个节点都有对应的节点总码 1、2、… 等;每一个单元也有对应的单元码①、②…等。每一个单元三个顶点又都有 i、j、m 按逆时针方向进行编号。不包含边界的单元,如单元①、②、③ 等称为内部单元;包含边界的单元,如单元④、⑤等称为边界单元。

图 16-15 所示为区域 D 中取出的任一单元,在这里三个顶点的坐标都是已知的(单

---

① 泛函就是函数的函数,它的自变量为函数,如 $L = L[y(x)]$。

元划分时确定的),因此对应于顶点 i、j、m 的三条边 S_i、S_j、S_m 以及三角形面积△也都已知。三角形中任一点(x,y)的温度 T,在有限元法中把它离散到单元的三个顶点上去,即用 T_i、T_j、T_m 三个温度值来表示单元中的温度场 $T=f(T_i,T_j,T_m)$,这种处理方法称为温度场的离散。

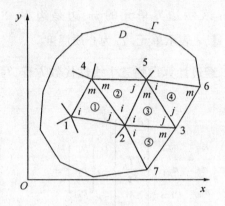 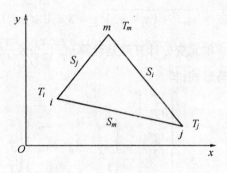

图 16-14 把平面划分成三角形单元　　图 16-15 把温度场离散到三个顶点上去

二、温度插值函数

参见图 16-15,对于三角形单元,通常假设单元 e 上的温度 T 是 x,y 的线性函数,即

$$T = a_1 + a_2 x + a_3 y$$

式中,a_1、a_2、a_3 是待定常数。经过求解并代入上式,可以得到温度插值函数的一个重要关系式

$$T = \frac{1}{2\triangle}[(a_i + b_i x + c_i y)T_i + (a_j + b_j x + c_j y)T_j + (a_m + b_m x + c_m y)T_m] = N_i T_i + N_j T_j + N_m T_m \tag{16-27}$$

或

$$T = [N_i, N_j, N_m]\begin{Bmatrix} T_i \\ T_j \\ T_m \end{Bmatrix} = [N]\{T\}^e \tag{16-27a}$$

式中　$N_i = \frac{1}{2\triangle}(a_i + b_i x + c_i y)$;

$N_j = \frac{1}{2\triangle}(a_j + b_j x + c_j y)$;

$N_m = \frac{1}{2\triangle}(a_m + b_m x + c_m y)$;

$a_i = x_j y_m - x_m y_j, b_i = y_j - y_m, c_i = x_m - x_j$;

$a_j = x_m y_i - x_i y_m, b_j = y_m - y_i, c_j = x_i - x_m$;

$a_m = x_i y_j - x_j y_i, b_m = y_i - y_j, c_m = x_j - x_i$;

△——三角形面积。

三、单元变分计算

二维非稳定导热方程的泛函为

$$J^e = \iint_e [\frac{\lambda}{2}(\frac{\partial T}{\partial x})^2 + \frac{\lambda}{2}(\frac{\partial T}{\partial y})^2 + \rho c_p \frac{\partial T}{\partial t} T] \mathrm{d}x \mathrm{d}y + \int_{jm} (\frac{1}{2}hT^2 - hT_f T) \mathrm{d}s \quad (16-28)$$

式中，J^e 表示定义在三角形单元上的泛函，jm 表示边界单元的 jm 边是边界，$S = \sqrt{(x_j - x_m)^2 + (y_j - y_m)^2} g = S_i g, 0 \leqslant g \leqslant 1$ 为参变量，e 表示单元，T_f 为介质温度。

单元变分计算就是计算 $\frac{\partial J^e}{\partial T_i}$、$\frac{\partial J^e}{\partial T_j}$ 及 $\frac{\partial J^e}{\partial T_m}$ 之值。经过计算得到三个线性代数方程，写成矩阵形式，得

$$\begin{Bmatrix} \frac{\partial J^e}{\partial T_i} \\ \frac{\partial J^e}{\partial T_j} \\ \frac{\partial J^e}{\partial T_m} \end{Bmatrix} = \begin{bmatrix} k_{ii} & k_{ij} & k_{im} \\ k_{ji} & k_{jj} & k_{jm} \\ k_{mi} & k_{mj} & k_{mm} \end{bmatrix} \begin{Bmatrix} T_i \\ T_j \\ T_m \end{Bmatrix} + \begin{bmatrix} n_{ii} & n_{ij} & n_{im} \\ n_{ji} & n_{jj} & n_{jm} \\ n_{mi} & n_{mj} & n_{mm} \end{bmatrix} \begin{Bmatrix} \frac{\partial T_i}{\partial t} \\ \frac{\partial T_j}{\partial t} \\ \frac{\partial T_m}{\partial t} \end{Bmatrix} - \begin{Bmatrix} p_i \\ p_j \\ p_m \end{Bmatrix} =$$

$$[K]^e \{T\}^e + [N]^e \{\frac{\partial T}{\partial t}\}^e - \{P\}^e \quad (16-29)$$

式中 $k_{ii} = \phi(b_i^2 + c_i^2), k_{jj} = \phi(b_j^2 + c_j^2) + \frac{aS_i}{3}, k_{mm} = \phi(b_m^2 + c_m^2) + \frac{aS_i}{3}$

$k_{ij} = k_{ji} = \phi(b_i b_j + c_i c_j), k_{im} = k_{mi} = \phi(b_i b_m + c_i c_m)$,

$k_{jm} = k_{mj} = \phi(b_j b_m + c_j c_m) + \frac{aS_i}{6}$,

$n_{ii} = n_{jj} = n_{mm} = \frac{\rho c_p \Delta}{6}$,

$n_{ij} = n_{ji} = n_{im} = n_{mi} = n_{jm} = n_{mj} = \frac{\rho c_p \Delta}{12}$,

$p_i = 0, p_j = p_m = \frac{aS_i T_f}{2}$,

$\phi = \lambda/4\Delta$。

上式是针对边界单元的，对于内部单元，只要以 $S_i = 0$ 代入上式即可。

四、总体合成

有限元法计算的最终结果是要求出域 D 中的温度分布。如果 J 为定义在整个域 D 上的泛函，J^e 为定义在三角形单元上的泛函，则

$$J = \sum_e J^e \quad (16-30)$$

符号 $\sum_e$ 表示对全部单元求和。

如果域 D 上 n 个节点的温度都是未知量，则多元函数具有 $J(T_1, T_2, \cdots T_n)$ 的形式，J 取极值条件为

$$\frac{\partial J}{\partial T_k} = \sum_e \frac{\partial J^e}{\partial T_k} = 0, k = 1, 2, \cdots, n \quad (16-31)$$

如果域 D 上 n 个节点的温度中,最后的 L 个为已知量(即已知表面温度随时间的变化关系),则多元函数具有 $J(T_1, T_2, \cdots, T_{n-L})$ 的形式,J 取极值的条件为

$$\frac{\partial J}{\partial T_k} = \sum_e \frac{\partial J^e}{\partial T_k} = 0, k = 1, 2, \cdots, (n - L) \tag{16-32}$$

式(16-31)、(16-32)是总体合成的基础。

对于二维非稳定导热,总体合成得到如下形式

$$\begin{bmatrix} k_{11} & k_{12} & \cdots & k_{1n} \\ k_{21} & k_{22} & \cdots & k_{2n} \\ \cdots & \cdots & \cdots & \cdots \\ k_{n1} & k_{n2} & \cdots & k_{nn} \end{bmatrix} \begin{Bmatrix} T_1 \\ T_2 \\ \vdots \\ T_n \end{Bmatrix} + \begin{bmatrix} n_{11} & n_{12} & \cdots & n_{1n} \\ n_{21} & n_{22} & \cdots & n_{2n} \\ \cdots & \cdots & \cdots & \cdots \\ n_{n1} & n_{n2} & \cdots & n_{nn} \end{bmatrix} \begin{Bmatrix} \frac{\partial T_1}{\partial t} \\ \frac{\partial T_2}{\partial t} \\ \vdots \\ \frac{\partial T_n}{\partial t} \end{Bmatrix} = \begin{Bmatrix} p_1 \\ p_2 \\ \vdots \\ p_3 \end{Bmatrix} \tag{16-33}$$

或

$$[K]\{T\} + [N]\left\{\frac{\partial T}{\partial t}\right\} = \{P\} \tag{16-33a}$$

式中,系数矩阵 $[K]$ 称为温度刚度矩阵;$\{T\}$ 是未知温度值的列向量;$[N]$ 称为变温矩阵,是考虑温度随时间变化的一个系数矩阵,$\{P\}$ 为等式右端项组成的列向量。

对于任一时刻 t,式(16-33a)可以写成

$$[K]\{T\}_t + [N]\left\{\frac{\partial T}{\partial t}\right\}_t = \{P\}_t \tag{16-33b}$$

式中,下标 t 是表示时间的函数。

在求解非稳定导热时,通常已知的是初始条件和边界条件,$\left\{\frac{\partial T}{\partial t}\right\}_t$ 是未知的,所以利用式(16-33b)求解 $\{T\}_t$ 是不方便的。需要用差分法把 $\left\{\frac{\partial T}{\partial t}\right\}_t$ 展开,对此可以采用多种差分格式。这里给出一种二点向后差分格式(完全稳定格式)。

设在 Δt 内,有

$$\left\{\frac{\partial T}{\partial t}\right\}_t = \frac{\{T\}_t - \{T\}_{t-\Delta t}}{\Delta t} \tag{16-34}$$

代入式(16-33b)中,得

$$([K] + \frac{1}{\Delta t}[N])\{T\}_t = \frac{1}{\Delta t}[N]\{T\}_{t-\Delta t} + \{P\}_t \tag{16-35}$$

上式即为采用完全稳定格式计算非稳定温度场的基本方程。选取一定的步长(或变时间步长),经过上述运算求解,便可得到各个时刻的温度分布。

16.5 铸件凝固过程温度场数值模拟

铸件凝固过程一般要涉及到多种材料,需要对各种材料之间的界面进行恰当的处理,需要对合金的凝固潜热进行处理。因此铸件的凝固传热是金属热态成形过程中最复杂的、具有代表性的非稳定传热问题,故在本节中就铸件凝固过程温度场数值模拟作简要介

绍。

16.5.1 铸件凝固过程传热数学模型及其离散

一、凝固传热数学模型

铸件凝固过程是非稳定传热过程,传热方程可由式(8-11)改写成下述形式

$$\rho c_p \frac{\partial T}{\partial t} = \frac{\partial}{\partial x}(\lambda \frac{\partial T}{\partial x}) + \frac{\partial}{\partial y}(\lambda \frac{\partial T}{\partial y}) + \frac{\partial}{\partial z}(\lambda \frac{\partial T}{\partial z}) \qquad (8-11)$$

二、数学模型的离散

采用直角六面体网格对铸件及铸型统一进行剖分,将网格界面选在铸件与铸型之间分界处。采用能量平衡法建立差分方程。根据式(16-19)可以得到铸件与铸型统一传热差分方程表达式

$$T_i^{n+1} = T_i^n + \frac{\Delta t}{\rho c_p \Delta x_i \Delta y_j \Delta z_k} \sum_{j=1}^{6} \frac{F_{i,j}}{\frac{1}{h_{i,j}} + \frac{\delta_{i,i}}{\lambda_i} + \frac{\delta_{j,i}}{\lambda_j}}(T_j^n - T_i^n) \qquad (16-36)$$

式中,$h_{i,j}$——铸件与铸型之间的界面换热系数。

对于铸件或铸型内部网格单元,界面热阻 $1/h_{i,j}$ 为零,上式可以进一步简化。

16.5.2 边界条件和初始条件的处理

在凝固过程中,铸件-铸型界面属于非理想接触界面,存在界面热阻。对于界面处单元,其传热仍然用式(16-36)计算。

对于铸型外表面与大气传热的边界条件,需根据具体的边界条件类型(如(1)已知铸型外表面温度随时间的变化规律;(2)已知铸型外表面热流密度随时间的变化关系;(3)已知铸型周围介质的温度和表面换热系数等,考虑大气对铸型传热的影响作用以及边界节点差分方程的建立。

选取浇注结束后某一时刻的温度场作为凝固过程模拟的初始条件。由于金属液浇注过程的传热对浇注结束后的温度场影响很大,因此如何选取凝固过程计算的初始时刻温度场,需要根据具体的铸造工艺来确定。

对于浇注速度较快的厚大的普通砂型铸造,铸件的凝固时间远大于浇注时间,浇注过程中金属液散失的热量对浇注结束后铸件温度分布影响很小。因此可以认为当金属液浇注结束时,铸件和铸型中温度均匀分布,其值为浇注温度或者低于浇注温度的某一个温度值。铸型温度则为常温或某一个预热温度。

对于浇注速度相对较慢的激冷型铸造(如金属型铸造和石墨型铸造等)及一些大型薄壁复杂铸件的铸造,金属在充型过程中产生很大的不均匀的温度降,甚至在金属液还未充满型腔时一部分金属就已经开始凝固,因此浇注过程的传热影响作用不可忽略。对此可以采用铸件充型过程温度场数值模拟的办法解决,把金属液充满铸型那一时刻的铸件和

铸型的温度场模拟结果作为铸件凝固温度场数值模拟的初始条件。

16.5.3 凝固潜热处理

铸件凝固过程中会释放出大量的潜热,铸件向铸型传递的潜热量要大于金属过热传递的热量,因而潜热释放对铸件凝固过程具有重要影响。

潜热的处理方法如第二篇中介绍有多种,如等价比热法、热焓法及温度回升法等。在此以温度回升法为例,介绍凝固潜热的处理。

假定某一网格单元(i,j,k)中固相率增加量为Δf_s,它所放出的潜热Q_s可以用下式表示

$$Q_s = \rho V \Delta f_s L$$

式中 V——单元体积。

采用温度回升法进行处理时,先不考虑凝固潜热的放出,进行温度计算,求出时间Δt内网格单元中的温度降低量$\Delta T = T_L - T_{i,j,k}$,其中$T_L$为液相线温度,如果$\Delta T > 0$,则表明该单元内有凝固发生,该单元散失的热量为$Q'_s$,$Q'_s = \rho c_p V \Delta T$。由于放出凝固潜热,该单元的温度应该回升到$T_L$(假定没有过冷),因此下式成立

$$Q_s = Q'_s$$

由上式得 $\Delta f_s = c_p \Delta T / L$

温度回升法采用固相率的增加来代替凝固潜热的放出。如果固相率之和$\sum f_s = 1$,则表明该网格单元中金属液凝固结束。

温度回升法适合于窄结晶温度范围合金,对于结晶温度范围较宽的合金,可以采用等价比热法。

16.5.4 编程计算

在上述工作基础上,就可以编制程序,进行温度场数值模拟计算。图16-16是温度场数值模拟程序流程图。计算步骤如下:

(1) 将铸件和铸型作为计算域,进行实体造型、网格剖分和单元标识;

(2) 给出初始条件、边界条件及金属与铸型的物性参数;

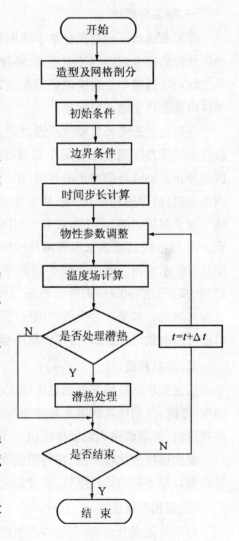

图16-16 铸件凝固温度场数值模拟程序流程图

(3) 确定时间步长;

(4) 由传热离散方程及 n 时刻的温度值 $T_{i,j,k}^n$,求得 $n+1$ 时刻的温度值 $T_{i,j,k}^{n+1}$;

(5) 判断是否处理凝固潜热;

(6) 对金属及铸型物性值进行修正;

(7) $t+\Delta t \rightarrow t$,重复(4)~(6)步骤。

16.5.5 基于非稳定传热计算的铸件缩孔缩松预测方法

铸件凝固温度场模拟的一个重要应用是预测铸件中缩孔缩松的产生,几种预测方法介绍如下。

一、等温曲线法

等温曲线法预测缩孔是基于顺序凝固的原则建立的。在凝固过程中冒口以外的部位始终与冒口存有相连的补缩通道,铸件内就不会产生缩孔。如果补缩通道在铸件凝固完毕之前由于通道中金属提前凝固而被"截断",则铸件不属于顺序凝固或顺序凝固程度差,铸件内就会产生缩孔或缩松。

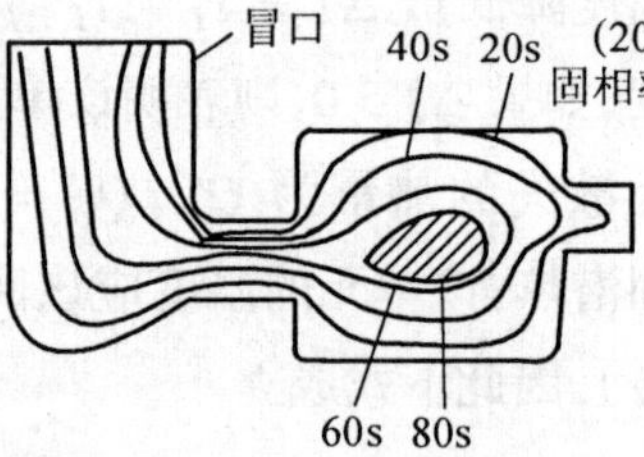

等温曲线法需要对铸件凝固过程温度场进行模拟,以合金的固相线温度或者某个临界固相率作为宏观金属液停止流动或补缩停止的界限,描绘出该界限下铸件内的等温(或等固相率)曲线,如果等温(或等固相率)曲线形成了封闭回路,则认为在那个封闭回路内将产生缩孔。图 16-17 所示为采用等温曲线法预测铸件某断面缩孔位置示意图。图中曲线旁的数字表明凝固开始后经历的时间,如 80 s 时的等固相率曲线形成了封闭回路,该回路内阴影区的铸件上将产生缩孔缺陷。如果最后凝固收缩区可通过能让金属液流动的通道一直延伸到冒口,则冒口就可以补给液体金属,铸件中就不会产生缩孔。

图 16-17 等温曲线法预测缩孔的位置

二、温度梯度法

该法是根据凝固末期的温度梯度的大小来预测缩孔的产生。当某个单元达到固相线温度 T_s 时,分别计算该单元与相邻的未凝固单元之间的温度梯度,并找出其中的最大温度梯度值,如果该最大温度梯度值小于某个临界温度梯度值,则该单元将产生缩孔。

温度梯度法比较简便,在等温曲线不封闭的场合也能预测缩孔的产生位置。但是该法需要针对不同的铸件形状、尺寸及合金成分,给出相应的临界温度梯度值。

三、固相率梯度法

对于共晶成分合金,不能应用温度梯度法预测缩孔的产生,对此可以采用固相率梯度法。

在金属液可能流动领域($f_{sc} < f_s < 1.0$)内,单元 i 的凝固收缩能得到液体补缩的是在

最大固相率梯度的方向上,将单元 i 的固相率梯度 G_{fs} 定义如下

$$G_{fs} = \max\left(\frac{f_{sci} - f_{sj}}{\delta_{i,j}}\right)$$

式中 f_{sci}——i 单元在 $n+1$ 时刻的临界固相率;

f_{sj}——$n+1$ 时刻与 i 单元相邻的 j 单元固相率;

$\delta_{i,j}$——i 单元节点与 j 单元节点间距离。

如果 i 单元的固相率梯度 G_{fs} 小于某个临界固相率梯度值,则该单元将产生缩孔或缩松。

16.6 质量传输过程数值模拟

16.6.1 固相中非稳定扩散数值模拟

一、数学模型及其离散

固相中非稳定扩散控制方程是菲克扩散第二定律。对于三维情况,其表达式为

$$\frac{\partial c}{\partial t} = D_x \frac{\partial^2 c}{\partial x^2} + D_y \frac{\partial^2 c}{\partial y^2} + D_z \frac{\partial^2 c}{\partial z^2} \qquad (11-24)$$

上式与固相中非稳定传热方程在形式上完全一致。因此可以仿照非稳定传热方程的离散过程,对非稳定扩散方程进行离散。

由于原子扩散速度很慢,在进行离散化处理时,要采用小的空间步长和较大的时间步长,因此,在建立差分方程时应尽量采用隐式格式,避免采用显式格式。

二、初始条件

扩散开始时的浓度场一般是均匀的,整个工件中某一成分的浓度是一致的、已知的,如以 c_0 表示,因此初始条件可以表示为

$$c(x, y, z, 0) = c_0$$

三、边界条件

如工件的外部边界和某一气相环境相接触,它可以是某一种气体,也可以是已知比例(分压)的几种气体的混合物。当工件和该气体接触时,气体就会吸附到工件表面,其中的活性原子将溶解到工件的表层中。在一定温度下,气体的溶解会达到平衡,这时该气体在工件表面的溶解度即为其表面浓度。

在上述工作基础上,仿照非稳定传热数值模拟过程,编制程序进行计算,可以得到不同时刻工件的浓度场。

16.6.2 对流传质过程数值模拟

对流传质微分方程为

$$\frac{\partial c}{\partial t} + v_x \frac{\partial c}{\partial x} + v_y \frac{\partial c}{\partial y} + v_z \frac{\partial c}{\partial z} = D\left(\frac{\partial^2 c}{\partial x^2} + \frac{\partial^2 c}{\partial y^2} + \frac{\partial^2 c}{\partial z^2}\right) \qquad (13-12)$$

上式与对流换热中的能量平衡方程在形式上完全相同,只是以浓度 c 代替了温度 T。因此可以仿照流动过程传热的模拟步骤进行对流传质过程数值模拟,这里不再赘述。

习 题

16.1 试分析采用交错网格的必要性(参阅文献 47)。

16.2 试给出动量方程 y 方向及 z 方向速度分量的显式离散方程。

16.3 金属液流动过程流场数值模拟中,如何对速度和压力进行修正?

16.4 金属液流动过程流场数值模拟中,如何处理自由表面压力?

16.5 以图 16-12 为例,推导以下边界节点差分方程:

(1) 给定热流密度边界;

(2) 对流边界;

(3) 辐射边界;

(4) 混合边界(角 C 节点)。

16.6 对于非稳定导热过程数值模拟,采用显式差分方程时,为什么要对空间步长和时间步长的相对关系加以限制?

16.7 以图 16-12 为例,给出二维及三维情况下,下述边界节点差分方程的稳定性条件:

(1) 给定热流密度边界;

(2) 辐射边界;

(3) 混合边界(角 C 节点)。

16.8 试给出金属液凝固潜热的两种处理方法。

附　录

附录1　饱和水的热物理性质

t ℃	ρ kg/m³	i' kJ/kg	c_p kJ/(kg·K)	$\lambda \times 10^2$ W/(m·k)	$a \times 10^3$ m²/s	$\eta \times 10^6$ kg/(m·s)	$\nu \times 10^5$ m²/s	$\beta \times 10^4$ K⁻¹	σ N/m	Pr
0	999.9	0	4.212	55.1	13.1	1788	1.789	−0.63	756.4	13.67
10	999.7	42.04	4.191	57.4	13.7	1306	1.305	+0.70	741.6	9.52
20	998.2	83.91	4.183	59.9	14.3	1004	1.006	1.82	726.9	7.02
30	995.7	125.7	4.174	61.8	14.9	801.5	0.805	3.21	712.2	5.42
40	992.2	167.5	4.174	63.5	15.3	653.3	0.659	3.87	696.5	4.31
50	988.1	209.3	4.174	64.8	15.7	549.4	0.556	4.49	676.9	3.54
60	983.1	257.1	4.179	65.9	16.0	469.1	0.478	5.11	662.2	2.99
70	977.8	293.0	4.187	66.8	16.3	406.1	0.415	5.70	643.5	2.55
80	971.8	355.0	4.195	67.4	16.6	355.1	0.365	6.32	625.9	2.21
90	965.3	377.0	4.208	68.0	16.8	314.9	0.326	6.95	607.2	1.95
100	958.4	419.1	4.220	68.3	19.9	282.5	0.295	7.52	588.6	1.75
110	951.0	461.4	4.233	68.5	17.0	259.0	0.272	8.08	569.0	1.60
120	943.1	503.7	4.250	68.6	17.1	237.4	0.252	8.61	548.4	1.47
130	934.8	546.4	4.266	68.6	17.2	217.8	0.233	9.19	528.8	1.36
140	926.1	589.1	4.287	68.5	17.2	201.1	0.217	9.72	507.2	1.26
150	917.0	632.2	4.313	68.4	17.3	186.4	0.203	10.3	486.6	1.17
160	907.0	675.4	4.346	68.3	17.3	173.6	0.191	10.7	466.0	1.10
170	897.3	719.3	4.380	67.9	17.3	162.8	0.181	11.3	443.4	1.05
180	886.9	763.3	4.417	67.4	17.2	153.0	0.173	11.9	422.8	1.00
190	876.0	807.8	4.459	67.0	17.1	144.2	0.165	12.6	400.2	0.96
200	863.0	852.8	4.505	66.3	17.0	136.4	0.158	13.3	376.7	0.93
210	852.3	897.7	4.555	65.5	16.9	130.5	0.153	14.1	354.1	0.91
220	840.3	943.7	4.614	64.5	16.6	124.6	0.148	14.8	331.6	0.89
230	827.3	990.2	4.681	63.7	16.4	119.7	0.145	15.9	310.0	0.88
240	813.6	1037.5	4.756	62.8	16.2	114.8	0.141	16.8	285.5	0.87
250	799.0	1085.7	4.844	61.8	15.9	109.9	0.137	18.1	261.9	0.87
260	784.0	1135.7	4.949	60.5	15.6	105.9	0.135	19.7	237.4	0.87
270	767.9	1185.7	5.070	59.0	15.1	102.0	0.133	21.6	214.8	0.88
280	750.7	1236.8	5.230	57.4	14.6	98.1	0.131	23.7	191.3	0.90
290	732.3	1290.0	5.485	55.8	13.9	94.2	0.126	26.2	168.7	0.93
300	712.5	1344.9	5.736	54.0	13.2	91.2	0.129	29.2	144.2	0.97
310	691.1	1402.2	6.071	52.3	12.5	88.3	0.128	32.9	120.7	1.03
320	667.1	1462.1	6.574	50.6	11.5	85.3	0.128	38.2	98.10	1.11
330	640.2	1526.2	7.244	48.4	10.4	81.4	0.127	43.3	76.71	1.22
340	610.1	1594.8	8.165	45.7	9.17	77.5	0.127	53.4	56.70	1.39
350	574.4	1671.4	9.504	43.0	7.88	72.6	0.126	66.8	38.16	1.60
360	528.0	1761.5	13.984	39.5	5.36	66.7	0.126	109	20.21	2.35
370	450.5	1892.5	40.321	33.7	1.86	56.9	0.126	164	4.709	6.79

附录2 干空气的热物理性质（$p = 760 \text{ mmHg} \approx 1.01 \times 10^5 \text{Pa}$）

t ℃	ρ kg/m³	c_p kJ/(kg·K)	$\lambda \times 10^2$ W/(m·k)	$\alpha \times 10^3$ m²/s	$\eta \times 10^6$ kg/(m·s)	$\nu \times 10^5$ m²/s	Pr
−50	1.584	1.013	2.04	12.7	14.6	9.23	0.728
−40	1.515	1.013	2.12	13.8	15.2	10.04	0.728
−30	1.453	1.013	2.20	14.9	15.7	10.80	0.723
−20	1.395	1.009	2.28	16.2	16.2	11.61	0.716
−10	1.342	1.009	2.36	17.4	16.7	12.43	0.712
0	1.293	1.005	2.44	18.8	17.2	13.28	0.707
10	1.247	1.005	2.51	20.0	17.6	14.16	0.705
20	1.205	1.005	2.59	21.4	18.1	15.06	0.703
30	1.165	1.005	2.67	22.9	18.6	16.00	0.701
40	1.128	1.005	2.76	24.3	19.1	16.96	0.699
50	1.093	1.005	2.83	25.7	19.6	17.95	0.698
60	1.060	1.005	2.90	27.2	20.1	18.97	0.696
70	1.029	1.005	2.96	28.6	20.6	20.02	0.694
80	1.000	1.009	3.05	30.2	21.1	21.09	0.692
90	0.972	1.009	3.13	31.9	21.5	22.10	0.690
100	0.946	1.009	3.21	33.6	21.9	23.13	0.688
120	0.898	1.009	3.34	36.8	22.8	25.45	0.686
140	0.854	1.013	3.49	40.3	23.7	27.80	0.684
160	0.815	1.017	3.64	43.9	24.5	30.09	0.682
180	0.779	1.022	3.78	47.5	25.3	32.49	0.681
200	0.746	1.026	3.93	51.4	26.0	34.85	0.680
250	0.674	1.038	4.27	61.0	27.4	40.61	0.677
300	0.615	1.047	4.60	71.6	29.7	48.33	0.674
350	0.566	1.059	4.91	81.9	31.4	55.46	0.676
400	0.524	1.068	5.21	93.1	33.0	63.09	0.678
500	0.456	1.093	5.74	115.3	36.2	79.38	0.687
600	0.404	1.114	6.22	138.3	39.1	96.89	0.699
700	0.362	1.135	6.71	163.4	41.8	115.4	0.706
800	0.329	1.156	7.18	188.8	43.3	134.8	0.713
900	0.301	1.172	7.63	216.2	46.7	155.1	0.717
1000	0.277	1.185	8.07	245.9	49.0	177.1	0.719
1100	0.257	1.197	8.50	276.2	51.2	199.3	0.722
1200	0.239	1.210	9.15	316.5	53.5	233.7	0.724

附录3 大气压力下烟气的热物理性质

（烟气中组成成分：CO_2 13%、H_2O 11%、N_2 76%）

t ℃	ρ kg/m³	c_p kJ/(kg·K)	$\lambda \times 10^2$ W/(m·k)	$a \times 10^3$ m²/s	$\eta \times 10^6$ kg/(m·s)	$\nu \times 10^5$ m²/s	Pr
0	1.295	1.042	2.28	16.9	15.8	12.20	0.72
100	0.950	1.068	3.13	30.8	20.4	21.54	0.69
200	0.748	1.097	4.01	48.9	24.5	32.80	0.67
300	0.617	1.122	4.84	69.9	28.2	45.81	0.65
400	0.525	1.151	5.70	94.3	31.7	60.38	0.64
500	0.457	1.185	6.56	121.1	34.8	76.30	0.63
600	0.405	1.214	7.42	150.9	37.9	93.61	0.62
700	0.363	1.239	8.27	183.8	40.7	112.1	0.61
800	0.330	1.264	9.15	219.7	43.4	131.8	0.60
900	0.301	1.290	10.00	258.0	45.9	152.5	0.59
1000	0.275	1.306	10.90	303.4	48.4	174.3	0.58
1100	0.257	1.323	11.75	345.5	50.7	197.1	0.57
1200	0.240	1.340	12.62	392.4	53.0	221.0	0.56

附录4 误差函数表

N	$\mathrm{erf}N$	N	$\mathrm{erf}N$	N	$\mathrm{erf}N$
0.00	0.00000	0.50	0.5205	1.0	0.8427
0.05	0.05637	0.55	0.5633	1.1	0.8802
0.10	0.1125	0.60	0.6039	1.2	0.9103
0.15	0.1680	0.65	0.6420	1.3	0.9340
0.20	0.2227	0.70	0.6778	1.4	0.9523
0.25	0.2763	0.75	0.7112	1.5	0.9661
0.30	0.3286	0.80	0.7421	1.6	0.9763
0.35	0.3794	0.85	0.7707	1.7	0.9838
0.40	0.4284	0.90	0.7969	1.8	0.9891
0.45	0.4755	0.95	0.8209	1.9	0.9928
		1.00	0.8427	2.0	0.9953

注：$\mathrm{erf}N = \dfrac{2}{\sqrt{\pi}} \displaystyle\int_0^N e^{-\beta^2} d\beta$。

$\mathrm{erf}\,0 = 0$；　　$\mathrm{erf}\,\infty = 1$。

$\mathrm{erfc}N$（余误差函数）$= 1 - \mathrm{erf}N$。

$N < 0.2$，　　$\mathrm{erf}N \cong 2N/\sqrt{\pi}$。

$N > 2.0$，　　$\mathrm{erf}N \cong e^{N^2}/\sqrt{\pi}N$。

$\mathrm{erf}(-N) = -\mathrm{erf}(N)$。

参考文献

1 苏华钦.冶金传输原理.南京:东南大学出版社,1989
2 林柏年.铸造流变学.哈尔滨:哈尔滨工业大学出版社,1991
3 周士昌.工程流体力学.沈阳:东北工学院出版社,1987
4 钱汝鼎.工程流体力学.北京:北京航空航天大学出版社,1989
5 J.舍克里.冶金中流体流动现象.北京:冶金工业出版社,1985
6 G.H.盖格,D.R.波伊里尔.冶金中传输现象.北京:冶金工业出版社,1981
7 梅炽.冶金传递过程原理.长沙:中南工业大学出版社,1987
8 高家锐.动量、热量、质量传输原理.重庆:重庆大学出版社
9 陈光均,聂永福.铸造测试技术.北京:新时代出版社,1983
10 铸造车间通风除尘技术编写组.铸造车间通风除尘技术.北京:机械工业出版社,1983
11 R.V.贾尔斯.流体力学和水力学理论和习题.北京:科学出版社,1986
12 姆.雅.阿尔菲雷也夫.流体力学.北京:高等教育出版社,1955
13 J.贝尔.多孔介质流体动力学.北京:中国建筑工业出版社,1983
14 张世芳.泵与风机.北京:机械工业出版社,1966
15 梶原滋美著,孙尚勇译.泵及其应用.北京:煤炭工业出版社,1984
16 郭立君.泵与风机.北京:水利电力出版社,1986
17 戴荣道.真空技术.北京:电子工业出版社,1986
18 李寿刚.液压传动.北京:北京理工大学出版社,1994
19 翁中杰、程惠尔、戴华淦.传热学.上海:上海交通大学出版社,1987
20 许肇钧.传热学.北京:机械工业出版社,1980
21 杨世铭.传热学.北京:人民教育出版社,1981
22 俞佐平.传热学.北京:高等教育出版社,1988
23 姚仲鹏、王瑞君、张习军.传热学.北京:北京理工大学出版社,1995
24 章熙民、梅飞鸣、任泽霈、王中铮.传热学.北京:中国建筑工业出版社
25 姜为衍.传热学.北京:高等教育出版社,1989
26 A.J.查普曼著,何用梅译.传热学.北京:冶金工业出版社,1984
27 任瑛、张弘.传热学.东营:石油大学出版社,1988
28 P.弗兰克等著,葛新石等译.传热基本原理.合肥:安徽教育出版社,1985
29 张辑洲.传热学.哈尔滨:哈尔滨工业大学出版社,1987
30 周筠清.传热学.北京:冶金工业出版社,1989
31 杨强生.对流传热与传质.北京:高等教育出版社,1985
32 V.S.阿巴兹、P.S.拉森著,顾传保等译.对流换热.北京:高等教育出版社,1992

33　D.R.匹茨、L.E.西逊姆著,夏雅君译.传热学的理论和习题.北京:机械工业出版社,1983
34　J.P.霍尔曼著,马重芳等译.传热学题解.北京:人民教育出版社,1981
35　姜为衍、陈志远等.传热学习题解.北京:高等教育出版社,1984
36　夏立芳、张振信.金属中的扩散.哈尔滨:哈尔滨工业大学出版社,1989
37　黄继华.金属及合金中的扩散.北京:冶金工业出版社,1996
38　胡汉起.金属凝固.北京:冶金工业出版社,1985
39　A.J.Murphy. Non-ferrous Foundry Metallurgy. McGraw-Hill Book Co.,1954
40　А.И.Вейник. Проблемы Теплообмена. при Литье. Минск,1960
41　А. Я. Рехтман 等. Заводская Лаборатория Гидравлического Моделирования Металлургических Печей Москва,1956
42　А.А. Рыжков. Теоретические. Основы. Литейного Производстьа Машгиз,1961
43　徐挺.相似方法及其应用.北京:机械工业出版社,1995
44　S.V.帕坦卡著,张政译.传热与流体流动的数值计算.北京:科学出版社,1984
45　郭宽良、孔祥谦、陈善年.计算传热学.合肥:中国科技大学出版社,1988
46　陶文铨.数值传热学.西安:西安交通大学出版社,1988
47　刘高琪.温度场的数值模拟.重庆:重庆大学出版社,1990
48　陈海清、李华基等.铸件凝固过程数值模拟.重庆:重庆大学出版社,1991
49　程军.计算机在铸造中的应用.北京:机械工业出版社,1993
50　吴孟怀.铸造工艺计算辅助设计基础.西安:西北工业大学出版社,1988
51　张毅.铸造工艺计算机辅助设计基础.西安:西北工业大学出版社,1994
52　武传松.焊接热过程数值分析.哈尔滨:哈尔滨工业大学出版社,1990
53　刘庄、吴肇基等.热处理过程的数值模拟.北京:科学出版社,1996
54　鹿取一男,牧口利贞等.铸造工学.北京:机械工业出版社,1983